LAN

# MS-KANALS.



Blatt II.

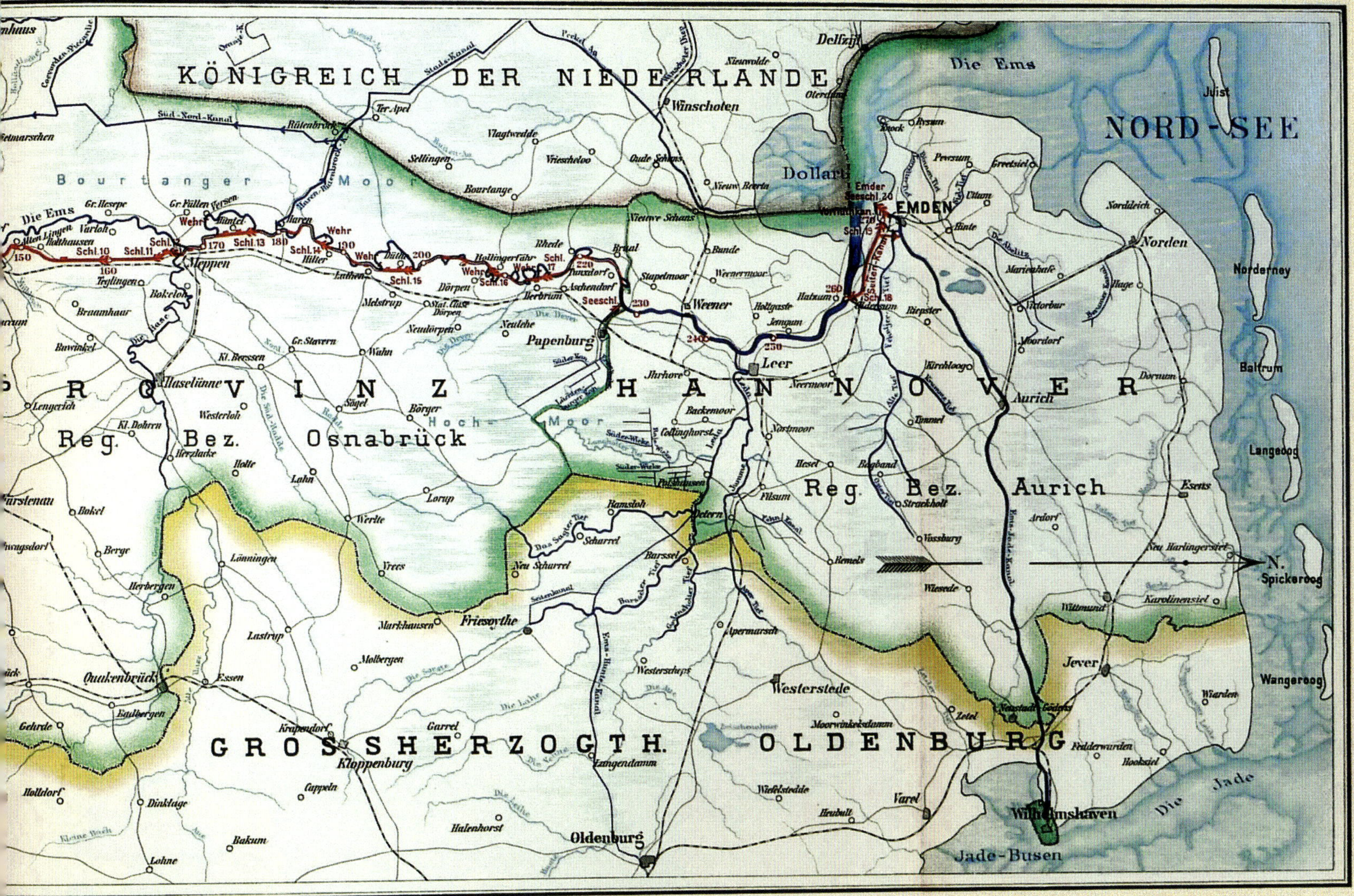

KÖNIGREICH DER NIEDERLANDE

NORD-SEE

Die Ems

Dollart

EMDEN

Norden

Juist

Norderney

Baltrum

Langeoog

Spikeroog

Wangeroog

Bourtanger Moor

Hoch-Moor

Meppen

Papenburg

Leer

Weener

Aurich

Esens

Jever

Wilhelmshaven

Jade-Busen

Die Jade

Varel

Oldenburg

Westerstede

Friesoythe

Cloppenburg

Quakenbrück

Haselünne

PROVINZ HANNOVER

Reg. Bez. Osnabrück

Reg. Bez. Aurich

GROSSHERZOGTH. OLDENBURG

000.

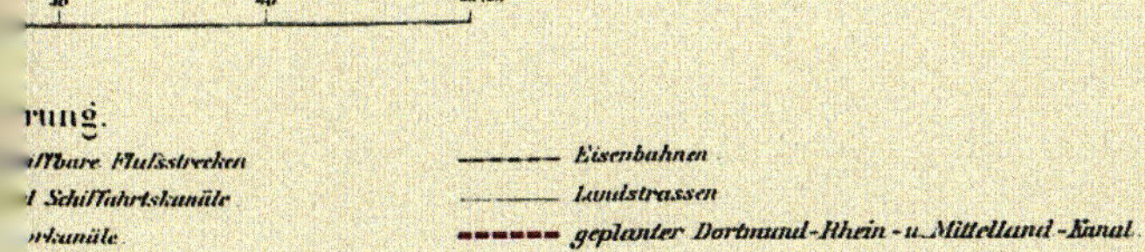

Bernd Ellerbrock

# Der Dortmund-Ems-Kanal

265 Kilometer Wasserstraße von A–Z

Bibliografische Information der Deutschen Nationalbibliothek

Die Deutsche Nationalbibliothek verzeichnet diese Publikation in der Deutschen Nationalbibliografie; detaillierte bibliografische Daten sind im Internet über http://www.d-nb.de abrufbar.



Lektorat: Kerstin Wohne, Hannover
Gesamtgestaltung, Layout und Satz: Sybille Felchow, she-medien.de, Hannover
Druck und Verarbeitung: Bonifatius GmbH, Paderborn

ISBN 978-3-946594-11-6

Druck | ID53323-1603-1062

PEFC/04-31-0934

**PEFC zertifiziert**

Das Produkt stammt aus nachhaltig bewirtschafteten Wäldern und kontrollierten Quellen.

www.pefc.de

BERND ELLERBROCK

# DER DORTMUND EMS KANAL

## 265 Kilometer Wasserstraße von A–Z

## Inhaltsverzeichnis

**Im Text verwendete Abkürzungen:**

| | |
|---|---|
| DEK | Dortmund-Ems-Kanal |
| DHK | Datteln-Hamm-Kanal |
| MLK | Mittellandkanal |
| NRW | Nordrhein-Westfalen |
| RHK | Rhein-Herne-Kanal |
| TEU | Twenty-foot Equivalent Unit |
| WDK | Wesel-Datteln-Kanal |
| WSV | Wasser(straßen)- und Schifffahrtsverwaltung |
| WSA | Wasser(straßen)- und Schifffahrtsamt |
| WTAG | Westfälische Transport Aktiengesellschaft |

## Einleitung

Seine Geschichte reicht bis tief ins 18. Jahrhundert und ist eine des ständigen Wandels, der Anpassungen und des sich Neu-erfinden-Müssens. Der Dortmund-Ems-Kanal zwischen dem Dortmunder Stadthafen im Ruhrgebiet und dem Seehafen Emden an der niedersächsischen Nordseeküste gilt dabei als „Rückgrat“ des nordwestdeutschen Wasserstraßensystems.

Eingeweiht im Wilhelminischen Kaiserreich zur Zeit der Hochindustrialisierung diente der Kanal fast ein Jahrhundert lang dem Ruhrgebiet als Transportweg für Millionen von Tonnen Kohle „zu Tal“ und Erze „zu Berg“. Doch der Strukturwandel im ausgehenden 20. Jahrhundert, als die Zechen starben und die Hochöfen ausgeblasen wurden, beraubte ihn dieser Funktion als Montankanal gnadenlos. Gleichwohl: Der Kanal hat überlebt, er war anpassungsfähig genug und machte einen bemerkenswerten Funktionswandel durch. So befreite er sich von seiner auf die Endhäfen konzentrierten Verbindung und einem ausgesprochen einseitigen Güteraufkommen. Er löste sich aus seiner existenziellen Abhängigkeit von der kriselnden Schwerindustrie so gründlich, dass von seinen Ursprüngen kaum mehr übrig blieb als sein Trassenverlauf mit Haltungen, Schleusen und Wehren, imposanten, inzwischen unter Denkmalschutz stehenden Bauwerken – und seinem Mythos.

Die vormals so engen Bande der Montanhäfen Dortmund, einst größter Kanalhafen Europas, und Emden, damals Werkshafen des Ruhrpotts, sind gelöst. Die beiden Endhäfen gehen schon lange ihre jeweils eigenen Wege jenseits von Kohle, Eisen und Stahl. Und der Hafen von Münster, einst einziger dazwischen liegender Umschlagplatz von nennenswerter Bedeutung? Er existiert nicht mehr. In seinem Becken spiegeln sich jetzt angesagte Kneipen, Restaurants, Kultureinrichtungen und „Eventlocations“. Das Knarzen der Kräne ist verstummt – HipHop, House und Jazzmusik sind die neuen Töne am schicken „Kreativkai“.

In diesem Buch wird nicht nur ein spannendes Stück Kanalgeschichte erzählt. Kaum eine Wasserstraße hat im Laufe von rund 100 Jahren so viele Metamorphosen durchgemacht wie der Dortmund-Ems-Kanal – und nicht nur in baulicher Hinsicht. Denn erst wurden Kleinstfahrzeuge mit wenigen Tonnen Tragfähigkeit von Pferden getreidelt. Dann kamen Lastkähne, die von Schleppern mit umlegbaren Schornsteinen gezogen wurden. Und heute fahren Schubverbände mit mehreren Tausend Tonnen Fracht und Produktentanker mit Doppelhüllen.

Ohne den Dortmund-Ems-Kanal wäre das nordwestdeutsche Kanalsystems nicht mehr als ein Torso. In seinem südlichen Abschnitt zwischen „Dattelner Meer“ und „Nassem Dreieck“ muss er den Verkehr sowohl von Süd nach Nord wie von West nach Ost aufnehmen und bündeln. Verbunden mit dem Rhein-Herne-Kanal, dem Wesel-Datteln-Kanal, dem Datteln-Hamm-Kanal, dem Mittellandkanal, den linksemsischen Kanälen, dem Küstenkanal und dem Ems-Jade-Kanal, wurde er zur „Straße, die alle Strö-

Drei Orte, drei Jahrzehnte, ein Kanal: Das Aquarell von Ernst Vollbehr aus dem Jahr 1928 zeigt den Dortmunder Stadthafen und die bis an seine Kaimauern reichenden Fabrikanlagen der „Union". Es versinnbildlicht die Schicksalsgemeinschaft von Kanal, Kohle, Eisen und Stahl, die sich mit dem Niedergang der Montanindustrie des Ruhrgebiets freilich wieder auflöste.
Als Mitte der 1950er-Jahre ein Schleppzug bei Münster den Kanal passierte, hielt der Fotograf eine untergehende Welt mit seiner Kamera fest. Die Ära rauchender Schlepper war wenige Jahre später Geschichte, als Selbstfahrer die antriebslosen Kähne verdrängten.
Heute verkehren moderne Fahrzeuge auf dem Kanal wie der Produktentanker BIANCA D, der sich gerade vom Raffineriehafen in Lingen auf den Weg macht.

me vereint": Rhein, Ems, Weser, Elbe. Er führt durch so unterschiedlich geprägte Kulturlandschaften wie das industrielle Ruhrgebiet, das beschaulich-ländliche Münsterland, das dünn besiedelte Emsland und schließlich Ostfriesland mit den Seehäfen an Unterems und Nordsee. Der Begriff „Kanal" ist dabei übrigens nicht umfänglich zutreffend, verläuft die Wasserstraße doch viele Kilometer auch auf freien oder aufgestauten Flussabschnitten von Hase und Ems.

Wie schon in meinem Buch über den Mittellandkanal sind die vielfältigen und facettenreichen Aspekte rund um den Kanal in 88 Stichworten wie in einem Lexikon dargestellt. Aus diesen Elementen lässt sich so ein Bild dieser Wasserstraße ganz nach eigenem Interesse zusammensetzen. Querverweise erschließen dabei die Sachzusammenhänge und eine ausführliche Chronik im Innenteil sorgt für den einordnenden, historischen Überblick. Als der Kanal im August 1899 von Kaiser Wilhelm II. feierlich eröffnet wurde, war in Deutschland eine Ansichtskarten-Manie ausgebrochen, die bis zum Ende des Ersten Weltkrieges anhalten sollte. Deshalb lag es nahe, den Kanal in einem Sonderteil anhand von Postkarten zu präsentieren und so ein wenig dem damaligen Zeitgeist zu frönen.

Das erste Schiff, das nach seiner Eröffnung den sogenannten „Kanal von Dortmund zu den Emshäfen" durchfuhr, brachte eine Ladung Erz von Emden nach Dortmund. Die Wandlungsfähigkeit des Kanals hat gezeigt: Ein wirklich letztes Schiff wird es wohl nicht geben. Just hat der Ausbau der Nordstrecke begonnen, die nach und nach moderne, größere und leistungsfähige neue Schleusen erhalten wird, um dem Kanal eine Zukunft zu sichern.

Über ein Jahr habe ich an diesem Buch gearbeitet, habe recherchiert, den Kanal bereist, mir Sachverstand eingeholt, fotografiert, in Akten gewühlt. Den Anspruch, in diesem Buch alles vollständig und richtig dargestellt zu haben, erhebe ich nicht. Gerne nehme ich Hinweise entgegen, sollte ich einen Aspekt vergessen haben, etwas sachlich korrekturbedürftig sein oder sich aktuelle Entwicklungen ergeben haben, die noch nicht berücksichtigt werden konnten. In solchen Fällen bitte ich um eine E-Mail an info@8komma0.de.

*Viel Vergnügen beim Stöbern und Lesen wünscht*
*Bernd Ellerbrock*

STICHWORTE
A-M

## Abgaben

Mit Eröffnung des Dortmund-Ems-Kanals trat erstmals auch ein Abgabensystem in Kraft, das seinerzeit aus lediglich drei Tarifsätzen und drei Güterklassen bestand. Die Abgaben aus dem Erlass vom 1. März 1898 betrugen 70, 50 und 30 Pfennig pro Tonne: für die gesamte Strecke. Zur Klasse III gehörten „Braunkohlen, Brennholz, Briketts, Cement und Cementwaren, Düngemittel, Erde, Erze, Futterkräuter, Heu, Kalk, Koks, Salze, Steine, Steinkohlen und Torf“ , zur Klasse II „Eisen und Stahl, Grubenholz, Häringe, Kartoffeln, Lumpen, Rüben, Thonwaren und Weißkohl“ und zur Klasse I alle anderen Güter. Schlick durfte abgabenfrei transportiert werden. Es war ein einfaches System. Knapp 70 Jahre später beklagte der „Schiffahrtsverband für das westdeutsche Kanalsystem“ auf seiner Jubiläumstagung 1966 die Ausweitung auf 198 Tarifpositionen mit all ihren Ausnahmen. Sarkastisch hieß es, dass der Tarif zu einer „Geheimwissenschaft“ geworden wäre, der wohl nur noch „von einigen Herren der Schifffahrtsverwaltung“ beherrscht würde.

Im Laufe der Jahrzehnte ist in der Tat ein hoch komplexes System von Abgabesätzen entstanden, ein Dickicht von Regelungen, deren jüngste Fassung immerhin 82 eng bedruckte Seiten umfasst („Tarife für die Schifffahrtsabgaben auf den norddeutschen Bundeswasserstraßen im Binnenbereich“ nebst „Ausführungsbestimmungen“). Der Bund als Eigner der Bundeswasserstraßen (Artikel 89 des Grundgesetzes) erhebt Schifffahrtsabgaben für deren Nutzung – aber nicht überall. Die „internationalen“ Flüsse mit mehreren Staaten als Anrainer sind auf Grundlage völkerrechtlicher Verträge, die ihren Ursprung in der Schlussakte des Wiener Kongresses von 1815 über die „Schiffahrtsfreiheit“ haben, von sämtlichen Abgaben und Zöllen befreit. In Deutschland sind dies der Rhein, die Donau, die Elbe und die Oder.

Zur teilweisen Finanzierung der Unterhaltungsaufwendungen der übrigen Bundeswasserstraßen werden Abgaben für die Befahrung, für Schleusungen oder für das Öffnen von → **Brücken** sowie privatrechtliche Entgelte für das Umschlagen von → **Güter** in den vom Bund betriebenen Häfen, Umschlagstellen und auf freier Strecke (sogenannte „Ufergelder“) erhoben. Die wichtigste Abgabe für den DEK – er hat die Tarifstelle 005 – sind die „Befahrungsabgaben“ für Güter und Personen.

Zunächst werden sämtliche Güterarten, die von Binnenschiffen transportiert werden können, in sechs „Klassen“ eingeteilt. Das sind immerhin rund 1.500 verschiedene Güter von „Abfall“ über „Getreide“ und „Schrott“ bis „Watte“ oder „Zucker“, darunter aber auch illustre Güter wie „Munition“, „Grenzsteine“, „Lokomotiven“, „Zirkusgut“ oder „lebende Tiere (keine Fische)“. Für die Güterklassen gelten vier un-

Tarif
für die Schiffahrtsabgaben und den Schlepplohn auf dem Rhein-Weserkanal, dem Dortmund-Emskanal und dem Kanal von Datteln bis Hamm.

Münsterische Lagerhaus-Actien-Gesellschaft

Lager I. Lager II.

Münster i. W.

Schiffahrt u. Spedition, Lagerräume f. 80000 Sack Getreide
Zwei Elevatoren — Stückgutspedition
Uebernahme von Transporten von Massen- u. Stückgütern
Telegrammadresse: „Aktienlager“ Telefon: Nr. 143.
Telefon nur f. Getreidesped.: Nr. 53

Bemerkung:
Die Tarifbeträge sind für 10 Tonnen Ladung festgestellt.
Nachdruck verboten. Ohne Gewähr.

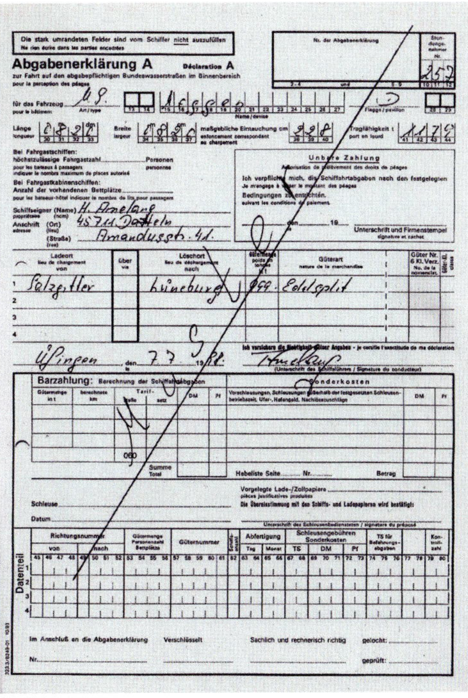

Die stark umrandeten Felder sind vom Schiffer nicht auszufüllen
Ne rien écrire dans les parties encadrées

Nr. der Abgabenerklärung

**Abgabenerklärung A** Déclaration A
zur Fahrt auf den abgabepflichtigen Bundeswasserstraßen im Binnenbereich
pour la perception des péages

für das Fahrzeug / pour le bâtiment — Art / type — Name / devise — Flagge / pavillon

Länge / longueur — Breite / largeur — maßgebliche Eintauchung cm / enfoncement correspondant au chargement — Tragfähigkeit t / port en lourd

Bei Fahrgastschiffen: höchstzulässige Fahrgastzahl … Personen
Bei Fahrgastkabinenschiffen: Anzahl der vorhandenen Bettplätze

Schiffseigner (Name) H. Amelang
Anschrift (Ort) 45711 Datteln
(Straße) Amandusstr. 41

Unbare Zahlung
Ich verpflichte mich, die Schiffahrtabgaben nach den festgelegten Bedingungen zu entrichten.
… den … 19 …
Unterschrift und Firmenstempel

| Ladeort von | über | Löschort nach | Gütermenge | Güterart | Güter Nr. 6 Kl. Verz. | Güter-Kl. |
|---|---|---|---|---|---|---|
| 1 Salzgitter | | Lüneburg | 999 | Edelsplit | | |
| 2 | | | | | | |
| 3 | | | | | | |
| 4 | | | | | | |

Ich versichere die Richtigkeit meiner Angaben – je certifie l'exactitude de ma déclaration

… , den 7.7. 1998
(Unterschrift des Schiffsführers / Signature du conducteur)

Barzahlung: Berechnung der Schiffahrtsabgaben — Sonderkosten

Dokumente aus den Jahren 1920 und 1998: Das Eintreiben der Gebühren wird künftig wohl papierlos organisiert werden müssen, weil immer mehr Schleusen an zentrale Fernbedienungen angeschlossen werden. Bei Inbetriebnahme des Kanals 1899 waren insgesamt 14 Kanal-Hebestellen eingerichtet

Von Abgaben befreit waren schon immer Bunkerboote, Fähren oder Versorgungsschiffe. Das Foto vom „Nassen Dreieck" stammt aus den 1950er-Jahren

terschiedliche Regelsätze in Eurocent pro Tonne und Entfernungskilometer, deren absolute Höhe vor langer Zeit abhängig vom Wert der Güter mal festgesetzt wurden. Container werden nicht nach Gewicht, sondern nach Art (beladen, leer, gebraucht, Größe) abgerechnet; bei Passagierschiffen bildet die Anzahl der höchstzulässigen Fahrgastzahl den Maßstab; ausgenommen sind Fähren, schwimmende Geräte, Bunker- und Proviantboote. Zusätzliche Gebühren für Schleusungen fallen nur außerhalb der Betriebszeiten oder für sogenannte „Vorschleusungen" (Schleusung sofort bei Ankunft) an. Hinzu kommt eine Pauschale von drei Euro pro Ladungsfahrt, mit der sämtliche Leerfahrten abgegolten sind.

Kompliziert wird es durch diverse Ausnahmen für „begünstigte Güter" auf ganz bestimmten Streckenabschnitten. Ihr Umfang beansprucht allein die Hälfte des Regelwerkes. Ein Beispiel: Werden 1.000 Tonnen Raps vom Hafen Lüdinghausen am DEK zum Hafen Minden-Ost am Mittellandkanal transportiert (das sind 177 Kilometer), fallen dafür 1.494 € an. Wird dieselbe Menge Raps Richtung Norden zum Hafen → **Emden** transportiert (das sind 178 Kanal-Kilometer bis zur → **Schleuse Herbrum**), fallen nur 710 € an, denn der Abgabesatz beträgt auf dieser Strecke nur 0,399 Eurocent pro Kilometer statt 0,844 Eurocent (Tarif 2015). Warum ist das so? Die Kanalabgabesätze sind historisch gewachsen und folgen seit je her der Logik, möglichst viel Gütertransport für den Verkehrsträger Wasserstraße zu generieren – und dies schon immer in hartem Wettbewerb zu den Verkehrsträgern Bahn und Lkw und deren Tarifen. Die Höhe der Abgabesätze und die vielen Tatbestände von Ausnahmen (die meistens auf Antrag der Befrachtungsunternehmen zustande kommen) soll letztlich gewährleisten, dass der Transport von Gütern mit dem Binnenschiff konkurrenzfähig bleibt.

Wer wissen möchte, wie hoch die Abgabe für den Transport auf einer bestimmten Strecke für ein bestimmtes Gut ist, kann dies komfortabel durch Dateneingabe in einem von der Wasserstraßen- und Schifffahrtsverwaltung bereitgestellten Modul erfahren (www.schifffahrtsabgaben.de). Zum Zwecke von Festsetzung und Erhebung der Abgaben deklariert der Schiffsführer an der ersten möglichen Schleuse seine Schiffsdaten, Streckenlänge, Güter usw. Am DEK sind das die Schleusen Münster, Bevergern und Herbrum. Die Abrechnung erfolgt dann elektronisch über Stundungskonten.

Insgesamt beträgt das Aufkommen an Abgaben auf den Bundeswasserstraßen jährlich rund 60 Millionen Euro (ohne Nord-Ostsee-Kanal). Das nordwestdeutsche Tarifgebiet einschließlich des DEK trägt etwa zur Hälfte zu diesem Aufkommen bei. In jüngster Zeit gab es immer wieder vergebliche Bemühungen, durch Einführung einer „Wasserstraßen-Maut" (Vignette) die wachsende Anzahl von Sportbooten mehr an den Erhaltungskosten zu beteiligen. Die → **Sportbootschifffahrt** entrichtet nur auf der Mosel bei Benutzung der Großschifffahrtsschleusen und zur Durchfahrung des NOK Abgaben. Auf allen übrigen Bundeswasserstraßen begnügt sich der Staat mit der Zahlung einer geringen Jahrespauschale von rund 70.000 Euro durch die Sportschifffahrtsverbände.

Das ganze System von Abgabensätzen, Ausnahmen und ihrer Erhebung hat allerdings bald ausgedient. Auf Basis eines Bundesgesetzes sollen künftig Gebühren für zurückgelegte Strecken und differenziert nach Art der Fahrzeuge erhoben werden. Dazu hat die Bundesregierung ein Gutachten zur „Ermittlung der wettbewerbsneutralen Höhe der Schifffahrtsgebühren für die gewerbliche Güter- und Fahrgastschifffahrt" vergeben.

## Angeln

Der Dortmund-Ems-Kanal ist ein für Angler ertragreiches Gewässer. Er ist auf seiner gesamten Länge bis Papenburg (also ohne die Unterems) an die anerkannten Landesfischereiverbände und Vereine verpachtet, die mit entsprechenden Besatzmaßnahmen oder Anlage von Laichmöglichkeiten für den Erhalt des Fischbestandes Sorge tragen (in NRW: Landesfischereiverband Westfalen und Lippe, in Niedersachsen: Landesfischereiverband Weser-Ems). Der im Naturschutzgebiet liegende → **Ems-Seitenkanal** ist an den Bezirksfischereiverband für Ostfriesland verpachtet und darf nur vom 15. Juni bis zum 31. Dezember beangelt werden. Für Stipper (Angeln auf Friedfisch) und Raubfischangler sind Kanäle das ideale Revier.

„Kanalbewohner": Sowohl Flussbarsch als auch Kamberkrebs fühlen sich im Kanalwasser wohl. Während für den Bestandserhalt des Speisefisches von den Angelverbänden Sorge getragen wird, handelt es sich bei dem aus Nordamerika stammenden Krebs um einen häufig mit der Krebspest infizierten Bioinvasor

Geangelt werden unter anderem Aal, Barsch, Brasse, Döbel, Hecht, Karpfen, Rapfen, Rotauge, Plötze, Schleie oder Zander. Fischarten, die trübes Wasser lieben, wie Karpfen oder Zander, fühlen sich im Kanal besonders wohl. Denn die Schiffe wirbeln den Kanalboden mit Schwebteilchen und Nahrung (der Flussflohkrebs kommt hier zum Beispiel massenhaft vor) ständig auf. Wo die Ufer mit Schüttsteindeckwerken befestigt sind, bieten sie hervorragenden Unterschlupf für Aale und an den Spundwänden gehen Barsche gerne auf Beutezug und werden dort erfolgreich mit Kunstködern (Wobbler, Gummifisch, Spinner) gefangen.

Bei den extrem tidenabhängigen Strecken (→ **Tideems**) unterhalb des Wehrarms in Herbrum ist die Angelei jedoch nicht ganz einfach und am besten in den Zeiten des Stillstandes vor Einsetzen der Ebbe. Denn durch das Ausbaggern der Fahrrinne der Ems für die Ausschiffungen der Meyerwerft (→ **Werften**) führt der Tidenhub dort zu starken Strömungen. Wieder ganz andere Bedingungen herrschen in den zu fischreichen Weihern umgewandelten 13 Teilabschnitten des unvollendeten → **Seitenkanals Gleesen-Papenburg** sowie in den nicht mehr genutzten „Alten Fahrten" (→ **Zweite Fahrten**), wo ungestört vom Schiffsverkehr geangelt werden kann. In den Uferbereichen haben sich hier Schilfbestände ausgebildet, die zahlreichen Fischarten, vor allem Raubfischen wie Hecht und Flussbarsch, gute Unterstandsmöglichkeiten bieten. Die Räuber finden auch in den reichen Wasserpflanzenvorkommen geeignete Fortpflanzungsbedingungen und reproduzieren sich dort selbst. Eine besondere Angelstrecke stellt die Alte Fahrt Hiltrup dar, die offen an den Kanal angebunden ist. Fischarten wie Zander, Rotaugen und Karpfen ziehen sich in diese beruhigten Zonen in den Wintermonaten zurück. Die Alte Fahrt Hiltrup ist auch als Fortpflanzungsbiotop für den Kanal von besonderer Bedeutung, weil vor allem Zander, Barsch und Rotaugen in den Pflanzenbeständen und Steinschüttungen ablaichen. Das ergab eine Studie aus dem Jahr 1996, mit der die Fischartenverteilung und die Zusammensetzung auf einer Gewässerstrecke von fast 80 Kilometern zwischen Bevergern und Olfen durch Elektrobefischung untersucht wurde. Dabei wurden die verkehrsberuhigten Bereiche der Alten Fahrten mit den stark frequentierten Schifffahrtstrecken verglichen.

Ein wachsendes Problem ist zunehmend das illegale Fischen mit selbst gebauten Fangnetzen, die im Kanal ausgeworfen werden. Die → **Wasserschutzpolizei** und freiwillige Fischereiaufseher versuchen hier – allerdings in der Regel vergeblich – die Straftäter zu überführen. Der Fischbestand ist aber auch noch auf ganz andere Weise gefährdet: Sorge bereitet den Petrijüngern die zunehmende Verbreitung von nicht heimischen Fischarten, sogenannte Neozoen. So gelangten

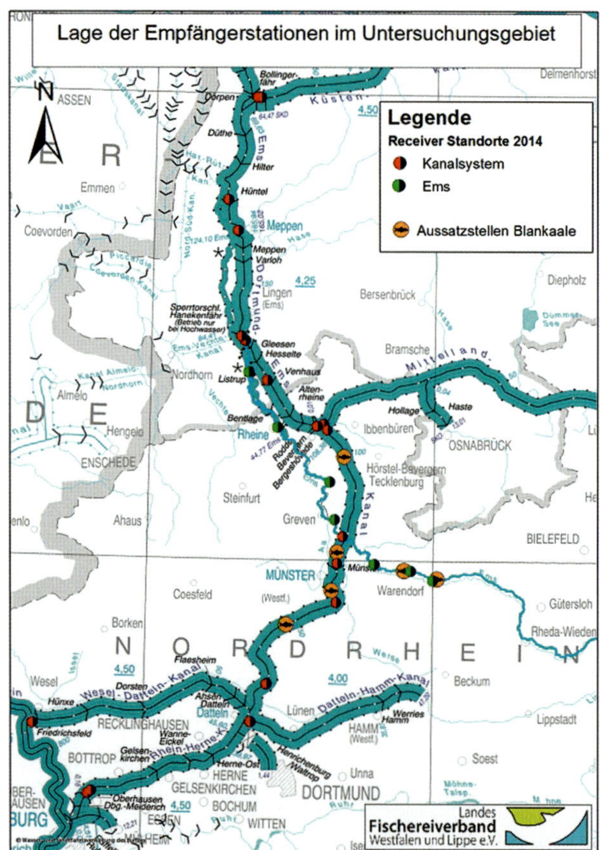


Der rapide Rückgang der Aalbestände in heimischen Gewässern war Auslöser für ein Forschungsprojekt des Landesfischereiverbandes Westfalen und Lippe im Verbund von DEK und Ems, bei dem Informationen zur Bestandssituation und zu Abwanderungsraten sowie Krankheiten und Infektionen des Aals gesammelt wurden. Um die Zahl der jährlich abwandernden, laichwilligen Blankaale aus dem westdeutschen Kanalsystem abschätzen zu können, wurden den Tieren kleine Ultraschallsender in die Bauchhöhle eingesetzt. Alle Versuchstiere stammten aus dem Kanalsystem, das jährlich mit rund 40.000 Farmaalen besetzt wird. Keinem der Tiere gelang es allerdings, das Kanalsystem Richtung Meer zu verlassen

verschiedene Grundelarten, die Wollhandkrabbe, der Gemeine Sonnenbarsch, Kamber- und Signalkrebs über den Rhein und möglicherweise eingeschleppt durch das Ballastwasser von Schiffen in die westdeutschen Kanäle. Die erste Schwarzmundgrundel, ein typischer räuberischer Bioinvasor, wurde 2012 im DEK entdeckt und verbreitet sich seitdem massenhaft. Als Nahrungskonkurrent und durch Parasiten, denen das Immunsystem der einheimischen Fische nicht gewachsen ist, könnte der ansonsten schmackhafte Speisefisch eine ernsthafte Bedrohung darstellen. Andererseits gibt es Indize dafür, dass Zander die Grundeln als Nahrungsquelle nutzen und diese einen positiven Effekt auf die Entwicklung des beliebten Speisefisches ausüben. Ein Besatz mit Quappen könnte dazu beitragen, den Grundelbestand einzudämmen. Einen herben Verlust an Fischbestand verursachte 2011 die Explosion eines Tankers im Hafen der → **Lingener** Raffinerie, weil eingesetzter Löschschaum bis zu seinem biologischen Abbau dem Kanalwasser lange Zeit Sauerstoff entzog.

Am Becken des Hafens Ladbergen versuchen Angler ihr Glück beim Vertikalangeln vor einer Spundwand. Vielleicht auf Barsche, die hier in den Spundwand-Ausbuchtungen stehen und ganz genau wissen, dass die immer wieder aufkommende Strömung ihnen früher oder später einen Leckerbissen vorbei bringen wird

## Arbeitsschiffe

Zur Unterhaltung (Inspektion, Wartung, Instandsetzung) des Dortmund-Ems-Kanals, der landseitigen Betriebswege und Dämme sowie der dazu gehörenden Bauwerke und betriebstechnischen Anlagen setzt die → **Wasserstraßen- und Schifffahrtsverwaltung** neben Land- auch eigene Wasserfahrzeuge ein.

26 dieser Arbeitsschiffe sind regelmäßig auf dem Kanal im Einsatz: der Schwimmgreifer LURCH, das Motor- und Bereisungsschiff MEIDERICH, das Taucherschiff RAFFELBERG zur Bergung von Hindernissen und das Motorboot DATTELN/Typ Spatz (alle: WSA Duisburg-Meiderich) – die Schwimmgreifer KRABBE und LIBELLE, das Arbeitsschiff TEUTO, das Peilschiff WESTFALEN, die Motorboote HAMM, MÜNSTER, RHEINE, ALTENRHEINE und LÜDINGHAUSEN (sämtlich vom Typ Spatz), das Taucherschiff BERGESHÖVEDE und das Werkstattschiff 1545 (alle: WSA Rheine) – die Motorboote ASCHENDORF, LINGEN, SATERLAND (sämtlich vom Typ Spatz), GEESTE und HAREN, der Schwimmgreifer EMSLAND und die Klappschiffe HÜNTEL und HERBRUM (alle: WSA Meppen). Die Mehrzweck-Arbeitsboote vom Typ „Spatz" wurden 1994 von der Schiffsbauwerft Barthel an der Elbe in Zusammenarbeit mit der Fachstelle für Maschinenwesen Mitte beim WSA Minden entwickelt und zeichnen sich durch ihre Vielseitigkeit aus. Davon wurden bereits über 100 Stück in diversen Modifikationen gebaut. Neben dem Arbeitsdeck können die Schiffe mit unterschiedlicher Motorisierung, ausfahrbarem Steuerstand, Schubschulter für Prahme, Schleppgeschirr, Faltkran oder Vermessungstechnik ausgerüstet werden. Zur Spezialisten-Flotte gehö-

Der Eisbrecher E1551 war ein im Jahr 1987 umgebauter ehemaliger Monopolschlepper aus dem Jahr 1940 und wurde inzwischen außer Dienst gestellt und an das LWL-Industriemuseum Schiffshebewerk Henrichenburg als Ergänzung von dessen Flotte an Museumsschiffen verkauft

Das Mehrzweckarbeitsschiff BEVERGERN ist mit einer Schubschulter ausgestattet. Hier ist es mit dem Brückenuntersuchungsschiff BU 3961 unterwegs, mit dessen Hubsteiger die Kanalbrücken von der Wasserseite aus kontrolliert werden können

Schematische Darstellung der Funktionsweise eines Fächerecholots, mit dem das Peilschiff MERCATOR ausgerüstet ist. Ein Echolot sendet ein Schallsignal vom Schiff aus nach unten, wo es vom Gewässerboden aus reflektiert und vom Schiff empfangen wird. Aus der Laufzeit kann die Wassertiefe berechnet werden

ren die drei Mehrzweck-Arbeitsschiffe BEVERGERN, das den Eisbrecher E1551 und das Brückenuntersuchungsschiff 1733 ersetzte (WSA Rheine) sowie die TURMFALKE und das Arbeitsschiff EISVOGEL für Schleppbetrieb, Schlickbekämpfung und Eisaufbruch (WSA Meppen). Alle drei wurden als neue Serienschiffe in den Jahren 2012 und 2014 in Dienst gestellt, nachdem in Zusammenarbeit mit der Bundesanstalt für Wasserbau als Prototyp (EISVOGEL) solche bis zu 30 Zentimeter dickes Eis brechende Arbeitsschiffe neu entwickelt worden waren. Zu ihrer Ausstattung gehören ein Arbeitsdeck mit einem Ladekran oder Heckgalgen, ein Schleppgeschirr, eine Schubschulter für Prahme, ein Echolot und eine Inlands-ECDIS (elektronisches Kartenwerk).

Mit neuester Technologie ausgestattet ist ein – allerdings auch auf dem Niederrhein und den anderen westdeutschen Kanälen verwendetes – modernes Peilschiff mit Fächerecholot zur Vermessung zum Beispiel der Kanalsohle und zum Aufspüren von Hindernissen oder Beschädigungen an Spundwänden und Bauten (MERCATOR) unterwegs. Mindestens einmal im Jahr muss der DEK zur Erfüllung von Versicherungspflichten vermessen werden. Auf der Unterems (→ **Tideems**) und dem → **Ems-Seitenkanal** werden Arbeitsschiffe des WSA Emden eingesetzt. Das Vermessungsboot WEEKEBORG zum Beispiel misst monatlich die Wassertiefen in der Unterems. Das ehemalige Streckenboot HAREN sowie das Bereisungsboot MEPPEN liegen als Museumsschiffe vor dem Schifffahrtsmuseum in Haren.

## Aus- und Neubaumaßnahmen

Der Dortmund-Ems-Kanal war kaum seiner Bestimmung übergeben, da zeichnete sich bereits ab, dass er zu klein bemessen war. Der Bau eines leistungsfähigeren Kanals war unter anderem auch am preußischen Finanzministerium gescheitert, das in der Kanalschifffahrt eine unliebsame Konkurrenz zur Eisenbahn sah, befand diese sich doch in Staatsbesitz. So waren bereits nach zwölf Jahren jene drei Millionen Ladungstonnen überschritten, für die der Kanal zunächst ausgelegt worden war. Ein breiteres und tieferes Kanalbett sowie größere Schleusen in der Südstrecke (→ **Nordstrecke/Südstrecke**) wurden aber auch dringend erforderlich für das zusätzliche Verkehrsaufkommen mit Anschluss von → **Mittellandkanal** und → **Rhein-Herne-Kanal** im Jahr 1914. Schließlich stellten die zu stark gekrümmten Kanalkurven mit einem Radius von nur 350 bis 500 Metern und die rund 100 Straßenbrücken, die den ohnehin nur 29,5 Meter breiten Kanal einengten, eine empfindliche Behinderung dar. Man kann ohne Übertreibung behaupten, dass von diesem Zeitpunkt an der DEK immer irgendwo ausgebaut, neu gebaut oder ertüchtigt wurde. Werden die Planungen termingerecht umgesetzt, sollen im Jahr 2025 alle Arbeiten abgeschlossen sein.

Noch vor Beginn des Ersten Weltkrieges wurde als Erstes mit dem Ausbau der → **Schleusenanlagen** begonnen: Die sieben kleinen Schleusen zwischen → **Münster** und Gleesen wurden durch je eine Schleppzugschleuse, in denen ganze Schleppzüge (bestehend aus einem Schlepper und zwei Kähnen) geschleust werden konnten, ergänzt, außerdem wurde neben dem → **Schiffshebewerk** in Henrichenburg als zweites Abstiegsbauwerk eine Schachtschleuse errichtet. 1926 wurde dann auf der Südstrecke zwischen → **Datteln** und Bergeshövede (→ **Nasses Dreieck**) mit dem Ausbau des Kanalquerschnitts (→ **Regelquerschnitt**) begonnen, und zwar für 1.500-Tonnen-Schiffe von 85 Metern Länge, 9,50 Metern Breite und 2,50 Metern Tauchtiefe (→ **Bemessungsschiff**). Als Voraussetzung für den Verkehr mit Schiffen dieser Länge mussten zahlreiche scharfe Krümmungen durch eine gestreckte Linienführung ersetzt werden. Diesem Zwecke dienten besonders die → **Zweiten Fahrten** in der Südstrecke, durch die gleichzeitig Bauwerke, die für eine Querschnittserweiterung nicht umgebaut werden konnten (wie die Flussüberführungen), umgangen wurden. Vollendet wurden diese Ausbaumaßnahmen erst nach dem Zweiten Weltkrieg – auch, weil das NS-Regime Mittel vom DEK zum Bau eines vom MLK abzweigenden Stichkanals nach Salzgitter zur kriegswichtigen Rüstungsschmiede „Hermann Göring Werke“ umschichtete und so die großspurige Ankündigung vom November 1933, die

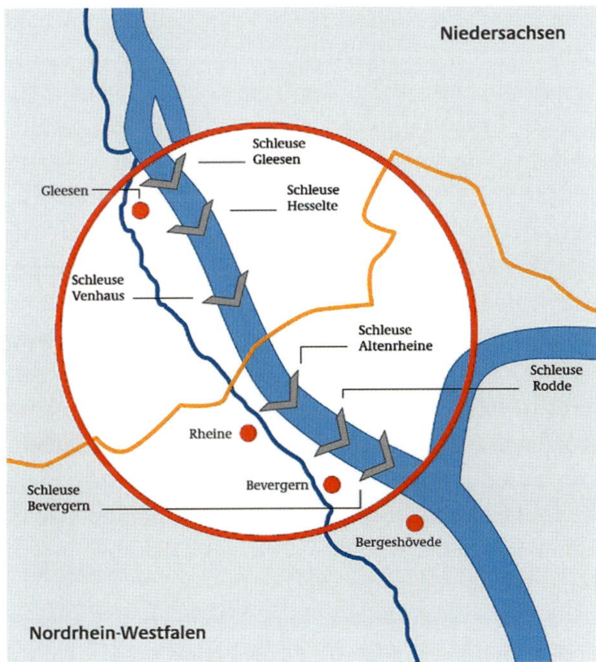


Sämtliche Schleusen-Neubauten der Nordstrecke sollen im Jahr 2025 beendet sein und sind im neuen „Bundesverkehrswegeplan 2030“, der im Dezember 2016 vom Deutschen Bundestag beschlossen wurde, finanziell abgesichert

Der anwachsende Selbstfahrer-Verkehr führte dazu, dass ständig zweispurig über den Böschungen des Kanals gefahren werden musste und die Schleppzüge an den Kanalwänden „klebten“. Folge war eine Unterspülung der Ufer. Sie stürzten ein und das Kanalbett versandete. Die Aufnahmen zeigen einen Streckenabschnitt bei Amelsbüren vor und beim Ausbau im Jahr 1957

Arbeiten zum 1. April 1938 abgeschlossen zu haben, nicht umgesetzt wurde. Bei den Überlegungen, wie auch auf der Nordstrecke ein größeres Profil geschaffen werden könnte, musste berücksichtigt werden, dass hier die Schifffahrt streckenweise den Emslauf nutzte, der, obwohl bereits mehrfach durch Schleusenkanäle begradigt, zahlreiche ungünstige Kurven aufwies. Man entschied sich zum Bau eines völlig neuen → **Seitenkanals** oberhalb von Gleesen bis Papenburg, der 1937 in Angriff genommen wurde. Allerdings wurde auch diese Baumaßnahme kriegsbedingt abgebrochen.

So fand die Schifffahrt nach dem Zweiten Weltkrieg auf der Südstrecke teilweise und auf der Nordstrecke in Gänze eine Wasserstraße vor, die in Querschnitt und Linienführung noch den Verhältnissen von 1899 entsprach. Ein krasses Missverhältnis bestand auch darin, dass die beiden Hauptzubringer vom Westen her – der RHK und der → **Wesel-Datteln-Kanal** – bereits von Anfang an für Schiffe von 2,50 Metern Tauchtiefe gebaut waren, während der DEK, der beide Verkehrsströme vereinigt, bei seinen unzulänglichen Abmessungen nur Schiffe von zwei Metern Tauchtiefe aufnehmen konnte.

Als sich herausstellte, dass eine Weiterführung der Bauarbeiten am Seitenkanal wegen der hohen Kosten unrentabel war und erhebliche Unterhaltungskosten an den Bauwerken des alten Kanals ohnehin erforderlich waren, begann man 1951 mit dem Ausbau der vorhandenen Strecken (das waren unter anderem 60 Kilometer Kanal, davon 14 Kilometer in Spundbauweise, der Bau von sechs neue Schleusen, 18 neuen und sowie der Umbau von 14 Brücken). In der schiffbaren → **Ems** wurden die Arbeiten zusammen mit den Regulierungsmaßnahmen auf Sommerhochwasser durchgeführt, wobei das Flussbett eine Sohlenbreite bis zu 50 Metern und eine Tiefe von mindestens 3,25 Metern unter dem Stau der → **Wehre** erhielt. Finanziell zu Hilfe kam dabei der vom Bundestag am 5. Mai 1950 beschlossene „Emslandplan". Am 2. April 1959 – im südlichen Abschnitt waren die Arbeiten ebenfalls zu Ende geführt und der Wasserspiegel angehoben worden – war es soweit: Der DEK konnte auf seiner gesamten Strecke für das 1.000-Tonnen-Schiff freigegeben werden. Mit Erhöhung der Tauchtiefe von zwei auf 2,50 Meter war damit eine Beladung der gängigen Schiffskörper von einem Drittel mehr als bislang möglich, was etwa 200.000 Tonnen mehr an Schiffsraum bedeutete. Außerdem hatte die Anpassung das Ziel, der Wandlung vom langsam fahrenden Schleppzug (→ **Schleppschifffahrt**) zum schnell fahrenden Motorgüterschiff (1948 waren bereits mehr als die Hälfte aller Schiffe Selbstfahrer) gerecht zu werden – etwa durch die Abkehr vom Mulden- zum Trapezprofil.

Nicht erreicht wurde, dass Schiffe von 85 Metern Länge als Regelschiff die Ems befahren konnten, da nicht überall die Führung des Flusses entsprechend gestaltet werden konnte. Inzwischen war jedoch das sogenannte „Europaschiff" mit 1.350 Tonnen Tragfähigkeit als neues Regelschiff für die Bemessung von

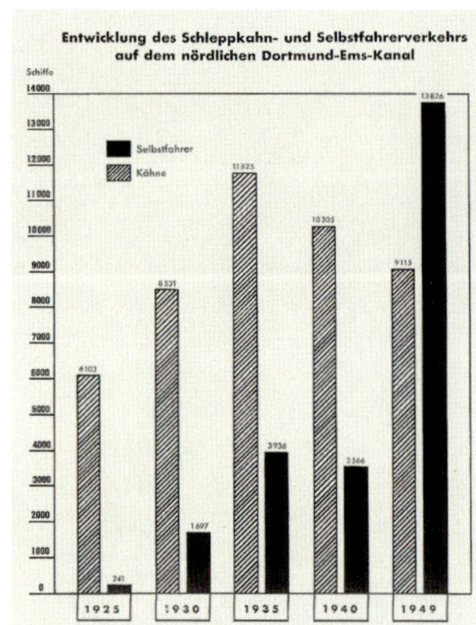


Der Siegeszug der Selbstfahrer nach dem Zweiten Weltkrieg machte einen Ausbau des Kanals unausweichlich. Die Grafik stammt aus einer im November 1950 herausgegebenen Schrift mit dem bezeichnenden Titel „Wiederaufnahme der Erneuerungs- und Ausbauarbeiten als vordringlichste Aufgabe der bundesstaatlichen Wasserstraßenpolitik" der Arbeitsgemeinschaft Dortmund-Ems-Kanal

Die Fotos aus dem Historischen Bildarchiv der Bundesanstalt für Wasserbau in Karlsruhe zeigen: Ausbau der Venner Moor-Strecke (1958), Ausbau der Strecke unterhalb der Schleuse Varloh (Verbreiterung durch Baggerarbeiten 1951 und Aufbringen der Steinschüttung zur Uferbefestigung 1952), einen Asphaltmattenfertiger im Einsatz (1950er-Jahre) und die Kanalverbreiterung bei Meppen mit einem schwimmenden Saugbagger (1951)

Wasserstraßen seitens der Europäischen Verkehrsministerkonferenz festgelegt worden (Wasserstraßenklasse IV). So lief Anfang der 1960er-Jahre zunächst ein Programm „Vordringliche Maßnahmen zur Beseitigung von Engpässen und Gefahrenstellen" an, in dessen Rahmen im Südbereich weitere Überholstrecken sowie ein neues → **Schiffshebewerk** in Henrichenburg und im Nordbereich unter anderem der Doppeldurchstich Roheide an der Ems nördlich von → **Meppen** geschaffen wurden. Am 1. Januar 1963 wurde der DEK schließlich auf voller Länge – wenn auch mit einschränkenden Verkehrsregelungen in der Nordstrecke – für das 1.350-Tonnen-Schiff zugelassen.

Schon zwei Jahre später, am 14. September 1965, kam es zu einem Bund-Länder-Abkommen über die Finanzierung der im nordwestdeutschen Raum gelegenen Kanalbauten (vordringlich zum Ausbau des MLK und zum Neubau des Elbe-Seitenkanals mit einer Kostenaufteilung von 2/3 für den Bund und 1/3 für die jeweils beteiligten Länder). Denn ein weiterer Ausbau war unvermeidlich: Die nun ausschließlich auf den Kanälen verkehrenden Motorgüterschiffe erzeugten aufgrund ihrer großen Wasserverdrängung so große Rückstromgeschwindigkeiten, dass die Böschungs- und Sohlsicherungen den daraus resultierenden Belastungen nicht mehr standhielten. Für den DEK waren unter anderem weitere → **Überholstrecken** zwischen Henrichenburg und Bergeshövede, der Bau einer vierten Schleuse in → **Münster** und der Ersatz der baufälligen Schleusen des Emsabstieges vorgesehen. Doch die Finanzmittel für den DEK wurden zur Hälfte zugunsten des RHK umgeschichtet, der damals völlig überlastet war. Mit den verbliebenen Mitteln wurden die bislang als Überholstrecken bezeichneten Abschnitte – das waren 30 Prozent der Südstrecke – zur Wasserstraßen-

Der Harener Schiffer Wilhelm Gerdelmann übernahm im Jahr 1966 die MS MARIA (1908 vom Stapel gelaufen, 1954 motorisiert, 1963 verlängert). 1985 zeichnete Gerdelmann den Einsatz des Schiffes bei Kanalbauarbeiten. Das Bild hängt im Harener Schifffahrtsmuseum

Frisch fertiggestellte Kanalverbreiterung im Bereich Senden: Der neue Kanalquerschnitt der Wasserstraßenklasse V hat wo immer möglich ein Trapezprofil mit beidseitigem Böschungsufer und eine Mindestwasserspiegelbreite von 55 Metern

klasse IV ausgebaut. Der Neubau der Schleusen des Emsabstieges hingegen wurde jahrzehntelang auf Eis gelegt, was sicher auch dem Umstand geschuldet ist, dass die Nordstrecke des DEK durch den Rückgang von Kohle- und Erztransporten (→ **Transportaufkommen**) an Bedeutung verloren und keine Priorität mehr hatte.

Bald eilte die Entwicklung der Schifffahrt dem Ausbaustand des Kanals erneut voran: Personalsparende Schubverbände von 185 Metern Länge, zunächst ungeliebte „Ungetüme im engen Kanalschlauch", und Großmotorgüterschiffe von 110 Metern Länge mit bis zu 2.100 Tonnen Tragfähigkeit kamen etwa ab dem Jahr 1968 auf und befuhren den Rhein. Die Wasserbauer konnten aufatmen, denn praxisnahe Versuche ergaben zum Glück, dass der für das „Europaschiff" festgelegte Kanal-Standard auch für diese Schiffstypen ausreichte; seit 1994 ist dies die Wasserstraßenklasse Vb. Entsprechend den Abmessungen von 55 Metern Wasserspiegelbreite beim Trapez- bzw. 42 Metern Breite beim Rechteckprofil und einer Tiefe von vier Metern, einer Brückendurchfahrtshöhe von 5,25 Metern, sowie Schleusen mit einer Länge von 190 bzw. 140 Metern (Nordstrecke) wird der DEK seitdem sukzessive ausgebaut.

Bei Drucklegung dieses Buches (Herbst 2017) war folgender Ausbaustand erreicht: In der Südstrecke (aufgeteilt in insgesamt 17 Baulose) sind sowohl die neue Schachtschleuse in Henrichenburg als auch die neue Zwillingsschleuse in Münster sowie die Kanalbrücken über → **Lippe** und → **Stever** in Betrieb genommen. Als weiteres Großbauwerk soll die Kanalbrücke über die Ems bei Fuestrup (→ **KÜ Fuestrup**) im Jahr 2025 fertiggestellt sein. Der Ausbau des Kanals selbst wurde bis auf zwei Abschnitte in den Stadtgebieten von Datteln (Los 1) und Münster (Lose 11 und 12) abgeschlossen. Ende 2012 wurde mit dem Ausbau der „Stadtstrecke Münster" (Kanalkilometer 66,175 bis 71,3) begonnen. Hier werden insgesamt acht Kanalbrücken abgerissen und neu errichtet, der Kanal in unterschiedlichen Querschnitten verbreitert und fünf Düker erneuert. Der Abschluss dieser Baumaßnahmen ist für Anfang 2023 geplant. Die Arbeiten an der Stadtstrecke Datteln (Kanalkilometer 16,67 bis 21,617) mit Zurückverlegung der Kanalufer, Erneuerung von vier Brücken, drei Dükern und einem Sicherheitstor sollen ebenfalls im Jahr 2025 abgeschlossen sein, wurden aber noch nicht begonnen.

Beim Projekt „Neue Schleusen DEK-Nordstrecke" geht es um den bereits in den 1960er-Jahren vorgesehenen Neubau der Schleusen an den Standorten Bevergern, Rodde, Venhaus, Hesselte und Gleesen. Alle fünf Schleusen und deren Vorhäfen werden mit zukunftsgerechten Abmessungen für Großmotorgüterschiffe und für das überlange Großmotorgüterschiff (Länge 135 Meter, Breite 11,45 Meter) geplant. Im Mai 2016 gab es den ersten Spatenstich am Standort Gleesen, als letztes soll am Standort Bevergern begonnen werden, wenn die neuen Schleusen in Gleesen, Hesselte und Rodde für den Verkehr freigegeben sein werden.

## Baden

Das nasse Element wird nicht nur zu Verkehrszwecken genutzt. Besonders dort, wo der Dortmund-Ems-Kanal in Siedlungsnähe verläuft, war und ist er Verkehrsträger und Schwimmbad zugleich. Heute wie damals beliebt sind das „wilde" Baden im Kanal, Picknick und Sonnenbaden an seinen Ufern und Mutsprünge von den → **Brücken**. Eine nachgewiesene gute Wasserqualität lädt zum Schwimmen regelrecht ein. Laut einer Vorschrift der Europäischen Union dürfen in 100 Millilitern Wasser nicht mehr als 500 Keime vorkommen. Im Kanal sind es höchstens 55 Keime pro 100 Milliliter, also Top-Werte. Aber nur zum Schwimmen – trinken darf man das Wasser nicht. In Trinkwasser darf nämlich kein einziger Darmkeim auftauchen.

Bleibt die Frage, ob Baden im Kanal überhaupt „erlaubt" ist. Die Antwort „Ja, aber" findet sich in der „Binnenschifffahrtsordnung" in den Paragrafen 6.17 und 8.10 über das „Bade- und Schwimmverbot". Danach ist das Baden im Kanal zwar nicht verboten – allerdings auch nur mit Einschränkungen erlaubt. So ist das Schwimmen im Bereich bis zu 100 Metern ober- und unterhalb von Brücken, → **Wehren**, Hafeneinfahrten, → **Schleusen** und Kaimauern sowie im Arbeitsbereich von schwimmenden Geräten nicht gestattet, also auch das Springen von den Brücken – denn hier lauern Gefahren, die zum Beispiel durch im Wasser treibende oder nicht sichtbar im Fahrwasser liegenden Gegenständen ausgehen. Auch misst die Wassertiefe im Kanal maximal vier bis fünf Meter. Bei einem Sprung von einem 22 Meter hohen Brückenbogen drohen durch den Aufprall schwere Verletzungen. Erst recht verboten ist das früher gern geübte „Entern" von Schiffen und ein Schwimmverhalten, das die Schifffahrt behindert. Gern gesehen wird das Baden im Kanal von der → **Wasserstraßen- und Schifffahrtsverwaltung** deshalb nicht – im Sommer wird regelmäßig davor gewarnt. Die Gründe dafür sind nachvollziehbar: Ein Schiffsführer kann einen Schwimmer über eine Schiffslänge von über 100 Metern nicht wahrnehmen und selbst wenn er ihn wahrnimmt, kann er ihm nicht ausweichen, denn ein Schiff verfügt nicht über Bremsen wie ein Fahrrad oder ein Auto. Schwimmer, die einem Schiff zu nahe kommen, können von seiner Bugwelle erfasst, abgetrieben und sogar an die steinige Böschung oder Spundwand gedrückt oder – noch bevor die Bugwelle entsteht – im Sog des nach unten verdrängten Wassers unter den Schiffsrumpf gezogen und schlimmstenfalls von der Schiffsschraube erfasst werden. Die Behörden der WSV weisen deshalb immer wieder ausdrücklich darauf hin, dass das Baden und Schwimmen im Kanal eben nicht unbedenklich ist, sondern sogar lebensgefährlich sein kann.

Bis in die 1950er-Jahre existierten allerdings regelrechte Kanalbadeanstalten, wo in abgegrenzten Bereichen der Kanal das Schwimmbad ersetzte – insgesamt vier verzeichnet die Festschrift zum 50jährigen Jubiläum des Kanals. So wurde zu Himmelfahrt 1933 in der Nähe der Birgter Brücke unter Leitung des Riesenbecker Sportvereins „Teuto" eine Kanalbadeanstalt eingeweiht, wo abgesteckt mit kleinen Fähnchen den Schwimmern eine Strecke von etwa 200 Metern zur Verfügung stand. Es gab Umkleideräume und Rettungsmittel in einem Bretterhäuschen. Um bequem ins Kanalwasser zu gelangen, war in die Böschung eine Holztreppe eingelassen. Bevergerner Kinder lernten nach Ende des Zweiten Weltkrieges beim Wasserschutzpolizisten Tretin das Schwimmen in einer Wendestelle. Zur Sommersaison 1954 wurden diese Kanalbäder sämtlich geschlossen, wohl wegen der damals unzureichenden Wasserqualität.

Vielerorts Tradition haben „Neujahrsschwimmen" für die ganz Mutigen und Harten, die bei Minustemperaturen in eiskaltes Kanalwasser steigen. Für kurze Zeit.

Schwimmverbot in Vorhäfen von Schleusen: Hier entsteht beim Füllen und Leeren der Schleusenkammer eine erhebliche Sogwirkung mit Strömungen, denen sich selbst geübte Schwimmer kaum entziehen können

Akribisch und mit präziser Angabe der damit verbundenen Kosten listete die anlässlich der Eröffnung des Dortmund-Ems-Kanals herausgegebene „Festschrift“ sämtliche fertiggestellten 484 Kanalbauwerke auf. 1899 waren dies: ein → **Schiffshebewerk**, 19 → **Schleusen**, fünf → **Wehre** an der → **Ems**, drei Kanalbrücken (→ **KÜ Fuestrup**, → **Lippe**, → **Stever**), sieben → **Sicherheitstore**, ein großer Wasserauslass an der Ems, acht Eisenbahnbrücken, 197 Landstraßen und sonstige Wegebrücken (→ **Brücken**), vier Straßenunterführungen sowie 273 Durchlässe aus Mauerwerk (kreuzender Bach wird ohne Gefälle unter dem Kanal durchgeführt) und Düker aus eisernen Rohren (Querung mit Gefälle). Hinzu kamen noch das Pumpwerk an der Lippe (→ **Wasserwirtschaft**), 43 Gebäude („Dienstgehöfte“) als Wohnungen für die Kanalverwaltung und die Schleusen- und Wehrmeister sowie sonstige Betriebs- und Hafenanlagen. Besonderer Erwähnung wert war die „Fernsprechanlage“ neben der Kanaltrasse mit „zwei Drähten“ – einer für den Verkehr der Hauptstationen untereinander und ein zweiter für den örtlichen Verkehr. Für den Kanal selbst, der streckenweise in tiefen Einschnitten (etwa durch die Ausläufer des Teutoburger Waldes bei Riesenbeck) oder auf hohen Dämmen geführt werden musste, wurden 1.748 Hektar Grund- und Boden von 1.763 Grundbesitzern erworben (davon 194 durch Enteignungsverfahren) und 23,3 Millionen Kubikmeter Erde bewegt. Er erhielt einen durchgehenden Leinpfad (→ **Treideln**), seine Böschungen wurden unter anderem mit Steinschüttungen befestigt, sein Bett mit „Thonschlag“ gedichtet (→ **Regelquerschnitt**). Im Zuge der Baulosvergabe wurden seinerzeit insgesamt 1.700 Verträge mit ausführenden Unternehmen geschlossen. 1893, im Hauptjahr der Erdarbeiten, waren auf den Baustellen 4.200 Arbeiter und 434 Handwerker, Schachtmeister und Poliere beschäftigt. Verausgabt wurden insgesamt 79,43 Millionen Mark einschließlich der Ausgaben für die bezuschussten Häfen von → **Emden**, → **Dortmund**, Papenburg (→ **Tideems**) und → **Münster**.

Die „Schaustelle Kanal“ an der Schleuse Münster zeigt die Bau- und Kulturgeschichte des Dortmund-Ems-Kanals. Hier die Schautafel mit den Bauwerken des Kanals

Alt trifft auf Neu: Kurz vor der Einmündung der Alten Fahrt Olfen wird eine Kommunalstraße mit einer modernen Stabbogenbrücke über den Kanal geführt. Davor das rostige in die Jahre gekommene Sicherheitstor Schlieker

Links: Allein 139 Rohr- und Kabeldüker unterqueren den Kanal. Die Aufnahme zeigt die Verlegung des Brunlaybachdükers in der Nähe von Dörenthe Mitte der 1950er-Jahre

Rechts: Wärtergehöft der Kleinen Schleuse Rodde um 1900: Für die Aufsichtsbeamten sowie für die Schleusen-, Sicherheitstor- und Wehrmeister wurden sogenannte Dienstgehöfte gebaut. Wohnungen und Stallgebäude hatten zusammen rund 143 Quadratmeter überbaute Fläche. Denn Kleintierhaltung (Schaf, Kaninchen, Ziege) und eigener Obst- und Gemüseanbau waren notwendige Ergänzungen für das schmale Gehalt

Seit seiner Inbetriebnahme unterlag der DEK einem ständigen Prozess, um ihn in seinen Ausmaßen und mit seinen Bauwerken an die sich wandelnden Erfordernisse der Schifffahrt anzupassen (Ausführungen dazu in den jeweiligen Stichwortkapiteln). Aus einer Übersicht der → **Wasserstraßen- und Schifffahrtsverwaltung** 2010 geht der heutige Bestand an Bauten und Anlagen (ohne alte Fahrten und denkmalgeschützte historische Anlagen) hervor. Es handelt sich um: 17 Bahnbrücken, 135 Straßen- und Wegebrücken, acht Fußgängerbrücken, sechs Rohr- bzw. Kabelbrücken, 59 Düker- und Durchlassbauwerke, 139 Rohr- und Kabeldüker, acht Sicherheitstore, drei Kanalbrücken, einen Straßentunnel, zwei Hochwassersperrtore sowie 16 Schleusenanlagen der Hauptstrecke und zwei Schleusen des → **Ems-Seitenkanals**.

## Bemessungsschiff/Regelschiff

Gebaut werden Kanäle für Schiffe, die sie befahren sollen, und für kleine Ewigkeiten. Vom Lastkahn zum Motorgüterschiff, vom Schleppzug zum Schubverband: Die Geschichte des Dortmund-Ems-Kanals ist geprägt durch die Wechselwirkung zwischen Binnenschiff und Wasserstraße und folglich eine von Anpassungen und Ausbaunotwendigkeiten für das jeweils zugrunde gelegte Bemessungs- oder Regelschiff. Denn die Leistungsfähigkeit einer Wasserstraße ist von ihrem Profil, den lichten Durchfahrtshöhen unter Bauwerken und schließlich von Abmessungen und Leistungsfähigkeit der Abstiegsbauwerke (→ **Schleusen**) definiert.

Über die Frage, für welchen Schiffstyp der DEK gebaut werden sollte, wurde im Vorfeld heftig gestritten. In der Erwartung, dass der Kanal später einmal eine Verbindung mit dem Rhein erhalten sollte (doch erst 1914 war es mit Inbetriebnahme des → **Rhein-Herne-Kanals** so weit), hatten die Rheinreedereien ein großes Interesse an einer einheitlichen Flottenstruktur für den Rhein und das Kanalsystem. Auf dem Rhein kamen allerdings immer größere Fahrzeuge auf, allein in den Jahren 1850 bis 1900 verdreifachte sich die Tragfähigkeit der Neubauten von 500 auf 1.500 Tonnen. Nicht zuletzt die Interessen des preußischen Finanzministeriums, in dessen Eigentum sich die verstaatlichte Eisenbahn befand und das in der Kanalschifffahrt eine unliebsame Konkurrenz sah, verhinderten die Befahrbarkeit des DEK für die großen Rheinschiffe. Das Gesetz zum Bau des DEK aus dem Jahr 1886 legte den „Plauer Maßkahn" – so benannt nach dem alten Plauer Kanal zwischen der mittleren Elbe und der Havel – als Regelschiff fest. Dieser Kahn hatte eine Tragfähigkeit von lediglich 500 Tonnen, war 65 Meter lang und acht Meter breit bei einem Tiefgang von 1,60 Metern. Im Jahr 1892 wurde jedoch nachgebessert, nachdem in einer Denkschrift nachgewiesen wurde, dass mit minimalen zusätzlichen Kosten auch ein Kanal für das 600-Tonnen-Schiff herzustellen war. Als Schiffe sollten nun solche mit einer Länge von 67 Metern, einer Breite von 8,20 Metern und einem Tiefgang von 1,75 Metern zum Einsatz kommen. Sie passten so eben in die geplanten Schleusenkammern.

Doch die Reedereien sorgten sich um die Wirtschaftlichkeit der Kanalschifffahrt, darüber hinaus musste eine komplett neue Kanalflotte aufgebaut werden. So kam es – auch auf Betreiben des preußischen Staates – zur Gründung einer Kanalreederei, der → **Westfälischen Transport Aktiengesellschaft (WTAG)**, die auf eigene Kosten in einer bereits fertig gestellten Teilstrecke des Kanals Versuche zur Ermittlung eines optimalen Gefäßes anstellen ließ. Verschieden tief abgeladene Baggerschuten und Seeleichter wurden mit unterschiedlichen Geschwindigkeiten geschleppt und dabei überprüft, wie weit Schäden an der Kanalsohle entstanden. Das Ergebnis war, dass bei einer Geschwindigkeit von vier Stundenkilometern auch eine Abladetiefe von zwei Metern möglich war. Nun wurden für die DEK-Fahrt Schleppkähne von 67 Metern Länge und 8,20 Metern Breite bestellt, die bei einem Tiefgang von zwei Metern eine Tragfähigkeit von 750 Tonnen hatten. Die meisten dieser Neubauten, die nach Tests der Hamburgischen Schiffsbau-Versuchsanstalt die technisch und nautisch beste Lösung für Schleppschiffe darstellten, wurden aber bereits für

Als letzter noch erhaltener Veteran eines Dortmund-Ems-Kanal-Kahns ist die OSTARA, ein „Wechselschiff" mit der nötigen Ausrüstung, um von den Kanälen auf den Rhein zu wechseln, am LWL-Industriemuseum Schiffshebewerk Henrichenburg zu besichtigen

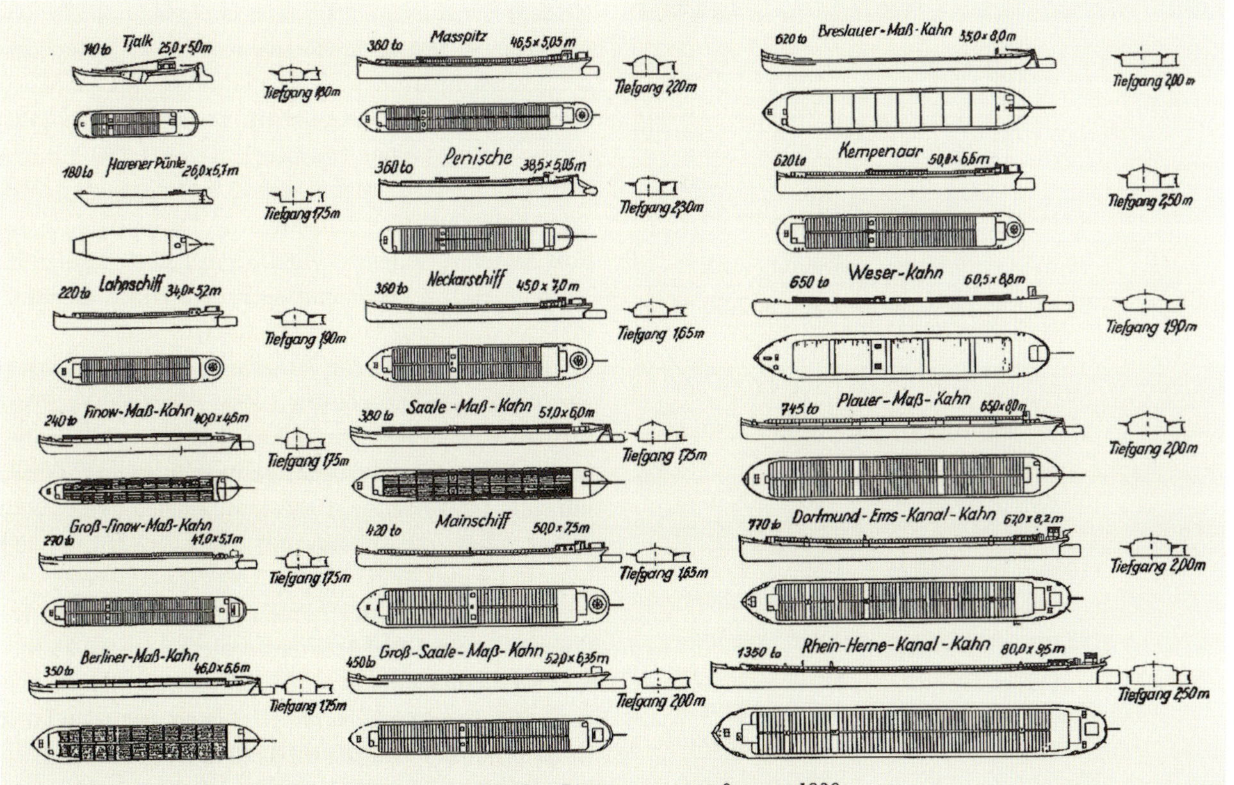


*Abmessungen der Binnenschiffe auf den westeuropäischen Binnenwasserstraßen, um 1930.*

Immerhin 18 verschiedene Binnenschiffstypen waren, wie diese Zusammenstellung von Risszeichnungen zeigt, noch 1930 auf den westeuropäischen Binnenwasserstraßen unterwegs.
Von der kleinen Tjalk mit 140 Tonnen Tragfähigkeit bis zum damals größten Rhein-Herne-Kanal-Kahn mit 1.350 Tonnen Tragfähigkeit

2,50 Meter Tiefgang ausgelegt und konnten dann 1.000 Tonnen tragen. Geboren war ein neuer Schiffstyp, der in den folgenden Jahren zum Maß aller Dinge wurde: der „Dortmund-Ems-Kanal-Kahn". Es sollte freilich 60 Jahre dauern, bis der gesamte Kanal für dieses Regelschiff ausgebaut war: Erst am 2. April 1959 passierte das erste voll abgeladene 1.000-Tonnen-Schiff die → **Schleuse** Münster.

Ende der 1950er-Jahre war die Schleppschifffahrt im Aussterben begriffen und eine neue Ära der selbst fahrenden Motorgüterschiffe hatte begonnen: Wurden 1928 gerade mal 2,6 Prozent der Güter von Selbstfahrern transportiert, waren es 1960 schon 62 Prozent. Der Technische Ausschuss des Zentral-Vereins für Deutsche Binnenschifffahrt hatte deshalb in Zusammenarbeit mit dem Bundesverkehrsministerium nach Ende des Zweiten Weltkrieges verschiedene Standardtypen für Motorschiffe entwickelt – darunter auch das „Gustav-Koenigs-Schiff" (Namenspatron war der ehemalige Leiter der Verkehrsabteilung im Reichsverkehrsministerium) aus dem DEK-Kahn. Wie sich herausstellte, war das Kanalbett für die aufkommenden Motorgüterschiffe jedoch zu knapp bemessen. Diese Schiffe waren schneller unterwegs als Schleppverbände (→ **Schleppschifffahrt**), hatten eine größere Eintauchtiefe und deutlich mehr Ladekapazität. Die Kanalschifffahrt hatte ihre Leistung von 1913 bis 1961 verdoppelt.

Das Kanalbett war, auch bedingt durch den ständig ansteigenden Verkehr, auf weiten Strecken so beschädigt (angegriffene Tondichtungen, Unterspülungen), dass es mit normalen Unterhaltungsmitteln nicht mehr instand gesetzt werden konnte. Deshalb wurde 1965 ein weiterer Ausbau des Kanals entsprechend der Kriterien der → „**Wasserstraßenklasse IV**" beschlossen, den die westeuropäischen Verkehrsminister als Standard vorgegeben hatten. Regelschiff wurde nun das „Europaschiff" mit einer Tragfähigkeit von 1.350 Tonnen (Abmessungen: 85 Meter lang, 9,5 Meter breit bei einer Abladetiefe von 2,50 Metern). Dies war eine um fünf Meter verlängerte Variante des RHK-Typschiffs „Johann Welker" (benannt nach dem ersten Generaldirektor der Franz Haniel-Reederei).

Doch der Trend zur Steigerung der Schiffsgrößen ging weiter. Die Typschiffe der 1994 eingeführten „Wasserstraßenklasse Vb", die heute nur Teile des Kanals befahren können, sind das Großmotorgüterschiff (GMS) mit einer Länge bis zu 110 Metern (Tragfähigkeit: 2.100 Tonnen) bzw. das „übergroße" GMS (üGMS) mit 135 Metern Länge (Tragfähigkeit: 2.600 Tonnen) sowie der zweigliedrige Schubverband mit 185 Metern Länge (Tragfähigkeit: 3.500 Tonnen) – jeweils mit 11,45 Metern Breite und einer Abladetiefe von 2,80 Metern. Der erste Schubverband, der am 10. August 1989 den DEK befahren durfte, war die MATHIAS STINNES anlässlich der Inbetriebnahme der neuen Schachtschleuse in Henrichenburg.

| Fahrzeug/Schiffstyp | Abmessungen | Tragfähigkeit/ Tiefgang |
|---|---|---|
| **Lastkähne** | | |
| Plauer Maßkahn | 65 m x 8,00 m | 500 t / 1,60 m<br>745 t / 2,00 m |
| Dortmund-Ems-Kanal-Kahn | 67 m x 8,20 m | 750 t / 2,00 m<br>1.000 t / 2,50 m |
| Rhein-Herne-Kanal-Kahn | 80 m x 9,50 m | 1.350 t / 2,50 m |
| „Sympher-Kahn" | 90 m x 9,80 m | 1.400 t / 2,25 m |
| Maßkahn für Ausbau der Südstrecke | 85 m x 9,50 m | 1.500 t / 2,50 m |
| **Motorschiffe** | | |
| „Gustav Koenigs" (verlängerter DEK-Kahn) | 80 m x 8,20 m | 1.200 t / 2,50 m |
| „Johann Welker" (verlängerter RHK-Kahn) = „Europaschiff" | 85 m x 9,50 m | 1.350 t / 2,50 m |
| Motorgüterschiff | 105 m x 9,50 m | 1.680 t / 2,50 m<br>1.900 t / 2,80 m |
| Großmotorgüterschiff (GMS) | 110 m x 11,40 m | 1.800 t / 2,50 m<br>2.100 t / 2,80 m |
| überlanges GMS | 135 m x 11,40 m | 2.225 t / 2,50 m<br>2.600 t / 2,80 m |
| Schubleichter Europa IIb | 76,50m x 11,40 m | 1.550 t / 2,50 m<br>1.800 t / 2,80 m |
| Koppelverband GMS + Leichter Europa IIb | 186,50m x 11,40 m | 3.350 t / 2,50 m<br>3.900 t / 2,80 m |

## Bergfahrt / Talfahrt

Im Fachjargon der Binnenschifffahrt fährt ein Schiff „zu Berg" oder „zu Tal". Unter „Bergfahrt" wird die Fahrt flussaufwärts, also gegen die Fließrichtung und zur Quelle hin bezeichnet. Bei einer „Talfahrt" geht es stromabwärts Richtung Mündung. Aber wie verhält es sich bei Kanälen? Hier gilt die Regel, dass eine Bergfahrt grundsätzlich ins Landesinnere führt. Da der Dortmund-Ems-Kanal aber in die → **Ems** übergeht und deren frei fließende Tidestrecke bis zur Mündung nutzt, gilt hier logischerweise als „Bergfahrt" die Fahrt Richtung → **Dortmund**. Und wie verhält es sich bei den mit dem DEK verbundenen Kanälen? Das ist alles genau geregelt – und zwar im Paragraf 15.05 der zusätzlichen

Die 80 Meter lange und 8,2 Meter breite WILDKATZ fährt hier im beschaulichen Münsterland zu Tal. Vielleicht Richtung Heimat, gemeldet ist das Schiff in Minden am Mittellandkanal

Ausgerüstet mit modernen Navigationsgeräten können Binnenschiffe heutzutage rund um die Uhr unterwegs sein – auch bei dickstem Nebel

Bestimmungen für einzelne Binnenschifffahrtsstraßen der „Binnenschifffahrtsstraßen-Ordnung". Demzufolge ist auf den norddeutschen Kanälen unter einer Bergfahrt zu verstehen:

| | |
|---|---|
| Rhein-Herne-Kanal | Richtung Henrichenburg |
| Wesel-Datteln-Kanal | Richtung Datteln |
| Datteln-Hamm-Kanal | Richtung Schmehausen |
| Küstenkanal | Richtung Dortmund-Ems-Kanal (Ems) |
| Stichkanal Dörpen | Richtung Endhafen |
| Elisabethfehnkanal | Richtung Küstenkanal |
| Ems-Seitenkanal | Richtung Oldersum |
| Mittellandkanal | Richtung Elbe-Havel-Kanal |

## Bergsenkungen

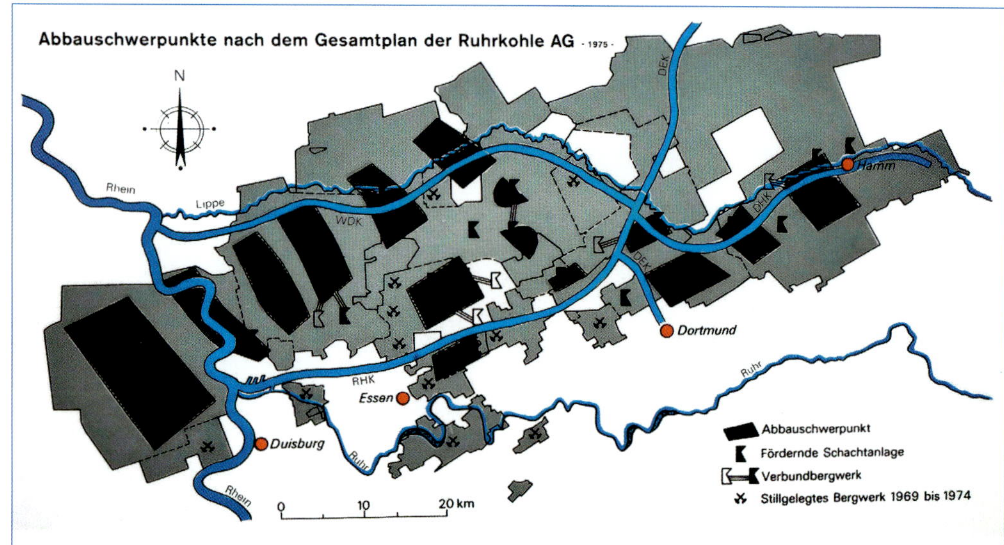


Kanäle im Ruhrgebiet: Für die Kohle gebaut, von der Kohle geprägt. Bei Baubeginn von Rhein-Herne-Kanal und Wesel-Datteln-Kanal hatte der Bergbau deren Trassen bereits erreicht. Das Ausmaß der Bergsenkungen wurde damals mächtig unterschätzt: Man ging von maximal vier Metern aus, tatsächlich traten Senkungen von bis zu 20 Metern ein

Der jahrhundertelange Abbau von → **Kohle**, dem „schwarzen Gold“ des Ruhrgebietes, hat dazu geführt, dass dort rund 4.000 Quadratkilometer Gelände unterirdisch durchwandert sind. Hier droht früher oder später das Einsinken der Erdoberfläche mit der Folge von „Bergschäden“. Besonders empfindlich für derartige Spätfolgen sind Kanäle. Der Begriff „Kohlekanal“ erhält so eine ganz besondere Bedeutung.

In Nordwestdeutschland liegt ein Karbongebirge mit steinkohlehaltigen Schichten, den so genannten Flözen, die Einzelstärken von bis zu drei Metern und Gesamtstärken bis zu 45 Metern aufweisen können. Der Bergbau wanderte von der Ruhr, wo man die Flöze zunächst noch im Tagebau abbauen konnte, immer weiter nach Norden, wo man das Deckgebirge tief durchstoßen musste, um an den begehrten Rohstoff heranzukommen. Der Abbau von Kohle erfolgte felderweise von einem Hohlraum, dem „Streb“ aus, der durch Stempel oder Kappen vor dem Zusammenbrechen geschützt wurde. Davor lag die Kohle, die zunächst mühselig mit Hacken, später mit mechanischen Hobeln und Schrämmmaschinen abgebaut wurde. Hinter der Abbaufront brach das Gebirge nach dem Herausnehmen des Verbaus wieder in sich zusammen.

Über einem Abbaufeld sinkt die Oberfläche nach und nach um rund 90 Prozent der Flözmächtigkeit ab. Ursprünglich glaubte man, die Senkungen so eines Bruchbaues durch „Versatz“, also Verfüllen des ausgeräumten Flözes mit taubem Gestein, mildern zu können, was aber nicht wirklich funktionierte. In jüngerer Vergangenheit wurde dann ganz auf Versatz verzichtet. Ein weiteres Problem stellen Zerrungen und Pressungen der Bodenoberfläche dar, weil das seitlich neben dem Abbaufeld liegende Gebirge in den Senkungstrichter nachrutscht. Zur Verhinderung oder Behebung der Bergschäden wurde schon 1865 das „Allgemeine Berggesetz für die Preußischen Staaten“ erlassen, wonach der Bergwerksbesitzer grundsätzlich für die Schäden, die durch Untertageabbau eintreten, aufzukommen hat. Und bei der Errichtung baulicher Anlagen hat der Bauherr – gegen Kostenerstattung durch den Bergbaubetreiber – sein Bauwerk an die bergbaulichen Gegebenheiten anzupassen oder gegen sie zu sichern. Verkehrsanlagen wie Eisenbahn- oder Kanaltrassen haben zwar grundsätzlich Vorrang gegenüber dem Bergbau, sollen andererseits aber den Abbau der Bodenschätze so wenig wie möglich beeinträchtigen. Ein klassischer Interessenkonflikt, der auszugleichen war.

Schon früh wurden von dem für den Bereich der westdeutschen Kanäle zuständigem Oberbergamt → **Dortmund** Schutzbezirke für die Wasserstraßen festgelegt, für die der Kohleabbau nur aufgrund besonderer bergrechtlich zugelassener Betriebspläne vorgenommen werden sollte. Trotzdem mussten immer wieder Maßnahmen getroffen werden, um die Kanäle und ihre Bauten an die sich ändernden geologischen Verhältnisse anzupassen. Dabei kam es darauf an, rechtzeitig, also vor Eintritt der Senkung zu handeln, so dass eine Überflutung verhindert werden konnte. Derlei Schadensvorsorge folgt zwei alternativen Prinzipien: Entweder man hält den Wasserspiegel des betroffenen Kanalabschnittes auf der alten Höhe. Dann müssen alle Bauwerke vom Kanalboden über die Dämme bis hin zu → **Schleusen** und → **Brücken** mit ihren Anrampungen aufgehöht werden: Der Kanal „wächst" aus dem Gelände „heraus". Oder man senkt den Wasserspiegel einer Kanalhaltung insgesamt ab, dann „gräbt" der Kanal sich ins Gelände „ein".

Beim DEK unterliegt die Kanalhaltung zwischen Dortmund und Henrichenburg den Einwirkungen des Bergbaus, der zu Senkungen bis zu über 13 Meter führte. Hier hatte man die Möglichkeit untersucht, den Kanalwasserspiegel abzusenken, zumal durch den Bau des neuen Hebewerkes in Henrichenburg eine Absenkung um acht Meter konstruktiv möglich gewesen wäre. Darauf wurde aber aus technischen Gründen verzichtet, denn die Strecke war nicht gleichmäßig betroffen. Stattdessen wurde die ursprüngliche Höhenlage des Wasserspiegels beibehalten, indem die Kanalsohle aufgefüllt und kilometerlange Stahlspundwände, die bis zum Eintritt der Senkungen stellenweise mehrere Meter aus dem Wasser ragten, gezogen und meterhohe Dämme aufgeschüttet wurden. An der Drucksbrücke im Süden von Waltrop wurde das umliegende Gelände großflächig aufgefüllt und an die erhöhten Kanaldämme angepasst – die Landschaft wurde quasi neu modelliert. Die Rammung von Spundwänden war auch die einfachste Lösung, sich gegen Durchsickerungen bei steigendem Kanalwasserstand zu schützen. Sie wurden mit einem Abstand von 38 Metern in die Seitendämme gerammt, wodurch bei weiteren Bergsenkungen ein für die Schifffahrt günstigeres Rechteckprofil entstand. Der → **Datteln-Hamm-Kanal** liegt inzwischen auf zwei Dritteln seiner Strecke im Auftrag und wird im Volksmund auch „Blechkanal" genannt. Im Dortmunder Stadtgebiet auf der Höhe der Stadtteile Groppenbruch und Schwieringhausen wurden noch im Jahr 2008 Spundwände und Kanalseitendämme wegen der Bergsenkungen erhöht.

Das Ziel, die Bergschäden durch vorbeugende Maßnahmen zu vermeiden, wurde fast immer erreicht. In nur wenigen Fällen kam es zu ernsthaften Schäden an Bauwerken oder gar zur Behinderung des Schiffsverkehrs. Nur eine einzige Kanalstrecke musste wegen Bergsenkungen gänzlich aufgegeben werden: Der seinerzeit zum DEK gehörende → **Zweigkanal Herne** wurde 1937 stillgelegt und verfüllt. Dass gezielt herbeigeführte Bergsenkungen der Schifffahrt dienlich sein können, zeigte ein in den 1950er- und 1960er Jahren gewagtes Experiment im Duisburger Hafen. Der Hafen drohte wegen der zunehmenden Rheinerosion zu verlanden. Irgendwann kamen ständige Baggerungen zur Vertiefung der Hafenbecken nicht mehr in Frage. Die Hafenverwaltung entschied sich deshalb dazu, die unter dem Hafen lagernde Kohle dreier Flöze gezielt und kontrolliert abzubauen. Insgesamt wurden von der Gelsenkirchener Bergwerks AG rund zwölf Millionen Tonnen Kohle unter dem Hafen gefördert, der tatsächlich wie geplant absackte. Das Wasser im Hafen stieg um insgesamt zwei Meter.

Folge von Bergsenkungen ist, dass zum Beispiel auch Brückenbauwerke angehoben werden müssen. Das Foto vom August 1953 zeigt die Hilfsunterstützung einer gehobenen Hafenwegbrücke am Rhein-Herne-Kanal

Die Aufnahme zeigt sehr anschaulich, wie der Kanal aus dem Gelände „herausgewachsen" ist, da trotz Bergsenkung der Wasserspiegel auf der alten Höhe belassen worden ist und deshalb der Damm erhöht werden musste

BIBO 5 lief im Jahr 1900 bei J&K Smid in Kinderdijk/Niederlande vom Stapel und wurde 1968 bei der Meidericher Schiffswerft in Duisburg umgebaut

Dreimal im Jahr geht BIBO 5 für jeweils zehn Tage auf Streckenfahrt und bereist den Dortmund-Ems-Kanal von ➜ **Datteln** bis ➜ **Emden** und wieder zurück. BIBO 5 ist normalerweise in Datteln stationiert und an 220 Tagen im Jahr dort auch erreichbar. Doch im März, Juni und Oktober ist BIBO 5 unterwegs und macht nach drei Tagen leerer Talfahrt bis Emden auf seiner Rückreise zu Berg in Leer, Papenburg, ➜ **Dörpen**, ➜ **Haren** und ➜ **Münster** Station.

BIBO 5 ist ein Bilgenentölungsboot und als solches auch an seinem schwarzgelben Farbanstrich eindeutig zu erkennen. Schon 1965 war der „Bilgenentwässerungsverband (BEV)“, in dessen Auftrag das Spezialschiff unterwegs ist, gegründet worden, um die umweltgerechte Sammlung und Entsorgung von öl- und fetthaltigen Schiffsbetriebsabfällen (Bilgenwasser, Bilgenöl, separat gesammeltes Altöl, Altfett, Altlappen, Altfilter, Gebinde von Binnenschiffen gemäß dem „Übereinkommen über die Sammlung, Abgabe und Annahme von Abfällen in der Rhein- und Binnenschifffahrt“) zunächst auf dem Rhein, später ausgeweitet auf das deutsche Kanalnetz, umzusetzen.

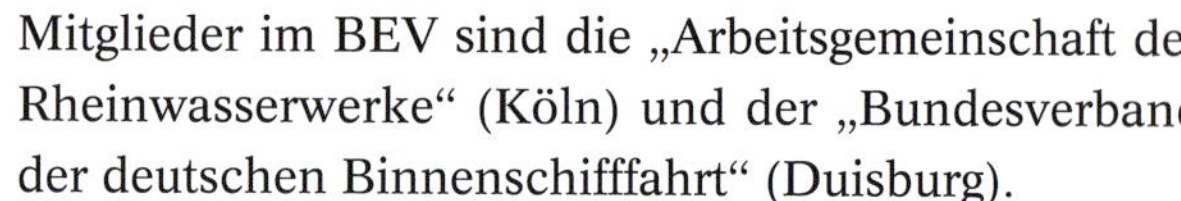
Mitglieder im BEV sind die „Arbeitsgemeinschaft der Rheinwasserwerke“ (Köln) und der „Bundesverband der deutschen Binnenschifffahrt“ (Duisburg).

Auf Güterschiffen befindet sich die Bilge im hinteren Schiffsteil unter dem Motor. Dort sammelt sich Wasser, das bei Reinigungsarbeiten im Maschinenraum anfällt, aber auch durch unvermeidbare Undichtigkeiten der Außenhautdurchführung der Antriebswelle dorthin gelangt. Dieses Wasser wird in der Bilge durch herabtropfenden Treibstoff, Schmieröl oder Fett verschmutzt. In den Anfängen der Motorisierung wurde das Altöl beim Ölwechsel sogar der Einfachheit halber in die Bilge abgelassen. Solange das als Bilgenöl bezeichnete Gemisch von den Güterschiffen außenbords gepumpt wurde, waren weithin sichtbare Gewässerverschmutzungen an der Tagesordnung.

Aus Gründen des Umwelt- und Gewässerschutzes müssen Bilgenöle längst ordnungsgemäß entsorgt werden. Seit dem 1. Januar 2011 wird das System der Bilgenölentsorgung aufgrund eines Staatsvertrages der Rheinuferstaaten sowie Belgiens und Luxemburgs verursachergerecht von der Binnenschifffahrt selbst finanziert. Hierzu ist von jedem Schifffahrttreibenden bei jedem einzelnen Bunkervorgang ein Entsorgungsentgelt auf das gebunkerte Gasöl zu entrichten (im Jahr 2017 sind das 7,50 € je 1.000 Liter). Die Entsorgung selbst ist kostenlos und wird vom BEV auf den Wasserstraßen organisiert.

Auf BIBO 5 findet bereits an Bord eine Entwässerung des gesammelten abgepumpten Bilgenwassers (ca. 90 Prozent Wassergehalt) statt. Das so gewonnene Altöl kann zu großen Teilen wieder aufgearbeitet und in den Wirtschaftskreislauf zurückgegeben werden. Die Einsammlung, Beförderung und abschließende Entsorgung der Abfälle wird über verschiedene Sammelentsorgungsnachweise bescheinigt. Das Schiff gehört zur insgesamt neun Einheiten umfassenden Flotte der Duisburger Bilgenentölungsgesellschaft, hat eine Tragfähigkeit von 77 Tonnen, ist 25 Meter lang und 4,50 Meter breit und hat einen Tiefgang von 1,94 Metern.

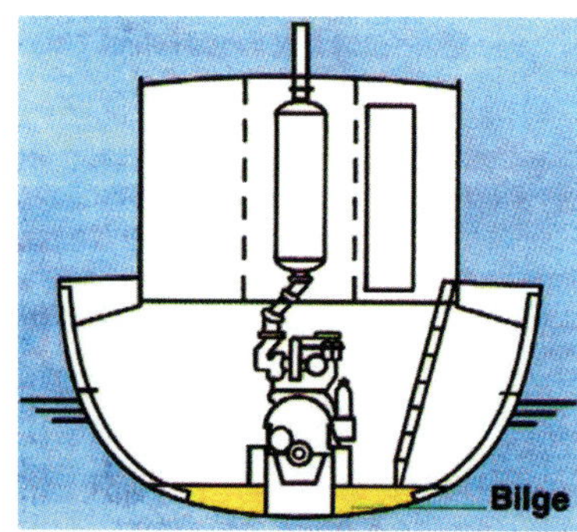


Schematische Zeichnung einer Bilge, die sich im hinteren Schiffsteil unter dem Motor befindet

## Brücken

Mit dem Bau des Dortmund-Ems-Kanals änderte sich auch das Bild der Kulturlandschaft, die er durchzieht und deren Verkehrswege er durchschneidet. Prägend ist nicht nur der Kanal selbst mit seiner Wasserfläche und der Uferbefestigung, den angelegten Betriebswegen und seinem vielfältigen Ufergrün. Unübersehbare Landmarken sind vor allem die Brückenbauwerke, welche die Ufer des Kanals, egal, ob er in einem Einschnitt verläuft oder auf einem Damm liegt, miteinander verbinden. Den DEK kreuzen insgesamt 17 Eisenbahnbrücken, vier Autobahnbrücken, 131 weitere Straßen- und Wegebrücken, acht Fußgängerbrücken sowie sechs Rohr- (für Gase, Flüssigkeiten oder Fernwärme) und Kabelbrücken. Demgegenüber eher unscheinbar sind die 59 Düker- und Durchlassbauwerke sowie 139 unsichtbare Rohrleitungen für Wasser, Kanalisation, Telekommunikation oder Strom. Eine Bundesstraße und ein Feldweg queren in Tunneln die Dammstrecke bei Olfen (→ **Bauten und Anlagen**).

Die „Hansabrücke" querte den Dortmunder Kanalhafen. Der Fotograf Hermann Rückwardt aus Berlin-Lichterfelde inszenierte 1899 sein Foto für die Festschrift zur Einweihung des Hafens – zu sehen sind das Dienstmotorboot HANSA, ein Ruderboot sowie Pferdefuhrwerke und Schaulustige

Als der Kanal 1899 in Betrieb genommen wurde, querten ihn insgesamt 185 Brücken. Davon dienten zur Überführung von Eisenbahnlinien acht, 16 überführten Chausseen und Landstraßen, sechs waren für Fußgänger „in abgeschnittenen Kirch- und Schulwe-

Als besonders formvollendet galt die Brücke bei Tunxdorf/Papenburg über die Ems (hier ein Foto aus der Eröffnungs-Festschrift). Die Ems wurde für die Schifffahrt durch einen Durchstich an der Tunxdorfer Schleife begradigt und über den Durchstich eine Auslegerbrücke errichtet. Sie wurde 1945 von den deutschen Truppen gesprengt, 1950 wieder instandgesetzt, um dann Ende 1977 endgültig abgerissen zu werden, da sie inzwischen zu einem Hindernis für die Emsschifffahrt geworden war

NAWATRANS

gen" bestimmt, die übrigen wurden für Gemeinde-, Wirtschafts- und Interessentenwege gebaut. Mit Ausnahme der beiden Drehbrücken in ➜ **Meppen** (➜ **Hase**) und ➜ **Lingen** (sie wurden 1931 bzw. 1936 durch eine Hub- und eine Trogbrücke ersetzt) sowie zwei kleinen Hubbrücken an den Unterhäuptern der ➜ **Schleusen** Meppen und Bollingerfähr hatten alle Brücken einen festen, ästhetisch dem Geist der Epoche entsprechenden Überbau aus genietetem stählernen Fachwerk. Die Brücken waren typmäßig stark normiert: Bei 112 Brücken kamen fünf Formen zur Ausführung, die sich lediglich in ihren Breiten unterschieden. Errichtet wurden einspurige Feldwegbrücken mit Holzbodenbelag und bis zu acht Meter breite zweispurige Stadtbrücken mit ausgekragten Fußwegen und Betondecken. Alle hatten eine einzige Öffnung bei einer Wasserspiegelbreite zwischen den Pfeilern von rund 25 Metern. Die Stützweite der Überbauten betrug rund 32 Meter und war dadurch bestimmt, dass noch Leinpfade für den ➜ **Treidelbetrieb** unter ihnen hindurch geführt werden mussten. Die Drehbrücken mit einer Stützweite von 32,20 Metern konnten mit einer Handwinde über einem mitten im Wasser liegenden Stützpfeiler, dem sogenannten Königsstuhl, gedreht werden. Mittel- und Landpfeiler der Brücken wurden mit Leitwerken gegen Treibeis und Schiffsanfahrungen geschützt. Besonders formvollendet war die Feldwegbrücke über den Emsdurchstich bei Tunxdorf in der Nähe von Papenburg. Sie wurde als Auslegerbrücke mit einer Spannweite in der Mittelöffnung von 68,14 Metern und Seitenöffnungen von je 25,41 Metern Nutzweite errichtet. Sämtliche Brücken ließen eine lichte Durchfahrtshöhe von vier Metern über dem jeweils höchsten Kanal- bzw. Flusswasserstand frei.

Von diesen Brückenbauwerken der ersten Generation existieren heute keine mehr – sie mussten dem ➜ **Ausbau** des Kanals weichen oder wurden im Zweiten Weltkrieg zerstört (➜ **Kriegszerstörungen**). Nicht zuletzt aufgrund der rasant gestiegenen Belastungen durch größere Fahrzeuggewichte sowie der immer höheren Verkehrsdichte hat man viele dieser Brücken aus den Anfangsjahren bereits vor Ablauf ihrer Nutzungsdauer wegen Überbeanspruchung ersetzen müssen. Nach 1945 wurde der Neubau der Brücken im Zuge der Ausbauarbeiten des Kanals gleichzeitig mit dem Wiederaufbau der zerstörten Brücken durchgeführt. Dabei ging der Brückenbau durch die Anwendung von Spannbeton und dem Verbund zwischen Stahl und Beton neue Wege – nicht zuletzt auch als Folge notorischen Materialmangels. Die Brücken wurden dadurch bei gleicher Tragfähigkeit leichter. Insgesamt betrug

Unter großer Anteilnahme der Bevölkerung wurde am 5. September 1971 die Riesenbecker „Hafenbrücke" eingeschwommen. Beim Einschwimmen werden vorgefertigte Brücken(teile) auf Pontons, Leichtern oder Schwimmkränen mittels ihres eigenen Auftriebs in ihre endgültige Lage gebracht

Nach dem Zweiten Weltkrieg wurde der Schiffahrter-Damm in Münster mit einer Dauerbehelfsbrücke über den Kanal geführt. Die dreistöckige „R1"-Stahl-Fachwerkbrücke wurde 2001 durch eine Stabbogenbrücke ersetzt

Animationszeichnung einer modernen Stabbogenbrücke, die beim Ausbau der Stadtstrecke Münster die alte Wolbecker-Straßenbrücke ersetzen wird

aber allein das Stahlgewicht der 45 ersten neuen Brücken 9.000 Tonnen, während sämtliche 185 alten Brücken ein Stahlgewicht von gerade mal 6.900 Tonnen aufwiesen.

Die ersten Jahre nach dem Zweiten Weltkrieg waren aber auch die Zeit der Provisorien. Bei den ersten Kanalkreuzungen, die wieder hergestellt wurden, kamen „Bailey-Brücken" zum Einsatz – das waren schnell zusammenzumontierende Kriegsgeräte der Alliierten. Andere Not- und Behelfsbrücken entstanden, indem man nicht restlos zerstörte Brückenteile verwandte. Ein Glücksfall war, dass bei der Dortmunder-Union-Brückenbau AG und bei der Firma Stahlbau Rheinhausen noch viele Einzelteile des Kriegsbrückengerätes R1 der Wehrmacht lagerten, die nun als dann dauerhaft genutzte Behelfs-Straßenbrücken in der → **Südstrecke** des DEK zum Einsatz kamen. 20 Stück davon wurden gekauft. Noch heute quert am → **Schiffshebewerk** Henrichenburg die 1949 errichtete „Lucasbrücke" den Kanal (Kilometer 15,65). Diese Brücke war ursprünglich für den Russlandfeldzug zur Überquerung großer Flüsse gebaut worden. Da sie nicht zum Einsatz kam, lagerte sie zum Kriegsende auf dem Gelände der Firma Klöckner. Ihr wurde ein Mittelstück entfernt, um sie der Breite des Kanals anzupassen. Ebenfalls aus Lagerbeständen stammten acht einspurige Hängebrücken für den ländlichen Verkehr und vier Hängebrücken für größere Spannweiten. Beschafft wurden auch vier Fachwerkbrücken aus ehemaligen Marineaufträgen. So wurden in den ersten Jahren nach dem Krieg durchschnittlich 20 Brücken pro Jahr neu errichtet. Bis Ende 1960 waren es 126 Neubauten.

Die Lucasbrücke in Datteln steht seit März 2016 unter Denkmalschutz, soll aber im Zuge der Kanalausbaumaßnahmen im Jahr 2022 abgerissen werden

Um die heutigen Ausbauprofile des Kanals zu überbrücken, werden neue Straßen- und Wegebrücken bis auf wenige Ausnahmen sämtlich als Stabbogenkonstruktionen aus Stahl hergestellt, die sich technisch durch eine niedrige Konstruktionshöhe auszeichnen und optisch das typische Bild einer an Zugseilen hängenden Brücke der Moderne verkörpern. Die Herstellung erfolgt an Land und für das spätere „Einschwimmen" muss der Schiffsverkehr nicht unnötig lange unterbrochen werden. Im Zuge des Ausbaus der „Stadtstrecke Münster", wo Brücken durch ihre exponierte Lage das Stadtbild besonders prägen, wurde bereits 1995 ein Arbeitskreis „Brückengestaltung" eingesetzt. Die Einbindung des Kanals in das Stadtbild erfolgt hier durch ästhetisch aufgewertete Konstruktionen des Tragwerktyps „Stabbogen" und eine entsprechende Formenvielfalt zur Vermeidung von Uniformität.

Mit Beginn des Ausbaus des DEK zur Wasserstraßenklasse IV seit den 1960er-Jahren ist die lichte Durchfahrtshöhe der neuen Brücken auf 5,25 Meter festgelegt, wodurch ein zweilagiger → **Containerverkehr** ermöglicht wird.

## Containerschifffahrt

Die Containerschifffahrt spielt auf dem Dortmund-Ems-Kanal (noch) so gut wie keine Rolle. Dafür gibt es einen einfachen Grund: die zu niedrigen Brückendurchfahrtshöhen. Denn die Wirtschaftlichkeit des Transportes von Containern steigt mit der Anzahl der Boxen, die geladen werden können. Und da spielt – neben der Größe eines Schiffes – das in mehreren Lagen mögliche Übereinanderstapeln eine entscheidende Rolle.

Auf dem Rhein, auf dem jährlich rund zwei Millionen TEU (TEU = „twenty foot equivalent unit“, Maßeinheit für den Standardcontainer) transportiert werden, verkehren inzwischen Binnenschiffe, die bis zu 500 Container in fünf Lagen fassen können. Über den Rhein mit seinen Nebenflüssen (so genannte Rheinschiene) wird ein bedeutender Teil des Seehafenhinterlandverkehrs der „ZARA“-Häfen (Zeebrugge, Antwerpen, Rotterdam, Amsterdam) abgewickelt. Ein Weitertransport über das westdeutsche Kanalsystem trifft nun auf eine einschneidende Behinderung: Beim Bau der nordwestdeutschen Kanäle wurde die lichte Durchfahrtshöhe der → **Brücken** auf vier Meter festgelegt, was Containerverkehr mit lediglich einer einzigen Lage bzw. mit Ballast auch eingeschränkt mit zwei Lagen zulässt. Und etliche dieser alten Brücken existieren noch. Forderungen nach einem schnelleren, vorgezogenen Ersatz dieser alten Brücken erteilte der Bund bislang immer eine Absage. Aber auch die im Zuge des → **Ausbaus** der Kanäle oder als Ersatzmaßnahmen errichteten neuen Brücken ermöglichen nur einen – ungehinderten – Containertransport mit zwei Lagen. Denn der 1965 für das „Europaschiff“ festgesetzte neue Standard legte die Durchfahrtshöhe auf 5,25 Meter fest. Für eine dritte Lage, die die Wirtschaftlichkeit eines Containertransports per Binnenschiff merklich erhöhen würde, müssten sämtliche Brücken mit einem enormen, volkswirtschaftlich kaum zu vertretenden finanziellen, zeitlichen und planerischen Aufwand um weitere 2,80 Meter angehoben werden.

So wundert es nicht, dass auf der gesamten echten „Kanal“-Strecke zwischen → **Datteln** und → **Küstenkanal** nur wenige Container transportiert werden. 2015 gingen durch die Schleuse Münster ganze sieben beladene und 3.558 Leercontainer. Der mit Abstand größte Containerverkehr entfällt auf die → **Nordstrecke** nördlich des Küstenkanals. Die Containerschiffe aus und nach den Niederlanden gelangen über die → **Ems** und die Eingangsschleuse Herbrum zum Güterverteilzentrum (GVZ) → **Dörpen**, das am Abzweig des DEK zum Küstenkanal liegt. Bis hierher sind lediglich sechs Brücken zu passieren, die sämtlich über hinreichende Höhen sogar für drei Lagen Container verfügen. 2015 wurden durch die Schleuse Herbrum 21.400 TEU Container transportiert. Der Anteil der

Am hochmodernen Containerterminal des Hafens Dortmund wurden 2015 insgesamt 202.000 Container umgeschlagen. Doch der wasserseitige Containerumschlag ist mit einem Anteil von fünf Prozent daran fast bedeutungslos – das Gros teilen sich Lkw und Bahn

Gut, dass es nur Holzspäne sind, die hier von der lediglich 4,10 Meter hohen „Prinz Brücke" in Hiltrup abrasiert werden! Die Brücke wurde 1907 als „Karl-Lehr-Brücke" in Duisburg errichtet und im Jahr 1946 von der Ruhr nach Hiltrup umgesetzt. Ihre Durchfahrtshöhe erlaubt nur einlagigen Containerverkehr. Die Brücke soll deshalb ersetzt werden. Dann beträgt die Durchfahrtshöhe 5,25 Meter und erlaubt einen zweilagigen Containerverkehr

beladenen Container von Herbrum kommend war dabei verschwindend klein und betrug nur 114 TEU. Am anderen Ende des Kanals ist der zweite bedeutsamere Containerverkehr zu verzeichnen: An der Schleuse Henrichenburg laufen die Verkehrsströme des → **Rhein-Herne-Kanals** und des → **Wesel-Datteln-Kanals** mit Ziel- bzw. Versandhafen → **Dortmund** zusammen. 2015 waren das 9.095 geschleuste TEU, also rund 4.500 Container in jede Richtung.

Fast wäre es von Anbeginn zu einer Art Containerverkehr auf dem DEK gekommen. Denn im Vorfeld seines Baus suchte man nach Alternativen, um die brüchige Ruhrkohle möglichst schonend zum Erhalt ihrer Qualität verladen zu können – eine Vorgabe, die von der Marine gemacht wurde, wenn sie Ruhrkohle orderte. Eine Idee, die sich schon in einem dem Gesetzentwurf von 1886 beigefügten Aufsatz des Wasserbauinspektors Paul Gerhardt findet, war der Einsatz von „Transportkästen": Sie sollten bereits auf der Zeche befüllt, anschließend mit der Eisenbahn zu den Kanalhäfen transportiert und aufs Schiff verladen werden. Erst im Seehafen angekommen, sollten die Behälter entleert und wieder zurückgeschickt werden. Auch der spätere Direktor des Dortmunder Hafens Fritz Geck zog noch 1892 in einer Schrift den Einsatz von Lastschiffen aus einer Anzahl kleiner Kästen mit 10 – 40 Tonnen Fassungsvermögen in Betracht, die voneinander getrennt aus dem Wasser gehoben und dann auf Eisenbahn- oder Landfahrzeuge gesetzt werden sollten. Geck: „Es wird dadurch ein Umladen der Güter gespart." Die Idee eines solchen „Gliederschiffes" wurde 1940 vom Leiter der Abteilung Schifffahrt der „Hermann Göring Werke für Erzbergbau und Eisenhütten" in Salzgitter, Eberhard Westphal, weiterentwickelt. In Fahrt kam aber nur ein einziger Prototyp dieses nach seinem Konstrukteur benannten „Westphal-Floßes", einem Verbund aus Röhren, im Volksmund auch „Kanalschlange" genannt. Die Kanalschlange war zwischen 1943 und 1971 auf dem DEK und dem → **Mittellandkanal** unterwegs.

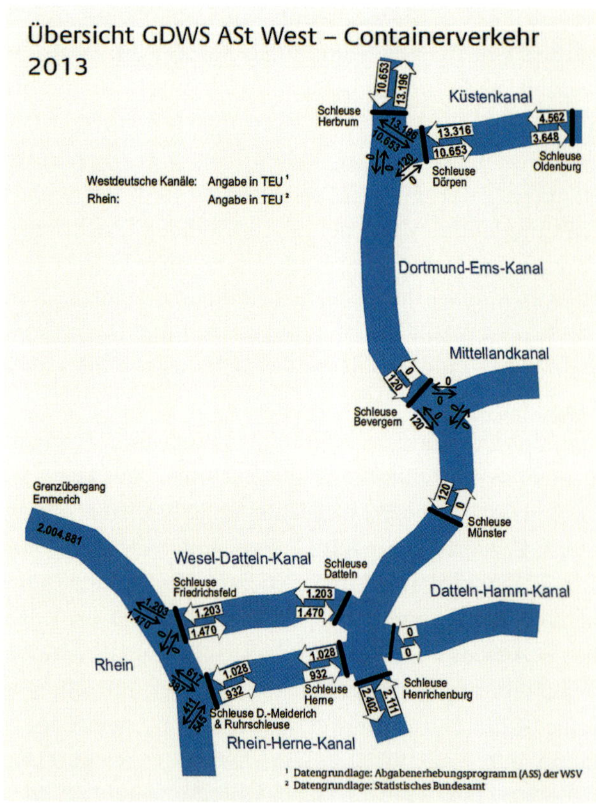


Die von der Generaldirektion Wasserstraßen und Schifffahrt (Außenstelle West) erstellte Grafik über die Containerverkehre im westdeutschen Kanalnetz (hier: 2013) zeigt überdeutlich, dass auf dem gesamten Teilstück zwischen Datteln und Küstenkanal kein nennenswerter Containerverkehr auf dem DEK stattfindet. Das soll sich ändern

# Datteln-Hamm-Kanal



Der Datteln-Hamm-Kanal zweigt, wie der Name schon zum Ausdruck bringt, auf dem Stadtgebiet von → **Datteln** bei Kanalkilometer 19,51 in östlicher Richtung vom Dortmund-Ems-Kanal ab. Er hat eine Länge von 47,145 Kilometern und endet in Hamm-Schmehausen als Werkshafen des Kraftwerks Westfalen, dessen erste Blöcke A und B dort 1963 in Betrieb genommen wurden. Der Kanal wird von 42 Bahn-, Straßen-, Wege- und Fußgängerbrücken sowie einer Transportbandbrücke überquert und von 30 Dükern und Durchlässen sowie 38 Rohr- und Kabeldükern unterquert. Für den Havariefall ist er mit zwei → **Sicherheitstoren** in Waltrop und Bergkamen ausgestattet. Der in zwei Teilabschnitten erbaute Kanal wird im Volksmund auch gerne als „Blechkanal" bezeichnet.

Beschlossen wurde der DHK mit dem preußischem Wasserstraßengesetz vom 1. April 1905, mit dem auch der → **Mittellandkanal** bis Hannover und der → **Rhein-Herne-Kanal** als Verbindungsstück zwischen DEK und Rhein auf den Weg gebracht wurden. Die Regelungen sahen im Detail vor, dass zunächst ein „Lippe-Seitenkanal" bis Hamm zur Ausführung kommen sollte und danach – spätestens ein Jahr nach Eröffnung des RHK – entweder eine Kanalisierung der → **Lippe** oder eine Fortführung als Seitenkanal bis Lippstadt in Angriff genommen werden sollte. Doch es kam anders.

Der erste Teilabschnitt, der auf seiner gesamten Länge von 37 Kilometern schleusungsfrei dem Verlauf der Lippe auf deren Südseite folgt, wurde von 1910 bis 1914 gebaut. Die Kanaltrasse musste sich der Höhenlinie der Lippe anpassen, um hohe Dammstrecken wie tiefe Einschnitte zu vermeiden. Der Abstand zwischen Kanal und Fluss verringerte sich deshalb von vier Kilometern bei Datteln auf zum Teil weniger als 100 Meter. Zwischen Nordherringen und der Staustufe Hamm als (vorläufigem) Endpunkt wurde die Lippe auf 6,5 Kilometern in ein neues Bett unmittelbar hinter einen Hochwasserschutzdamm zwischen den beiden Wasserläufen verlegt. An der Staustufe mit Schleuse und Walzenwehr sollten sich Lippe und Kanal vereinen, da der Normalstau der Lippe und das Oberwasser der Schleuse auf einer Höhe lagen. Man baute dann aber doch einen Trenndamm mit einem bei Hochwasser verschließbaren Einspeisungsbauwerk – mit der Folge, dass es nun keine schiffbare Verbindung mit der Lippe gab und der Fluss aus dem Netz der Wasserstraßen für immer ausschied.

Eine offizielle Eröffnung des Kanals hat es nie gegeben; das erste Schiff unter kaiserlicher Flagge durchfuhr ihn am 18. Juni 1914. Zu diesem Zeitpunkt taumelte Europa bereits dem Ersten Weltkrieg entgegen. Bei Eröffnung hatte der Bergbau das Kanalgebiet nur auf wenigen Kilometern erreicht, so dass Zechenhäfen zunächst nur bei Lünen und im Raum Werne entstanden. Umso intensiver wurde der Bau eines Hafens mitten in der Stadt Hamm quasi am Ende des Kanals betrieben, der durch beidseitige Rückverlagerung der Ufer als Parallelhafen ausgestaltet wurde. Auf der Südseite wurde ein 500 Meter langer Kai als Handelshafen, anschließend zwei je 250 Meter lange Umschlagstellen für zwei alteingesessene Drahtwerke geschaffen und noch weitere 1.000 Meter als Industriehafen vorgehalten. Gegenüber entstand der Kohlehafen.

Schon im dritten Kriegsjahr 1916 mussten die Bau-

Der „Blechkanal" entsteht: Als Folge von Bergsenkungen wurde der Kanal seitlich in Dämme gebettet und in Spundwände gefasst, um ein Auslaufen zu verhindern. Die Bausausführung lag hier beim Dortmunder Tiefbauunternehmen Heinrich Butzer. Das Foto machte Carl Justus Pabst, der über 40 Jahre als Korrespondent der Zeche Minister Achenbach in Lünen-Brambauer arbeitete

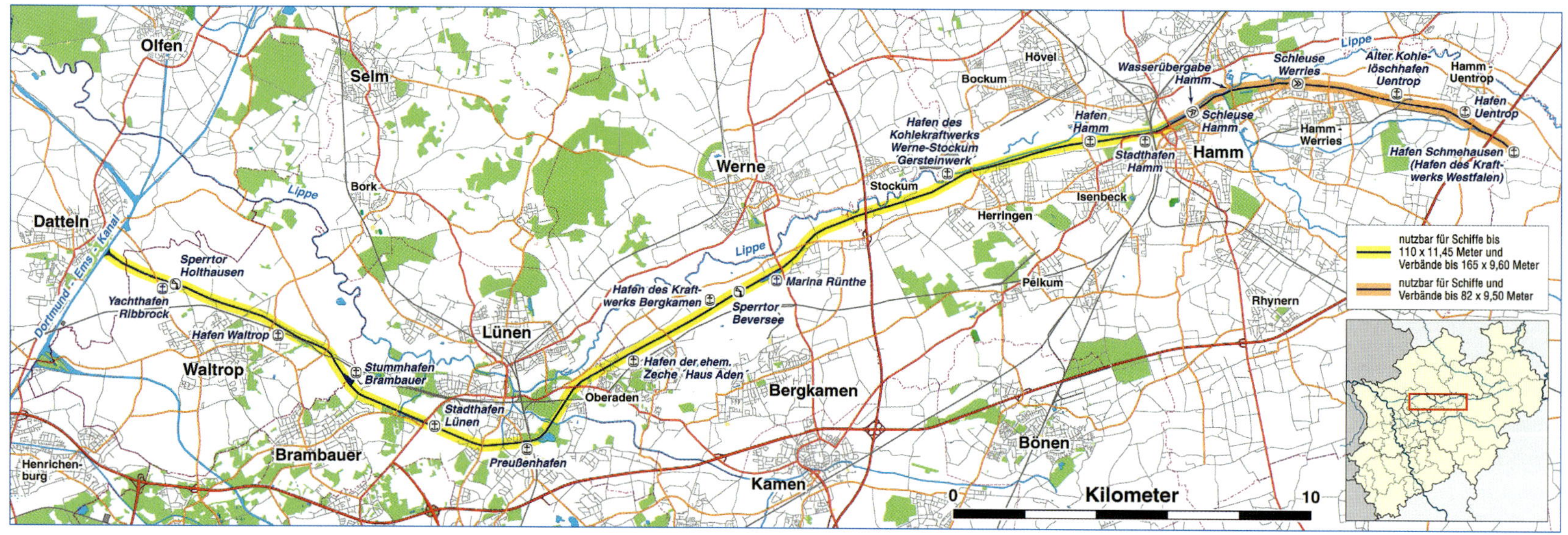


arbeiten an der Verlängerung des Kanals nach Osten abgebrochen werden. Sie wurden in einem Notstandsprogramm 1919 zwar wieder aufgenommen, aber erneut – aus Geldmangel – eingestellt. Im Staatsvertrag von 1921, der zur „Verreichlichung" der Kanäle führte, war ein Weiterbau zwar vorgesehen, aber nur unter Rücksichtnahme auf die wirtschaftliche Lage des Reiches. Es war genau dieser Passus, der dann 1929 ein weiteres Mal zum Abbruch der 1926 aufgenommenen Baumaßnahmen führte. 3,5 Kilometer oberhalb der Schleuse Hamm war die erste der drei Schleusen für die Kanalverlängerung gebaut (Schleuse Werries), aber das Kanalbett nur auf einer Länge von acht Kilometern bis zum unteren Vorhafen der zweiten noch erforderlichen Schleuse bei Schmehausen ausgehoben worden. Diese am 23. August 1933 für den Verkehr freigegebene Verlängerung war ein nutzloser Wurmfortsatz, weil auch die Zeche Maximilian ihre → **Kohle** nicht über den Kanal verschiffte. Die Grube musste aufgegeben werden.

Erst durch den Werkshafen der Zeche Westfalen in Ahlen, der durch eine acht Kilometer lange Hafenbahn erschlossen und 1935 auf halber Höhe zwischen Werries und Uentrop in Betrieb genommen wurde (Kanalkilometer 43,14), bekam die Trassenverlängerung wieder einen Sinn. Bis zur Schließung der Zeche im Jahr 2000 wurden von hier jährlich mehrere Hunderttausend Tonnen Steinkohle und Koks abtransportiert. Auf eine Weiterführung des Kanals wie geplant bis nach Lippstadt verzichtete die Bundesrepublik Deutschland nach dem Zweiten Weltkrieg dann endgültig.

Der DHK diente über lange Zeit als Erschließungskanal des durch den Kohleabbau geprägten östlichen Ruhrgebietes. Zahlreiche große, inzwischen stillgelegte Zechen lagen in seiner Nähe und nutzen seine Hafenanlagen: so der „Stummhafen" für die Zeche Minister

Dia aus den 1960er-Jahren: Als der Stadthafen Lünen 1914 in Betrieb genommen wurde, diente er vor allem dem Kohleumschlag der Zeche Victoria, bis 1958 auch dem Güterumschlag des Aluminiumwerks der Vereinigte Aluminiumwerke und des Sägewerks Haumann. Zwischen 1961 und 1967 betrieb die Lüner Hafenumschlag- und Speditions-GmbH den Hafen als öffentlicher Umschlagbetrieb. Im Jahr 1967 übernahmen die Stadtwerke Lünen den Betrieb

ISOLA BELLA
G BERG
02205701

Die „Qualitäts-Farbkarte" zeigt einen voll ausgelasteten Hafen Hamm Ende der 1960er-Jahre. Einer der hinten rechts auf diesem Foto noch zu sehenden Kräne von 1939 konnte vor dem Abriss bewahrt werden, wurde von der RHENUS der Stadt Hamm geschenkt und restauriert. Seit 2010 unter Denkmalschutz stehend erinnert er an die Geschichte des Güterumschlags im Osthafen

Achenbach, die Häfen der Zechen Haus Aden, der Monopol-Bergwerks GmbH, der Klöckner-Bergbau AG, des Steinkohlebergwerks Heinrich Robert – und der „Preußenhafen" (Kanalkilometer 14,16) in Lünen-Süd für die Zechen Preußen in Lünen und Gneisenau in Dortmund-Derne. 1924 begann dessen Blütezeit als Kohleumschlagplatz, Mitte der 1960er Jahre wurde der Hafen erweitert, ab Ende der 1980er Jahre verlor er durch die Zechenschließungen jedoch an Bedeutung. Als Landmarke steht der von der Mannheimer Maschinenfabrik Mohr & Federhaff AG im Jahr 1962 gebaute Vollportal-Wippdrehkran („Mohr-Kran" genannt), der flexibel für zwei Frachtschiffe gleichzeitig eingesetzt werden konnte, noch heute auf der Uferpromenade.

Die Hafenlandschaft hat sich durch den Rückgang des Bergbaus komplett umstrukturiert. Neben dem Stadthafen von Hamm ist heute der Stadthafen Lünen der zweitgrößte am Kanal. Hinzu kommen eine Reihe von Kraftwerkshäfen (Kraftwerke Bergkamen, Gerstein und Westfalen), die einstigen Zechenhäfen, der Hafen Waltrop und der Ruhrmann Hafen in Uentrop. Die über den DHK transportierte Gütermenge beträgt rund sieben Millionen Tonnen pro Jahr. Von einiger Bedeutung ist noch die „Marina Rünthe" im ehemaligen Verladehafen der Zeche Werne als größter Sportboothafen in NRW.

Das Umfeld des DHK ist vor allem durch den Kohleabbau geprägt worden. Bei seiner Inbetriebnahme im Jahre 1914 war der Kanal noch in die Landschaft eingebunden und sein Wasserspiegel entsprach weitgehend dem Geländeprofil. Der Bergbau verursachte jedoch starke Verwerfungen (→ **Bergsenkungen**) und es wurden umfangreiche Sicherungsmaßnahmen nötig. Der Kanal wurde seitlich in Dämme gebettet, um ein Auslaufen zu verhindern und „wuchs" somit über das Gelände hinaus. Teilweise erreichen diese Kanalseitendämme Höhen bis zu 15 Meter. Um die Dämme schnell und platzsparend erhöhen zu können, wurden große Teile der Ufer in Spundwände gefasst und hierbei künftige Bergsenkungen durch entsprechend große Spundwandhöhen berücksichtigt – so entstand der Begriff des „Blechkanals".

Im Rahmen des erforderlichen Ausbaus des Kanals für Großmotorgüterschiffe und Schubverbände wurde der DHK auf seiner Weststrecke bis Hamm wieder umweltverträglich in die Landschaft eingebunden, indem

In über 100 Jahren hat sich der Hafen Hamm mit heute rund 1,6 Millionen Tonnen Schiffsgüterumschlag und rund 500.000 Tonnen Bahngüterverkehr pro Jahr zum größten Kanalhafen in NRW entwickelt. Hauptumschlaggüter sind Ölsaaten, Speiseöl, Mineralölprodukte, Futter- und Düngemittel

die vorhandenen Böschungsufer zum größten Teil in ökologisch wertvolle Randbereiche umgewandelt wurden. Der Ausbau zur Wasserstraße der Kategorie Vb auf der Oststrecke wurde als „vordringlicher Bedarf" in den 2016 beschlossenen Bundesverkehrswegeplan 2030 aufgenommen.

Eine Besonderheit des DHKs ist seine zusätzliche Funktion als Wasserleitung. Die in Hamm gestaute Lippe versorgt das gesamte westdeutsche Kanalssystem mit dem erforderlichen Zuschusswasser (→ **Wasserwirtschaft**).

## Datteln(er) Meer

Selbstbewusst nennt Datteln sich „größter Kanalknotenpunkt der Welt". Denn hier treffen vier Kanäle zusammen, deren Länge auf Dattelner Stadtgebiet insgesamt 19 Kilometer beträgt. Der → **Rhein-Herne-Kanal** geht bei Henrichenburg (→ **Schiffshebewerk**) in den Dortmund-Ems-Kanal über, welcher die Süd-Nord-Achse des Wasserstraßenkreuzes bildet. In das Kreuz münden von Osten kommend der → **Datteln-Hamm-Kanal** und weiter nördlich von Westen kommend der → **Wesel-Datteln-Kanal**. Das Niveau sämtlicher Kanalhaltungen beträgt hier 56,5 Meter über NN.

Infolge der durchgehenden Verbreiterung des 1930 fertiggestellten WDK vom oberen Vorhafen der Schleuse Datteln-Natrop bis zur Einmündung in den DEK entstand eine ausgedehnte Wasserfläche, die schon bald im Volksmund „Dattelner Meer" genannt und zum beliebten Ausflugsziel wurde. Und bis zu seiner Stilllegung und Abtrennung mit Spundwand und Erdwall im Jahr 1989 mündete hier auch noch die einstige „Alte Fahrt" (→ **Zweite Fahrten**) des DEK ins Dattelner Meer.

Zu Zeiten der → **Schleppschifffahrt** auf den westdeutschen Wasserstraßen wurden hier die Lastkähne an die staatlichen Schlepper gekoppelt, um zu den → **Häfen** des Kanalnetzes geschleppt zu werden. Auf den Strecken nach Wesel und Hamm wurde dies im Pendelbetrieb organisiert. An der damaligen Hebestelle der Schleppbetriebsstelle Datteln des Schleppamtes Duisburg konnten die Schiffer die erforderlichen Fahrscheine lösen. Das Gebäude nutzt heute ein Unternehmen für Schiffsausrüstungen. Oberhalb der Schleuse Datteln befinden sich ein Wasserwanderrastplatz, ein Stützpunkt der → **Wasserschutzpolizei**, das Löschboot der Freiwilligen Feuerwehr, ein Standort der → **Bilgenentölungsgesellschaft** Duisburg, eine Außenstelle des WSA Duisburg-Meiderich nebst Betriebshof und die rund um die Uhr im Schichtdienst besetzte Fernsteuerzentrale für die → **Wasserbewirtschaftung** des westdeutschen Kanalsystems. Im Schleusenhafen liegen außerdem Bunkerschiffe zur Versorgung der Binnenschiffer mit Treibstoff. Am Dattelner Meer hat der Schifferverein seinen Flaggenmast aufgestellt und am alten für Fracht-

Luftaufnahme vom Dattelner Meer aus den 1980er-Jahren: Erst 1989 wurde die oben links im Bild abzweigende „Alte Fahrt" mit einem Schutzwall vom Hauptkanal abgetrennt. Auch der Liegehafen am linken Kanalufer existiert nicht mehr

1948: Aus diesem Jahr stammt diese Postkarte, die anlässlich der „Heimat- und Kulturwochen im Ostvest" in Datteln verkauft wurde. Beteiligt waren die Gemeinden Datteln, Oer-Erkenschwick, Ahsen und Flaesheim (ihre Wappen prangen auf der Rückseite) – alle gelegen im Kreis Recklinghausen in einem Dreieck, das vom Rhein-Herne-Kanal, dem Dortmund-Ems-Kanal und dem Wesel-Datteln-Kanal begrenzt wird

umschlag nicht mehr genutzten Dreieckshafen sind ein → **Ruder- und ein Kanuverein** ansässig.

Jedes Jahr im August oder September lockt das „Kanalfestival“ Tausende Besucher an. Das dreitägige Festival mit Musik, Kleinkunst, Hobby- und Handwerkermarkt, Kindervergnügen und Gourmetständen hat eine langjährige Tradition in der Kanalstadt. Die Heraushebung der Eigenschaft als größter Kanalknotenpunkt Europas ist wohl dem damaligen Bürgermeister Horst Niggemeier zuzuschreiben, der 1969 auch das Kanalfestival zusammen mit dem Schifferverein und den Wassersport treibenden Vereinen ins Leben rief. Anfang der 1990er-Jahre löste sich das Kanalfestival von seinem Kirmescharakter und entwickelte sich zu einer Kulturveranstaltung mit Volksfest-Flair. Als PR-Maßnahme wurde auch der Schlager „Komm mal mit zum Dattelner Kanal“ (gesungen von Sven Olsen & die Equilis) produziert, ebenso das Dattelner Kanalwasser, ein westfälischer klarer Korn.

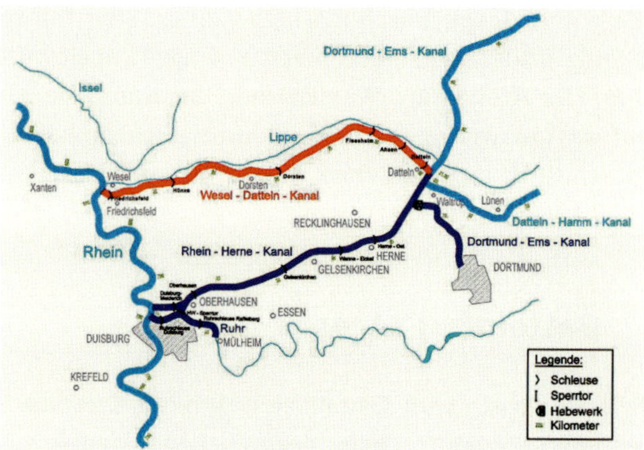


Am nordöstlichen Rande des Ruhrgebiets gelegen treffen in Datteln vier westdeutsche Kanäle zusammen, deren Länge auf Dattelner Stadtgebiet insgesamt 19 Kilometer beträgt

Datteln ist während der einhundert Jahre, in denen seine Kanäle es zum Kanalknotenpunkt anwachsen ließen, nie Hafenstadt im eigentlichen Sinne ge-

Direkt gegenüber der Einmündung des Wesel-Datteln-Kanals drängeln sich Schiffe in fünf Reihen nebeneinander. Die Aufnahme stammt aus den 1960er-Jahren

worden. Der „Hafen Datteln“ war als Parallelhafen (Kanalkilometer 20,93) auf 270 Metern Länge angelegt und mit zwei Drehkränen ausgestattet. Umgeschlagen wurden hier Massengüter wie Baustoffe und Kies. Die Stadt verdankt ihren wirtschaftlichen Aufschwung aber insbesondere dem Bau des DEK, in dessen unmittelbarer Nachbarschaft 1902 mit dem Abteufen der ersten Doppelschachtanlage der Zeche Emscher-Lippe begonnen wurde. 1906 begann die Förderung und 1908 wurde die erste Kokerei in Betrieb genommen. Gleichzeitig wurde weiter nördlich ebenfalls am Kanal mit der Niederbringung eines weiteren Förderschachtes begonnen, der 1912 seine Kohleförderung aufnahm. 1972 erfolgte die Stilllegung der Schächte. Über ein halbes Jahrhundert wurden über den Wasserweg nicht nur riesige Mengen Grubenholz in den werkseigenen Zechenhafen (Kanalkilometer 19,05), der über einen Gleisanschluss verfügte, angeliefert, sondern auch ➜ **Kohle** und Koks abtransportiert. Die Vorteile der günstigen Verkehrsanbindung nutzte nicht nur der Bergbau, sondern auch das 1968 angesiedelte und 2008 stillgelegte Zinkelektrolysewerk „Ruhrzink“ mit Umschlagstelle bei Kanalkilometer 16,3 gleich gegenüber dem unteren Vorhafen des neuen Schiffshebewerkes sowie das Kohlekraftwerk Datteln (➜ **Kraftwerke**).

1959, als diese Luftaufnahme entstand, liefen die Förderanlagen 1/2 der Zeche Emscher-Lippe noch auf Hochbetrieb. 1972 war Schluss. Die Kokerei bei Schacht 3/4 wurde noch bis 1974, die bei Schacht 1/2 bis 1983 betrieben

Besondere Höhepunkte des jährlichen Kanalfestivals waren immer der Lampioncorso mit großem Höhenfeuerwerk und ein Fackelschwimmen im Kanal. Erhöhte Sicherheitsauflagen zwangen die Veranstalter 2017 zu einer Neukonzeption

## Dörenthe (Saerbeck), Hafen

Am 19. April 1899 erteilte das preußische Ministerium der öffentlichen Arbeiten nach dem damaligen preußischen Kleinbahngesetz, das die Einrichtung von Privatbahnen des öffentlichen Verkehrs unter vereinfachten Bau- und Betriebsverhältnissen erleichterte, die Bau- und Betriebskonzession für eine normalspurige Sekundärbahn von Ibbenbüren nach Gütersloh mit einem Abzweig zum Dortmund-Ems-Kanal. Das Unternehmen wurde als Aktiengesellschaft geführt

Teutoburger Schiffahrts-Gesellschaft m. b. H.
Duisburg-Ruhrort Betriebsstelle: Hafen Saerbeck
Ubernahme von Massentransporten auf den westdeutschen Kanälen, dem Rhein und nach und von Holland / Umschlag mit eigenen Krananlagen im Hafen Saerbeck / Lagerhäuser und Getreidespeicher mit Elevator im Hafen Saerbeck
Telegr.-Adr.: Teutoburger Schiffahrt / Fernspr.: Duisburg Nord 8004 u. 8200, Ibbenbüren 39 (f. Hafen Saerbeck) / Bankkonto: Essener Credit-Anstalt, Duisburg-Ruhrort, Dresdner Bank, Duisburg, Ibbenbürener Volksbank, A.-G., Ibbenbüren / Postscheckkonto: Essen 22340
497

Anzeige der „Teutoburger Schiffahrts-Gesellschaft m b. H." aus dem Jahr 1925 für die Betriebsstelle Hafen Saerbeck

Gemäß dem preußischen Kleinbahngesetz erteilte am 19. April 1899 das Ministerium der öffentlichen Arbeiten die Konzession für Bau und Betrieb einer Privatbahn von Gütersloh nach Ibbenbüren – mit einem Abzweig zum Dortmund-Ems-Kanal. Schon am 17. Juni 1899 wurde die „Teutoburger-Wald-Eisenbahn-Gesellschaft (TWE)" im Hotel Kaiserhof in → **Münster** gegründet, im August 1899 konnte mit den Bauarbeiten begonnen werden und am 1. Juli 1901 war über ein Nebengleis von sieben Kilometern ab Ibbenbüren auch der „Hafen Saerbeck" angeschlossen. Bemühungen, die Bahnlinie auf die andere Seite des Kanals zu führen und nach → **Rheine** (Rodde) zu verlängern, waren zuvor im Sande verlaufen. Am 19. Juli wurde die gesamte Strecke dem Verkehr übergeben. Im Fest-Sonderzug und bei der Festtafel mit einem „trockenen Gedeck" für 3 Mark zur Einweihung am Tag zuvor, sorgte das Infanterie-Regiment Nr. 78 aus Osnabrück für die Musik. Von diesem Tag an wurden Eisenbahn und Hafen eine Schicksalsgemeinschaft.

Hauptaktionärin der TWE-Gesellschaft wurde die Berliner Bahnbau- und Betriebsgesellschaft Vering & Waechter, Anteile hielten aber auch die anliegenden Städte, Gemeinden und Kreise. Darunter der Kreis Tecklenburg (seit 1975 zum Kreis Steinfurt gehörend), der schon 1894 entsprechende Vorplanungs- und Vermessungsarbeiten in Auftrag gegeben hatte. Der Hafen (Kanalkilometer 99,47) erhielt seine Bezeichnung nach dem damaligen DEK-Streckenbauabschnitt „Saerbeck", liegt aber im Ibbenbürener Ortsteil Dörenthe, worüber sich – vielleicht etwas spät – im Jahr 1904 aufgebrachte Ibbenbürener Industrielle und Gewerbetreibende in einem Protestbrief an den „Königlichen Staatsminister, Oberpräsident der Provinz Westfalen, Freiherr von der Recke, von der Horst" heftig beschwerten. Saerbeck sei völlig unbedeutend, läge auch noch zwei Kilometer weit vom Kanalhafen entfernt und umgeschlagen würden schließlich nur Erzeugnisse aus Ibbenbüren. Doch von der Recke hatte kein Einsehen, der Name sei nun mal amtlich eingeführt. Hintergrund war: Die kleine Gemeinde Saerbeck hatte 1890 Geld für den Ankauf von Grundstücken aufgebracht und dafür die Zusage der Königlichen Kanalkommission erhalten, die Trasse an die Ortschaft heranzuführen. Das geschah dann letztlich nicht, aber der Name für den Hafen blieb. Erst Anfang der 1950er-Jahre gelang dem in Dörenthe geborenen Regierungsdirektor Dr. Hugo Ottmann als Leiter des Ressorts Binnenschifffahrt bei der Wasser- und Schifffahrtsdirektion in Münster die Umbenennung. Kurios genug: Der Endpunkt der Bahnlinie behielt den Namen „Hafen Saerbeck", was möglicherweise Jahrzehnte zuvor manch einen Reisenden irritiert haben dürfte, denn bis 1917 beförderte die TWE dorthin auch Personen.

Betreiber des Hafens war zunächst die Bahngesellschaft selbst, die ihre Anlagen nach Ende des Ersten Weltkrieges an eine „Teutoburger Schifffahrtsgesellschaft", die ohne Fortune auch einen Hafen am neu eröffneten Mittellandkanal in Lübbecke betrieb, weiterverpachtete. Mitte der 1920er-Jahre wurde das Verladen, Lagern und Spedieren von der „Schiffahrts- und Speditionsgesellschaft Saerbeck-Hafen" betrieben, die wiederum 1954 von der → **Westfälischen Transport AG** aufgekauft und in „Teutoburger Schiffahrts- und Lagerhausgesellschaft" umbenannt wurde. Daneben siedelte sich Mitte der 1930er-Jahre noch der Baustoffhandel Bergschneider im Hafen an, der ihn auch heute noch in Alleinregie betreibt.

Die Umschlaganlagen in Dörenthe waren für die TWE lange Zeit Lebensnerv. Sie investierte deshalb in die Anlagen durch Beschaffung von zwei Dampfkränen, Erweiterung auf sechs Gleise, Bau zweier Lagerhallen und die Beschaffung einer Gleiswaage. Umgeschlagen wurde jahrzehntelang Ibbenbürener Anthrazitkohle, Baustoffe aus den nahe gelegenen Steinbrüchen, Kalk- und Zementwerken im Tecklenburger Land, Bau- und Grubenholz aus den Forstbetrieben des Teutoburger Waldes, Basaltstein für den Straßenbau, Dünger, sowie

Getreide in großen Mengen. Ziegel aus Hörstel (→ **Nasses Dreieck**) wurden noch bis Ende der 1920er-Jahre auf Kähnen herbeigeschafft, die von Pferden getreidelt wurden (→ **Treideln**). Auch wurde die Georgsmarienhütte von hier mit Kohle und Erzen versorgt. Der Hafen boomte.

In Münster beobachtete man die positive Entwicklung in Dörenthe mit viel Argwohn und setze schließlich beim zuständigen Eisenbahnkommissar die Aufhebung jeglicher Tarifermäßigungen, die der privaten TWE eingeräumt waren, durch. Infolgedessen wurden im Jahr 1920 lediglich 19.900 Tonnen Güter umgeschlagen – doch danach ging es wieder steil aufwärts. 1956 waren hier vier Krananlagen, eine Verladebrücke mit elektrischer Laufkatze, ein Getreide-Schiffselevator, eine Kiesbunkeranlage, drei Lagerhäuser, ein Schienenkran und ein Raupenkran vorhanden. Das Wendebecken wurde von der Süd- auf die Nordseite des Kanals verlegt. Noch in den 1960er-Jahren wurde ein Großteil der von der Preussag-Zeche Ibbenbüren geförderten → **Kohle** in Saerbeck auf Binnenschiffe umgeschlagen, bis der gesamte Kohleumschlag an den → **Mittellandkanal** verlegt wurde. Bis 1970 sank der Jahresumschlag dann auf unter 500.000 Tonnen. 1976 entfiel auch noch der Umschlag von Zement und Betonsteinen, so dass die Hafenstrecke der TWE bedeutungslos geworden war. Hoffnungen auf eine Erholung durch militärische Frachten der Bundeswehr erfüllten sich in den 1980er-Jahren nicht, obwohl man 1985 die Gleisanlagen ertüchtigt, den Hafenbahnhof erneuert und zwei Verladerampen gebaut hatte. Denn das ausgerechnet im benachbarten Saerbeck 1988 eröffnete Munitionsdepot der Bundeswehr wurde von Lkw und Bahn beliefert. Zuletzt kam noch Petrolkoks aus → **Lingen-Holthausen** an, der auf großen Halden zwischengelagert und dann teilweise per Schiff weiterverschickt wurde.

Heute gehört der Hafen zur Bergschneider-Gruppe aus Ibbenbüren, die insgesamt fünf Häfen am MLK betreibt. Seine Wurzeln hat das Unternehmen in einer Ibbenbürener Dampf-Kornbranntwein-Brennerei, einem

Luftaufnahme aus den 1960er-Jahren: Inzwischen ist der Kanal verbreitert, die Stahlfachwerkbrücke durch eine Stabbogenbrücke ersetzt und das dreieckige Liege- und Wendebecken auf die andere Kanalseite verlegt worden

Mitte der 1930er-Jahre siedelte sich der Baustoffhandel Bergschneider im Hafen an, der ihn auch heute noch in Alleinregie betreibt

Fünf Geschosse und ein Turm: Im „Kulturspeicher" finden seit 2006 Sandsteinseminare, Jazz-Frühschoppen, Hafenfeste, Fotoausstellungen, Figurentheater und vieles mehr statt

Baustoffhandel und einer Agentur für den Vertrieb von Zement und Kalk. Umgeschlagen werden verschiedene Baustoffe für die Betonindustrie und den Straßenbau.

Doch es ist noch eine Geschichte zu erzählen: Im Jahr 1908 wurde ein Zwischenspeicher für Getreide errichtet, das über ein Becherwerk und eine Verladerampe vom Kanal aus direkt in die verschiedenen Gebäudeebenen transportiert wurde. In den 1950er-Jahren verlor der Speicher langsam seine ursprüngliche Bedeutung, und auch ein Umbau verhinderte nicht, dass die Anlage 1968 aufgegeben wurde und in einen dreißigjährigen Dornröschenschlaf fiel. Erst ab 1998 wurde das Gebäude überhaupt wieder genutzt: Der Eigentümer füllte kurzerhand Sand ins Erdgeschoss und spielte darauf Boule. Als dann die Idee aufkam, in den Räumen Kindertheater zu spielen, war der Grundstein für eine sinnvolle Umnutzung für kulturelle Zwecke gelegt. Im August 2006 war das Gebäude mit Zuschüssen von Land und Landkreis, viel Eigenarbeit und Spenden saniert. Dabei mussten unter anderem vier monströse Elevatoren (Schüttschächte mit Fördereinrichtung für Getreide bestehend aus Holz und Stahl) ausmontiert werden. Seitdem wird das weithin als Landmarke sichtbare Klinkergebäude ganzjährig genutzt, getragen von einem Förderverein „Kulturspeicher Dörenthe". Auch das Gleis von Ibbenbüren-Brochterbeck bis zum Hafen Dörenthe wurde vollständig saniert. Es dient am Wochenende gelegentlich dem touristischen Verkehr, wenn hier ein Museumszug vorgefahren kommt.

## Dörpen, Hafen

Zwar liegt der Hafen Dörpen am → **Küstenkanal**, aber seine Geschichte ist untrennbar mit dem Dortmund-Ems-Kanal verbunden. Denn als Hafenbecken wird ein kurzer fertiger Abschnitt des → **Seitenkanals Gleesen-Papenburg** genutzt. Man legte sich im wahrsten Sinne „ins gemachte (Kanal-)Bett". Ursprünglich sollte der Küstenkanal bei Dörpen enden und nicht in die Ems münden, sondern in diesen Seitenkanal übergehen, der im Zuge der → **Ausbaumaßnahmen** für die → **Nordstrecke** geplant war. Doch der Kanal von Gleesen nach Papenburg wurde nicht vollendet, alle Bauarbeiten wurden im Kriegsjahr 1942 eingestellt und nie wieder aufgenommen. In Dörpen kreuzt der Küstenkanal bei Kanalkilometer 64,16 dessen teilfertiges Bett, von dem 890 Meter nach Süden heutzutage als „Stichkanal Dörpen" zum Küstenkanal zählen.

Hier wurde seitens der Gemeinde 1965 zunächst nur eine Industriestraße mit Spundwand angelegt und ein „Hafennutzungsvertrag" mit der Wasser- und Schifffahrtsdirektion abgeschlossen. Dörpen machte sich auf, Industriestandort zu werden. Für den nötigen Quantensprung sorgte dann die Ansiedlung der Nordland

Der Hafen Dörpen wird regelmäßig von Container-Binnenschiffslinien von und nach Antwerpen, Rotterdam, Amsterdam und den bremischen Häfen angelaufen

Papier GmbH (eine Tochter des finnischen Konzerns UPM-Kymmene) auf einem Gelände, das zur Hälfte der Bundeswasserstraßenverwaltung gehörte und wegen des Seitenkanals erworben worden war. Die entscheidenden Ansiedlungsverhandlungen mit dem Konzern sollen in einer Sauna in Lauritsaka-Lappenranta stattgefunden haben. Die Grundsteinlegung erfolgte am 14. September 1967, die Produktion lief am 8. Februar 1969 an. Und mit Inbetriebnahme einer neuen Papiermaschine im Jahr 1977 wurde die vorhandene Spundwand um weitere 100 Meter nach Süden verlängert. Heute gehört die Fabrik mit einer Kapazität von 1,4 Millionen Tonnen pro Jahr zu den größten Produzenten für Feinpapier in Europa. Der Zellstoff für die Papierherstellung wird von Finnland mit Linienschiffen nach → **Emden** geliefert, dort auf Binnenschiffe umgeladen und auf der Wasserstraße → **Ems** nach Dörpen gebracht.

Seit 1989 wird der Hafenumschlag von der Dörpener Umschlagsgesellschaft für den kombinierten Verkehr (DUK) organisiert. Die Umschlaganlage mit Anbindung Dörpens an das „Kombinierte Ladungsverkehrs-Netz" der DB AG wurde 1990 in Betrieb genommen. Gesellschafter der DUK sind die Gemeinde Dörpen, die Deutsche Bahn, die Firma Gertzen (Schwerlastlogistik) aus Klusen und eben die UPM-Tochter Nortrans-Speditionsgesellschaft. Der Hafen ist inzwischen Teil eines trimodalen Güterverkehrszentrums (GVZ), das am 13. Mai 1996 eingeweiht und sukzessive ausgebaut wurde (Anlage eines Wendebeckens in den 1990er-Jahren; Inbetriebnahme des größten „Reach Stackers" der Welt im Mai 1999; 2014 Inbetriebnahme von drei weiteren Schiffsliegeplätzen an der bis dahin brach liegenden Ostseite des Wendebeckens). Der Hafen übernimmt eine wichtige Funktion als Seehafenhinterlandhub im Containerverkehr insbesondere für die ARA-Häfen (Antwerpen, Rotterdam, Amsterdam), weil er von Westen nach Anhebung zweier Brücken im dreilagigen → **Containerverkehr** erreicht werden kann. 2015 wurden hier 30.000 Container umgeschlagen, Tendenz steigend.

Inzwischen ist das GVZ Dörpen zu einer Drehscheibe für Güter aller Art geworden. Neben Containern und Zellstoff gehen Flüssigkreide, Maschinenteile, Schwergut, Komponenten für Windkraftanlagen sowie Gefahrgut über die Kaikante. Auch ist ein Landhandel ansässig, der Nahrungs- und Futtermittel umschlägt. Insgesamt beträgt das jährliche Umschlagvolumen rund zwei Millionen Tonnen Güter.

Am vom Küstenkanal abzweigenden „Stichkanal Dörpen" siedelte sich mit der Nordland Papier GmbH einer der größten Produzenten für Feinpapier in Europa an (Luftaufnahme aus dem Jahr 1991)

## Dortmund, Hafen

Die erste Parlamentsvorlage zum Bau des Dortmund-Ems-Kanals vom März 1882 dürfte die Dortmunder Stadtväter in Alarmstimmung versetzt haben, sollte die neue Wasserstraße doch – ausgestattet mit einem einzigen Hafenbecken – in der Gemeinde Huckarde nahe der Zeche Hansa enden. Erst durch Intervention von Stadtverwaltung und Dortmunder Schwerindustrie konnte erreicht werden, dass eine Verlängerung der Trasse bis zur Innenstadt Eingang in die dritte Kanalvorlage fand. Nach deren Verabschiedung durch das preußische Parlament 1886 wurde mit Planung und Bau des Hafens begonnen: Im Juli 1894 wurde ein städtisches Hafenbauamt eingerichtet, der erste Spatenstich durch Oberbürgermeister Wilhelm Schmieding erfolgte am 9. Oktober 1895 und schon 1897 konnten die Bauarbeiten abgeschlossen werden. Am 9. März 1899 lief das erste Schiff in den Hafen ein, im Mai wurde die erste Ladung Erz gelöscht.

Tatsächlich war von Anfang an eine Erweiterung des Hafens um weitere Becken vorgesehen, die sämtlich vom „Kanalhafen“ (eine auf das Hüttenwerk Dortmunder Union direkt zulaufende Kanalverlängerung) abzweigten. Zunächst errichtete man in Richtung Güter- und Rangierbahnhof zwei 60 Meter breite und 120 Meter lange Stichbecken für den Umschlag von Massengütern, den „Südhafen“ und den „Kohlenhafen“. Nach Osten schloss sich ein hakenförmiges langes Stichbecken an – der „Stadthafen“ für den Stückgutumschlag mit einem großen, 1897 erbauten Lagerhaus. Schließlich wurde noch ein „Petroleum-Hafen“ gebaut, ein Stichbecken für den Ölumschlag, das durch einen Pontonverschluss gesichert werden konnte. Für die Kohleverladung wurde ein Kohlenkipper beschafft, mit dem die Waggons der Eisenbahn in Längsrichtung so weit gekippt werden konnten, bis sie sich selbsttätig in das vorliegende Schiff entluden. Neben den Hafenbecken entstanden eine Vielzahl von Verkehrs- und Umschlaganlagen wie Brücken, Anlagen der Hafenbahn, Beleuchtung, Lagerhäuser, später ein Getreidespeicher mit Becherwerk, Kaischuppen, Sandverladebrücken, Portalkräne, Kranbrücken sowie die Helling einer von der Union betriebenen → **Werft**. 1898 war auch das Dienstgebäude der Hafenverwaltung mit seinem markanten Turm fertiggestellt (steht heute unter Denkmalschutz).

Doch der prunkvollen Hafeneinweihung folgte schnell die Ernüchterung. So blieb der Umschlag von

Die Festschrift zur offiziellen Eröffnung von Hafen und Kanal vermerkt nicht ohne Stolz: „Der Kanal beginnt unmittelbar bei Dortmund. Die Stadt hat für einen Betrag von rund 5 ½ Millionen Mark, wozu der Staat 1.325.000 Mark Zuschuss geleistet hat, einen in jeder Hinsicht vollkommenen Hafen geschaffen, der noch einer erheblichen Vergrößerung fähig ist." Die drei Lichtdrucke daraus zeigen das Hafenamt mit Union Vorstadt (oben), Stadthafen mit Speichergebäude (unten links) und die Hafenbrücke mit Hafenbahn (rechts)

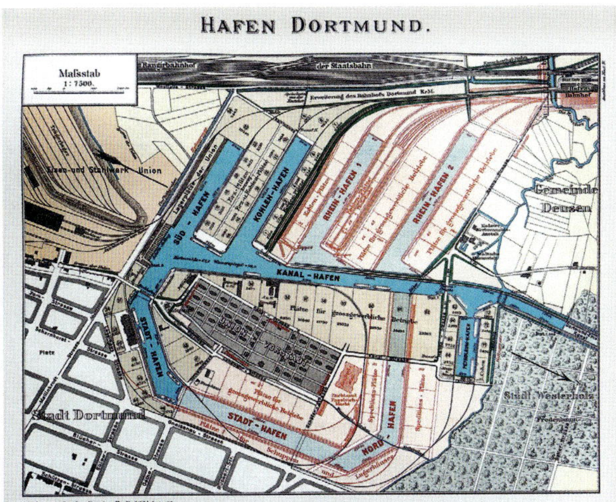


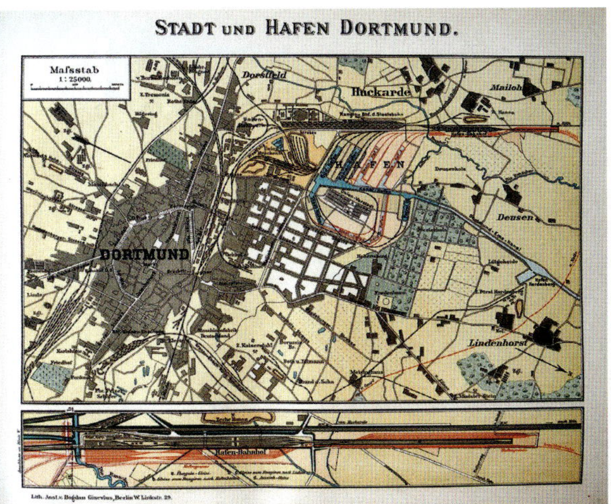


In den Plänen aus der Festschrift zur Eröffnung des Dortmunder Hafens ist bereits der vorgesehene Ausbau mit weiteren Hafenbecken zu sehen. Der sogenannte Nordhafen, der sogar bis zum Kanalhafen fortgeführt werden sollte, ist allerdings nie verwirklicht worden. Der Hafenbahnbetrieb wäre dadurch erschwert worden

→ **Kohle** zunächst weit hinter den Erwartungen zurück. Von den Dortmunder Hüttenwerken konnte nur die Dortmunder Union mit ihren Werksgleisen den Hafen erreichen, während das Eisen- und Stahlwerk Hoesch und der Hörder Verein für ihre Zu- und Abtransporte noch die Reichsbahn in Anspruch nehmen mussten. Dadurch wurde ein Teil der auf dem Wasserweg erzielten Frachtverbilligung für Importerze wieder aufgezehrt. Erst in den Jahren 1906/07 wurde diese Lücke durch den Bau einer 12 Kilometer langen Kleinbahn – sie wurde am 5. September 1907 in Betrieb genommen – geschlossen, an die noch weitere Unternehmen angeschlossen waren, darunter Ziegeleien, Baustoffhandlungen und metallverarbeitende Fabriken. 1908 hatte sich das Umschlagvolumen dann auf knapp eine Millionen Tonnen gegenüber 1900 fast verneunfacht. Der Hafen entwickelte sich zu einem bedeutenden innerstädtischen Industriegebiet und war in den Anfangsjahren auch Sitz des Viehmarktes. In einer Denkschrift zum zehnjährigen Bestehen 1909 konnte die Hafenverwaltung bereits 69 Mieter von knapp 30 Hektar gewerblicher Nutzflächen auflisten – ein Drittel davon benötigte allein das Rheinisch-Westfälische Kohlensyndikat. Angesiedelt hatten sich auch ein Kolonialwarengeschäft, eine Asbestfabrik, eine Getreidemühle, ein Sägewerk mit Holzhandlung, die Speditionen Hemsoth und Lehnkering und die Kanalreederei → **Westfälische Transport AG**. Die kleinsten Flächen von jeweils nur zehn Quadratmetern wurden an drei Trinkhallenbetreiber vermietet. Durch die Ein-

„Wasserbahnhof der Montanindustrie": In den 1960er-Jahren pendelte sich der Umschlag bei etwa fünf Millionen Tonnen jährlich ein

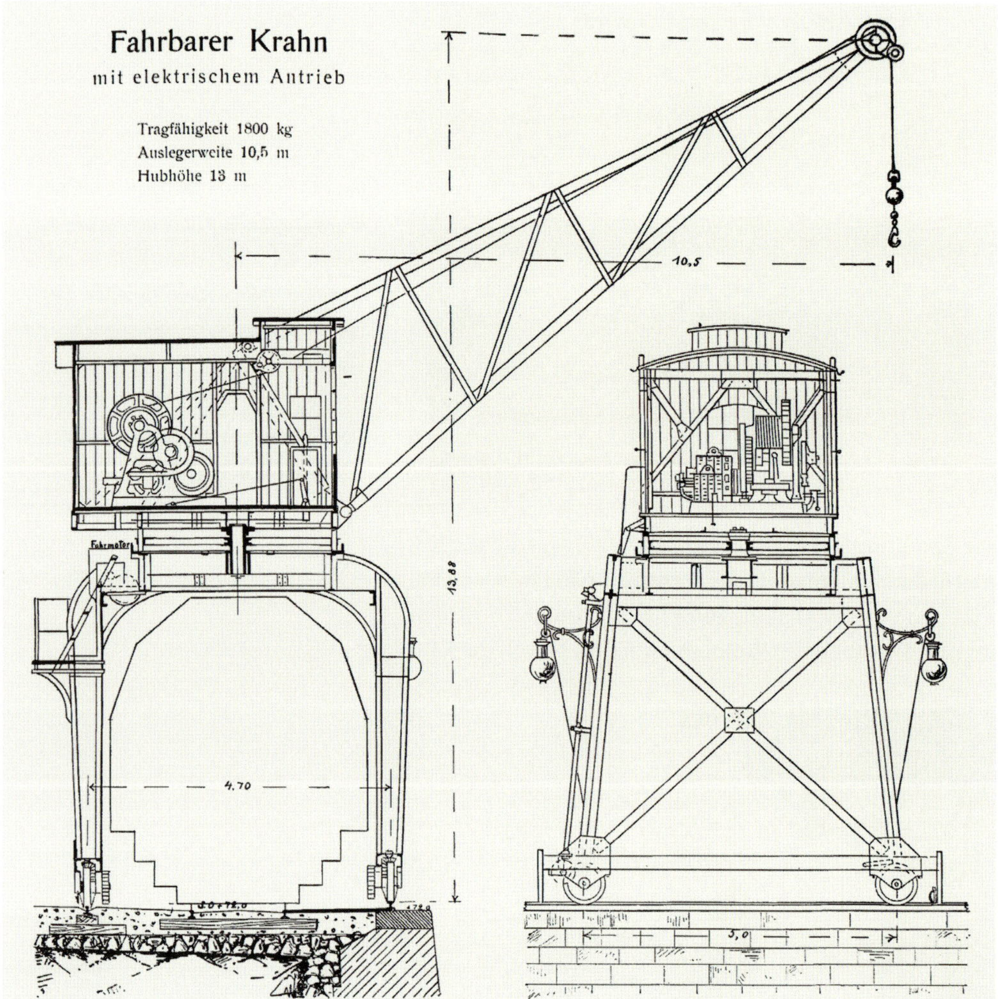


Bei Eröffnung des Hafens war solch ein fahrbarer, elektrisch betriebener Kran das Modernste am Markt. Der Vollportalkran wurde von der Firma Eisenwerk in Hamburg geliefert. Seine elektrische Ausstattung stammte von Siemens & Halske in Berlin. Beide Unternehmen hatten 1891 den ersten elektrischen Hafenkran der Welt in Hamburg aufgestellt. Der Bau eines städtischen Elektrizitätswerkes in Dortmund war maßgeblich vom Energiebedarf des Hafens veranlasst worden

nahmen aus Vermietung und Betrieb der Kleinbahn erwirtschaftete die Stadt eine Umsatzrendite von stolzen 60 Prozent. Es wurde Zeit, den Hafen wie geplant zu erweitern.

Nachdem bereits 1907 der Stadthafen um den „Neuen Stadthafen“ (später: Schmiedinghafen) verlängert und mit einer 240 Tonnen schweren, elektrisch betriebenen ungleicharmigen Drehbrücke versehen worden war, kamen 1910 zu den Hafenbecken 1 und 2 auf der Westseite die parallel gelegenen Hafenbecken 3 und 4 („Marxhafen“, benannt nach dem städtischen Baurat Marx, und „Mathieshafen“, benannt nach dem Wasserbauinspektor und ersten Hafendirektor Mathies) hinzu. Weil der bei der Anlage der Hafenbecken gewonnene Aushub nicht zur Aufhöhung der Uferflächen ausreichte, erfolgte diese mit Schuttmassen, die die Hüttenwerke unentgeltlich zur Verfügung stellten – und mit Müll. Mit zunehmender Anschüttung wurden die Hafenbahngleise und Straßen angelegt. 1912 erwarb die Stadt dann zusätzlich den nördlich der städtischen Häfen gelegenen „Hardenberghafen“ vom preußischen Staat, der in den Jahren 1923/24 um 400 Meter verlängert wurde. Im Gegenzug gab Preußen seine Beteiligung am Hafen auf. In direkter Nähe wurde 1914 schließlich der „Industriehafen“ auf einem gleich miterworbenen Gelände angelegt, so dass sich im Jahr 1914 die Hafenanlagen auf zehn Hafenbecken verdoppelt hatten. Dortmund war nun der größte Kanalhafen von Europa. Nachdem im Vorjahr bereits die Zwei-Millionen-Tonnen-Umschlagmarke überschritten war, war der Hafen gewappnet für ein gesteigertes Verkehrsaufkommen, das durch die Erweiterung des nordwestdeutschen Kanalnetzes (Inbetriebnahme von → **Rhein-Herne-Kanal**, → **Datteln-Hamm-Kanal** und → **Mittellandkanal**) erwartet wurde. Im Verlaufe des Ersten Weltkrieges gingen die Umschlagzahlen allerdings signifikant zurück, um im Jahr der Ruhrbesetzung und der Hyperinflation 1923 einen Tiefststand von nur 399.890 Tonnen zu erreichen.

1926 entstand mit den „Vereinigten Stahlwerken“ der zweitgrößte Montankonzern der Welt, dem auch die Hütten Hörder Verein und Dortmunder Union eingegliedert wurden. Nun wurden rund 70 Prozent aller Erzlieferungen über → **Emden** und den DEK abgewickelt. Nicht verwunderlich, dass die Dortmunder Hüttenindustrie in den 1920er-Jahren massiv auf den → **Ausbau** des Kanals für das 1.000-Tonnen-Schiff (→ **Bemessungsschiff**) drängte, erhoffte man sich davon einen Rationalisierungseffekt von über 30 Prozent allein durch Fahrzeitverkürzung und die volle Ausnutzung der Ladekapazitäten, um auf der Kostenseite mit der Konkurrenz am Rhein mithalten zu können.

W.T.AG

1929, 30 Jahre nach Eröffnung des Hafens, gab die Hafenverwaltung eine Jubiläumsschrift mit imposanten Zahlen und Daten heraus, die seine Bedeutung für die „heimliche Hauptstadt“ des Ruhrgebiets unterstrichen: Der Hafen mit all seinen Wasser-, Gleis, Wege- und Lagerflächen umfasste ein Gebiet von 197 Hektar, davon waren 79 Hektar an 119 Firmen verpachtet. Zur Verfügung standen 11,2 Kilometer nutzbare Ufer, davon waren 2,5 Kilometer mit einer senkrechten Kaimauer ausgestattet. 12 Lokomotiven und 217 Waggons fuhren auf 47 Kilometern Gleise der Hafenbahn und auf 31 Kilometern Gleise der Kleinbahn. Hinzu kamen noch weitere 31 Kilometer Gleise im Eigentum der angeschlossenen Firmen. Als Umschlagvorrichtungen waren zwei Waggonkipper, drei Getreideelevatoren und 28 elektrisch betriebene Kräne im Einsatz. Mithilfe von sechs fahrbaren Erzbrechern wurde das Erz für die Hochöfen schon vor dem Weitertransport gebrauchsfertig zerkleinert. Der Güterumschlag war inzwischen auf über vier Millionen Tonnen angestiegen. Im Jahr 1928 liefen 6.400 Schiffe den Hafen an und brachten allein 2,1 Millionen Tonnen Erz. Aber nur 2.636 Schiffe verließen den Hafen beladen, davon knapp eine halbe Million Tonnen Kohle, während 3.806 Schiffe leer vor allem zu den Zechen mit Anschluss an den RHK abgingen, um dort Kohle zu laden. Die Anzahl der Selbstfahrer war auf 1.708 Motorschiffe gestiegen, die zum Teil im Eilgüterdienst nach feststehendem Fahrplan im Einsatz waren.

Diese Farbaufnahme wurde der Festschrift zum 60jährigen Jubiläum der Westfälischen Transport AG (WTAG) aus dem Jahr 1957 entnommen. Sie zeigt den Stadthafen mit den heute nicht mehr existierenden Produktionsanlagen der Hüttenunion im Hintergrund

Sommer 1957: Den Stadthafen von Dortmund bezeichnete die WTAG auch gerne als WTAG-Hafen, betrieb die „Königin des Kanals“ hier doch die Umschlaganlagen und Lagerhäuser ihrer Tocher „Westfälische Speditionsgesellschaft mbH“ (Wespeg)

Befördert durch den 1936 beschlossenen „Vierjahresplan“ des NS-Regimes, mit dem Kriegsfähigkeit und Autarkie erlangt werden sollten, erreichte der Güterumschlag 1938 mit über fünf Millionen Tonnen zunächst einen historischen Höchststand, bevor er 1940 um ein Drittel einbrach und 1945 mit nur noch knapp 80.000 Tonnen am Boden lag. Kurz vor Beginn des Zweiten Weltkrieges, am 10. Juni 1939, war der Hafen noch zusammen mit Hafen- und Kleinbahn in eine Aktiengesellschaft mit der Stadt Dortmund als alleiniger Gesellschafterin umgewandelt worden.

Während des Krieges und zuletzt durch die zerstörerischen Aktivitäten der Wehrmacht, versank der Hafen in Schutt und Asche. Erst im April 1946 konnten wieder Schiffe in den Hafen einlaufen, 1952 wurde die völlig zerstörte Stadthafenbrücke wiedereröffnet, ab 1953 war erstmals eine Lagerhaltung möglich, im gleichen Jahr erhielt die Hafenbahn den Status als Bahn des öffentlichen Verkehrs. Eine neue Blütezeit des Hafens, der mit einem gewaltigen Investitionsprogramm bis 1959 wiederaufgebaut und erweitert wurde,

Das Alte Hafenamt im Stil der Neorenaissance sollte nach dem Willen seines Architekten, des Stadtbauinspektors Friedrich Kullrich, „dem einfahrenden Schiffer schon von weither als Merkmal des Dortmunder Hafens dienen". Die von ihm verwendeten Architekturformen des Turms mit gesondertem Leuchtenaufsatz sollten bewusst das Bild eines Leuchtturms assoziieren. Das Gebäude konnte vor dem Abriss bewahrt werden, steht inzwischen unter Denkmalschutz und beherbergt eine Dienststelle der Wasserschutzpolizei. Das in seiner ursprünglichen Ausstattung erhaltene „Kaiserzimmer" steht heute für Trauungen zur Verfügung

begann in der Zeit des von Kohle und Stahl genährten deutschen „Wirtschaftswunders". Mit 6,8 Millionen Tonnen wurde 1960 der höchste Umschlag aller Zeiten erreicht, wobei der so genannte Montananteil daran (Erze, Kohle, Eisen, Stahl und Schrott) über 70 Prozent betrug.

Doch die Krise der Schwerindustrie und der damit verbundene tiefgreifende Strukturwandel setzte dem Dortmunder Hafen ab den 1980er-Jahren immer mehr zu. Eine erste Zäsur stellte die Schließung des letzten Dortmunder Bergwerkes, der Zeche Minister Stein, im Jahr 1987 dar, wodurch der Hafen allein 300.000 Tonnen Umschlag verlor. 1988/1989 brach der Erzbezug über den Kanal infolge eines Dumpingangebotes der Bundesbahn an die Hoesch Stahl AG vorübergehend ein. Zwar normalisierten sich die Verhältnisse in den 1990er-Jahren dank massiver Strukturhilfe wieder (ausgerechnet durch die Anlandung von Importkohle), doch der Niedergang des Stahlstandortes Dortmund konnte nicht aufgehalten werden. Am 27. April 2001 fand auf der Westfa-

Das Club- und Eventschiff HERR WALTER liegt seit 2011 im Dortmunder Hafen vor Anker. Es lief 1901 in Rathenow an der Havel vom Stapel und diente mehrere Jahrzehnte als Schleppkahn. Nach einer Verlängerung des Schiffsrumpfes um 14 Meter in den 1970er-Jahren ist das Schiff heute sechs Meter breit und 60 Meter lang und bietet viel Platz

Erzumschlag im Hardenberghafen. In den „langen 1950er-Jahren" waren in den Dortmunder Hüttenwerken rund 50.000 Menschen beschäftigt. Der „Montananteil" am Gesamtumschlag des Hafen betrug in jener Zeit rund 70 Prozent

## Chronik

| | |
|---|---|
| **1895** | Erster Spatenstich zum Bau des Hafens durch Oberbürgermeister Schmieding, zunächst mit fünf Hafenbecken: Kanalhafen, Stadthafen, Südhafen, Kohlenhafen, Petroleumhafen |
| **1899** | 9. März: Das erste Schiff läuft in den Hafen ein<br>11. August: Offizielle Einweihung durch Kaiser Wilhelm II. |
| **1905** | 28. März: Genehmigung des Baus einer Kleinbahn von Dortmund-Hafen bis Hörde durch die Stadtverordnetenversammlung |
| **1907** | Bau des sechsten Hafenbeckens (Schmiedinghafen) |
| **1909** | Bau des siebten Hafenbeckens (Marxhafen) |
| **1910/1911** | Bau des achten Hafenbeckens (Matthieshafen) |
| **1912** | Erwerb des neunten Hafenbeckens (Hardenberghafen) durch die Stadt und Ablösung des staatlichen (preußischen) Anteils an Hafen und Kleinbahn |
| **1913** | Güterumschlag über zwei Millionen Tonnen |
| **1913/1914** | Bau des zehnten Hafenbeckens (Industriehafen) |
| **1921** | Die Hafenverwaltung beschäftigt rund 50 Beamte und 220 Arbeiter, die 120 gewerblichen Niederlassungen beschäftigen über 3.000 Menschen |
| **1923/1924** | Verlängerung des Hardenberghafens |
| **1938** | Der Güterumschlag liegt bei 5,2 Millionen Tonnen |
| **1939** | 10. Juni: Gründung der Dortmunder Hafen Aktiengesellschaft |
| **1942** | Vertrag der Hafen AG mit der Stadt über die treuhänderische Verwaltung der städtischen Grundstücke im Hafengebiet |
| **1945** | Kriegsschäden: Stadthafenbrücke und Hansabrücke sind gesprengt und in die Hafenbecken gestürzt, teilweise Zerstörung der Ufer, Untiefen in den Becken, schwere Schäden an den Lagerhäusern, kaum Schäden an Silos und Krananlagen |
| **1952** | Stadthafenbrücke wiederhergestellt, Güterumschlag beträgt wieder über vier Millionen Tonnen |
| **1960** | Hafenumschlag erreicht mit 6,8 Millionen Tonnen Höchststand |
| **1962** | Europaschiffe können nach Vertiefung der Becken den Hafen befahren |
| **1972** | 6. Dezember: Gründung der Dortmunder Eisenbahn GmbH mit Beteiligung der Hoesch Hüttenwerke AG |
| **1986** | Das alte Hafenamt wird unter Denkmalschutz gestellt |
| **1989** | Hafensohle ist tiefergelegt, Güterumschlag beträgt 3,8 Millionen Tonnen<br>16. Mai: Einweihung des Containerterminals |
| **1994** | 12. August: Inbetriebnahme des erweiterten Containerterminals |
| **1998** | Juni: Erster Spatenstich für den dritten Bauabschnitt des Containerterminals |
| **2001** | Ende der Stahlära in Dortmund |
| **2009** | Inbetriebnahme der dritten Containerbrücke |

(Auszugsweise entnommen aus einer Zusammenstellung durch die Dortmunder Hafen AG, www.dortmunder-hafen.de)

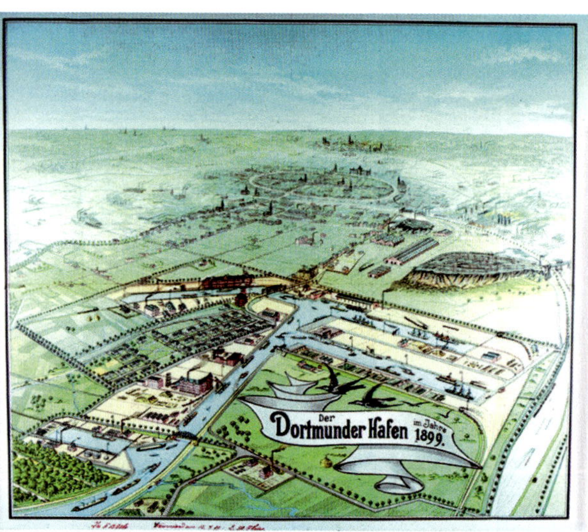

Gemalte Vogelperspektive: Angefertigt zur Eröffnung des Hafens durch Kaiser Wilhelm II. am 11. August 1899 wird dieser besondere Hafenplan heute als Exponat im „Ruhrmuseum" Essen/Zeche Zollverein präsentiert

lenhütte der letzte Hochofenabstich in Dortmund statt und am Tag danach wurde die letzte Charge Stahl im Hörder Oxygenstahlwerk erblasen. Allein der Verlust an Erzfrachten führte zu einem Umschlagsrückgang von fast zwei Millionen Tonnen. Nun musste eine Zukunft ohne Montanindustrie gestaltet werden.

Heute präsentiert sich der Dortmunder Hafen als modernes, trimodales Logistikzentrum für den kombinierten Verkehr (KV) auf Straße, Schiene und Kanal mit einen Vielzahl von Umschlageinrichtungen für Massen- und Stückgut, Container, Mineralöle oder palettierte Güter. Schon am 16. Mai 1986 wurde der erste → **Containerterminal** am Ostufer des Kanalhafens gegenüber den Becken 1 und 2 eingeweiht, am 12. August 1994 wurde ein erweiterter Terminal in Betrieb genommen, 2009 der dritte Bauabschnitt vollendet, 2016 zusätzlich eine KV-Anlage „Am Hafenbahnhof" ausschließlich für die Vernetzung von Schiene und Straße fertig gestellt. An den Container-Umschlagzahlen lässt sich aber auch deutlich ablesen, welchen Wandel der Hafen durchlaufen hat. Belief sich der Gesamtumschlag (Bahn, LKW,

Fotografierte Vogelperspektive: Im Hafen sind heute rund 160 Unternehmen mit 5.000 Beschäftigten angesiedelt, hauptsächlich aus den Branchen Verkehrsdienstleistungen und Logistik (darunter das IKEA-Zentrallager für Europa), Industrie und Handel sowie IT- und Kreativwirtschaft. Das Industriegelände ist zu 96 Prozent ausgelastet

Schiff) im Jahr 2015 auf 5,5 Millionen Tonnen bei einem Anteil des Schiffsgüterumschlages von knapp zwei Millionen Tonnen, trugen die knapp 5.000 beladenen Container die den Hafen per Schiff erreichten und verließen, nur minimal zum Ergebnis bei. 2015 wurden hier insgesamt 201.707 TEU mit rund einer Million Tonnen Gütern umgeschlagen. Weitere Hauptumschlaggüter sind Baustoffe, Eisen- und Stahlprodukte, Schrott, Importkohle und Mineralöl. Erreichbar ist der Hafen, dessen Sohle 1985 bis 1989 tiefer gelegt wurde, für Schubverbände und Großmotorgüterschiffe mit bis zu 2,80 Metern Tiefgang (→ **Bemessungsschiff**). Betrieben wird der Hafen von der Unternehmensgruppe Dortmunder Hafen AG, zu der neben dem Hafen auch die Dortmunder Eisenbahn (DE), die DE Infrastruktur und die Container Terminal Dortmund GmbH gehören und die sich im Besitz der Stadtwerke zu 98,33 Prozent und der Stadt zu 1,67 Prozent befinden. Dortmund ist auch Heimathafen des Fahrgastschiffes SANTA MONIKA II (→ **Freizeit und Tourismus**) und des zum „Club- und Eventschiff“ umgebauten ehemaligen Schüttgutfrachters HERR WALTER, das hier fest vor Anker liegt und ganzjährig für Feiern und Veranstaltungen – im Sommer mit Strandbar – genutzt wird. Die beiden Schiffe markieren Anfang und Ende der Speicherstraße am Ostufer von Stadt- und Schmiedinghafen, das nach und nach städtebaulich neu gestaltet, wiederbelebt und aufgewertet werden soll. Einmal im Jahr lädt das Hafenquartier, das inzwischen die höchste Dichte an Kultureinrichtungen Dortmunds aufweist, zu Entdeckungstouren unter dem Motto „Hafenspaziergang“ mit einer bunten Mischung aus Kunst, Kultur und Kulinarik ein.

## Eisgang

Dickes Eis hält etliche Binnenschiffe (1960er-Jahre) im Rheiner Kanalhafen fest. Rechts im Bild bricht ein Schiffer offensichtlich das Eis rund um den Schiffsrumpf auf, um ihn vor Schäden zu bewahren

Winterliche Kanalidylle bei Senden. Das Eis ist gebrochen und stellt für die VERO mit ihrer Maschinenleistung von 500 PS keine Beeinträchtigung dar

Bei länger anhaltenden Frostperioden bildet sich auf dem Dortmund-Ems-Kanal als stehendes Gewässer Eis. Die heutigen Binnenschiffe mit ihren stählernen Schiffsrümpfen können die anfangs dünnen Eisschichten noch problemlos passieren und benötigen bis zu einer Eisstärke von rund fünf Zentimetern keine Unterstützung. Bei dickerem Eis setzen die Eisbekämpfungsmaßnahmen der → **Wasserstraßen- und Schifffahrtsverwaltung** ein, wie zum Beispiel Aufbruch des Eises mit Äxten, Eissägen und Einsatz von Greifern, um örtliches Einfrieren von Anlagen (Wegnahme des Eisdruckes von den Bauwerken) und Fahrzeugen zu verhindern. Während Luftsprudelanlagen die Schleusen weitestgehend schützen, ist es dringend erforderlich, die → **Wehre** der → **Nordstrecke** vor Eisschäden zu bewahren. Ein Eisaufbruch der Wehrarme, über die der Kanal mit der → **Ems** verbunden ist, hat dort auch den positiven Effekt, dass das gebrochene Eis mit den Eisschollen aus den Kanalstrecken über die Wehre in die → **Tideems** abgeleitet werden kann. Im übrigen Kanal ist ein Abfluss von gebrochenem Eis nicht möglich.

Den Schwerpunkt der Eisbekämpfung bildet schließlich der Einsatz von Eisbrechern, die mit ihrem verstärkten Schiffsrumpf und hoher Motorleistung die Fahrrinne so lange wie möglich offenhalten. Die Ämter der WSV am DEK verfügen über insgesamt drei eigene Eisbrecher (EISVOGEL, BEVERGERN, TURMFALKE), die bis zu 30 Zentimeter dickes Eis brechen können.

Ab einer Eisstärke von etwa 15 Zentimetern sind meistens nur noch Konvoi-Fahrten im Richtungsverkehr möglich, bei denen Eisbrecher vorwegfahren. Solche Konvoi-Fahrten dienen auch dazu, Binnenschiffe aus der Eisfalle zu holen, damit sie in eisfreie Gebiete gelangen können. Denn für Frachtausfälle durch Festsitzen im Eis erhält die Binnenschifffahrt keinerlei Entschädigung. Eine lange Eissperre im Winter 1970 führte zum Beispiel dazu, dass rund 6.000 Schiffe weniger als im Vorjahr den Kanal befuhren. Lang andauernde Beschäftigungslosigkeit kann da schon mal Existenz gefährdend werden. Allerdings: Auch wenn nach dem Wasserstraßengesetz (Paragraf 35) die Verpflichtung besteht, die Schiffbarkeit zu erhalten, genießt die Beseitigung von Abflusshindernissen durch Eisbildung auf den Flüssen Priorität gegenüber dem Eisaufbruch auf den Kanälen, damit Überschwemmungen vermieden werden. Ab einer gewissen Eisstärke ist allerdings Schluss mit der Schifffahrt und der Kanal wird gesperrt, weil es keinen Sinn mehr hat, Eis aufzubrechen, wenn das gebrochene Eis hinter dem Eisbrecher durch Grundeisbildung sofort wieder zufriert – wie in den Wintern 1969, 2003, 2010 und 2012 bei sibirischer Kälte. Erst bei Tauwetter werden die Eisbrecher wieder in Fahrt gesetzt.

## Emden, Hafen

Ein Dreivierteljahrhundert galt Emden als der Seehafen des Ruhrgebiets. Verbunden über den Dortmund-Ems-Kanal kam Kohle „zu Tal" an und gingen Erze „zu Berg" zurück. Die Schicksalsgemeinschaft endete mit dem Niedergang der Montanindustrie im östlichen Ruhrgebiet, mit dem Sterben der Zechen und dem Erlöschen der Hochöfen. Heute ist Emden der Hafen von VW.

Bis zum Bau des Kanals hatte Emden schon manch ein Hoch und Tief als Hafenstadt hinter sich. Bereits um das Jahr 800 entstand am nördlichen Ufer der Emsmündung eine friesische Handelssiedlung. Erstmals urkundlich erwähnt wird ein Emder Handelsschiff 1224 in London. Und Ende des 15. Jahrhunderts erhielt die Stadt das Stapelrecht, wonach Waren zuerst drei Tage lang in Emden angeboten werden mussten, bevor sie auf der → **Ems** weitertransportiert werden durften. Handel und Seefahrt florierten: Um 1600 war Emden einer der bedeutendsten Häfen in Nordeuropa. Doch die Ems hatte inzwischen – auch infolge mehrerer Sturmfluten – ihren Lauf verändert und sich ein neues, zweites Bett gebahnt. Ihr Hauptstrom floss nicht mehr direkt an der Stadt vorbei. Um den Schiffen die nötige Wassertiefe zu verschaffen wurde erst „gebaggert", dann versuchte man die Ems vergeblich zurück in ihren alten Lauf zu zwingen. Schließlich wurde ein schnurgerades Fahrwasser durch das Watt zur Ems gegraben, das 1845 bis 1848 durch ein neues drei Kilometer langes und 4,5 Meter tiefes Fahrwasser ersetzt wurde. Eine Sielschleuse stellte sicher, dass bei hohem Emswasserstand kein Schaden in der Stadt entstand und bei niedrigem ein Mindestwasserstand im städtischen Hafen gehalten wurde. Nachteil dieser Lösung war, dass Emden für große Schiffe jetzt nur noch auf

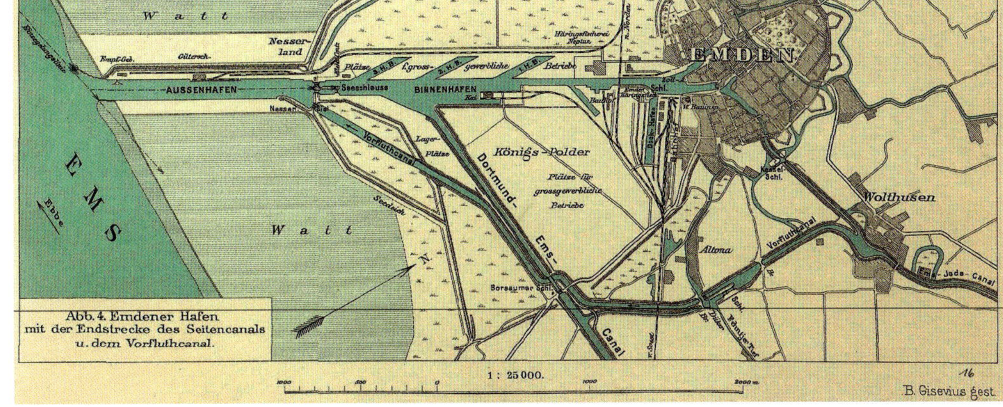


Die „Zeitschrift für Bauwesen" war eine Fachzeitschrift für Bauwesen und Architektur, deren Schwerpunkt u. a. bei der Vorstellung von Verkehrsbauten lag. Parallel erschien auch immer ein „Atlas" mit Kupferstichen, Farbtafeln und Illustrationen wie dieser Plan der Emder Hafenanlagen aus dem Jahr 1901

„Nach der Natur gezeichnete" Seeschleuse von Emden. Gemeint ist die im Dreikaiserjahr 1888 in Betrieb genommene Nesserlander Schleuse. Gezeichnet wurde sie vom Kieler Marinemaler Fritz Stoltenberg (1855–1921) und erschien am 3. August 1899 in der „Illustrirten Zeitung"

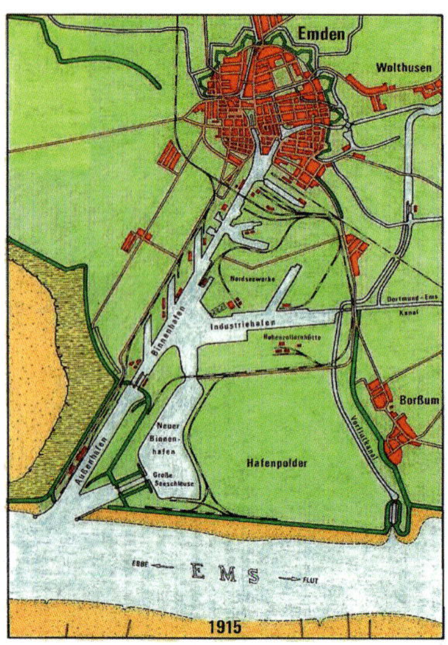


Die Karte zeigt die Erweiterung des Hafens, wie sie sich im Jahr 1915 darstellte – mit neuer großer Seeschleuse, dem neuen Binnenhafen und dem vergrößerten Industriehafen. Eingetragen sind auch die „Nordseewerke" und die „Hohenzollernhütte"

der Scheitelwelle des Hochwassers erreichbar war und mit jeder Flut das Fahrwasser zunehmend verschlickte. Während dieser „hannoverschen Zeit“ (seit 1815) beschränkte sich Emdens Handel auf die Versorgung des Hinterlandes, seine Privilegien hatte es verloren und als Folge unzureichender staatlicher Finanzmittel verfiel der Hafen. Die hannoversche Zollschranke gegen das Gebiet des Deutschen Zollvereins ließ schließlich den Umschlag auf rund 15 Prozent des Standes von 1800 absinken; die Emsschifffahrt verlagerte sich nach Leer und Papenburg. Emden hatte den Anschluss als Hafenstandort verloren. Am 20. Juni 1856 wurde dann die „Hannoversche Westbahn“ von → **Rheine** bis Emden dem Verkehr übergeben, die Bauarbeiten an einem „Eisenbahndock“ nebst zollfreier Niederlage (dem „Zollrevisionshaus“) für einen zügigen Umschlag zwischen Bahn und Seeschiff wurden jedoch erst 1860 beendet.

Erst ab 1866 – nach der Annexion des Königreichs Hannover und damit Ostfrieslands durch Preußen – brach eine neue Zeit an. 1879 übernahm das Königreich Preußen die volle Verantwortung für Hafenplanung, Hafenbau und Hafenunterhaltung. Emden, so hieß es bald, wurde das „verwöhnte Kind“ Preußens und böse Zungen behaupten heute noch, Ostfriesland sei es dann am besten gegangen, wenn es von Berlin aus verwaltet wurde. Preußen hatte Großes vor mit Emden als Hafen einer „deutschen Rheinmündung“ und der DEK sollte dabei die Schlüsselrolle übernehmen.

Als Erstes wurde von 1882 bis 1885 die „Nesserlander Schleuse“, eine Kammerschleuse, mit der ein tideunabhängiger konstanter Wasserstand im Hafen gehalten werden konnte, gebaut und im „Dreikaiserjahr“ am 5. Juni 1888 in Betrieb genommen. Zeitgleich mit der → **Schleuse** wurde auch der → **Ems-Jade-Kanal**,

Der Emder Manfred Schumacher (1919–1980) arbeitete als Maschinenschlosser in den 1950er-Jahren für die WTAG und dokumentierte seine Arbeitswelt im Hafen mit der Kamera. Hier wird Kohle mithilfe eines DEMAG-Schwimmkrans auf ein Seeschiff verladen

der den Reichskriegshafen der Kaiserlichen Flotte in Wilhelmshaven mit Emden verband, dem Verkehr übergeben. Außerdem übernahm der preußische Staat den gesamten Emder Hafen und das Fahrwasser zur Ems in sein Eigentum. Denn inzwischen war das preußische „Gesetz betreffend den Bau neuer Schiffahrtskanäle" in Kraft getreten, mit dem neben den Mitteln für den eigentlichen Bau des DEK auch 4,7 Millionen Mark zum Ausbau des Emder Binnenhafens bereit gestellt wurden. Der Binnenhafen wurde 1895/96 mit drei seitlichen Hafenbassins (1., 2. und 3. Hafenbecken) ausgestattet, um den sogenannten Kaiser-Wilhelm-Polder industriell zu erschließen. Mit Fertigstellung des DEK im Jahr 1899 erreichten Binnenschiffe den Emder Hafen über den → **Ems-Seitenkanal**, der ab Oldersum parallel zur Ems verlief und so den Binnenschiffen den gefährlichen und schwierigen Weg über den offenen Dollart ersparte. Am 50 Meter breiten „Zungenkai" bei der Einmündung des DEK wurde eine Seegüterumschlagsanlage mit Kaischuppen, Gleisanlagen und sieben modernen Kränen errichtet, alles versehen mit der „erforderlichen elektrischen Beleuchtung", wie in einem Stadtführer aus dem Jahr 1902 stolz vermerkt wird.

Nahezu zeitgleich mit dem Kanalbau wurden die Fahrwasserverhältnisse auf der Ems durch Verbreiterung und Vertiefung verbessert, der Emder Außenhafen mit Umschlaganlagen für Erz und Kohle sowie Platz für „15 große Seedampfer" ausgebaut und 1901 in Betrieb genommen. Insgesamt investiert wurde die für damalige Verhältnisse gewaltige Summe von 22,6 Millionen Mark. Errichtet wurden Lagerschuppen, Freilagerplätze, Verladebrücken und Winkelportalkräne. Schon 1900 nahm ein elektrischer Kohlenkipper seinen Dienst auf. Er konnte mithilfe eines Aufzuges auf die gewünschte Seeschiffladehöhe alle fünf Minuten seinen Inhalt in ein Schiff kippen. 1901 stand ein 40-Tonnen-Kran für schwere Stückgüter zur Verfügung und für den Güterumschlag zwischen Kanalschiff und Seeschiff standen im Binnenhafen vier schwimmende Dampfkräne bereit. Schließlich wurde, um Emden gegenüber den übrigen Nordseehäfen als Ausfuhrhafen zu etablieren, mit Erlass vom 12. Dezember 1900 ein Freihafenbereich eingerichtet. Die feierliche Eröffnung durch → **Kaiser Wilhelm II.** fand allerdings erst am 30. Juli 1902 statt.

Für den Emder Hafen jedenfalls begann eine neue Ära des Aufschwunges. Schon bald wurde es notwendig, die Schiffe auf Reede warten zu lassen, da die Anzahl der Liegeplätze nicht ausreichte. Der Umschlag stieg rasant von 559.000 Tonnen im Jahr 1900 auf 1,75 Millionen Tonnen fünf Jahr später. 90 Prozent des Umschlages waren wie geplant Erze und Kohle. Emden wurde zum „Montanhafen" Deutschlands.

Kaum war der Außenhafen in Betrieb genommen, wurde bereits über seine Entlastung durch die Neuanlage eines von der Tide unabhängigen Beckens nachgedacht. Auch war klar, dass die Nesserlander Schleuse mit ihren Abmessungen für immer größere Schiffe, die die zum Abtransport über den DEK vorgesehenen Massengüter anlandeten, nicht ausreichend sein würde. Schließlich führten 1903 die Kontakte der Emder Kaufmannschaft zu den Stahlbaronen an Rhein

Über moderne Kohleverladeanlagen verfügte der Emder Hafen am „Kohlenkai" (heute: „Nordkai") mit einer Länge von zunächst 300, später 460 Metern

Direktumschlag von Getreide vom See- auf ein Binnenschiff mithilfe eines schwimmenden Elevators. Solche 30 Meter hohen Getreideheber mit ihren markanten gebogenen Saugrüsseln wurden 1913 erstmals im Emder Hafen als Neuerung eingesetzt. Das Bild wurde vom Hafenarbeiter Friedrich Schüler 1967 gemalt

Boom in den 1970er-Jahren: Mit 15,8 Millionen Tonnen seewärtigem Umschlag hatten die Emder Hafenanlagen im Jahr 1974 und mit 18 Millionen Tonnen Gesamtumschlag im Jahr 1976 ihren Zenit erreicht. Die beiden Fotos auf dieser Seite sind einer damaligen Imagebroschüre des Niedersächsischen Wirtschaftsministeriums entnommen

und Ruhr und auf Betreiben des Emder Oberbürgermeisters Leo Fürbringer zur Gründung einer Großwerft, der „Nordseewerke" Emder Werft und Dock Aktien-Gesellschaft. Die Zusage zum erforderlichen Bau einer neuen, großen Seeschleuse erkaufte sich die Stadt durch eine Beteiligung an der Werft mit 500.000 Mark. Als der Betrieb auf einer ersten 225 Meter langen Querhelling im Januar 1905 mit dem Bau kleiner Schiffe aufgenommen wurde, stand die Stadt Emden bereits in intensiven Verhandlungen mit dem Königreich Preußen über den weiteren Ausbau des Hafens. In einem am 23. Dezember 1905 geschlossenen Vertrag wurden die Vorhaben detailliert vereinbart: Eindeichung des Königspolder-Watts, Bau einer neuen Seeschleuse mit den gewaltigen Abmessungen von

Luftaufnahme aus den 1970er-Jahren, als Erzlagerung und Erzumschlag im Emder Hafen noch gewaltige Dimensionen hatten

rechte Seite: Umschlag von Zellulose auf ein Binnenschiff mit einem Spezialgeschirr aus Rahmen und Gehänge

260 Metern Länge, 40 Metern Breite und 12,50 Metern Tiefe bei Mittelhochwasser, Schaffung eines weiteren Wende- und Hafenbeckens („Neuer Binnenhafen"), Vertiefung und Verbreiterung des DEK im Zulauf zum Hafen (heutiger „Industriehafen"), Errichtung von Gleisanlagen mit einer ungleicharmigen Drehbrücke („Blaue Brücke" genannt) über die Verbindung zwischen dem neuen Becken und dem alten Binnenhafen sowie die Erschließung des Geländes. Sämtliche Maßnahmen wurden in den Jahren 1907 bis 1913 verwirklicht. 1912 warf der Hafen das erste Mal einen finanziellen Überschuss ab.

Der konsequente Ausbau des Emder Hafens in den Jahren bis zum Beginn des Ersten Weltkrieg war auch das Ergebnis einer perfekten Zusammenarbeit dreier engagierter Männer. Der umtriebige Emder Oberbürgermeister Leo Fürbringer vertrat ab 1905 Emden als Abgeordneter im Preußischen Landtag und arbeitete eng mit den aus Emden stammenden Brüdern Schweckendieck zusammen. Carl Schweckendieck machte im preußischen Ministerium für öffentliche Arbeiten Karriere, konnte sich dort erfolgreich für den Bau des DEK und die Hafeninteressen seiner Heimatstadt einsetzen. Bis zu seinem Tode 1906 gehörte auch er dem Preußischen Landtag an. Sein Bruder Ernst Schweckendieck war Vorstandsmitglied und Hüttendirektor der Dortmunder Union sowie bis 1936 Aufsichtsratsmitglied der Kanalreederei → **Westfälische Transport AG (WTAG)**, die ab 1901 die Umschlagseinrichtungen im Emder Hafen betrieb. Auch er war Abgeordneter im Preußischen Landtag und zugleich Stadtverordneter und Mitglied der Handelskammer in → **Dortmund**.

Als völliger Fehlschlag erwies sich allerdings die Planung der „Hohenzollernhütte", die vom gleichen Gründerkreis wie die Nordseewerke betrieben wurde und in Emden angelandetes Erz verhütten sollte. 1912 wurden das Gelände der Werft und das der Hütte an die Bergwerks- und Hütten AG verkauft, hinter der der Großindustrielle Hugo Stinnes stand. Stinnes erwarb so nicht nur 50.000 Tonnen „Quote" des Roheisenverbandes, sondern war auch davon überzeugt, dass

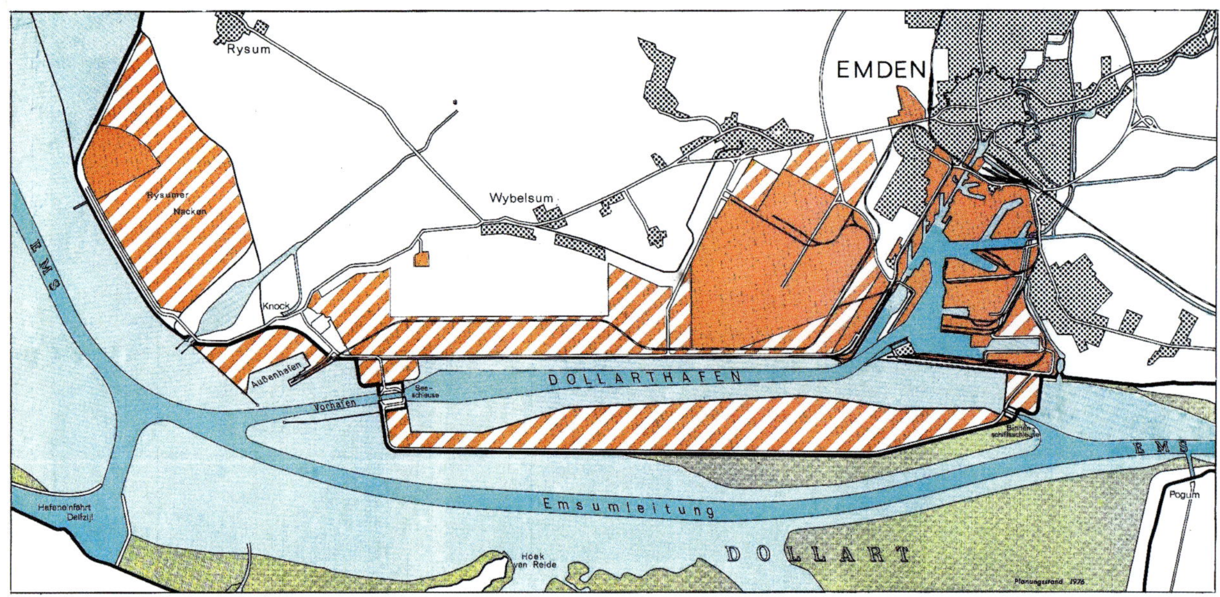


Pläne für die Schublade: Pikanterweise machte genau im Jahr 1986 der letzte Erzfrachter in Emden fest, als das Planfeststellungsverfahren für den immer überflüssiger werdenden „Dollarhafen" eröffnet wurde

| Jahr | Fahrwassertiefe bei MThw m | Größen der nach Emden fahrenden Seeschiffe |
|---|---|---|
| 1870 | 7,0 | L 27 m, Br 7 m, Tfg 3 m, Trgf 200 tdw |
| 1900 | 8,5 | L 60 m, Br 9 m, Tfg 5 m, Trgf 1200 tdw |
| 1914 | 9,5 | L 85 m, Br 12 m, Tfg 6 m, Trgf 3000 tdw |
| 1939 | 10,0 | L 120 m, Br 16 m, Tfg 7 m, Trgf 7000 tdw |
| 1952 | 10,5 | L 144 m, Br 18 m, Tfg 9 m, Trgf 10000 tdw |
| 1963 | 11,0 | L 200 m, Br 26 m, Tfg 10 m, Trgf 30000 tdw |
| 1967 | 11,5 | L 230 m, Br 31 m, Tfg 11 m, Trgf 50000 tdw |
| 1976 | 11,6<br>14,0<br>bis Leichterplatz | L 255 m, Br 35,5 m, Tfg 11,6 m, Trgf 80000 tdw |

Immer größere Schiffe liefen im Laufe der Jahrhunderte den Emder Hafen an. Frachter mit 14 Metern Tiefgang mussten jahrelang weit draußen vor Borkum auf einem 1967 eigens eingerichteten Platz geleichtert werden

die gute Kanalverbindung zwischen Emden, seinen Zechen und der von ihm 1910 übernommenen Dortmunder Union große Chancen böten. Die Werft wurde dem Konzern einverleibt, die Hütte stillgelegt.

Im letzten Jahr vor dem Ersten Weltkrieg liefen 2.760 Schiffe mit 1,55 Millionen Tonnen Einfuhr und 1,67 Millionen Tonnen Ausfuhr Emden an. Ein Achtel des Eisenerzimports des Ruhrgebiets – Hauptabnehmer waren die Phoenix AG, Hoesch und Dortmunder Union – wurde nun über Emden abgewickelt. Was jetzt noch fehlte, waren die Kaianlagen am Neuen Binnenhafen. Begonnen wurde 1917 am Südufer mit der Errichtung eines „Eisenkais" (heute „Südkai"), nachdem das Wasserbauamt den Nachweis erbracht hatte, es handele sich um einen „Kriegsauftrag", für den das Material bereitstünde. Fertiggestellt war die Anlage aber erst 1920 auf einer Länge von 280 Metern. Bereits fünf Jahre später waren Hafenbecken und Kai um weitere 450 Meter gen Osten verlängert. Die Gesamtanlage war mit insgesamt 13 Brücken ausgestattet. Einen imposanten Anblick boten die neun großen Verladebrücken mit Selbstgreifern, die 41 Meter über die Kaimauern hinausragten, so dass ohne Schwierigkeiten bei den damaligen Seeschiffsbreiten zwei Binnenschiffe längsseits liegend beladen werden konnten. Auch die Spannbreite über den Lagerplatz mit 53 Metern war beachtlich. Dank dieses Ausbaus konnte der Umschlag auf über vier Millionen Tonnen gesteigert werden. Ende 1926 ging der Betrieb des Hafens von der WTAG auf die im Staatsbesitz befindliche Emder Hafenumschlagsgesellschaft (EHUG) über.

Eine dritte Ausbaustufe folge im Zeitraum von 1938 bis 1941. Der mit der Aufrüstung des Dritten Reiches verbundene Bedarf nach Stahl konnte nur über zusätzliche Erz- und Kohleimporte gedeckt werden. Der „Eisenkai" am Südufer war aber für den gleichzeitigen Umschlag von Kohle und Erz nicht mehr ausreichend. Deshalb wurde nun das Nordufer erschlossen und wegen des Bedarfs an großen Lagerflächen von der Planung, dort weitere Hafenbassins zu errichten, Abstand genommen. Gebaut wurde der „Kohlenkai" (heute: „Nordkai") mit einer Länge von zunächst 300, später 460 Metern Länge.

Noch heute wird darüber gerätselt, ob es Zufall war oder Absicht: Die Hafenanlagen Emdens blieben von den Bombenangriffen der Alliierten im Zweiten

Weltkrieg weitestgehend verschont. Sie gingen in den Besitz des Landes Niedersachsen über (heute: NPorts GmbH & Co. KG) und der Umschlag erreichte bald schon wieder das Niveau der Vorkriegsjahre. Der Rohstoffbedarf der sich erholenden Montanindustrie war immens. Aber auch der für die Versorgung der Bevölkerung wichtige Getreideumschlag, der bislang außer für Futterzwecke so gut wie keine Bedeutung hatte, erreichte jetzt beachtliche Ausmaße. Hinzu kam eine weltweite Nachfrage nach hochwertiger deutscher Steinkohle aus dem Ruhrgebiet, so dass der Massenumschlag im Emder Hafen weiter aufblühte. Und so wurde in den 1950er- und 1960er-Jahren Schlag auf Schlag kräftig weiter investiert. 1954/55: Bau eines weiteren Binnenschiffsbeckens an der Ostseite des Neuen Binnenhafens und Grundsteinlegung für das Emder Kohlekraftwerk (der letzte der drei Blöcke wurde 1998 abgeschaltet) – 1955/57: Errichtung neuer Erzumschlagsanlagen mit Förderbändern und zusätzlicher Erzlagerflächen am Nordkai – 1958/59: Bau eines Ölhafens am Königspolder – 1958/60: Erweiterung des Stichkanals für neue Umschlagsanlagen – 1961/63: Errichtung neuer Erzumschlagsanlagen und Lagerflächen am Südkai – 1964/66: Bau des Jarßumer Hafens, in den der DEK durch Verlegung neu einmünden sollte (wurde nicht umgesetzt) – 1964/71: Erweiterung des

Der Fahrzeugumschlag stellt heute die bedeutendste Säule des Emder Hafens dar. Im Jahr 2016 wurden hier 1,33 Millionen Kraftfahrzeuge be- und entladen – die meisten gingen in den Export

Außenhafens – 1965/66: Verlängerung des Nordkais um 140 Meter.

Zwar wurde noch 1977 der Nordkai für maximal 13 Meter Wassertiefe ausgebaut, der Südkai instandgesetzt und für 14 Meter Tiefe ausgebaut. Aber nun setzte unaufhaltsam ein Strukturwandel ein, der aus dem einstigen Montanhafen einen Hafen formte, in dem heute keine einzige Tonne Erz oder Kohle mehr umgeschlagen wird. Die Binnenschifffahrt auf dem DEK traf es als erstes. Weil bis zum Zweiten Weltkrieg die Erzeinfuhr (vorwiegend aus Schweden) und die Kohleausfuhr etwa ausgeglichen waren, wurde der binnenseitige Verkehr fast ausschließlich mit Binnenschiffen über den DEK abgewickelt, die ihre Frachträume so wirtschaftlich optimal ausnutzen konnten. Mit dem rapiden Rückgang des Kohlenexports und dem Anstieg der Erzeinfuhren wurde dieses Gleichgewicht nachhaltig gestört. Nach Ausbau der Eisenbahnstrecke zwischen Emden und dem Ruhrgebiet für den schweren Erzverkehr mit vier Zügen bis zu 4.000 Tonnen Ladung täglich (sogenannter Langer Heinrich) wurde nahezu der gesamte Massenguttransport sukzessive auf die Bahn verlagert. Hinzu kam, dass der DEK für die neue Generation von Binnenschiffen nicht ausgebaut war.

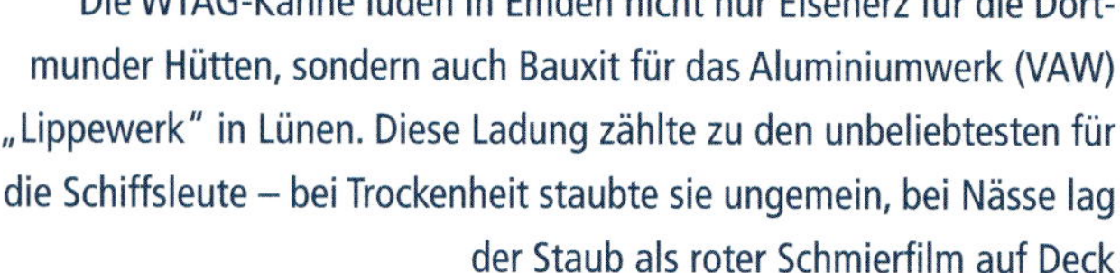

Die WTAG-Kähne luden in Emden nicht nur Eisenerz für die Dortmunder Hütten, sondern auch Bauxit für das Aluminiumwerk (VAW) „Lippewerk" in Lünen. Diese Ladung zählte zu den unbeliebtesten für die Schiffsleute – bei Trockenheit staubte sie ungemein, bei Nässe lag der Staub als roter Schmierfilm auf Deck

Aber auch der Hafen selbst hatte seine Probleme mit den immer größeren und tiefer gehenden Massengutfrachtern. Die neuen 80.000-Tonnen-Frachter mit 14 Metern Tiefgang mussten weit draußen vor Borkum auf einem 1967 eigens eingerichteten Platz geleichtert werden (Umladen auf kleinere Schiffseinheiten) und konnten nur halb beladen den Hafen anlaufen. Das war dann die Zeit, in dem das Großprojekt eines völlig neu angelegten Hafens („Dollarthafen") für Frachter mit bis zu 250.000 Tonnen Ladefähigkeit einschließlich neuer See- und Binnenschiffsschleusen geplant wurde. Das gigantische Vorhaben wurde nie verwirklicht. 1991 schließlich wurde die letzte Tonne Kohle umgeschlagen.

Doch Emden hatte „Glück", denn schon 1964 bahnte sich eine neue Entwicklung an: Der Automobilkonzern Volkswagen AG suchte einen neuen Produktionsstandort mit Hafenanbindung und hatte sich für Emden entschieden. Inzwischen ist der Fahrzeugumschlag die bedeutendste Säule des Emder Hafens. Im Jahr 2015 wurden hier 1,4 Millionen Kraftfahrzeuge umgeschlagen. Sämtliche Modelle des VW-Konzerns und seiner Töchter werden über Emden im- und exportiert. Damit ist Emden heute der drittgrößte Autoverladehafen Europas. Mit Eröffnung eines Großschiffsliegeplatzes sollen jährlich bis zu zwei Millionen Fahrzeuge umgeschlagen werden können.

Heute gilt Emden als Universalhafen. Im Seeverkehr dominieren bei der Einfuhr neben Kraftfahrzeugen Kreide, Forstprodukte (Zellulose, Papier, Holz), Steine und Erden. Bei der Ausfuhr sind es mit weitem Abstand Kraftfahrzeuge. Emden fungiert darüber hinaus als Windkraft-Basishafen und von hier wird die Nordseeinsel Borkum versorgt. Im Binnenverkehr liegen beim Gütereingang Steine und Erden, Kreide, Mineralöle und Mineralölerzeugnisse sowie Forstprodukte vorne. Der Binnenschiffsverkehr findet vor allem zur Papierfabrik UPM Nordland nach → Dörpen statt, die justintime mit Flüssigkreide und Forstprodukten beliefert wird. Der seewärtige Umschlag beträgt rund 4,3 Millionen Tonnen, der Binnenschiffsumschlag knapp zwei Millionen Tonnen jährlich.

## Ems

Die Ems hat es der Schifffahrt jahrhundertelang nicht leicht gemacht, gleichwohl sollte sie bei allen Überlegungen zu einer schiffbaren Verbindung vom Rhein bis zur Nordsee immer eine zentrale Funktion übernehmen. Seit 1899 ist ihr Bett auf insgesamt 62 Kilometern Bestandteil der Binnenwasserstraße Dortmund-Ems-Kanal.

Die Ems entspringt in 134 Metern Höhe in der Senne nahe Paderborn und fließt zunächst durch die Westfälische Bucht parallel zum Teutoburger Wald und anschließend ab der Landesgrenze NRW/Niedersachsen bei → **Rheine** Richtung Norden bis zur Nordsee, in die sie nach 371 Kilometern unterhalb von → **Emden** mündet. Wichtigste Zuflüsse sind die → **Hase** und die Leda. Das Besondere an der Ems: Sie ist ein reiner Tieflandfluss und bahnt sich ihren Weg fast ausschließlich durch sandigen Untergrund. Weil die Ems nur ein geringes Gefälle hat, fließt sie in vielen auch als Mäander bezeichneten Schleifen, wobei sich sowohl Steilufer als auch flache Sandbänke gebildet haben. Typisch sind auch die stark wechselnden Wasserstände und Strömungsgeschwindigkeiten. Die Ems bietet – freundlich formuliert – keine optimalen Bedingungen für die Schifffahrt.

Die Entwicklung des Gütertransports auf der Ems setzte um 950 mit der Verschiffung des bei Rheine gebrochenen Baukalks ein. Auch wurden Ems und Hase von See her durch friesische Kaufleute befahren. In den Jahren 1497 und 1572 schloss dann das Fürstbistum → **Münster** mit Utrecht, Ostfriesland und den Niederlanden Handelsverträge, die zu einer kräftigen Belebung der Emsschifffahrt führten. Man begann Uferbefestigungen, → **Treidelwege** und → **Schleusen** anzulegen. Ganzjährig, also auch im Sommer, war der Fluss damals allerdings nur bis → **Meppen** schiffbar. Bei mittlerem Wasserstand konnte Rheine erreicht werden, wo allerdings Klippen aus Kalk und vier Kilometer flussabwärts bei Bentlage Schieferbänke Schwierigkeiten bereiteten. Deshalb mussten die Waren in Rheine umgeladen werden. Nach Bau eines steinernen Wehres im Jahr 1550 entwickelte sich die Schifffahrt bis in das etwa 19 Kilometer nördlich von Münster gelegene Greven. Bemühungen, die Ems noch weiter bis nach Warendorf befahrbar zu machen, waren nicht von Erfolg gekrönt. Ein Jahrhundert später scheiterten die Bemühungen Münsters, die Ems gemeinsam auszubauen und einen von den Niederlanden unabhängigen Wasserweg zur Nordsee zu schaffen, an der Weigerung Ostfrieslands, sich an den Kosten des Durchbruchs durch die Klippen bei Rheine zu beteiligen.

Die Ems: Ihr Flussgebiet bis Rheine gilt als Oberlauf, dann folgt bis Papenburg im Emsland die mittlere Ems. Die untere Ems wird ab dem Wehr Herbrum bereits von den Gezeiten der Nordsee beeinflusst. Die Seegrenze, an der die Binnenwasserstraße Ems endet, liegt etwa 27 Kilometer seewärts von Emden. Die sich anschließende Außenems ist Seewasserstraße.

Immerhin führten Stromverbesserungen bis 1702 unterhalb von Rheine zu einer ständigen Wassertiefe von drei Fuß, doch die wasserbaulichen Maßnahmen wurden immer aufwändiger und kostspieliger.

Kleinschiffe, die getreidelt werden mussten, wie Tjalken und Pünten, waren jahrhundertelang die dominierenden Schiffstypen auf der Ems (Zeichnung von Helmut Kuhlbrodt aus dem Jahr 1956). Auch die Flößerei war von einiger Bedeutung

Nun sollte eine direkte Seeverbindung über einen Kanal hergestellt werden. Mit dem → **Max-Clemens-Kanal** wurden aber weder die Vechte und das Ijsselmeer noch die Ems – mit einem Stichkanal – jemals erreicht. Gehörte bis 1803 fast der gesamte Emslauf zum Fürstbistum Münster, wurde mit dem Reichsdeputationshauptschluss und in Folge des Wiener Kongresses von 1815 die Ems in einen oberen preußischen und einen unteren hannöverschen Abschnitt geteilt. Die Grenze verlief auf der Höhe von Rheine. Nun schlossen Hannover und Preußen 1820 den Emsbauvertrag ab: Das Königreich Hannover baute den 26 Kilometer langen → **Hanekenkanal** von Hanekenfähr über → **Lingen** nach Meppen als Seitenkanal (1824 – 1828), ein Wehr mit einer Schleuse in Mehringen-Listrup (Emskilometer 71,9) und regulierte die Ems von der Mündung aufwärts bis Meppen mit Buhnen (bis 1835). Auch Preußen hatte die Ems auf seinem Territorium zu regulieren und wollte später noch eine Kanal-Verbindung zur → **Lippe** und zum Rhein herstellen, ein Projekt, das aber schnell wieder fallen gelassen wurde. So begann Preußen lediglich den Emsausbau mit der Staustufe Bentlage (Emskilometer 51,66) und einer dazugehörenden Schleuse sowie die Ergänzung der Stauanlage in Rheine mit einem Seitenkanal, der die Felsenstrecke umging. Für den Verkehr nach Greven, dem Emshafen Münsters, wurden im Stau des Wehres von Rheine sechs Durchstiche angelegt und Verbesserungen durch den Ausbau des Leinpfades, von Uferbefestigungen und durch Baggerarbeiten geschaffen. Die Arbeiten wurden 1846 abgeschlossen. Erreicht war jetzt die ganzjährige Schiffbarkeit der Ems bis etwa 15 Kilometer oberhalb von Rheine bei Bockholt, was zu einer Blütezeit der Emsschifffahrt führte; lediglich bis Greven konnte der Fluss nur bei gutem Wasserstand befahren werden.

Geöffnetes Emswehr vom Unterwasser aus im Jahr 1949 fotografiert. Das Fluttor des Wehres befindet sich zwischen dem Wehr und dem Schiffkanal. Bei erhöhtem Wasserstand der Ems kann das Tor gehoben und so eine größere Menge Wasser abgeflutet werden

Die Schleuse Bentlage passierten in der zweiten Hälfte des 19. Jahrhunderts jährlich 500 bis 800 Schiffe, hauptsächliche Harener → **Pünten**. In der → **Bergfahrt** bestand die Fracht aus Torf, friesischer Wolle, Häuten, Getreide, Seefisch (vor allem Heringen), Leinöl, Teer, Kolonialwaren, Rohbaumwolle, englische Baumwollgarne, Tabak, Rohöl, Eisen, Bauholz und Ziegeleiprodukten. Zu Tal beförderte man Kalk und Kalksteine aus Rheine, Ibbenbürener Sandsteine, Eichenbretter aus Warendorf und Greven für Butter- und Heringsfässer, Leinen, Tuche, Bauholz, Kohle, Getreide und Buschen für Uferbefestigungen. Neben der Güterschifffahrt spielte auch die → **Flößerei** eine große Rolle. In Greven entwickelte sich eine eigene Schiffer- und Bootsbauersiedlung, die Stadt Rheine musste einen neuen Hafen mit Anschluss an das Eisenbahnnetz errichten und auch die weit binnenwärts liegenden Seehäfen Papenburg und Leer blühten auf.

1866 wurde durch Annexion des Königreichs Hannover das gesamte Emsstromgebiet preußisch und der uralte Traum eines Großschifffahrtsweges vom Rhein bis zur Nordsee verwirklichte sich mit Bau des DEK schließlich doch noch. Die Schifffahrt auf der mittleren Ems, die durch den Transport von Baustoffen während des Kanalbaus noch einmal auflebte, ging von da an aber zurück. Heute dienen die von Hand zu bedienenden Schleusen und Anlagen an der Ems zwischen Greven und Gleesen, wo der DEK die Ems erreicht, dem ständigen wachsenden → **Sportboot- und Freizeitverkehr**. Die Emsschleusen Bentlage und Listrup sowie Emswehr, Schleusenkanal und die beiden Schleusen in Rheine stehen unter Denkmalschutz.

Rheines Wahrzeichen Emswehr: 1843 wurde neben das Wehr eine Schleuse gesetzt und an das Unterwasser ein etwa ein Kilometer langer Seitenkanal angeschlossen, um so die für die Schifffahrt hinderlichen Felsklippen zu umgehen. An seinem Ende vermittelt eine weitere Schleuse den Abstieg zur Ems

## Ems-Jade-Kanal

Der 72,3 Kilometer lange Ems-Jade-Kanal verbindet die Unterems (→ **Tideems**) mit dem Jadebusen und damit die beiden Seehäfen → **Emden** und Wilhelmshaven. Er ist in Emden über einen kurzen Verbindungskanal und eine Schleuse mit dem zum Dortmund-Ems-Kanals gehörenden → **Ems-Seitenkanal** angeschlossen. Eine Bedeutung für die Kriegsmarine und die Handelsschifffahrt hat der in den Jahren 1880 bis 1888 erbaute Kanal nie erlangt.

Seine Entstehung verdankt er dem Wunsch Preußens, seinen als Exklave im damaligen Großherzogtum Oldenburg gelegenen Kriegshafen Wilhelmshaven über den Wasserweg mit dem preußischen Ostfriesland zu verbinden. Außerdem konnte der Kanal die Entwässerungsverhältnisse im höher liegenden, inneren Teil Ostfrieslands verbessern, dessen Wasser er aufnahm und über den Emder Hafen in die Ems und über den Wilhelmshavener Hafen in den Jadebusen leitete.

Der Vorläufer des Ems-Jade-Kanals war der zwischen Emden und Aurich von 1798 bis 1800 gebaute „Treckschuitenfahrtskanal". Für Personen-, Tier- und Güterbeförderung wurden in den Niederlanden fünf „Schuiten" gekauft, die zwischen Emden und Aurich, von Pferden gezogen, fahrplanmäßig verkehrten.

Der Kanal hat sechs → **Schleusen** und wird von 15 festen und 26 beweglichen Brücken gequert. Er ist nur von Schiffen bis zu 33 Meter Länge, 6,2 Meter Breite und 1,7 Meter Tiefgang befahrbar und wird deshalb inzwischen fast ausschließlich touristisch von Sport-

Zur feierlichen Eröffnung des Ems-Jade-Kanals war der damalige preußische Reichskanzler Otto von Bismarck geladen. Dieser lehnte allerdings mit den überlieferten Worten ab: „Wegen einer solchen Kuhrinne begebe ich mich doch nicht ins unwirtliche Ostfriesland" (Foto aus den 1940er-Jahren)

Gedenktafel an der Kesselschleuse in Emden, die dort nach siebenjähriger Sanierung 1989 angebracht wurde. Zu sehen sind die Wappen von Ostfriesland, Emden, Preußen und Niedersachsen

booten und der Fahrgastschifffahrt zwischen Aurich und Emden genutzt. Als einzige Konstruktion dieser Art in Europa steht die unter Denkmalschutz stehende Kesselschleuse in Emden. Diese Rundkammerschleuse verbindet gleich vier Wasserstraßen miteinander: den Ems-Jade-Kanal, den Emder Stadtgraben, das Fehntjer Tief und das Rote Siel, einen Ausläufer des Falderndelfts und damit des Emder Hafens. Diese vier Wasserstraßen weisen zumeist unterschiedliche Wasserstände auf. Die Schleuse besteht deshalb aus einem runden Kessel von 33 Metern Durchmesser, an den vier Schleusenkammern sternförmig angeschlossen sind.

Nach Inbetriebnahme des DEK wurde oft vorgeschlagen, den Ems-Jade-Kanal zu vertiefen und zu verbreitern. Doch Kosten und Nutzen standen in keinem wirtschaftlich verantwortbaren Verhältnis zueinander. Auch die Kriegsmarine in Wilhelmshaven lehnte eine

Die Postkarte aus dem Jahr 1914 zeigt den Ems-Jade-Kanal bei Sande – von hier sind es nur noch weniger Kilometer bis Wilhelmshaven

Kostenbeteiligung ab, obwohl sie über diesen Weg die von ihr benötigte Bunkerkohle hätte beziehen können (→ **Rhein-See-Kanal**).

## Ems-Seitenkanal

Befriedigt stellte im Jahr 1901 das preußische Ministerium für Öffentliche Arbeiten fest, dass Behauptungen, der Ems-Seitenkanal würde seinen Zweck nicht erfüllen, als widerlegt gelten könnten. Die Binnenschifffahrt nutzte diesen „Bypass“ an der Unterems wie erwartet und schließlich war mit dem Bau auch die Entwässerungssituation der durchschnittenen Niederung signifikant verbessert worden. Man hatte die berühmten „zwei Fliegen mit einer Klappe erschlagen“.

Blick aus der Schleusenkammer in das alte Binnenhaupt der Oldersumer Schleuse (Aufnahme von 1960). 1988 wurde die Anlage für eine Bauwerksinspektion trockengelegt. In den Jahren 1989–1993 wurde das Außenhaupt neu gebaut und die übrige Schleuse instandgesetzt

In den ersten Gesetzesvorlagen zum Bau des Dortmund-Ems-Kanals von 1882 und 1883 war dieser knapp neun Kilometer lange Seitenkanal von Oldersum bis → **Emden** zunächst nicht vorgesehen – erst mit dem Gesetz von 1886 war sein Bau beschlossen worden. Aus gutem Grund: Die Unterems ändert bei Oldersum nicht nur ihre Laufrichtung, sondern wird auch noch erheblich breiter. Vor der Jahrhundertwende gab es an beiden Seiten noch weite Wattgebiete und unterhalb von Pogum öffnet sich das Dollartbecken. Bei schlechtem Wetter, Nebel und Eisgang war es daher für kleine Schleppkähne gefährlich, den Hafen Emden über die breite Unterems anzulaufen, zumal vor Emden noch „aufgedreht“ werden musste, um den Außenhafen zu erreichen. Besondere Schwierigkeiten bereitete der damals vorherrschenden → **Schleppschifffahrt** das Einfahrmanöver in den Außenhafen bei ablaufendem Wasser (Ebbe) und westlichen (auflandigen) Winden. Bei dieser Konstellation war es durch hohen Seegang schon zum Vollschlagen und in einigen Fällen zum Sinken der Kähne gekommen. Außerdem sollte die Binnenschifffahrt den zunehmenden Verkehr von Seeschiffen nicht beeinträchtigen.

Der Kartenausschnitt von 1904 zeigt den parallelen Verlauf von Seitenkanal und Bahnlinie bis zum Abknicken in den Emder Binnenhafen. Der Seitenkanal wird hier zutreffend als „Dortmund-Ems-Kanal" bezeichnet

Mit dem Bau des Ems-Seitenkanals in den Jahren 1894 bis 1897 wurde der Emder Binnenhafen deshalb direkt an den Schifffahrtsweg Ems angeschlossen. Der für Schiffe mit 8,2 Metern Breite, 67 Metern Länge und zwei Metern Tiefgang ausgelegte Kanal zweigt kurz unterhalb des Oldersumer Siels aus der → **Tideems** ab, wo die Eingangsschleuse Oldersum mit einer nutzbaren Kammerlänge von 100 Metern und einem von Molen eingefassten Vorhafen von 300 Metern Länge errichtet wurde. Als Trasse für den Kanal wurde eine Linienführung 90 Meter parallel zur Eisenbahn gewählt, so dass nach 8,6 Kilometern eine zweite Schleuse als Eingang zum Emder Binnenhafen in Borssum (heute ein Stadtteil von Emden) erreicht wird. Kurz vor dieser Schleuse zweigt ein Verbindungskanal zum → **Ems-Jade-Kanal** ab.

Bautechnisch waren seinerzeit etliche Probleme zu lösen. So war der Kanal zuerst als eingedeichter Kanal auf dem Niveau des Binnenhafens geplant, der auf dem gewöhnlichen Hochwasser der Ems liegen sollte. Der Plan stellte sich wegen der Entwässerungssituation des umliegenden landwirtschaftlich genutzten Geländes als undurchführbar heraus. Nun wurde ein Niedrigwasserkanal projektiert, der mehr Erdarbeiten und einen Abschluss zum Emder Hafen mit der Kammerschleuse bei Borssum erforderte. So wurden aber die auf weichem Untergrund schwer zu schüttenden hohen Dämme, der Bau von Dükern sowie kostspielige Drehbrücken vermieden. Heute wird der Kanal von sechs Hochbrücken gequert. Das nächste Problem bereitete das salzhaltige

Ansässig seit den 1930er-Jahren ist in Oldersum die Schiffswerft Dietrich. Ihre Schwerpunkte liegen vor allem auf Schiffsreparaturen und der Instandhaltung, insbesondere von regionalen Fährschiffen und Fahrzeugen der Wattfahrt. Hier liefen aber auch etliche Neubauten vom Stapel

Das Aufkommen an Sportbooten hat in den letzten Jahren erheblich zugenommen, wozu die Gründung verschiedener Sportbootvereine und die Anlage von Sportboothäfen in Emden, Friesland, Petkum, Gandersum und Oldersum beigetragen haben

Wasser aus dem Emder Hafen, das unter Rücksichtnahme auf die Landwirtschaft dem Kanal nicht zugeführt werden durfte. Die Lösung bestand darin, das Schleusungswasser durch seitliche Schütze in den Umlaufkanälen der Borssumer Schleuse nicht in das Unterwasser, sondern in einen zusätzlichen Vorflutkanal abzuführen. Weitere Umplanungen ergaben sich, um den sogenannten Königspolder für eine künftige Hafenerweiterung nutzen zu können. Man löste all diese Probleme und ein weiteres gleich mit: die Entwässerungssituation des umliegenden Marschgebietes. Mit dem Kanal war ein großes, tief liegendes Sammelbecken vorhanden und er konnte neben seiner primären Funktion zugleich die eines Vorfluters erfüllen. Die Oldersumer Schleuse erhielt von vornherein die Funktion eines Siels.

Der Einfluss der Tide auf der Unterems wurde seinerzeit genutzt, um in Oldersum möglichst wenig schleusen zu müssen. Vor und nach Niedrigwasser sind nämlich für etwa drei Stunden Außen- und Binnenwasserstand gleich („Ausspiegelung" der Wasserstände), so dass die → **Schleuse** glatt durchfahren werden konnte, wenn die Schiffe den Emder Hafen so zeitig verließen, dass sie anschließend mit auflaufender Flut weiterfahren konnten. Die Schiffe aus Herbrum kommend hingegen hatten ihre Abfahrt so einzurichten, dass sie die Schleuse noch rechtzeitig erreichten.

Bedingt durch die zunehmende Motorisierung der Binnenschifffahrt ab den 1950er-Jahren wurde die Einfahrt in den Emder Hafen immer sicherer, so dass auf einen Ausbau des Ems-Seitenkanals für das größere „Europaschiff" (→ **Bemessungsschiff**) verzichtet wurde. In den Jahren 1988 bis 1993 wurde lediglich eine Grundinstandsetzung der Schleuse Oldersum durchgeführt. Seit Ende der 1960er-Jahre ist der Durchgangsverkehr für die gewerbliche Schifffahrt vollständig zum Erliegen gekommen – heute wird nur noch der unmittelbar hinter der Schleuse liegende Umschlagplatz für Kies angefahren. Da der Seitenkanal letztlich zu klein bemessen war und man ein störendes gemeinsames Anlaufen des Emder Hafens über den Außenhafen der motorisierten Selbstfahrer mit den Seeschiffen vermeiden wollte, plante man recht frühzeitig eine „Neueinführung des DEK in den Emder Hafen" über den Jarßumer Polder, den man ab 1938 einzudeichen begann. Der Zweite Weltkrieg beendete diese Arbeiten. Erst 1964/1965 wurde dann der „Jarßumer Hafen" angelegt, in den ein neuer und deutlich kürzerer Seitenkanal einmünden sollte. Aber auch dazu kam es nicht.

Mit dem Wasserstraßengesetz vom 1. April 1968 wurde der Ems-Seitenkanal als Teilstrecke aus dem DEK herausgenommen und zu einer eigenen Binnenwasserstraße bestimmt. Aufgrund seiner Verbindung zu verschiedenen Tiefs und Kanälen im ostfriesischen Hinterland hat er aber für den Freizeitverkehr an Bedeutung gewonnen. Große wasserwirtschaftliche Bedeutung kommt dem Seitenkanal immer noch zu, da er für ein rund 24.300 Hektar großes Entwässerungsgebiet als Querverteiler und Stauraum für die in Petkum und Oldersum vorhandenen Mündungsbauwerke zur Verfügung steht. Im Hochwasserfall dient die Schleuse Oldersum nach wie vor als Siel für den Wasserablauf des Hinterlandes.

## Fernradwanderweg

Nach exakt 100 Kilometern erreichen Radler die Grevener Bauernschaft Schmedehausen. Sie liegt direkt am Kanal, der bis hierher allerdings erst 85 Kilometer lang ist

Pünktlich zum 100jähren Jubiläum des Dortmund-Ems-Kanals wurde im emsländischen → **Lingen** am 22. April 1999 ein neuer 355 Kilometer langer Radfernwanderweg eingeweiht, der in weiten Strecken jedoch nicht direkt am Kanal entlang führt, sondern bis zum Erreichen der → **Tideems** ein wenig um ihn herum „mäandert". Das macht die Route aber umso interessanter.

Es waren die Fremdenverkehrsverbände vom Ruhrgebiet, des Münsterlandes, des Emslandes und von Ostfriesland, die ein gemeinsames Konzept für diesen neuen Radfernwanderweg entwickelt hatten. „Zwischen Ruhrgebiet und Nordsee", „Erfahren Sie 100 Jahre Kultur, Industrie und Natur" oder „Vom Pott bis zur Waterkant" sind die Slogans, mit denen für die Strecke von → **Dortmund** bis nach Norddeich geworben wird. Beschildert ist die Route durch ein sechseckiges Piktogramm mit dem Logo einer stilisierten Förderturm-Seilscheibe, die sich in eine Nordseewelle verwandelt und dem Rad-Route-Schriftzug.

Auf der Route lassen sich der Kanal und seine wasserbaulichen, zum Teil inzwischen unter Denkmalschutz stehenden Anlagen wie das → **Schiffshebewerk** Henrichenburg, → **Schleusenanlagen** oder → **Häfen** erkunden – und das fast ganz ohne Steigung. Dabei führt die Route auch zu stillgelegten und zu Biotopen umgestalteten Kanalabschnitten etwa bei Olfen, die durch den Bau der → **Zweiten Fahrten** entstanden sind oder entlang der „100-Schlösser-Route" ins Innere des Münsterlandes zu berühmten Wasserburgen. Hinter Papenburg ist die Route identisch mit dem „Emsradweg" und dem „Kreuzfahrtweg" mit seinen Infostationen zur Überführung der auf der Papenburger Meyerwerft gebauten Luxusliner in die Nordsee. Ab → **Emden** geht es dann querfeldein bis nach Norddeich/Mole. Seit 2013 wird der Radweg im Landkreis Emsland Schritt für Schritt auf das Niveau eines Premium-Radweges gebracht. Für den Ausbau werden Betriebswege am Kanal mit einer Gesamtlänge von 65 Kilometern genutzt.

Am Schiffshebewerk in Waltrop treffen die beiden Fernradwanderwege „Route Industriekultur" und „Rad Route Dortmund-Ems-Kanal" aufeinander

## Flößerei

Noch bis in die 1960er-Jahre wurde auf dem Dortmund-Ems-Kanal Bau-, Gruben- und Brennholz mit Flößen befördert. Mit Inbetriebnahme des vom DEK abzweigenden → **Mittellandkanals** bis Minden an der Weser im Jahr 1915 wurden der Holzflößerei neue Absatzmärkte erschlossen. Die Fichtenstämme kamen von der Oberweser aus dem Reinhardswald, Kaufunger Wald, Bramwald und Solling.

Das Flößen von Holz auf der Weser hatte eine jahrhundertealte Tradition. Das Floßholz von der Oberweser wurde insbesondere für den Schiffbau an der norddeutschen Küste benötigt; aber auch der Bedarf an Rammpfählen für die Hafen- und Kaianlagen war enorm. Da der MLK mit Weserwasser gespeist wird, wurden Eder- und Diemeltalsperre gebaut, die ihrerseits die Weser mit Zuschusswasser versorgen.

Das letzte kommerzielle Holzfloß kam im Juli 1964 in Haren/Ems an. Es war auf dem Floßplatz Radbach an der Fulda zusammengestellt worden und bestand aus 250 Stämmen (182 Festmeter) Fichtenholz. Lieferant war der letzte Händler in Hannoversch Münden, Heinrich Meyer-Gaffron, der 50 Jahre zuvor auch das erste Holz per Floß nach Haren geliefert hatte

Die Abgabe von Wasser aus den Stauseen ermöglichte nun auch einen für die Schifffahrt auf der Oberweser ausreichenden Wasserstand – gerade in den trockenen und für die Flößerei angenehmen Sommerzeiten.

Über den MLK, den DEK und schließlich den → **Datteln-Hamm-Kanal** wurde das Holz zum Beispiel nach Lünen transportiert. Land- und Holzwirtschaft prägten dort über lange Zeit weitgehend das Leben am Nordufer der → **Lippe**. In der zweiten Hälfte des 19. Jahrhunderts wurden in Nordlünen und Umgebung Sägewerke gegründet, welche auf Dampfkraft setzten. Ihren Standortvorteil wusste die Firma Haumann & Cie. zu nutzen, die 1919 ein Sägewerk direkt am Kanal in Betrieb nahm und bis in die 1960er-Jahre ausschließlich Fichtenstämme kostengünstig per Floß aus dem Reinhardswald bezog. Im Stadthafen von Lünen war eigens ein „Flößerhafen" angelegt worden, über den auch als Oblast mitgeführtes Grubenholz für die Zechen angeliefert wurde.

Via DEK wurde aber auch Holz nach Holland geliefert; zunächst über das Kanalsystem und ab Wesel in Vierergebinden über den Rhein. Auf den Kanälen wurden die Flöße von Schleppern als Anhänge zusammen mit den Frachtkähnen an ihre Zielorte gebracht. Aus Kostengründen waren die Flößerbetriebe bemüht, je Tour mindestens zwei Flöße im Schlepp zu haben (→ **Schleppschifffahrt**).

Beliefert wurde auch regelmäßig ein Sägewerk in → **Haren**, das zur Kötter-Werft gehörte. Auf der → **Werft** wurden bis 1939 noch vorwiegend Holzschiffe und die berühmten Harener → **Pünten** auf Kiel gelegt. Hierher schwamm im Juli 1964 auch das letzte an der Oberweser zusammengestellte kommerzielle Floß und beendete eine Jahrhunderte alte Tradition.

Beim Flößen kam das leichtere hintere Ende (der „Arsch") nach vorn, weil es beim Schleppen weniger Widerstand bot als das schwerere und tief eingetauchte Vorderteil

Das Fahrgastschiff GRAF MOLTKE an seinem Liegeplatz im Dortmunder Stadthafen: Es wurde als „Neptun Bar" genutzt, bis es 1967 sank und verschrottet wurde

Auch wenn der Dortmund-Ems-Kanal in erster Linie als Verkehrsträger für die Binnenschifffahrt gebaut wurde, kam ihm von Anfang an eine nicht unerhebliche Rolle für Naherholung, Freizeit und Tourismus zu. Mit der riesigen Badewanne freundeten sich die rund zwei Millionen Menschen, die im unmittelbaren Einzugsbereich leben, schnell an. Seine Ufer laden zum Verweilen, Spazierengehen und Radfahren ein (→ **Fernradwanderweg**); im Sommer dient der Kanal als Schwimm- und Badeanstalt (→ **Baden**); er ist ein beliebtes → **Angelrevier**; auf seinem Wasser tummeln sich Kanus und → **Sportboote** und mehrere → **Rudervereine** nutzen ihn gerne als Trainingsstrecke. Etliche Veranstaltungen mit Bezug zum Kanal haben sich etabliert wie Hafen- und Schleusenfeste, Drachenbootrennen, „Neujahrsschwimmen", „Eiswetten" oder Marathonläufe mit Brückenquerungen. Gleich drei Tage lang wird am → **Dattelner Meer** mit dem „Kanalfestival" eine Kulturveranstaltung mit Tradition ausgerichtet.

Wer sich für den Kanal, seine Geschichte, seine Funktion als Verkehrsträger und seine → **Bauten und Anlagen** interessiert, kann sich in den beiden von der → **WSV** eingerichteten Informationszentren am Schleusenpark in Waltrop (ganzjährig geöffnet) und an der → **Schleuse** in Münster („Schaustelle Kanal", geöffnet in den Monaten April bis Oktober) anhand von Objekten, Modellen, Informationstafeln, Audio- und Video-Medien schlau machen. Absolutes touristisches Highlight ist das restaurierte und als technisches Denkmal erhaltene → **Schiffshebewerk** in Henrichenburg mit angeschlossenem Industriemuseum zur Geschichte von Hebewerk, Kanal und Binnenschifffahrt (zugleich herausragender „Ankerpunkt" der „Route Industriekultur"). Einzigartig ist dessen Sammlung schwimmender Arbeitsgeräte und historischer Schiffe, die im Vorhafen des Hebewerks liegen. Auch das Schifffahrtsmuseum in der Reederstadt → **Haren**, untergebracht in einem ehemaligen Schleusenhaus, widmet sich der Kanalschifffahrt und verfügt über ein Ensemble sehenswerter Traditionsschiffe, die dort vor Anker liegen.

Im Informationszentrum der Wasserstraßen- und Schifffahrtsverwaltung am Schleusenpark Waltrop wird auch die wichtige Rolle von Kanälen für Freizeit und Naherholung beleuchtet

Der Kanal als Freizeitrevier für Skipper, Angler, Radler, Schiffegucker: Eingang zum Wohnmobil-Camp Marina in Münster-Fuestrup

Doch was wäre der Kanal ohne eine „weiße Flotte"? Seit eh und je erfreuen sich das Schippern über den Kanal und die Erkundung des Reviers vom Wasser aus großer Beliebtheit. Auf dem **→ Zweigkanal Herne** waren sogar schon vor Eröffnung des DEK Fahrgastschiffe mit Ziel „Schiffshebewerk" unterwegs. So befuhr das elegante Boot FORELLE des Herner Unternehmers Wallner am 5. März 1897 als erster Personendampfer den gerade mit Wasser gefluteten Kanal. 1898 wurden regelmäßige Fahrten von Herne nach Lüdinghausen zugelassen. Als bestaunenswerte Attraktionen galten neben dem Hebewerk auch die Kanalbrücken über die **→ Lippe** und die **→ Stever**. Eine „tägliche Dampferverbindung" zum „großartigsten Bauwerk der Neuzeit" bot der Reeder Fürth aus Datteln an. Die einfache Fahrt ab Herne in der 2. Klasse kostete 50 Pfennige für Erwachsene und 25 Pfennige für Kinder bis zu 10 Jahren. Ab 1900 verkehrten dann etliche Ausflugsschiffe auf dem Kanal. In den 1950er- und 1960er-Jahren war die GRAF MOLTKE vom **→ Dortmunder Hafen** aus unterwegs. Heute starten von hier die beiden Schiffe SANTA MONIKA I und II zu „Schleusenkreuzfahrten" und anderen Rundkursen. Seit den 1990er-Jahren bietet die HENRICHENBURG vom Unterwasser des Schiffshebewerkes aus Rundfahrten im Schleusenpark Waltrop oder „Vier-Kanäle-Erlebnistouren" an.

Auch von **→ Münster** aus schipperte in den 1920er-Jahren eine Flotte (UNDINE und MÜNSTERLAND) ein paar Jahre lang Ausflügler nach Senden, Greven und Hiltrup. 1926 nahm die Stadt in eigener Regie die Personenschifffahrt auf – 1929 erreichten die beiden Schiffe mit über 18.000 Fahrgästen ihre höchste Auslastung. Jahrzehnte vergingen, bis Münster wieder einen Ausflugsdampfer bekam – dank der Fernsehsendung „Wer wird Millionär". Denn der Psychologiestu-

Fahrgastschiffe der Flotte des „Hotels am Wasserfall" in Lingen-Hanekenfähr im Abendlicht

Der Emscher Landschaftspark ist als zentraler Park der Metropole Ruhr entwickelt worden. Auf rund 457 km² erstrecken sich zahlreiche Parks, Halden und Landmarken sowie große Flächen von Industrienatur. Der Schleusenpark Waltrop ist eines der beliebtesten Ausflugsziele und mit dem alten Schiffshebewerk auch Ankerpunkt der „Route der Industriekultur"

dent Leon Windscheid gewann als elfter Kandidat eine Million Euro. In der zweiten Folge versprach Windscheid, er würde bei einem ausreichend hohen Gewinn ein Partyschiff kaufen, das er nach Moderator Günther Jauch benennen und betreiben wolle. Daraufhin versprach Jauch, der in Münster geboren wurde, als Pate die Schiffstaufe zu übernehmen. Es wurde tatsächlich ein geeignetes Passagierschiff in den Niederlanden gekauft und am 10. September 2016 löste Jauch auch sein Versprechen ein und taufte die GÜNTHER: Der Fernsehmoderator brauchte vier Anläufe, bevor die Flasche an dem einstigen und zweimal umgebauten Schlepper von 1910 zerbarst. Heimathäfen weiterer Ausflugsschiffe, die allerdings auch auf der → **Ems** unterwegs sind, sind → **Lingen-Hanekenfähr** (STADT LINGEN, SANTA MARIA und HANEKEN) und Haren (AMISIA, lateinisch für Ems). Andernorts wurde die Fahrgastschifffahrt eingestellt – wie etwa am → **Nassen Dreieck**, wo die Familie Slizewski von 1966 bis 1991 mit der STADT BEVERGERN die Kanäle befuhr, auch nachdem Bevergern längst seine Stadtrechte eingebüßt hatte und nach Hörstel eingemeindet worden war. Alljährlich brachte das Schiff den Nikolaus mit Geschenken für die Kinder der → **Schiffergemeinde**.

Restaurationsbetriebe, Gaststätten, Biergärten oder Hotels direkt am DEK muss man nicht lange suchen. Es gibt viele Gelegenheiten, das Treiben auf dem Kanal aus unmittelbarer Nähe bei Kaffee und Kuchen oder einem Bierchen zu beobachten, denn auch die meisten Yachtclubs, Rudervereine und Marinas haben nicht nur für Vereinsmitglieder geöffnet.

1. Mai bis 1. Oktober.

Dampfer-Fahrplan
zum
**Schiffshebewerk.**

**Hinfahrt**
von Dortmund zum Hebewerk:
Wochentags: $2^{00}$ Uhr | Sonntags: $9^{00}$*), $1^{45}$, $3^{00}$ Uhr

**Rückfahrt**
vom Hebewerk nach Dortmund:
Wochentags: $5^{45}$ Uhr | Sonntags: $12^{00}$*), $5^{45}$, $7^{00}$ Uhr

*) Fährt nur am 20., 30. und 31. Mai, sowie an den darauffolgenden Sonntagen nach Bedarf.

**Fahrzeit 1½ Stunden**

Am Hebewerk: Besichtigung der im Bau begriffenen Sparschleuse von 120 m Länge, und 150 m Breite.
Jeden Sonntag nachmittag: Hafen-Rundfahrten zur Besichtigung des Hafens. Dauer 20 Minuten. Fahrpreis Erwachsene 20 Pfg., Kinder 10 Pfg.

**Extrafahrten**
für Gesellschaften, Schulen und Vereine können jederzeit bei billigster Berechnung stattfinden.

Adresse: Dortmund-Hafen — Caspar Mittrop, Rhederei.

— 11 —

Nach Eröffnung des Dortmund-Ems-Kanals entwickelte sich auch rasch eine Personenschifffahrt. Reeder Caspar Mittrop aus Dortmund hatte den 1896 in Kiel gebauten Personendampfer KRONPRINZ FRIEDRICH WILHELM ab 1906 in Fahrt. Das Schwesterschiff war die PRINZ EITEL FRIEDRICH

**Links Fahrgastschifffahrt:**
www.santamonica.de (Dortmund)
www.santamonika3.de (Hamm mit Anlegestellen am DEK)
www.fgs-henrichenburg.de (Waltrop)
www.ms-günther.de (Münster)
www.hotel-am-wasserfall.de/fahrgastschifffahrt (Lingen-Hanekenfähr)
www.amisia.de (Haren)

**Links Gastronomie (Auswahl):**
www.herr-walter.de (Eventschiff im Dortmunder Hafen)
www.hafenrestaurant-datteln.de (Datteln)
Kilometer 21 – Kiosk am Kanal (auf facebook, Datteln)
www.gasthaus-peters-am-kanal.de (Alte Fahrt, Lüdinghausen)
www.hotel-zur-prinzenbruecke.de (Münster-Hiltrup)
www.yachthafen-fuestrup.de (Greven-Fuestrup)
www.am-nassen-dreieck.de (Hörstel, Nasses Dreieck)
www.zurschleuse-venhaus.de (Spelle-Venhaus)
www.cafe-alte-schleuse.de (Lingen-Hanekenfähr)
www.hotel-am-wasserfall.de (Lingen-Hanekenfähr)
www.grünerjäger.de (Lingen)
www.dorfkrug-thien.de (Lingen)
www.bootshaus-meppen.de (Meppen)
www.lottascafe.de (Haren-Hüntel)
www.zur-ems.com (Haren)
www.zur-hilter-schleuse.de (Lathen-Hilter)
www.vakantieaandesluis.nl (Düther Schleuse, Fresenburg)
www.hafencafe-marinapark.com (Walchum)

Von Delfinen getragen zieren die Stadtwappen von → Dortmund und → Emden das 1898 gebaute und heute unter Denkmalschutz stehende Hafenamt von Dortmund. Verbindet der Dortmund-Ems-Kanal (damals auch gerne als Kanal von „Dortmund zu den Emshäfen" bezeichnet) doch diese beiden Städte und damit Westfalen mit der Nordsee. Als der Kanal am 11. August 1899 feierlich vom preußischen König und deutschen → Kaiser Wilhelm II. seiner Bestimmung übergeben wurde, war ein Projekt verwirklicht, das auf eine jahrhundertealte Idee zurückging. Denn Westfalen fehlte schon immer eine schiffbare Wasserstraße zum Meer.

Dabei konzentrierte man sich zunächst auf das bereits in napoleonischer Zeit angedachte Projekt eines

Gesetz-Sammlung
für die
Königlichen Preußischen Staaten.

Nr. 29.

Inhalt: Gesetz, betreffend den Bau neuer Schifffahrtskanäle und die Verbesserung vorhandener Schifffahrtsstraßen, S. 207. — Gesetz, betreffend die Gewährung eines besonderen Beitrages von 50000000 Mark im Voraus zu den Kosten der Herstellung des Nordostseekanals, S. 209. — Bekanntmachung der nach dem Gesetz vom 10. April 1872 durch die Regierungs-Amtsblätter publizirten landesherrlichen Erlasse, Urkunden ꝛc., S. 210.

(Nr. 9152.) Gesetz, betreffend den Bau neuer Schifffahrtskanäle und die Verbesserung vorhandener Schifffahrtsstraßen. Vom 9. Juli 1886.

Wir Wilhelm, von Gottes Gnaden König von Preußen ꝛc. verordnen, unter Zustimmung beider Häuser des Landtags der Monarchie, was folgt:

§. 1.

Die Staatsregierung wird ermächtigt:

1) zur Ausführung eines Schifffahrtskanals, welcher bestimmt ist, den Rhein mit der Ems und in einer den Interessen der mittleren und unteren Weser und Elbe entsprechenden Weise mit diesen Strömen zu verbinden, und zwar zunächst für den Bau der Kanalstrecke von Dortmund beziehungsweise Herne über Henrichenburg, Münster, Bevergern und Papenburg nach der unteren Ems, einschließlich der Anlage eines Seitenkanals aus der Ems von Oldersum nach dem Emdener Binnenhafen nebst entsprechender Erweiterung des letzteren,
2) zur Herstellung einer leistungsfähigen Wasserstraße zwischen Oberschlesien und Berlin — nämlich:
   a) zur Verbesserung der Schifffahrtsverbindung von der mittleren Oder nach der Oberspree bei Berlin,
   b) zur Verbesserung der Schifffahrt auf der Oder von Breslau bis Kosel,

   und zwar zunächst zur Verbesserung der Schifffahrtsverbindung von der mittleren Oder nach der Oberspree durch den unter theilweiser Benutzung des Friedrich-Wilhelm-Kanals zu bewirkenden Neubau eines Kanals von Fürstenberg nach dem Kersdorfer See, durch die Regulirung der Spree von da bis unterhalb Fürstenwalde und durch den Neubau eines daselbst beginnenden Kanals bis zum Seddinsee,

nach Maßgabe der von dem Minister der öffentlichen Arbeiten festzustellenden Projekte

| | |
|---|---|
| zu 1 | 58 400 000 Mark, |
| zu 2a | 12 600 000 „ |
| im Ganzen die Summe von | 71 000 000 Mark |

zu verwenden.

§. 2.

Mit der Erbauung des im §. 1 zu Nr. 1 gedachten Schifffahrtskanals ist erst vorzugehen, wenn der gesammte zum Bau, einschließlich aller Nebenanlagen, nach Maßgabe der von dem Minister der öffentlichen Arbeiten festzustellenden Projekte erforderliche Grund und Boden der Staatsregierung aus Interessentenkreisen unentgeltlich und lastenfrei zum Eigenthum überwiesen, oder die Erstattung der sämmtlichen, staatsseitig für dessen Beschaffung im Wege der freien Vereinbarung oder der Enteignung aufzuwendenden Kosten, einschließlich aller Nebenentschädigungen für Wirthschaftserschwernisse und sonstige Nachtheile, in rechtsgültiger Form übernommen und sichergestellt ist.

§. 3.

Der Finanzminister wird ermächtigt, zur Deckung der im §. 1 erwähnten Kosten im Wege der Anleihe eine entsprechende Anzahl von Staatsschuldverschreibungen auszugeben.

Wann, durch welche Stelle und in welchen Beträgen, zu welchem Zinsfuße, zu welchen Bedingungen der Kündigung und zu welchem Kurse die Schuldverschreibungen verausgabt werden sollen, bestimmt der Finanzminister.

Im Uebrigen kommen wegen Verwaltung und Tilgung der Anleihe, wegen Annahme derselben als pupillen- und depositalmäßige Sicherheit und wegen Verjährung der Zinsen die Vorschriften des Gesetzes vom 19. Dezember 1869 (Gesetz-Samml. S. 1197) zur Anwendung.

§. 4.

Die Ausführung dieses Gesetzes wird, soweit solche nach den Bestimmungen des §. 3 nicht durch den Finanzminister erfolgt, dem Minister der öffentlichen Arbeiten übertragen.

Urkundlich unter Unserer Höchsteigenhändigen Unterschrift und beigedrucktem Königlichen Insiegel.

Gegeben Bad Ems, den 9. Juli 1886.

(L. S.) Wilhelm.

Fürst v. Bismarck. v. Puttkamer. Maybach. Lucius. Friedberg. v. Boetticher. v. Goßler. v. Scholz.

Das Gesetz zum Bau des Dortmund-Ems-Kanals enthielt auch als Zugeständnis an die Widersacher in Preußens Stammland die Ermächtigung zum Bau eines Oder-Spree-Kanals. Als dieser 1891 fertig war, hatte man mit dem Bau des DEK noch gar nicht begonnen

Lippe-Ems-Kanals. In dieses Projekt sollte der bestehende → Max-Clemens-Kanal von → Münster bis Maxhafen einbezogen werden. Der Max-Clemens-Kanal war Mitte des 18. Jahrhunderts erbaut worden. Dem Kurfürst von Münster wird der Satz – geäußert beim Empfang der ostfriesischen Stände in Neuhaus bei Paderborn – zugeschrieben, er wolle „...wegen des zu graben angefangenen Kanals mit meinem Minister reden und sodann den Kanal wohl auch auf Emden graben". Auch Friedrich der Große stellte 1744 die Fortführung dieses Kanals bis zur → Ems – „um den Handel von Westfalen und in Sonderheit Seiner Majestät darin gelegenen Landen ... bestmöglich zu facilitiren" – in einer „Convention" mit der Stadt Emden in Aussicht. Doch dazu kam es freilich nie.

Erst nachdem mit dem Reichsdeputationshauptschluss von 1803 das Fürstbistum → Münster aufgelöst und preußische Provinz wurde, gab es ernsthafte Überlegungen, den Max-Clemens-Kanal im Süden mit der → Lippe und im Norden mit der → Ems zu verbinden. Preußen plante eine „deutsche Rheinmündung", erhoben die Niederlande auf dem Rhein doch Zölle für alle von See kommenden und in See gehende Güter. Davon wollte man durch eine „treffliche, stets freie, ganz deutsche Wasserstraße ans Meer" unabhängig werden und beauftragte den Oberbaudirektor Eytelwein, entsprechende technische Pläne zu erstellen, die er mit seinem Bericht vom 22. Oktober 1816 auch vorlegte. Sie ähnelten der Trassenführung des späteren DEK sehr. 1820 schlossen Preußen und Hannover einen Vertrag, mit dem die beiden Königreiche vereinbarten, die notwendigen Arbeiten auf ihrem jeweiligen Territorium auszuführen. Doch nur Hannover erfüllte seine Verpflichtungen, unter anderem mit dem Bau des → Hanekenkanals. Denn nach Abschluss der Rheinschifffahrtsakte 1831 und der Aufhebung der niederländischen Zölle verlor Preußen zunächst jegliches Interesse an einer Kanalverbindung Westfalens mit der Nordsee über die Ems und ließ das Projekt, dessen Baukosten mit 2.087.125

Talern errechnet worden war, als angeblich technisch unausführbar, fallen. Hinzu kam, dass mit dem Siegeszug der Eisenbahn keine Notwendigkeit zum Bau von Kanälen mehr gesehen wurde.

1841 gelang es erstmals, einen Schacht durch die das Kohlengebirge nördlich der Ruhr überdeckenden Mergelschichten abzuteufen, was die „Nordwanderung“ des Bergbaus zur Folge hatte. Diese Mergelzechen nutzten zunächst Eisenbahnen, um die nun im Untertagebergbau geförderte → **Kohle** abzutransportieren, doch schon bald wurde – mit dem enormen Anstieg der Fördermengen – der Ruf nach einem billigen Massengütertransport auf dem Wasserwege laut. „Die Wasserstraße ist der Elephant, die Eisenbahn das Pferd für die Wegschaffung großer Lasten“, hieß es in einer Schrift. So erhielt die „Kanalsache“ durch eine im Jahr 1856 von einem Dortmunder Canal-Comité vorgelegte Denkschrift neuen Auftrieb, mit der eine durchgehende schiffbare Verbindung vom Rhein bis zur Weser und zur Elbe angeregt und Kapital für eine zu gründende Aktiengesellschaft gesammelt wurden. Der westfälische Provinziallandtag unterstützte die Idee dieses → „**Mittellandkanals**“, so dass ab August 1860 mit der Ausführung technischer Vorarbeiten für einen „Rhein-Weser-Elbe-Kanal“ auf Staatskosten durch den Wasserbau-Inspektor Karl Michaelis in Münster begonnen und Linienführungen erarbeitet wurden.

Die 1860er-Jahre waren nun bestimmt durch eine erbittert geführte Auseinandersetzung über die Trassenführung. Denn inzwischen wurde von einem in Essen ansässigen Emscher-Canal-Comité mit dem Essener Bergbauverein an der Spitze eine Trasse entlang der Emscher von Herne bis zum Rhein gefordert. Dies kam den Interessen der hier ansässigen Bergbauunternehmen entgegen, deren Hauptabsatzgebiete am Rhein lagen. Dortmund sah sich abgehängt und favorisierte seinerseits eine südliche Kanallinie mit Querung des Teutoburger Waldes bei Bielefeld, quasi eine Kanalisierung des Hellweges (eine mittelalterliche Handelsroute), die allerdings über 50 Schleusen erfordert hätte. Karl Michaelis, der 1864 Vor- und Nachteile verschiedener Trassenführungen erwog, schlug schließlich einen Verlauf vom Rhein durch das Emschertal über Henrichenburg, Münster und Bevergern zur Weser vor und sah den Hauptvorteil dieser Linienführung in der Umgehung des Teutoburger Waldes ohne → **Schleusen**.

Nach den Einigungskriegen (1864–1871), der Annexion des Königreichs Hannover durch Preußen (1866) und der Reichsgründung (1871) begann eine neue Phase in der Geschichte des Kanalbaus, die durch die aktive Rolle, die der Staat dabei spielte, gekennzeichnet ist. 1877 legte die preußische Staatsregierung eine „Denkschrift, betreffend die im Preußischen Staate vorhandenen Wasserstraßen“ vor, in der das Projekt eines die norddeutschen Ströme verbindenden Kanals dargelegt wurde. Ein Jahr später setzte der preußische Handelsminister Achenbach je eine Kommission für den Rhein-Weser-Kanal und für den Weser-Elbe-Kanal ein, welche die erforderlichen technischen und wirtschaftlichen Untersuchungen anstellen sollten. Das war just zu der Zeit, als die Montanindustrie an der Ruhr kriselte und auf der Suche nach neuen Absatzmärkten für ihre Produkte war. Unter maßgeblichem Einfluss des Dortmunder Berghauptmanns Prinz von Schoenaich-Carolath und des Ober-Präsidenten von Westfalen Friedrich von Kühlwetter sowie mit tatkräftiger Unterstützung der Interessenvertreter von Emden und des Emslandes richtete sich nun der Blick auf eine Süd-Nord-Ver-

Baustelle Kanal: Mit Spaten, Eimerkettenbagger und Feldbahn zum Abtransport des Aushubs wurde der Kalkstein des Teutoburger Waldes für eine Einschnittstrecke von 12,50 Metern Tiefe bei Riesenbeck durchbrochen (oben). Das Gruppenfoto unten zeigt den Bau der großen Schleppzugschleuse Bevergern aus dem Jahr 1914. Die Mechanisierung war inzwischen vorangeschritten

bindung zu den Emshäfen. Tatsächlich brachte 1882 die preußische Regierung in den Landtag die Vorlage für einen Kanal zwischen Dortmund und dem preußischen Nordseehafen Emden mit der Begründung ein, „a) für den Verkehr aus dem Gebiete des Rheines nach dem Meere hin die dringend wünschenswerthe Unabhängigkeit vom Auslande zu gewähren und b) bei dem Absatze der Producte des rheinisch-westfälischen Kohlen- und Industriebezirkes den Wettbewerb des Auslandes besiegen helfen". Man wollte vordringlich der Ruhrkohle (→ **Kohle**) das Nord- und Ostseegebiet erschließen und die für die westfälische Hüttenindustrie notwendigen schwedischen Erze genauso kostengünstig auf dem Wasserwege importieren wie die Konkurrenz am Rhein.

Die Regierung machte allerdings keinen Hehl daraus, dass der Kanal später zum Rhein und bis zur Elbe fortgeführt werden sollte – der DEK war gedacht als erstes Teilstück des MLK. Bei den parlamentarischen Beratungen zeichnete sich nun bereits die noch Jahrzehnte (bis zur Verabschiedung des preußischen Wasserstraßengesetztes vom 1. April 1905) anhaltende Interesenlage ab: Die ostelbischen Großagrarier machten gegen den Kanal Front, weil sie in ihm ein Einfalltor für ausländisches Getreide sahen und der Kanal darüber hinaus die Landflucht befördern würde. Die schlesische Schwerindustrie sorgte sich um ihren Berliner Markt und Freiherr von Stumm-Halberg als Vertreter der saarländischen und lothringischen Montanindustrie sprach sich gegen die Pläne aus, da sie nur den Konkurrenten an der Ruhr nutzten. Die Kanalvorlage scheiterte schließlich am Widerstand des preußischen Herrenhauses.

Den Opponenten gelang es jedoch nur, die Annahme des Gesetzes bis zum Juli 1886 zu verzögern, als eine neue Vorlage den Mitgliedern des Abgeordneten- sowie des Herrenhauses die Annahme durch ein Paket erleichtert wurde, das auch die Interessen des preußischen Ostens bediente: den Bau eines Oder-Spree-Kanals. Beschlossen wurde gleichwohl nur ein Torso von Kanal, dem sowohl die Anbindung an den Rhein als auch der Anschluss von Weser und Elbe fehlte. Für seinen Bau wurden 58.350.000 Mark bewilligt.

Auf Drängen des den Kanalbau nur halbherzig unterstützenden Finanzministeriums war im Gesetz geregelt, dass mit dem Bau des DEK erst dann begonnen werden dürfe, wenn der gesamte benötigte Grund und Boden der Staatsregierung aus Interessenkreisen (wie Kommunen) unentgeltlich zum Eigentum überwiesen oder die Erstattung der Erwerbskosten von 6,28 Millionen Mark übernommen worden sei. Ein mühseliges Unterfangen. Aufgebracht wurden schließlich nur 4.854.967 Mark (darunter je eine Million von der Berggewerkschaftskasse und der Provinz Westfalen), so dass mit einem weiteren Gesetz vom 6. Juli 1888 (erst drei Wochen zuvor hatte Wilhelm II. als neuer deutscher Kaiser den Thron bestiegen) die genehmigte Bausumme um den Differenzbetrag erhöht wurde. Und noch eine weitere Erhöhung der Mittel für den Kanalbau von 14.750.000 Mark wurde notwendig und mit Gesetz vom 26. Juni 1897 beschlossen. Mit dem zusätzlichen Geld wurde der Kanal bei Bevergern (→ **Nasses Dreieck**) nach Osten verschoben und verlängert, um den späteren MLK besser anschließen zu können. Außerdem entstanden Mehrkosten für ein größeres Kanalprofil (→ **Regelquerschnitt**), für höhere Bauleitungskosten aufgrund der längeren Bauzeit sowie für die zwischenzeitlich gestiegenen Löhne und Preise. Da man beabsichtigte, auf dem Kanal einen Schleppbetrieb mit Schraubendampfern einzurichten, mussten die Ufer besser geschützt und mit Steinmaterial befestigt werden. Auch dies erforderte erheblich mehr Mittel. Gleichwohl waren es die Widerstände im preußischen Finanzministerium, wo man Konkurrenz zur staatlichen Eisenbahn fürchtete, die größere Ausmaße des Kanals als für das 750-Tonnen-Schiff verhinderten, so dass er in Bezug auf seine Dimension nie ernsthaft mit dem Rhein als Wasserstraße konkurrieren konnte. Mit dem Bau wurde erst fünf Jahre nach Verabschiedung des Gesetzes im Jahr 1891 begonnen. Als der Kanal mit allen seinen → **Bauten und Anlagen** 1898 fertiggestellt war, waren insgesamt 79.430.00 Mark verausgabt.

Geschützt hinter Seidenpapier, aufwändig gestaltet und mit Goldprägedruck: Titelblatt der Festschrift zur Eröffnung des Dortmund-Ems-Kanals von 1899: „Derselbe ist nach Überwindung aller entgegenstehenden Schwierigkeiten unter Kaiser Wilhelm II. in der Zeit von 1892 bis 1899 zur Ausführung gebracht"

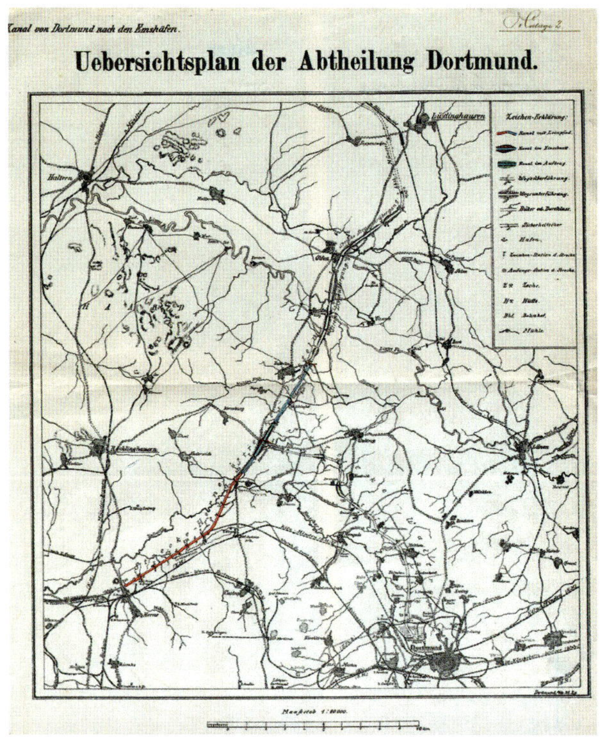


Original-Kartenblatt von 1891/92: Die Kanaltrasse war in insgesamt 28 Streckenabschnitte eingeteilt, die von sechs Bauabteilungen betreut wurden – hier die Strecken „Herne" (rot) und „Datteln" (blau)

Fünf Tage nach der feierlichen Einweihung des Kanals durch Kaiser Wilhelm II., am 16. August 1899, scheiterte die Vorlage seiner Regierung über den Weiterbau des MLK im preußischen Abgeordnetenhaus unter anderem an den sogenannten Kanalrebellen. Als solche hatten sich vom Kaiser eingesetzte Beamte wie Landräte, die zugleich Abgeordnete waren, erwiesen. Da der Kaiser Loyalität erwartete, wurden sie sämtlich ihrer Ämter enthoben. Die preußische Regierung benötigte noch zwei weitere Anläufe, bis sie 1905 endlich die Zustimmung des Parlaments zum Bau des MLK und weiterer Kanäle erwirkt hatte, darunter der → **Rhein-Herne-Kanal** und der → **Datteln-Hamm-Kanal**. Und wieder bekamen die rebellischen Krautjunker im Osten mit dem Großschifffahrtsweg Berlin-Stettin (Oder-Havel-Kanal) nicht nur ihre Kompensation sondern auch ihren Willen: Der Bau des MLK wurde nur bis Hannover und nicht bis zur Elbe bewilligt.

## Güter

Die Binnenschifffahrt steht im Wettbewerb zu anderen Verkehrsträgern, insbesondere zu Schiene und Straße (Lkw), in gewissem Maße auch zu Rohrfernleitungen. Ihr Anteil am Verkehrsaufkommen in Deutschland beträgt rund 13 Prozent, davon entfällt der Löwenanteil von rund 85 Prozent allein auf Transporte auf dem Rhein.

Kanal für die Montanindustrie: Neben den Hauptumschlagsgütern Kohle und Erz wurden auch große Mengen an Grubenholz für die Ruhrgebiets-Zechen über den Kanal geliefert

Ihre spezifischen Vorteile kann die Binnenschifffahrt immer dort zur Geltung bringen, wo es sich um massenhafte, nicht eilbedürftige Transportgüter handelt. Sie machen einen Anteil von 70 Prozent an der Gesamtmenge aus. Dazu zählen etwa Baustoffe, Düngemittel, landwirtschaftliche Produkte, Erze, Kohle, Schrott und Stahl. Eine weitere Domäne sind Gefahrgüter, die sich auf Wasserstraßen besonders sicher transportieren lassen. Darunter fallen brennbare flüssige Güter, wie Benzin, Heizöl, chemische Grundstoffe (z.B. Methanol), Endprodukte (z.B. Säuren) und verflüssigte Gase (z.B. Ammoniak). Daneben gibt es trockene gefährliche Güter in loser Schüttung, die entzündbar oder selbstentzündlich sind oder bei Kontakt mit Wasser Gas entwickeln. Mit ihren Abmessungen sind Binnenschiffe auch für besonders schwere oder sperrige Ladung geradezu prädestiniert. Die Vorteile von Schwerguttransporten auf dem Wasser liegen auf der Hand: Die Infrastruktur wird nicht beschädigt und es müssen keine Hindernisse aufwendig aus dem Weg geräumt werden. Eine eher geringe Bedeutung hat die Beförderung von Konsum- und Investitionsgütern. Auch die Verschiffung von → **Containern** auf dem DEK ist derzeit eher unbedeutend.

Die Daten der Verkehrsstatistik für den DEK sind insofern nicht überraschend: Auf ihm dominiert – so weist es die Statistik der Durchgangsschleuse → **Münster** aus – der Transport von nur sechs Güterarten: landwirtschaftliche Erzeugnisse/Nahrungs- und Futtermittel (27 Prozent), Baustoffe/Steine/Erden (21 Prozent), Mineralölerzeugnisse (16 Prozent), Erze/Schrott/Eisen/Stahl/NE-Metalle (13,5 Prozent), chemische Erzeugnisse (8,6 Prozent) und Düngemittel (7,5 Prozent). Auch der Blick auf die geschleusten Güter in Henrichenburg (von und nach → **Dortmund**) wie in → **Dörpen** (→ **Küstenkanal**) und Herbrum (Unterems) ergibt keinen signifikant anderen Befund, denn hier weicht nur der Mix, also der jeweilige Anteil der Güterarten etwas ab. Der Transport „Fester Brennstoffe“, darunter also auch von → **Kohle**, spielt nur noch eine untergeordnete Rolle.

In wohl keiner anderen Statistik kommt der Strukturwandel des DEK besser zum Ausdruck, als in der über die darauf verschifften Güter. Gebaut wurde der Kanal Ende des 19. Jahrhunderts auf Drängen der westfälischen Montanindustrie für den kostengünstigen Import von Erzen und den Versand von Kohle. Tatsächlich lag die Vergünstigung gegenüber der Eisenbahn für Erz bei 1,40 Mark und für Kohle bei 1,26 Mark pro Tonne. Neben einem regen Frachtverkehr mit Sand, Holz, Ziegelsteinen, Mehl und Getreide zu den Kleinhäfen des Münsterlandes, dominierten in den ersten Jahren diese beiden Güterarten und selbst in den 1960er-Jahren machten sie noch rund 50 Prozent aus. So wurden Ende der 1920er-Jahre talwärts nach Emden zu 90 Prozent Kohle verfrachtet, der Rest setzte sich aus Eisen, Kali und Zement zusammen. Bergwärts

Arbeitsintensiv war das Be- und Entladen von Stückgütern, wie hier Säcke mit Weizenkleie von den Frankfurter Mühlenwerken (Foto aus dem 1950er-Jahren). Die „Hildebrandmühlen" existieren heute noch am Frankfurter Osthafen, aber die Umschlagsart ist ausgestorben

Verladen sperriger und schwerer Maschinenteile an der Schleuse Münster im Februar 1954. Heute können Binnenschiffe ohne Probleme Punktbelastungen von über 40 Tonnen pro Quadratmeter oder Stückgewichte bis zu 1.000 Tonnen bewältigen

Ihre spezifischen ökonomischen wie ökologischen Vorteile kann die Binnenschifffahrt immer dort zur Geltung bringen, wo es sich um massenhafte, nicht eilbedürftige Transportgüter handelt (wie hier: Sand). Die 80 Meter lange und neun Meter breite RODEO kann bei einem Tiefgang von 2,70 Metern rund 1.400 Tonnen laden, das entspricht der Ladung von 46 Lkw

Mit Importgetreide wurde in den Nachkriegsjahren das hungernde Deutschland versorgt. In Emden wurde das Getreide an der gleichen Mole vom Seeschiff ins Binnenschiff „umgesaugt" (Aquarell aus dem Jahr 1954)

nach Dortmund und zu den Häfen am → **Rhein-Herne-Kanal** wurden zu rund zwei Dritteln Erze transportiert, der Rest bestand aus der Einfuhr von Getreide, Grubenholz und Stückgut. Allerdings kamen sowohl nach Ende des Ersten wie nach Ende des Zweiten Weltkrieges neue und andere Güterarten hinzu, wie flüssige Brennstoffe, Chemikalien oder Baustoffe. Der Verkehr auf dem DEK wurde so immer vielfältiger. Heutzutage werden weder Erze importiert noch Ruhrkohle exportiert. Die westfälische Schwerindustrie bezieht seit 1987 kein Erz mehr über den Kanal.

Eine unterschätzte Rolle leistete der DEK in seinen Anfangsjahren und nach Ende des Zweiten Weltkrieges bei der Versorgung der Bevölkerung mit Getreide. 1910 wurden im → **Emder Hafen** rund 300.000 Tonnen Weizen, Roggen und Gerste gelöscht und zu 18 Stationen am DEK verschifft, darunter nach → **Münster**, dessen Hafen zu einem bedeutenden Umschlagplatz für Futtermittel wurde. Getreide, Futtermittel und Braugerste waren hinter Kohle und Erz sogar die drittgrößte Gütergruppe, die in den ersten zehn Jahren im Dortmunder Hafen umgeschlagen wurden. Nach 1945 war der industriell geprägte Westen zur Sicherung der Ernährung fast ausschließlich auf überseeische Einfuhren angewiesen. So wurde im Jahr 1949 mit einer Beförderungsleistung von über 1,8 Millionen Tonnen Getreide die Verkehrsleistung von 1936 (239.000 Tonnen) um mehr als das Sechsfache übertroffen.

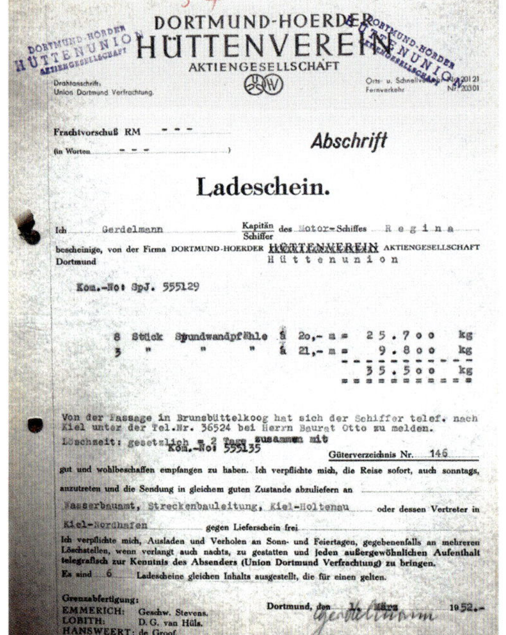

DORTMUND-HOERDER HÜTTENVEREIN AKTIENGESELLSCHAFT

DORTMUND-HÖRDER HÜTTENUNION AKTIENGESELLSCHAFT

Drahtanschrift: Union Dortmund Verfrachtung.

Orts- u. Schnellverkehr Nr. 20121 Fernverkehr Nr. 20301

Frachtvorschuß RM - - -
(in Worten - - - )

Abschrift

**Ladeschein.**

Ich Gerdelmann Kapitän/Schiffer des Motor-Schiffes Regina bescheinige, von der Firma DORTMUND-HOERDER HÜTTENVEREIN AKTIENGESELLSCHAFT Hüttenunion Dortmund

Kom.-No: SpJ. 555129

8 Stück Spundwandpfähle à 20,- m = 25.700 kg
3 " " " à 21,- m = 9.800 kg
35.500 kg

Von der Passage in Brunsbüttelkoog hat sich der Schiffer telef. nach Kiel unter der Tel.Nr. 36524 bei Herrn Baurat Otto zu melden.
Löschzeit: gesetzlich = 2 Tage zusammen mit Kom.-No: 555135

Güterverzeichnis Nr. 146

gut und wohlbeschaffen empfangen zu haben. Ich verpflichte mich, die Reise sofort, auch sonntags, anzutreten und die Sendung in gleichem guten Zustande abzuliefern an Wasserbauamt, Streckenbauleitung, Kiel-Holtenau oder dessen Vertreter in Kiel-Nordhafen gegen Lieferschein frei

Ich verpflichte mich, Ausladen und Verholen an Sonn- und Feiertagen, gegebenenfalls an mehreren Löschstellen, wenn verlangt auch nachts, zu gestatten und jeden außergewöhnlichen Aufenthalt telegrafisch zur Kenntnis des Absenders (Union Dortmund Verfrachtung) zu bringen.
Es sind 6 Ladescheine gleichen Inhalts ausgestellt, die für einen gelten.

Grenzabfertigung:
EMMERICH: Geschw. Stevens.
LOBITH: D. G. van Hüls.
HANSWEERT: de Groof.

Dortmund, den 1. März 1952.-

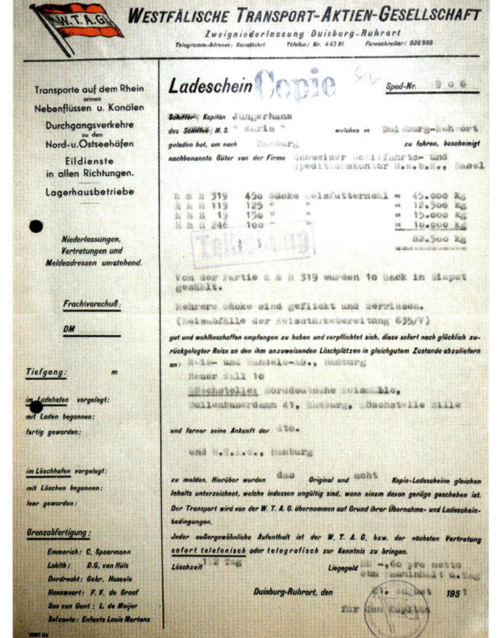

W.T.A.G.

**WESTFÄLISCHE TRANSPORT-AKTIEN-GESELLSCHAFT**
*Zweigniederlassung Duisburg-Ruhrort*
Telegramm-Adresse: Kanalfahrt Telefon: Nr. 44391 Fernschreiber: 036866

Transporte auf dem Rhein seinen Nebenflüssen u. Kanälen
Durchgangsverkehre zu den Nord-u. Ostseehäfen
Eildienste in allen Richtungen.
Lagerhausbetriebe

*Niederlassungen, Vertretungen und Meldeadressen umstehend.*

*Frachtvorschuß:*
*DM*

*Tiefgang:* m

*im Ladehafen vorgelegt:*
*mit Laden begonnen:*
*fertig geworden:*

*im Löschhafen vorgelegt:*
*mit Löschen begonnen:*
*leer geworden:*

*Grenzabfertigung:*
*Emmerich: C. Spaarmann*
*Lobith: D.G. von Hüls*
*Dordrecht: Gebr. Hasselo*
*Hansweert: F. V. de Groof*
*Sas van Gent: L. de Meijer*
*Selzaete: Enfants Louis Martens*

*Ladeschein* Copie *Sped-Nr.* 906

*Kapitän* Jungerhans *des M. S.* " Maria " *welches in* Duisburg-Ruhrort *geladen hat, um nach* Hamburg *zu fahren, bescheinigt nachbenannte Güter von der Firma* Schweizer Schiffahrts- und Speditionskontor G.m.b.H., Basel

| | | | |
|---|---|---|---|
| 319 | 450 Säcke Reisfuttermehl | = | 45.000 Kg |
| 119 | 125 " " | = | 12.500 Kg |
| 19 | 150 " " | = | 15.000 Kg |
| 246 | 100 " " | = | 10.000 Kg |
| | | | 82.500 Kg |

Teilladung

Von der Partie 319 wurden 10 Sack in Disput gezählt.

Mehrere Säcke sind geflickt und zerrissen.
(Reisabfälle der Reisstärkebereitung 635/V)

*gut und wohlbeschaffen empfangen zu haben und verpflichtet sich, diese sofort nach glücklich zurückgelegter Reise an den ihm anzuweisenden Löschplätzen in gleichgutem Zustande abzuliefern an:* [illegible], Hamburg
Neuer Wall 10
Löschstelle: Norddeutsche [illegible],
[illegible] 41, Hamburg, Löschstelle [illegible]

*und ferner seine Ankunft der* Sto.
und W.T.A.G., Hamburg

*zu melden. Hierüber wurden* das *Original und* acht *Kopie-Ladescheine gleichen Inhalts unterzeichnet, welche indessen ungültig sind, wenn einem davon genüge geschehen ist.*
*Der Transport wird von der W. T. A. G. übernommen auf Grund ihrer Übernahme- und Ladescheinbedingungen.*
*Jeder außergewöhnliche Aufenthalt ist der W. T. A. G. bzw. der nächsten Vertretung sofort telefonisch oder telegrafisch zur Kenntnis zu bringen.*

*Löschzeit* 1:2 Tag *Liegegeld* DM -,60 pro netto [illegible] u. Tag

*Duisburg-Ruhrort, den* 21. August *195*1

für den Kapitän

Ladescheine aus den Jahren 1951 und 1952: Die MS REGINA hatte 11 Stück Spundwandpfähle von der Dortmund-Hörder Hüttenunion nach Kiel für den Ausbau des Nord-Ostsee-Kanals zu bringen. Die MS MARIA lud in Duisburg 825 Säcke Reisfuttermehl, um sie nach Hamburg zu transportieren

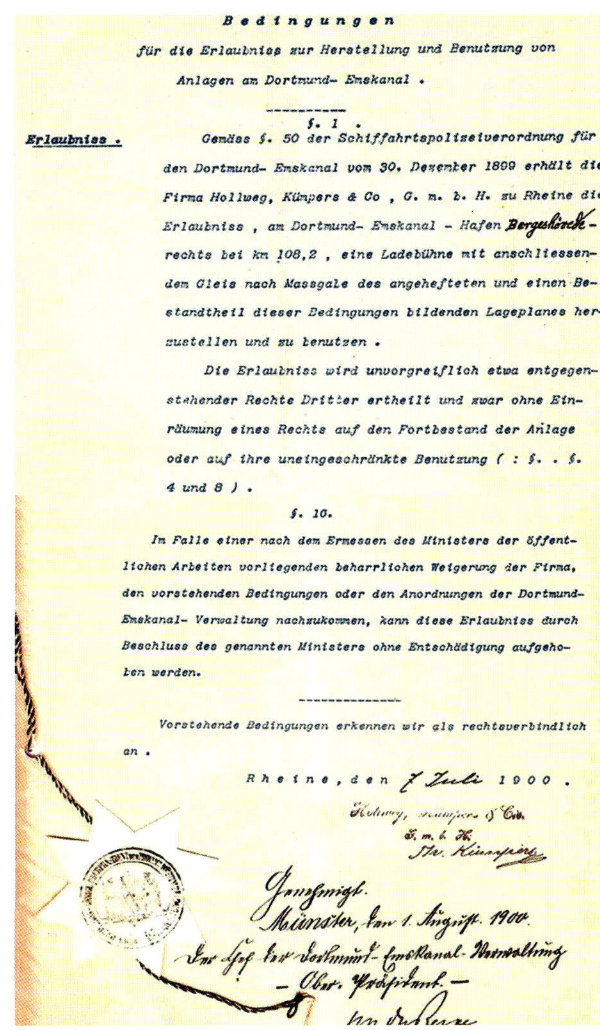

**Bedingungen**

für die Erlaubniss zur Herstellung und Benutzung von Anlagen am Dortmund- Emskanal.

---

§. 1.

**Erlaubniss.** Gemäss §. 50 der Schiffahrtspolizeiverordnung für den Dortmund- Emskanal vom 30. Dezember 1899 erhält die Firma Hollweg, Kümpers & Co, G. m. b. H. zu Rheine die Erlaubniss, am Dortmund- Emskanal - Hafen Bergeshövede - rechts bei km 108,2, eine Ladebühne mit anschliessendem Gleis nach Massgabe des angehefteten und einen Bestandtheil dieser Bedingungen bildenden Lageplanes herzustellen und zu benutzen.

Die Erlaubniss wird unvorgreiflich etwa entgegenstehender Rechte Dritter ertheilt und zwar ohne Einräumung eines Rechts auf den Fortbestand der Anlage oder auf ihre uneingeschränkte Benutzung ( : §. . §. 4 und 8 ).

§. 10.

Im Falle einer nach dem Ermessen des Ministers der öffentlichen Arbeiten vorliegenden beharrlichen Weigerung der Firma, den vorstehenden Bedingungen oder den Anordnungen der Dortmund- Emskanal- Verwaltung nachzukommen, kann diese Erlaubniss durch Beschluss des genannten Ministers ohne Entschädigung aufgehoben werden.

---

Vorstehende Bedingungen erkennen wir als rechtsverbindlich an.

Rheine, den 7 Juli 1900.

Hollweg, Kümpers & Co.
G. m. b. H.

Genehmigt.
Münster, den 1. August 1900.
Der Chef der Dortmund-Emskanal-Verwaltung
– Ober-Präsident. –

Vertrag (Auszug) der Dortmund-Emskanal-Verwaltung mit dem Rheiner Hafenbetreiber Hollweg, Kümpers & Co. aus dem Jahr 1900. Dessen Details wurden auf Basis einer „Schiffahrtspolizeiverordnung für den Dortmund-Emskanal" vom Dezember 1899 geregelt

Als im Jahr 1901 erstmals der jährliche „Entfernungs-Anzeiger" für den Dortmund-Emskanal erschien, waren darin insgesamt 61 „Häfen" an der Kanalstrecke einschließlich des → **Zweigkanals Herne** ausgewiesen. Hinzu kamen die Häfen von Papenburg, Weener, Leer und Jemgum an der Unterems sowie natürlich der von → **Emden** als wichtigster Endhafen der neuen Wasserstraße.

Schon der Name des Kanals war programmatisch, sollte er doch vor allem die Verbindung der Industriemetropole → **Dortmund** und des östlichen Ruhrgebiets mit den bereits existierenden Seehäfen an der → **Ems** – allen voran dem von Emden – herstellen. So wurde der Kanal in den Anfangsjahren auch gerne als „Kanal von Dortmund zu den Emshäfen" bezeichnet. Die Neuanlage und der Ausbau von Häfen längs der gesamten Trasse waren wichtige Maßnahmen, um den DEK als vollwertige Wasserstraße nicht nur für den Durchgangs- sondern auch für den regionalen Gebietsverkehr etablieren zu können. Der preußische Staat ließ sich das sieben Millionen Mark und damit rund acht Prozent der Bausumme kosten.

Gefördert wurden die öffentlichen Häfen, zu denen Emden, Leer, Papenburg, → **Münster** und Dortmund gehörten sowie weitere 44 kleinere Häfen. Durch die Vielzahl solcher Lade- und Umschlagstellen konnte fast jede Gemeinde, die am Kanal lag, an die Wasserstraße angebunden werden. Bei den öffentlichen Häfen wurde das Umschlagufer und die Ladestraßen aus Staatsmitteln gebaut, während die Kosten der Umschlagseinrichtungen (Kräne, Schuppen, Gleise usw.) von den Betreibern getragen werden mussten. Für die Vorleistungen des Staates flossen die zu erhebenden Hafengebühren für drei Güterklassen von zwei, vier bzw. sechs Pfennig pro Tonne dem

Der Heimatverein Rodde stellte diese Aufnahme aus dem Kanalhafen Rheine aus dem Jahr 1953 zur Verfügung

Werbung der DEMAG aus dem Jahr 1915: Das Unternehmen war 1910 durch den Zusammenschluss der Märkischen Maschinenbau-Anstalt L. Stuckenholz AG (Wetter an der Ruhr), der Duisburger Maschinenbau AG und der 1896 gegründeten Benrather Maschinenfabrik GmbH gegründet worden und entwickelte sich zu einem Weltkonzern

Wie die meisten Ortschaften direkt am Kanal erhielt auch Senden einen kleinen Parallelhafen mit 170 Metern Kaikante. Im Jahr 1957, als dieses Dia entstand, wurden hier allerdings gerade 3.514 Tonnen Güter umgeschlagen. Das Sägewerk der Familie Leonard im Hintergrund existiert immer noch; gegenüber soll eine Kanalpromenade mit Hafenplatz entstehen

Staat zu. Aber auch private Unternehmen erhielten die Erlaubnis zum Betreiben von Anlagen. Das Verzeichnis von 1901 weist allein zehn solcher „Privathäfen“ aus, darunter die der Zeche Minister Achenbach, der Ziegelei von Dr. Schmitz, des Rudervereins von Münster, der Dampfziegelei de Bries oder der Georgsmarienhütte.

Die kleinen Häfen waren fast immer Parallelhäfen, die durch Verbreiterung des Kanalquerschnitts für ein bis acht Schiffsliegestellen entstanden. Häfen für sechs bis acht Schiffe erhielten darüber hinaus Wendeplätze in Form von kurzen Stichbecken, in denen die Fahrzeuge durch ein Rückwärtsmanöver kehren konnten. Zum Teil wurden an die Umschlagstellen auch Gleisanschlüsse verlegt, wie zum Beispiel in → **Dörenthe** (Hafen Saerbeck).

Ein Blick in die heutige Situation erlaubt der jährlich erscheinende WESKA („Westdeutscher bzw. Europäischer Schifffahrts- und Hafenkalender“). Übrig geblieben sind von 71 Häfen, Lade- und Umschlagstellen, die auf dem Höhepunkt der Kanalfahrt Mitte der 1950er-Jahre existiert haben, heute 26 gelistete Häfen, darunter einige, die bei Eröffnung des Kanals noch gar nicht existierten (wie etwa der neu angelegte Eurohafen Emsland, → **Haren**). Zwei Drittel der Häfen sind also im Laufe von mehr als hundert Jahren Kanalgeschichte regelrecht von der Bildfläche verschwunden. Welch gewaltiger Strukturwandel sich seitdem vollzogen hat, lässt sich vor allem an den drei bedeutendsten Häfen ablesen: Im einstigen Kohle- und Erzhafen → **Emden** wird heute kein Gramm Montan-Massengut mehr umgeschlagen, der Hafen musste sich völlig neu erfinden. Der Stadthafen von → **Münster** hat schon lange ausgedient und wurde zu einem modernen Quartier der Kreativwirtschaft mit Gastronomie und Eventkultur umfunktioniert. Und auch der einst größte Kanalhafen Europas → **Dortmund** hat seine besten Tage längst hinter sich. Seine Flächen sind heute ein bedeutender Logistikstandort, aber über die Kaikante gehen die wenigsten Güter.

## Haltungen

Im Wasserbau bezeichnet man mit „Haltung“ die Zurückhaltung von Wasser auf einem spiegelgleichen Niveau; in der Kanalhaltung ist das die Strecke zwischen zwei → **Schleusen**/Staustufen oder Hebewerken. Überwindet der Kanal eine Wasserscheide, wird die am höchsten gelegene Haltung als „Scheitelhaltung“ bezeichnet.

Der Dortmund-Ems-Kanal wird auf einer Trasse geführt, die beginnend im → **Dortmunder Hafen** bis zum Anschluss an die tideabhängige → **Ems** bei Herbrum kontinuierlich rund 70 Meter Höhenunterschied überwinden muss. Die Wasserspiegelhöhe der ersten Haltung von Dortmund bis Henrichenburg beträgt 70 Meter über NN (Normal Null) und ist 15 Kilometer lang. Es folgt die Strecke Henrichenburg bis → **Münster** auf einem 13,5 Meter tieferem Niveau (NN + 56,5), die wasserbaulich gleichwohl als Scheitelhaltung angesehen wird, da sie Wasserscheiden überwindet – vor allem die zwischen → **Lippe** und → **Stever** und jene zwischen dem Rheineinzugsgebiet und dem Einzugsgebiet der → **Ems** im Venner Moor. Zu dieser Haltung gehört auch ein Teil des → **Rhein-Herne-Kanals** bis zur Schleuse Herne-Ost, ursprünglich ein → **Zweigkanal** des DEK. Die Gesamtlänge dieser Haltung beträgt 64 Kilometer.

In Münster erfolgt ein weiterer Abstieg auf das Niveau NN + 50,3 bis Bevergern (→ **Nasses Dreieck**). Diese Strecke ist 38 Kilometer lang. Da aber kurz vor Bevergern der → **Mittellandkanal** abzweigt und beim Durchqueren der norddeutschen Tiefebene bis Hannover-Anderten gänzlich ohne Schleusen auf demselben Niveau trassiert werden konnte, beträgt die Länge der gesamten Haltung stolze 212 Kilometer „freie Fahrt“ für die Binnenschiffe und ist damit die längste im deutschen Kanalsystem.

Einschließlich der Schleuse Bevergern werden nun acht Kanalstufen und sieben Haltungen mit einem Abstieg von insgesamt 28,8 Metern benötigt, um das Niveau der Ems bei → **Hanekenfähr** (NN + 21,5) zu erreichen. Es schließen sich weitere sieben Stufen im Bereich der staugeregelten Ems an, bis die frei fließende → **Tideems** bei der letzten Staustufe Herbrum erreicht ist, von wo ab der Wasserspiegel mit dem Kommen und Gehen von Ebbe und Flut schwankt.

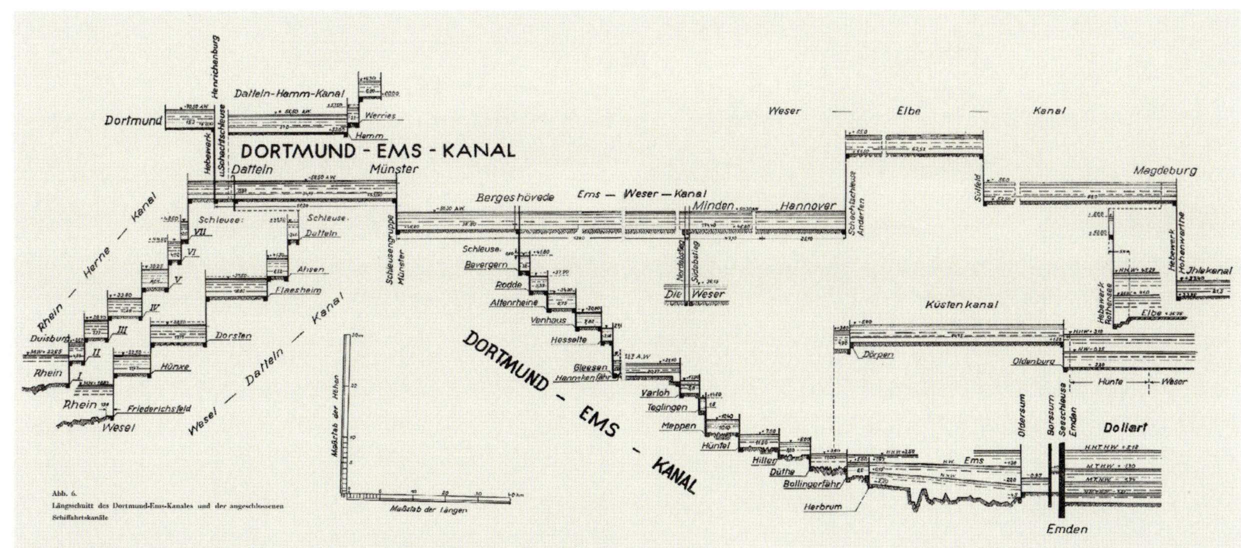


Höhenprofilzeichnung („Längsschnitt“) des DEK und der mit ihm verbundenen Kanäle aus dem Jahr 1949. Auf den Nachsatzseiten dieses Buches ist der Höhenplan von 1899 aus der Festschrift zur Eröffnung des Kanals abgebildet

Abbildung auf dem Familienorden: Georg IV. August Friedrich (1762–1830) war von 1820 bis 1830 in Personalunion König des Vereinigten Königreichs Großbritannien und Irland und König von Hannover

Die ersten Erdmassen für den Dortmund-Ems-Kanal wurden schon im Jahr 1824 bewegt, als unter König Georg IV. von Hannover und Großbritannien mit dem Aushub eines Kanals von → **Lingen** nach → **Meppen** begonnen wurde.

Denn Pläne, eine Wasserstraßenverbindung vom Rhein bis zur Nordsee zu schaffen, entstanden bereits zu Beginn des 19. Jahrhunderts. Der gesamte Emsverlauf oberhalb von Papenburg gehörte zunächst zum Fürstbistum → **Münster**, das im Jahr 1803 durch den Reichsdeputationshauptschluss aufgelöst und zusammen mit weiteren Gebieten Westfalens preußische Provinz wurde. Preußen hatte großes Interesse an einer Wasserstraßenverbindung vom Rhein bis zur Nordsee, um die niederländische Rheinmündung zu umgehen, die bis 1815 vom napoleonischen Frankreich kontrolliert wurde. Nach der Niederlage Napoleons brachte der Wiener Kongress 1815 eine neue geopolitische Lage: Nun war die → **Ems** in einen oberen preußischen und einen unteren hannöverschen Abschnitt geteilt.

Am 1. Oktober 1816 begannen die Verhandlungen zwischen den Königreichen Preußen und Hannover, die 1820 zum sogenannten Berliner Protokoll führten, in dem man sich gegenseitig verpflichtete, eine Verbindung zwischen Ostfriesland und dem Rhein zu schaffen. Ausgehend vom Rhein sollte Preußen die → **Lippe** ausbauen und eine Kanalverbindung zwischen Lippe und Ems schaffen. Beide Staaten sollten die Ems auf ihrem jeweiligen Hoheitsgebiet bis Hanekenfähr südlich von Lingen kanalisieren. Hannover wiederum hatte einen Seitenkanal von dort aus bis Meppen zu bauen und für die bessere Schiffbarkeit der Ems unterhalb

Heute eine Idylle: die unter Denkmalschutz stehende Koppelschleuse in Meppen von 1826 mit Krone und Signum von König Georg IV. Das benachbarte klassizistische Gebäude der Königlich-Hannoverschen Wasserbauinspektion wird seit 1981 vom Meppener Kunstkreis e. V. und von der „Kunstschule Koppelschleuse" genutzt

von Meppen Sorge zu tragen. Schon 1819 wurde eine „Königliche Hannoversche Emsschiffbarmachungs-Commission“ unter Vorsitz des Oberdeichinspektors Dammert mit Dienstsitz in Lingen ins Leben gerufen und die nötigen Mittel in Höhe von 400.000 Reichstalern über eine Anleihe beschafft: Hannover erfüllte zügig die ihm zugefallenen Aufgaben. Die Ems wurde unterhalb von Meppen durch Regulierungsmaßnahmen mit Buhnen auf 95 Zentimeter (drei Fuß) Wassertiefe ausgebaut und oberhalb von Hanekenfähr bei Listrup mit → **Wehr** und → **Schleuse** aufgestaut. Preußen hingegen erfüllte nur zögerlich den Staustufenbau in der Ems auf seinem Gebiet und nahm vom Verbindungskanalbau ganz Abstand. Der Grund dafür war, dass nach langen Verhandlungen 1831 die Niederlande auf die Erhebung von Seezöllen verzichtet hatten (Rheinschifffahrtsakte) und Preußen das Interesse an dem gemeinsamen Projekt verlor.

Das einzige Kanalstück, das aufgrund der bilateralen Vereinbarung überhaupt fertiggestellt wurde, war der Ems-Hase-Kanal oder Ems-Canal, der im Allgemeinen auch als „Hanekenkanal“ bezeichnet wird. Dieser 25 Kilometer lange Kanal zwischen Hanekenfähr und Meppen war erforderlich, da die Ems in diesem Flussabschnitt sehr mäanderte und oft wegen Eisgang, Hoch- und Niedrigwasser nicht passierbar war. Auch versprach eine Regulierung des Ems-Flussbettes wegen des leicht beweglichen Untergrundes keinen Erfolg. Der Parallelkanal rechts der Ems wurde zwischen 1824 und 1829 gebaut, hatte eine Wassertiefe von 1,5 Metern und war auf Wasserspiegelhöhe 16 Meter breit. 1824/25 wurde in Hanekenfähr die Ems durch einen festen Wehrrücken in Dachform aus Holz aufgestaut. Unmittelbar oberhalb des Wehres zweigte der Kanal ab. Er war durch ein Sperrtor, das später zu einer Kammerschleuse ausgebaut wurde, gegen das Emshochwasser geschützt. Der Wasserspiegel des Kanals war so unabhängig von den Schwankungen des Emswasserspiegels. Zur Wasserhaltung und Überwindung von 11,17 Metern Höhenunterschied dienten weitere vier Kammerschleusen in Geeste-Osterbrock, Geeste-Varloh, Teglingen und Meppen von je 35 Metern Länge und 6 Metern Breite. Die unterste Schleuse in Meppen war eine Koppelschleuse mit zwei Kammern, die den Abstieg in den 4,20 Meter tiefer liegenden Fluss → **Hase** bewirkte, der hier in die Ems mündet. Die Kammergrößen waren auf die Harener → **Pünten** (Länge 25 Meter, Breite 5,1 Meter) zugeschnitten. Diese Größe war von den Harener Pünteschiffern gefordert worden, um zu verhindern, dass die größeren holländischen Schoner und Tjalken als Konkurrenz die Ems befahren konnten. Eine merkliche Belebung des Schiffsverkehrs wurde aber erst erreicht, als 1843 zwischen Hannover und Preußen ein weiterer „Emsschifffahrtsvertrag“ abgeschlossen wurde und Preußen die Ems nördlich von Greven durch Bau von drei Staustufen mit Wehren und Schleusen in und oberhalb von → **Rheine** schiffbar machte. 1845 konnte die zuständige Landdrostei Osnabrück melden: „Der Speditionshandel auf dem Ems-Canale hat sich fortwährend im Steigen gehalten.“

Der Gedenkstein weist in römischen Ziffern das Jahr der Inbetriebnahme der Koppelschleuse in Meppen aus: 1826. Die Koppelschleuse besteht aus zwei hintereinander liegenden Schleusenkammern, die der Überwindung eines Höhenunterschieds von 4,20 Metern dienen

50 Jahre später wurde der Hanekenkanal, dessen Profil auf 2,50 Meter Wassertiefe und 30 Meter Wasserspiegelweite erweitert wurde, Bestandteil des Dortmund-Ems-Kanals. Zur Überwindung des Höhenunterschiedes wurden nun vier neue Schleusen in Hanekenfähr, Geeste-Varloh, Teglingen und Meppen erbaut. Dabei diente die Schleuse in Hanekenfähr nur als Sperrschleuse gegen Emshochwasser und blieb ansonsten immer geöffnet. Die neuen 165 Meter langen Schleppzugschleusen wurden neben den bestehenden von 1829 errichtet, um beim Bau den Kanalverkehr nicht unterbrechen müssen. Bei Hanekenfähr und bei Meppen zur Hase hin wurde die Trasse des alten Hanekenkanals allerdings durch neue Durchstiche (Neue

Fahrten) verlassen. Die Koppelschleuse in Meppen dient seitdem als Wehr des neuen Kanalseitengrabens zur Hase. In ihrem ursprünglichen Zustand erhalten geblieben sind so noch 560 Meter des alten Kanals in Hanekenfähr, wo heute der Ems-Yacht-Club Lingen eine Anlage mit 30 Liegeplätzen betreibt. Ein weiteres Teilstück blieb als Becken für den „Alten Hafen" in Lingen ebenfalls erhalten; der südliche Abschnitt wurde allerdings in den 1940er- und 1950er-Jahren verfüllt. In Meppen verblieben 870 Meter Altkanal, der heute der Abführung des anfallenden Sickerwassers aus dem DEK dient. Erhalten sind auch Teile der alten Schleusen von Geeste/Osterbrock (das Oberwasser diente viele Jahre der „Westdeutschen Erdölleitungs-GmbH als Ladestelle) sowie die beiden unter Denkmalschutz stehenden Schleusen in Hanekenfähr und Meppen.

Beim Ausbau des DEK auf 3,50 Meter Wassertiefe und 45 Meter Breite entstand bei Hanekenfähr ein neuer Kanalarm (→ **Zweite Fahrt**) und ein Sperrtor, das bei Hochwasser der Ems geschlossen werden konnte. 1974/75 wurde ein weiteres Sperrtor errichtet, um eine Schleusung auch bei Hochwasser zu ermöglichen. Die alte Fahrt und der Hanekenkanal wurden beim Bau dieses Sperrtores durch einen Hochwasserschutzdamm von der Ems abgetrennt. Die verschiedenen Kanaltrassen und Schleusenanlagen aus zwei Jahrhunderten machen Hanekenfähr zu einem einzigartigen, technischen Kulturdenkmal des Kanalbaus.

## Haren-Rütenbrock-Kanal

Der Haren-Rütenbrock-Kanal (HRK) gehört zu den → **linksemsischen Kanälen** und stellt heute (neben dem Eemskanaal, der bei Delfzijl in den Dollart mündet) die einzige schiffbare Verbindung zwischen Deutschland und den Niederlanden nördlich des Rheins dar – für die Freizeitskipper. Der 13,5 Kilometer lange Kanal verbindet den niederländischen Ter Apel-Kanaal, der unmittelbar hinter der deutsch-niederländischen Grenze in Nord-Süd-Richtung verläuft, mit der → **Ems** bei → **Haren**. Die Schifffahrt auf dem Kanal wurde –

Die Karte ist einem „Wegweiser für Wassersportfreunde" des Niedersächsischen Landesbetriebes für Wasserwirtschaft, Küsten- und Naturschutz (NLWKN) entnommen, die den Kanal betreibt. Er wird heutzutage fast ausschließlich touristisch genutzt

im Gegensatz zu den übrigen entwidmeten linksemsischen Kanälen – 1976 im deutsch-niederländischen Grenzvertrag festgeschrieben. Für die gewerbliche Schifffahrt hatte er seine Bedeutung allerdings längst verloren.

Beeindruckend am Kanal sind die weit über 100 Jahre alten Alleen aus Stieleichen, die bei seinem Bau 1878 angelegt wurden. Der Kanal, die Alleen und ein Großteil seiner Bauwerke (darunter vier Schleusen und zehn Klapp- bzw. Drehbrücken) stehen unter Denkmalschutz. Befahren werden darf er mit Booten bis zu 33 Metern Länge, sechs Metern Breite und einem wasserstandabhängigen Tiefgang bis zu 1,5 Metern – aber nur in den Sommermonaten, wenn der Niedersächsische Landesbetrieb für Wasserwirtschaft, Küsten- und Naturschutz (NLWKN) ihn öffnet und → **Schleusen** und → **Brücken** von einer Leitzentrale an der Harener Schleuse betreibt. Die Attraktivität des Kanals ist für die → **Sportbootschifffahrt** hoch, denn die Niederlande haben ihrerseits die ursprünglich stillgelegte Kanalverbindung Erica-Ter Apel reaktiviert. „Veenvaart" wird die neue 21,5 Kilometer lange Kanalverbindung von der Grenze bei Rütenbrock bis nach Klazinaveen genannt. Sie verkürzt über den HRK die Wege zwischen dem deutschen und dem niederländischen Kanalnetz erheblich. Rund zweitausend Boote, die zweieinhalb Stunden bei einer Geschwindigkeit von maximal sechs Kilometern pro Stunde für die Passage benötigen, nutzen den Kanal im Sommer.

In Haren liegt am rechten Ufer des Kanals die Museumsflotte des Harener Schifffahrtsmuseums, während das Museum selbst seit 1995 im alten Schleusenwärterhaus untergebracht ist. In unmittelbarer Nachbarschaft befand sich viele Jahre das Gelände der Elfring-Werft. Hierhin waren 1927 der Schlossermeister Gerhard Elfring und sein Bruder Hermann mit ihrer Schiffs- und Motorenreparaturwerkstatt umgesiedelt. 1948 trennte sich Hermann Elfring von seinem Bruder und gründete am alten Hafen von Haren eine eigene Motorenwerft. Die Nachfrage nach Schiffen war so groß, dass nun Neubauten am HRK vom Stapel lie-

Standort des Harener Schifffahrtsmuseums ist der Haren-Rütenbrock-Kanal, in dem eine kleine Museumsflotte vor Anker liegt. Zum Ensemble gehört auch der Dampfschlepper AUGUST, der seit 1910 im Emsrevier eingesetzt wurde. 2016 wurde der Oldtimer auf der Kötter-Werft restauriert (Foto), um am Eingang des Kanals auf einem Podest an Land Zeugnis von der traditionsreichen Schifffahrt in Haren abzulegen

Den Kolonisten im Gebiet links der Ems ermöglichte der neue zwischen 1872 und 1878 erbaute Wasserweg die Entwässerung ihrer Moorflächen und bot sich zudem als Transportweg an. Torf wurde zu Ziegeleien gebracht und Torfbrandklinker mit zurückgenommen (Zeichnung von Schiffer Gerdelmann von 1988)

fen. Die Maße der Schleuse zur Ems setzte jedoch Grenzen, die den Anforderungen nach immer größeren Schiffen nicht gerecht wurde. Unter der Regie von Schiffbauingenieur Heinz Elfring, dem Sohn des Firmengründers, wurden nun im Kanal neue Schiffe in zwei Sektionen gebaut und auf einem Montageplatz an der „Blauen Donau", einem alten Emsarm in Haren-Raken, zusammengefügt. Nachdem die → **Werft** 1977 ihre Tore schloss, wurde dort ein Yachthafen mit Anlagen zur Reparatur der Boote eingerichtet. Der Yachthafen ist inzwischen in die Nachbarschaft mit direktem Zugang zur Ems umgezogen; im Mai 2007 wurde der „Yachthafen Emspark" eröffnet.

Auch die Schiffswerft Schulte & Müller war zunächst ab 1956 am HRK kurz vor dessen Einmündung in die → **Ems** angesiedelt. In einem von der Linksemsischen Kanalgenossenschaft angemieteten Trockendock konnten bis 1961 68 Schiffe repariert, umgebaut oder motorisiert werden, dann zog auch diese Werft an die „Blaue Donau" um.

Der 1919 von Torfflächenbesitzern gegründete „Torfstreuverband" mit Sitz in Oldenburg (seit 1946) schuf 1929 die Marke „Floratorf". Auch die Torfballen, die dieser Kahn abtransportiert, sind für diese Marke bestimmt

## Haren, Häfen

Schon im Jahre 1839 gab es Bemühungen, in Haren einen sogenannten Nothafen anzulegen. In einem Bericht des Wasserbauinspektors Thiele vom Juli dieses Jahres an die „Königliche Hannoversche Generaldirektion des Wasserbaues" wurden konkrete Vorschläge unterbreitet, um die immer wiederkehrenden Probleme mit den unregulierten Fluten des → **Emswassers** durch die Anlage eines Nothafens besser in den Griff zu bekommen. Eine befriedigende Lösung zur Bergung der → **Pünten** während des Winters und bei Hochwasser wurde jedoch nicht gefunden.

Erst 1907 wurde mit einem Planfeststellungsbeschluss der Bau des „Alten Hafens" eingeleitet und durchgeführt. Bald nutzte man das Gelände auch für andere Zwecke: Rudolf Kötter errichtete dort 1919 eine Werkstatt und 1922 die Hellinganlage seiner → **Werft**. Nach dem Bau einer Spundwand wurde durch die „Münsterische Schiffahrts- und Lagerhausgesellschaft" (M.S.L.A.G.) ein Dampfkran in Betrieb genommen, so dass Haren zum Umschlagplatz für Massengüter wie Kunstdünger, Baustoffe und Torf wurde. Ab 1920 wurde auch Floßholz insbesondere für das Sägewerk der Gebrüder Kötter angeliefert (→ **Flößerei**). Das letzte Floß wurde 1964 zum Kötter-Sägewerk geschleppt. Der Aufbau einer Schiffsmotoren- und Reparaturwerkstatt durch die Gebrüder Klene rundete die Entwicklung ab. Der alte Hafen war in der Nachkriegszeit völlig überlastet. Es wurde nach einer Alternative gesucht.

1959 wurde dann im Rahmen von Eindeichungsmaßnahmen mit großer öffentlicher Förderung durch den 1951 verabschiedeten „Emslandplan" der „Neue Hafen" gebaut. Er war von Vornherein nicht nur als

Rothkötter
www.Kran-Betrieb.de
PAUL DELVAUX
B
B

Der „Alte Hafen" in Haren erreichte 1955 mit einem Umschlagsvolumen von 50.000 Tonnen seine Kapazitätsgrenze. Seine Fahrwasserbreite betrug 40 Meter, die Wasserfläche 7.400 Quadratmeter und er verfügte über Freilagerplätze von 2.740 Quadratmetern

Ruhehafen, sondern auch zur Erschließung von Industriegelände für anzusiedelnde Gewerbebetriebe geplant. An das Kopfende des Hafens zog die Kötter-Werft, auch andere Industriebetriebe siedelten sich an. Bis 1977 wurden hier im Durchschnitt 100.000 Tonnen Güter umgeschlagen. Durch die Schließung einer Betonsteinfabrik im Jahr 2003 ging der Umschlag aber rapide zurück. Und der Bedarf eines Mischwerkes an Baustoffen wird heutzutage nur noch gelegentlich per Schiff gedeckt, so dass der Hafen seitdem nur noch eine Funktion als Schutz-, Liege- und Werfthafen hat.

Auch der Hafen in → **Meppen**, für den die Pachtverträge mit der WSV zum Jahresende 2006 ausliefen, hatte keine Zukunft mehr. So war die Zeit reif für ein interkommunales Hafen-Gemeinschaftsprojekt der beiden Nachbarstädte und des Landkreises Emsland, für das im März 2003 eine Bau- und Entwicklungsgesellschaft gegründet wurde. Der genaue Standort für einen neuen Hafen wurde dabei entsprechend den Vorgaben des Regionalen Raumordnungsprogramms des Landkreises Emsland und dem Flächennutzungsplan der Stadt Haren entwickelt. Im Oktober 2007 war es soweit: Der „Eurohafen Emsland", unmittelbar an gemeinschaftlich bewirtschaftete Industrie- und Gewerbeflächen von Haren und Meppen angrenzend, wurde in Betrieb genommen. Er liegt am Ende eines kurzen Stichkanals bei Kanalkilometer 176,6 und verfügt über 570 Meter Kailänge, vier Liegeplätze sowie einen weiteren Dalbenliegeplatz. Durch die Anbindung an die Bahn und die nahe gelegene Autobahn 30 fanden die Gewerbeflächen regen Absatz. Insgesamt 23 Unternehmen mit rund 3.200 Beschäftigten siedelten sich dort an, so dass im Jahr 2016 eine Erweiterung auf rund 450 Hektar beschlossen wurde. Betrieben wird der Hafen von der „Eurohafen Umschlaggesellschaft mbH". Gesellschafter sind zwei Firmen aus Meppen sowie die → **Dörpener** Umschlaggesellschaft für den kombinierten Verkehr (DUK).

Mit 600.268 Tonnen bei 632 Schiffsanläufen erreichte die Menge umgeschlagener Güter im Eurohafen Emsland im Jahr 2015 einen neuen Höchststand. Hauptsächlich gehen dort Futtermittel, Baustoffe, Düngemittel und Schwergut über die Kaikante.

Auf der Luftaufnahme aus den 1960er-Jahren ist die Harener Situation gut zu erkennen: Zum einen die in einer großen S-Schleife am Ort vorbeiführende Ems, dann der fast parallel zum Fluss liegende alte Hafen und schließlich der deutlich größere neue Hafen mit der Kötter-Werft am Kopfende. In den Häfen herrscht reger Betrieb

vorherige Seite: Schwerlastumschlag am neuen „Eurohafen Emsland"

Auf genau 660 Metern Mündungsstrecke bis zur → Ems (Kilometer 165,93 bis 166,59) dient die Hase dem Dortmund-Ems-Kanal als Wasserstraße, welcher – wie schon der alte → Hanekenkanal – im Stadtkern von → Meppen in das Flüsschen übergeht.

Zur Querung der Hase kurz vor ihrem Zusammenfluss mit der Ems existierte bereits seit dem Mittelalter eine hölzerne Jochbrücke, die aus militärischen Gründen schon frühzeitig eine bewegliche Klappe erhalten hatte. Diese diente später vor allem als Durchlass für die Schiffe bei höheren Wasserständen. Wegen der mit dem Bau des DEK verbundenen Erhöhung des Wasserstandes durch das Emswehr Versen und der erwarteten Verkehrszunahme wurde ein Brückenneubau notwendig. So wurde in den Jahren 1894 – 1896 die bestehende Klappbrücke zunächst durch eine Drehbrücke ersetzt und später (1905) durch eine hoch gelegene Fußgängerüberführung ergänzt. 1928 havarierte ein Schleppzug mit der Brücke. Das war der Auslöser für den Bau der 1931 in Betrieb genommenen ersten Hubbrücke, die am Ende des Zweiten Weltkriegs gesprengt und 1946/47 wieder aufgebaut wurde. Zwar stufte die Landesbehörde für Denkmalschutz dieses Bauwerk später als „Technisches Baudenkmal" ein, doch waren die Schäden daran zu Beginn des neuen Jahrtausends so groß, dass ab Herbst 2002 mit den Planungen einer neuen, der heutigen Hase-Hubbrücke, begonnen wurde, die im November 2007 eingeweiht wurde. Seit dem Frühjahr 2011 wird die Brücke, welche nur bei höheren Wasserständen in Betrieb genommen wird und ansonsten sowohl für den Straßen- als auch für den Schiffsverkehr passierbar ist, von der Leitzentrale Meppen (→ Telematik) des WSA aus fernbedient.

Die Hase (der Name des Flusses hat nichts mit dem gleichnamigen Tier zu tun, sondern leitet sich vom germanischen „haswa" = grau ab) ist der bedeutendste Zufluss der Ems und erhöht ihre Abflussmengen beträchtlich. Sie entspringt im Teutoburger Wald unweit von Dissen, durchfließt das Stadtgebiet von

Ende der 1950er-Jahre entstand diese Dia-Aufnahme von der alten Meppener Hase-Hubbrücke in gehobener Position, um den Monopolschlepper E 118 („E" für Emden) mit Anhang durchzulassen. Die davor liegende bogenförmige Fußgängerbrücke wurde 1955 gebaut

Die Hase hat eine Länge von 169,6 Kilometern, aber nur die letzten 1,6 Kilometer, bis sie im Stadtgebiet von Meppen in die Ems einmündet, sind als Bundeswasserstraße für die Schifffahrt von Bedeutung

Im November 2007 wurde die neue Hase-Hubbrücke mit Fahrbahn, Gehweg und einer lichten Durchfahrtsbreite von 42 Metern (Ingenieurzeichnung) eingeweiht. Sie hat die laufende DEK-Nummer 173 bei Kanalkilometer 166,43 und wird gehoben bei Wasserständen von 1,22 Metern bis 3,29 Metern (HSW = Höchster Schifffahrtswasserstand)

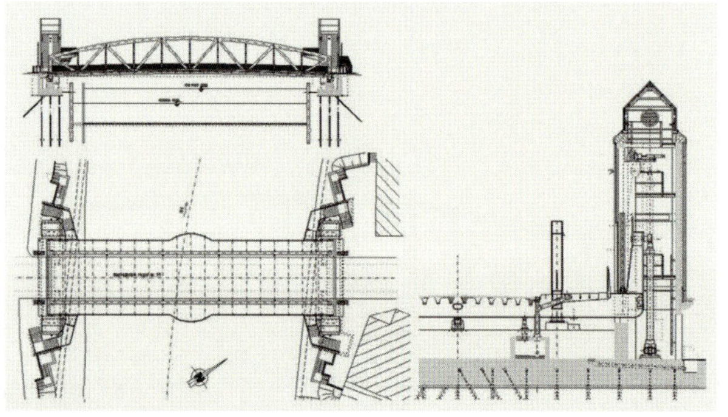

Osnabrück (wo ihr Bett für die Anlage des Hafens Osnabrück am Ende des vom MLK abzweigenden Stichkanals verlagert werden musste), passiert den aufgestauten Alfsee, bildet bei Quakenbrück ein kleines Binnendelta (Große und Kleine Hase), um schließlich durch Haselünne fließend nach 169,6 Kilometern in die Ems zu münden.

Für die Schifffahrt hat die Hase nie eine besondere Rolle gespielt. Nur der untere Lauf ist auf etwa 50 Kilometern Länge schiffbar. Im frühen Mittelalter konnten kleine Boote die Hase sogar bis Osnabrück befahren, bis Staue für Mühlen dies verhinderten. Anfang des 20. Jahrhunderts galt die Hase bis Herzlake-Hölze als schiffbar, wo sich 55 Meter lange Ladeplätze befanden. Hier verkehrten die Emspünten, ein Schiffstyp (→ **Pünte**), der mit seinem Plattboden die meisten Untiefen meistern konnte. Die Kähne mussten auf der Hase in der Regel getreidelt werden und konnten mit maximal 80 Tonnen beladen werden. Die letzten 1,6 Kilometer der Hase in Meppen sind als Bundeswasserstraße ausgewiesen.

## Havarien/Unfälle

Keine Kreuzungen, immer Vorfahrt, wenig Verkehr: Wasserstraßen gelten zu Recht als sichere Transportwege, weshalb sie auch gerne für Schwer- und Gefahrgutbeförderungen genutzt werden (→ **Güter**). So betragen die Unfallkosten in der Binnenschifffahrt 3,3 Cent pro 100 Tonnenkilometer im Gegensatz zu 42,9 Cent beim Lkw-Transport. Und: Erfreulicherweise kommen bei Binnenschiffsunfällen Personenschäden extrem selten vor. Eher harmlose „Anfahrungen" von Bauwerken, Böschungen, Spundwerken und Ufern mit geringem Sachschaden, Unfälle durch Sog und Wellenschlag, Unfälle von Sportbooten untereinander aber auch Kollisionen von Schiffen, meistens mit „Blechschäden", machen das Gros der Unfälle aus.

Anfahrungen kommen häufiger vor: Im März 1962 verursachte die MS WESER 3 eine Einknickung von 32,5 Zentimetern am Stoßbalken der Schleuse Münster I. Das Foto machte ein Mitarbeiter des Wasser- und Schifffahrtsamtes

Gleichwohl warnt die → **Wasserstraßen- und Schifffahrtsverwaltung** besonders vor Kollisionen mit den noch nicht von 4,00 auf 5,25 Meter angehobenen Brücken. Leichtsinnig sei das kurzfristige Abtauchen kurz vor der Brücke durch kräftiges Gasgeben, so dass das Fahrzeug nur um „Haaresbreite" unter der Brücke durchtaucht. Bei einer Fehleinschätzung käme das Schiff zu früh hoch und kollidiere dann – mit zum Teil katastrophalen Folgen: „Harakiri" nennt das ein Merkblatt. Zu berücksichtigen vom Schiffsführer seien auch die Schwankungen des Wasserstands, die wegen Regen, Windstau oder Schwallwellen aus Schleusenbetrieb in einer Größenordnung von bis zu 50 Zentimetern auftreten könnten.

Problematisch wird es, wenn ein Schiff Leck schlägt und möglicherweise umweltgefährdende Stoffe in den Kanal gelangen oder ein schwer havariertes Schiff zunächst nicht geborgen werden kann und der Kanal für den übrigen Schiffsverkehr vorübergehend gesperrt werden muss. Ursachen können sowohl Fahrfehler der Schiffsführer als auch technische Defekte zum Beispiel der Steueranlage sein.

Bei der Abwicklung von Havarien kommt es zu schifffahrtspolizeilichen Maßnahmen. Sie dienen der Wiederherstellung der „Leichtigkeit des Verkehrs" zum Beispiel durch Verkehrsregelungen sowie der Beseitigung von Hindernissen und obliegen der WSV. Für die Aufnahme des Unfalls und das Anstellen von Ermittlungen über seine Ursache wiederum ist die → **Wasserschutzpolizei** zuständig. Bis zum Jahr 2014 wurde zur Erfassung von Schiffsunfällen noch ein aus dem Jahr 1958 stammendes analoges Meldeblatt genutzt, statistische Auswertungen wurden händisch vorgenommen. Diese ziemlich veraltete Praxis änderte erst das „Schiffsunfalldatenbankgesetz" vom August 2013, mit dem das Havarie-, Auswerte-, Recherche- und Informationssystem HAVARIS auf den Weg gebracht wurde, das nun im Echtbetrieb verfügbar ist. Es soll aussagekräftige Statistiken und vergleichbare Zahlen liefern, damit Wasserschutzpolizei, Verkehrsministerium sowie die WSV Gefahrenpotenziale, Mängel an Verkehrswegen, Unfallschwerpunkte und -ursachen einfacher erkennen und dagegen vorgehen können. Ebenso soll HAVARIS eine Erfolgskontrolle von neu eingeführten Verkehrsregelungen oder technischen Vorschriften ermöglichen.

Der 4. April 1974 war für die WINTRANS 21 kein guter Tag, als auf dem Schiff im Kanalhafen von Rheine ein Feuer ausbrach

Problematisch wird es, wenn ein Schiff Leck schlägt und möglicherweise umweltgefährdende Stoffe in den Kanal gelangen oder ein schwer havariertes Schiff zunächst nicht geborgen werden kann und der Kanal für den übrigen Schiffsverkehr vorübergehend gesperrt werden muss

## Kaiser Wilhelm II.

„Er war unsicher und arrogant, intelligent und impulsiv, vernarrt in die moderne Technik und zugleich verliebt in Pomp und Theatralik.“ So beschreibt der Historiker Volker Ulrich die Persönlichkeit von Kaiser Wilhelm II., der von seinem Großvater Wilhelm I. den Bau des Dortmund-Ems-Kanals „geerbt“ hatte und in dessen Regierungszeit (1888 bis 1918) ein Höhepunkt des Kanalbaus in Deutschland fiel. Wilhelm II. konnte sich für Wissenschaft, Technik und neue Technologien begeistern und verkörperte insofern auch die moderne, fortschrittliche Seite eines ansonsten rückwärtsgewandten Militär-, Feudal- und Obrigkeitsstaates, der sich mit einer überholten Gesellschaftsordnung liberalen Reformen verweigerte. Augenfällig war dieses „Doppelgesicht von Tradition und Moderne“ (Historiker Hans-Ulrich Wehler), wenn der Kaiser es sich nicht nehmen ließ, mit Prunk, Protz und militärischem Zeremoniell persönlich diversen Feierlichkeiten beizuwohnen. „Der Kaiser kommt!“ hieß es allein dreimal im Zusammenhang mit dem DEK: Am 11. August 1899 wurde durch Wilhelm II. der Kanal offiziell seiner Bestimmung übergeben, am 16. Oktober 1899 kam der Kaiser zur Eröffnung des Hafens von → **Münster** und am 30. Juli 1902 zu den Festivitäten anlässlich der Inbetriebnahme des neuen → **Emder** Außenhafens. Genau genommen erschien Wilhelm freilich immer auch als König von Preußen. Denn Kanalbau war damals keine Angelegenheit des Deutschen Reiches, sondern der Länder – Bauherr des DEK war nämlich das Königreich Preußen.

Auch eine Erinnerungsmedaille wurde zur Kanaleröffnung geprägt. Sie zeigt avers das Portrait von Wilhelm II. mit umlaufendem Text: „Wilhelm II. Deutscher Kaiser" und revers in der Mitte den Dortmunder Stadthafen mit Blick auf das Hafenamt, darunter den Text: „Eröffnung August 1899", umlaufend „Dortmund-Ems-Kanal"

Wilhelm II. hatte nicht nur ein – mit Blick auf das Flottenwettrüsten unheilvolles – Faible für alles Maritime, sondern auch für den Wasser- und Kanalbau. Zu seiner Prinzenausbildung gehörte unter anderem ein Praktikum beim Oberpräsidenten der Provinz Brandenburg, wo er sich besonders für Verkehrsverbindungen, Melioration (Landkultivierung) und Kanalbauten interessierte. Wilhelm II. selbst führte sein Kanalbauinteresse auf den Einfluss des preußischen Finanzministers Johannes von Miquel zurück, „der mich zu den großen Kanalprojekten ermunterte. Er wusste, welchen Segen die Kanäle in Holland und das großartige Kanalnetz in Frankreich den Ländern gebracht haben und welche Entlastung sie für die immer noch beanspruchten Eisenbahnen bedeuten.“ Dem neu ernannten Minister für öffentliche Arbeiten Carl von Thielen legte er im Juni 1891 vor allem den Ausbau des Kanalnetzes ans Herz, um zu vollenden, was sein Vorfahr aus dem Hause Hohenzollern Friedrich der Große in Brandenburg einst begonnen hatte. Er verlangte regelmäßige Berichterstattung und wollte bei Wasserbauprojekten frühzeitig hinzugezogen werden. So machte Wilhelm II. sich kurz vor Baubeginn des DEK für eine Wassertiefe von drei Metern stark. Tatsächlich kam es aber – aus Kostengründen – nur zu einer Anhebung von ursprünglich geplanten zwei auf 2,50 Meter (→ **Regelquerschnitt**). So war der Kanal von Anfang an zu knapp bemessen, ein zweifelhafter „Erfolg“ der Kanalgegner. Auf Widerständler aus dem konservativen Lager war Wilhelm nicht gut zu sprechen, war mit dem DEK doch zunächst nur ein Teilstück einer von seiner Regierung

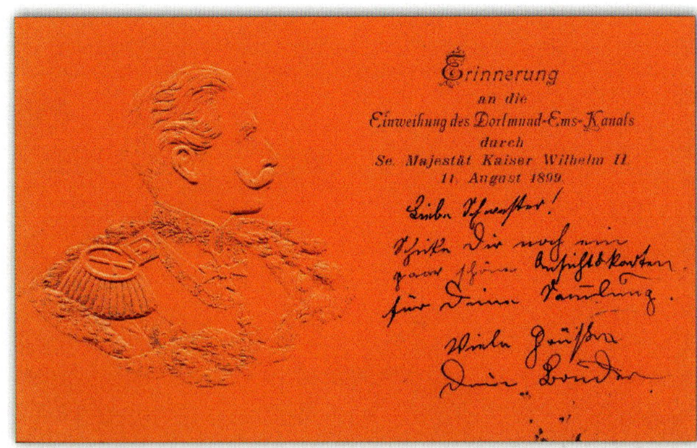


Zur Einweihung des Dortmund-Ems-Kanals am 11. August 1899 wurden Zehntausende von Erinnerungs-Postkarten mit unterschiedlichen Motiven verkauft. Sie enthielten sämtlich das Konterfei von Wilhelm II., hier mit Reliefdruck besonders hervorgehoben

geplanten großen Wasserstraßenverbindung vom Rhein bis zur Elbe vom Parlament bewilligt worden.

Nun galt es, diesen Torso von Kanal einzuweihen und Wilhelm II. zierte sich. Lange ließ er seine Untertanen im Ungewissen, ob er überhaupt kommen würde. Mehrfach wurden Zusagen widerrufen. Presse und Öffentlichkeit schwankten zwischen Begeisterung und tiefer Enttäuschung. Endlich sagte das hohenzollernsche Herrscherhaus telegrafisch zu, dem Akt einer zeremoniellen Einweihung von Kanal, → **Schiffshebewerk** und → **Dortmunder Hafen** durch seine Präsenz den als notwendig erachteten Rahmen zu geben. Am 11. August 1899, bei sonnigem „Kaiserwetter“, war es soweit. Einen Eindruck darüber, wie Zeitgenossen das Ereignis damals aufnahmen, vermittelt ein „Erinnerungsblatt“ von der Redaktion der „Dortmunder Zeitung“ (gekürzt):

*„Hebewerk, Kreis Recklinghausen. Am Kanal entlang ziehen zu beiden Seiten von 6.00 Uhr an viele tausend Zuschauer zur Spalierbildung auf. Vereine und Schulen sind mit einem Sonderzug nach Rauxel gefahren. Kurz vor 7.00 Uhr trifft Seine Majestät mit Gefolge, zu Wagen von Rauxel kommend, vor dem prächtigen Kaiserzelt an der Landestelle ein. Die Spitzen der Kreisbehörden, die Herren der Kanal-Bauverwaltung, höhere Seeoffiziere und zahlreiche andere hohe Beamte standen zur Begrüßung bereit. Mit dem Salondampfer „Strewe“ fuhr nun der Kaiser zum Hebewerk, für das immerfort ertönende brausende Hurra nach allen Seiten militärisch grüßend. Das Gefolge bestieg die Dampfer „Lippe“ und „Maus“. Das Hebewerk in Henrichenburg, das sich auf Anordnung Seiner Majestät frei ohne jede deckende Verzierung in seiner ganzen imponierenden Größe präsentierte, erregte die volle Bewunderung des Kaisers, der lächelnd meinte, da könne ja fast eines seiner großen Panzerschiffe gehoben werden. Bewunderung erregte die außerordentliche Sachkenntnis des Kaisers bei den führenden Ingenieuren, der sich erkundigte, warum man elektrischen und nicht hydraulischen Antrieb genommen habe. Beim Einlaufen des Kaiser-Dampfers am Hebewerk setzten über 600 Sänger mit dem schwungvollen Begrüßungschor ein: „Seht, er kommt mit Ruhm gekrönt, feiert, Posaunen, den Empfang. Rings um unseren Kaiser tönt der Westfalen Jubelsang.“* Der Kaiser besichtigte

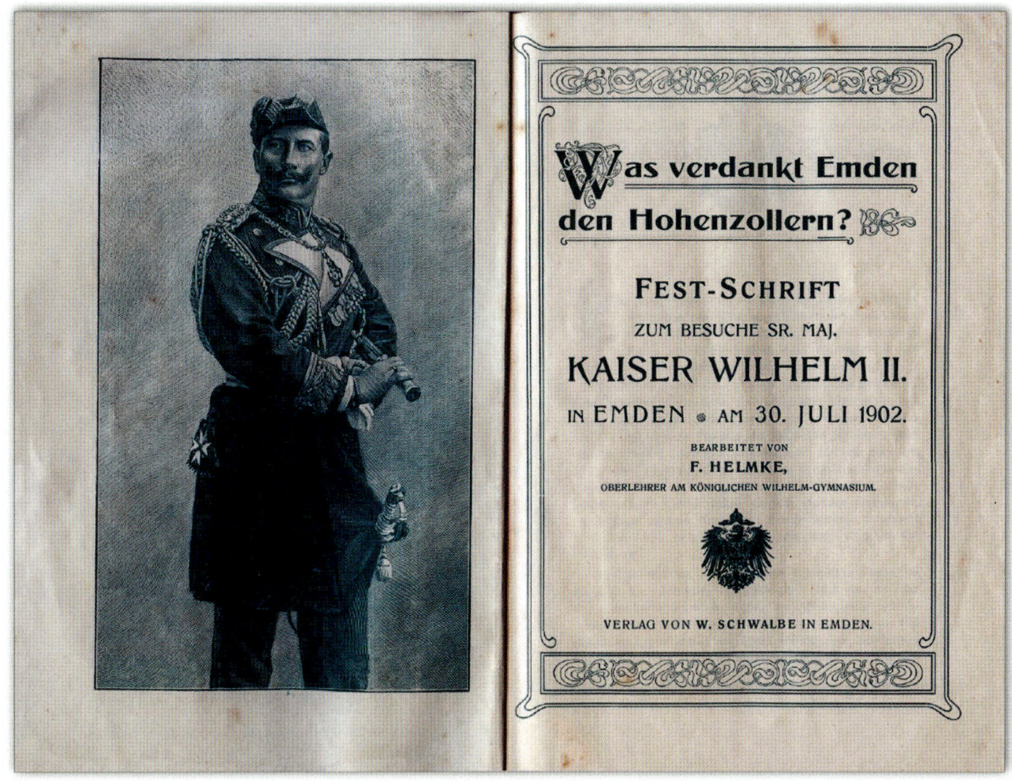

Was verdankt Emden den Hohenzollern?

FEST-SCHRIFT
ZUM BESUCHE SR. MAJ.
KAISER WILHELM II.
IN EMDEN AM 30. JULI 1902.

BEARBEITET VON
F. HELMKE,
OBERLEHRER AM KÖNIGLICHEN WILHELM-GYMNASIUM.

VERLAG VON W. SCHWALBE IN EMDEN.

Der Emder Außenhafen konnte von Wilhelm II. wegen eines Trauerfalls im Hause Hohenzollern erst ein Jahr verspätet offiziell eröffnet werden

Gedenktafel an der Schachtschleuse Henrichenburg, die zur Entlastung des Schiffshebewerks zeitgleich mit dem Rhein-Herne-Kanal in Betrieb genommen wurde. Zur geplanten Einweihung des RHK am 1. Dezember 1914 war bei der Schiffswerft Fritz Bettins & Söhne in Tangermünde ein Bereisungsschiff (OBERHAUSEN) geordert worden, damit der Kaiser dem Festakt angemessen hätte beiwohnen können

Als Großadmiral in Marineuniform: So erschien Kaiser Wilhelm II. zu den Feierlichkeiten anlässlich der Einweihung des Emder Hafens am 30. Juli 1902. Das hier abgedruckte schwülstige Gedicht wurde seinerzeit von „Frl. Fürbringer" vorgetragen, der Tochter des Emder Oberbürgermeisters Leo Fürbringer

*aufs Eingehendste das Hebewerk. Die Unterhaltung darüber wurde vom Kaiser ersichtlich lebhaft und mit größtem Interesse geführt. Der Sängerchor intonierte unter Musikbegleitung der Kapelle des 39. Infanterie-Regiments einen eigens zur Feier des Tages komponierten Fest-Hymnus: „Heil dem Kaiser, groß und hehr, heil dem Reich vom Fels zum Meer". Darauf wurde der Kaiserdampfer unter Jubelrufen gehoben und fuhr in der Kanalstrecke Hebewerk-Dortmund davon."*

„Deutschlands Zukunft liegt auf dem Wasser": Der Ausspruch von Wilhelm II. ziert hier eine Lithographie von 1900 vom Dortmunder Hafen und dem Schiffshebewerk

Um 9.30 Uhr traf Wilhelm II. in Dortmund ein und ging unterhalb des Hafenamtes an Land, wo er vom Oberbürgermeister Heinrich Schmieding begrüßt wurde. Die Honoratioren der Stadt erwarteten in einer langen Begrüßungsreihe den Händedruck ihres Monarchen. Wilhelm II. wiederum verschmähte den vorgesehenen Besuch des Hafenamtes, obwohl dort für ihn eigens ein „Kaiserzimmer" eingerichtet worden war. Er hielt eine Rede unter einem aufgestellten Baldachin, besuchte das nahe Eisen- und Stahlwerk „Union" und fuhr im offenen Wagen in die festlich geschmückte Stadt ein, in die allein 300.000 auswärtige Gäste geströmt waren. Nach der Eintragung ins Goldene Buch im Dortmunder Rathaus und einer festlichen Tafel verließ er um 12.45 Uhr die Stadt. Sieben städtische Festkommissionen hatten viele Monate diese dreistündige Kaiser-Visite vorbereitet. Die Inszenierung schlug im Stadtsäckel mit rund 160.000 Reichsmark zu Buche.

In seiner Rede versprach der Kaiser, dass der Kanal nur der Anfang sei: „So hoffe ich, dass dieses erste Glied, das wir heute eingeweiht haben, im Verhältnis zu dem großen Werke des Ausbaues unserer Wasserstraßen aufgefaßt und verstanden werden wird. Nur möchte ich glauben, daß der Kanal, wie er jetzt beschlossen, nur Teilwerk ist. Der Kanal kann nur voll wirken in Verbindung mit dem Mittellandkanal, den in Angriff zu nehmen meine Regierung unerschütterlich entschlossen ist." Doch schon eine Woche später, am 19. August 1899, lehnte das preußische Abgeordnetenhaus erneut den Bau den MLK ab. Es bedurfte weiterer zweier Anläufe der preußischen Regierung, bis am 1. April 1905 endlich ein Wasserstraßengesetz verabschiedet wurde, mit dem der → **Rhein-Herne-Kanal**, der → **Datteln-Hamm-Kanal**, der MLK bis Hannover sowie der Großschifffahrtsweg Berlin-Stettin auf den Weg gebracht wurden. Schon 1894, als das Bauvorhaben des „Dortmund-Rhein-Kanals" im Abgeordnetenhaus gescheitert war, hatte Wilhelm II. die Parole ausgegeben: „Es ist mit der Dummheit nicht zu kämpfen! Muß im nächsten Winter erneut vorgelegt werden." Im Verlauf der Streitigkeiten um den Kanalbau löste der Kaiser sogar den preußischen Landtag auf und enthob von ihm eingesetzte Beamte (sogenannte Kanalrebellen) ihrer Ämter, die als Abgeordnete gegen „seine" Kanalvorlage gestimmt hatten.

Immerhin konnte Kaiser Wilhelm II. in seiner Regierungszeit noch zu drei weiteren Kanal-Eröffnungszeremonien anreisen: Am 16. Juni 1900 wurde von ihm der Elbe-Lübeck-Kanal eröffnet, am 2. Juni 1906 der Teltowkanal und am 17. Juni 1914 die Havel-Oder-Wasserstraße, die er auf den Namen „Hohenzollernkanal" taufte. Die anderen Kanäle wurden mitten im Ersten Weltkrieg in Betrieb genommen; aufwändige Feierlichkeiten wären da wohl eher als unangemessen empfunden worden.

Ein letztes Mal engagierte sich Kaiser Wilhelm II. 1917 in Sachen Kanalbau. Denn auch der MLK war als Zugeständnis gegenüber den Widerstand leistenden „Krautjunkern" im Osten nur bis Hannover gebaut worden. Der Kaiser behielt den Weiterbau bis zur Elbe im Blick – sogar während des Krieges vom Großen Hauptquartier aus. Er wollte Kriegsgefangene für die Erdarbeiten einsetzen und den zwischen den Parteien geschlossenen „Burgfrieden" für die Genehmigung nutzen. Es war sogar ein entsprechendes Gesetz vorbereitet, das dem Landtag dann aber nicht mehr vorgelegt wurde. Ein letztes Mal erkundigte sich Wilhelm II. im August 1918 nach dem Stand der Angelegenheit.

Programm.

1. Ein Hoch dem Deutschen Kaiserpaar! Marsch . . . . . . v. Philipp.
2. Ouverture z. Op.: Norma . . v. Bellini.
3. Wiener Blut! Walzer . . . v. Strauss.
4. Hab' ich nur Deine Liebe! Lied aus: Boccaccio . . v. Suppé.
5. Fantasie a. d Optt.: Die Fledermaus v. Strauss.
6. Harzerinnerung. Gavotte . . v. Schöppe.
7. Traumbilder-Fantasie! . . . v. Lombye.
8. Die Mühle im Schwarzwald. Characterstück . . . . v. Eilenberg.
9. Lieblingsklänge aus dem Reiche der Töne. Potpourri . v. Clarens.
10. Ungarische Tänze No. 5 und 6 v. Brahms.

Festmahl zur Feier der Einweihung des Dortmund-Emskanal-Hafens zu Münster am 16. Oct. 1899.

Lith. v. G A Hülswitt, Münster i. W.

Mit dem Marsch „Ein Hoch dem deutschen Kaiserpaar" begann am Montag, den 16. Oktober 1899, um 17.00 Uhr nachmittags das Festessen (ein Sieben-Gänge-Menu) anlässlich der Einweihung des Hafens von Münster im großen Rathaussaal, wo bereits am Abend zuvor eine Festversammlung mit Vorträgen abgehalten worden war. Die offizielle Übergabe des Hafens mit Besichtigung und Dampferfahrt fand am Vormittag statt

## Kilometrierung

Opulentes Nachschlagewerk: Der „WESKA" erschien 1925 erstmals und wird heute vom „Verein für europäische Binnenschifffahrt und Wasserstraßen e.V." herausgegeben

Flüsse und Kanäle sind kilometriert. Dabei wird bei allen Flüssen in Deutschland mit Ausnahme der Donau die Kilometrierung von der Quelle bis zur Mündung vorgenommen. Die des Dortmund-Ems-Kanals beginnt deshalb folgerichtig im Stadthafen von ➜ **Dortmund** und endet bei Kanalkilometer 225,82 unterhalb der Schleusenanlage Herbrum an der Mittelems. Bis hierher besteht der DEK aus 161,78 Kilometern echter Kanal-Strecke sowie 49,37 Kilometern freier Fluss-Strecke (➜ **Hase**, ➜ **Tideems**) und 12,29 Kilometern staugeregelter Fluss-Strecke (➜ **Ems**).

Bei Kanalkilometer 225,2 zeigt ein „Abfahrtspegel" für die ➜ **Bergfahrt** in Richtung Herbrum an, ob bei auflaufendem Wasser eine Weiterfahrt gestattet ist, die erst dann begonnen werden darf, wenn die 9-Meter-Brückendurchfahrtsmarkierung des optischen Pegels nicht mehr sichtbar ist. Denn hier beginnt die von Ebbe und Flut beeinflusste Unterems, wo nach 40,7 Flusskilometern zwei Schleusen (Nesserlander Schleuse und die Große Seeschleuse) Einfahrt in den ➜ **Emder** Binnenhafen ermöglichen. Der „Kanal" hat also eine Länge von insgesamt 266,5 Kilometern, rechnet man die Unterems hinzu. Bei Emskilometer 30,34 zweigt der ➜ **Ems-Seitenkanal** ab, ein „Bypass", der hier mit Kanalkilometer 256,28 beginnt und an der Borßumer Schleuse mit Übergang in den Emder Hafen bei Kilometer 265,491 endet. Dieser vor Tideeinfluss geschütz-

**Die wichtigsten Kanalkilometer im Überblick:**

### Südstrecke

■ **0** Stadthafen Dortmund
■ **2,79** Hafen Hardenberg
■ **4,61** Sicherheitstor Holthausen
■ **6,76** ehemaliger Hafen Minister Achenbach
**7,54** Hafen Groppenbruch
■ **10,53** Sicherheitstor Groppenbruch
**11,2** ehemaliger Hafen Waltrop
■ **14,75** Schleuse Henrichenburg
**15,45** Rhein-Herne-Kanal, Einmündung
■ **16,3** Hafen Ruhrzink
**19,05** ehemaliger Hafen Emscher-Lippe
**19,51** Datteln-Hamm-Kanal, Abzweigung
**21,33** Wesel-Datteln-Kanal, Einmündung
■ **21,71** Sicherheitstor Datteln
**22,13** Straßen-Kanalbrücke Klauke
**23,24** Kanalbrücke Lippe
**26,78** Straßen-Kanalbrücke Olfen-Selm
**27,71** Kanalbrücke Stever
■ **29,39** Sicherheitstor Schlieker
■ **39,32** Sicherheitstor Lüdinghausen
■ **47,2** Sicherheitstor Senden
■ **48,24** Hafen Senden
■ **57,6** Hafen Amelsbüren
**58,99** Abzweigung Erste (alte) Fahrt Hiltrup
■ **60,14** Hafen Hiltrup (Alte Fahrt)
**62,0** Einmündung Erste (alte) Fahrt Hiltrup
■ **65,97** Hafen Loddenheide
■ **66,44** Hafen Münster (AGRAVIS)
**67,23** ehemaliger Stadthafen Münster, Hafenbecken II
■ **67,4** Stadthafen Münster, Parallelhafen
**67,9** ehemaliger Stadthafen Münster, Hafenbecken I
■ **71,5** Schleuse Münster
■ **73,24** Hafen Coerheide
■ **75,68** Ölhafen Gelmer
■ **78,21** Sicherheitstor Gelmer
**78,71** Kanalbrücke Ems
■ **79,14** Sicherheitstor Fuestrup
■ **82,0** Hafen Bockholt
■ **91,7** Hafen Oelrich-Ladbergen
■ **92,2** Sicherheitstor Ladbergen
■ **99,47** Hafen Dörenthe
**108,36** Mittellandkanal, Abzweigung

### Nordstrecke

■ **109,34** Schleppzugschleuse Bevergern
■ **112,54** Schleuse Rodde
■ **115,63** Hafen Rheine
■ **117,91** Schleuse Altenrheine
**121,87** Landesgrenze NRW/Niedersachsen
■ **123,01** Hafen Spelle-Venhaus
■ **126,67** Schleusengruppe Venhaus
■ **134,5** Schleusengruppe Hesselte
■ **137,9** Schleusengruppe Gleesen
**138,26** Einmündung in die Mittelems
**138,4** Mündung der Großen Aa
■ **139,5** Hafen Stahlwerk Lingen
**139,82** Emse-Vechte-Kanal, Einmündung
**139,99** Abzweigung aus der Mittelems
■ **140,68** Sperrschleuse Hanekenfähr
■ **144,39** Hafen Lingen-Süd
■ **145,88** alter Hafen Lingen
■ **146,5** neuer Hafen Lingen
■ **151,15** Hafen Erdölraffinerie Lingen-Holthausen
■ **158,12** große und kleine Schleuse Varloh
■ **163,89** große und kleine Schleuse Meppen
**165,93** Einmündung in die staugeregelte Hase
**166,59** Einmündung in die staugeregelte Mittelems
■ **166,9** Hafen Meppen
**171,3** Beginn Schleusenkanal Hüntel
■ **174,13** große und kleine Schleuse Hüntel
■ **176,6** Eurohafen Emsland
**178,15** Haren-Rütenbrock-Kanal, Abzweigung
■ **178,69** Stadthafen Haren
**184,7** Beginn Wehrarm Hilter
■ **185,89** große und kleine Schleuse Hilter
**186,61** Ende Wehrarm Hilter
**191,2** Beginn Schleusenkanal Düthe
■ **191,5** Hafen Lathen
■ **192,14** Hafen Lohesch
■ **193,24** Hafen Fresenburg
■ **195,07** große und kleine Schleuse Düthe
**197,1** Einmündung in die staugeregelte Mittelems
**202,55** Küstenkanal, Abzweigung
**205,31** Beginn Wehrarm Bollingerfähr
■ **205,93** große und kleine Schleuse Bollingerfähr
**206,52** Ende Wehrarm Bollingerfähr
**211,16** Beginn Wehrarm Herbrum
■ **212,56** große und kleine Schleuse Herbrum
**213,53** Einmündung in die Mittelems
**225,82** Beginn der Bundeswasserstraße Unterems

### Unterems

**0,06** Papenburger Sielkanal mit Seeschleuse, Einmündung
■ **7,63** Hafen Weener
**14,34** Mündung der Leda
■ **21,46** Hafen Jemgum
**32,20** Emssperrwerk
■ **33,80** Sielhafen Ditzum
■ **40,7** Hafenschleusen Emden (Nesserlander Schleuse, Große Seeschleuse)

### Ems-Seitenkanal

**256,28** Beginn des Ems-Seitenkanals
■ **256,56** Schleuse Oldersum
**265,1** Einmündung in den Verbindungskanal
■ **265,37** Schleuse Borßum
**265,4** Emder Hafen

■ = Häfen
■ = Sicherheitstore
■ = Schleusen

Sämtliche Querungsbauwerke über den Kanal sind durchnummeriert

te Weg wird heute von der Berufsschifffahrt nicht mehr genutzt, da die modernen Binnenschiffe die Unterems ohne Schwierigkeiten befahren können.

Nicht nur diese Wandlung des Kanals kann an der Kilometrierung abgelesen werden. In der Festschrift zur Eröffnung hieß es: „Beim Hafen Dortmund nimmt die Stationierung des Kanals ihren Anfang, die bei Papenburg an der Grenze des dem Ober-Präsidenten von Westfalen unterstellten Kanalbezirks km 227,8 zeigt und im Hafen Emden mit km 270 endet." So wies der offizielle „Entfernungs-Anzeiger" aus den Jahr 1901 den Endpunkt bei km 270,45 aus. Die gesamte Wasserstraße hat sich also in ihrer über 100jährigen Geschichte um vier Kilometer Strecke verkürzt, was im wesentlichen auf den Bau der neuen → **Zweiten Fahrten** und die Laufverkürzung der Ems durch Abtrennung von Mäandern zurückzuführen ist. Bei Inbetriebnahme des DEK gehörte auch noch der → **Zweigkanal Herne** dazu. Er zweigte seinerzeit bei Kanalkilometer 15,5 Richtung Südwesten ab, hatte eine eigene Kilometrierung beginnend mit 0,0 und endend im Herner Stadthafen bei Kilometer 10,94. Ein Teil dieses Stichkanals wurde später zugeschüttet, der andere gehört seit dessen Inbetriebnahme zum → **Rhein-Herne-Kanal** mit eigener Kilometerangabe.

Fast unentbehrlich für die Binnenschifffahrt ist der jährlich überarbeitete WESKA („Westdeutscher bzw. Europäischer Schifffahrts- und Hafenkalender"), der auf 1.500 Seiten tabellarische Fahrstreckenbeschreibungen mit Angaben der Orte, → **Häfen** und Umschlagstellen, → **Brücken**, → **Schleusen** und Fähren entsprechend der Kilometrierung für das gesamte Rheinstromgebiet, die Westdeutschen Kanäle und die Weser, das Elbstromgebiet, die Märkischen Wasserstraßen, die Oder sowie die Donau von Kelheim bis zum Schwarzen Meer enthält.

Gar nichts mit dem Kanal und seiner Kilometrierung zu tun hat die Kalibrierstrecke „An der Westladbergener Brücke". Hier wurden im Jahr 2002 neun grün gestrichene Beobachtungspfeiler aus Beton auf einer Länge von 720 Metern am Betriebsweg aufgestellt, die zur Untersuchung und Kalibrierung der im öffentlichen Vermessungswesen eingesetzten Entfernungsmessgeräte benötigt werden

## Kohle

Die Gründungs-DNA des Dortmund-Ems-Kanals bestand aus Kohle. Der Wunsch, für die in immer größeren Mengen geförderte westfälische Kohle neue Absatzmärkte zu erschließen, die über deutsche Seehäfen importierte englische Kohle zurückzudrängen und über eine preisgünstige alternative Transportmöglichkeit zum Eisenbahnmonopol zu verfügen, stand schon bei den ersten Vorstößen zum Bau künstlicher Wasserstraßen im Vordergrund. Treibende Kraft war die Interessenvertretung der Zechenbesitzer, deren 1858 gegründeter „Bergbauverein" sich beharrlich um eine Verbesserung der Verkehrssysteme bemühte und die Notwendigkeit von Kanalbauten zur Verbilligung der Transportkosten für das Massengut Kohle früh erkannte. Unter seiner Leitung wurde 1877 der „Westfälische Kohlen-Ausfuhr-Verein" aus der Taufe gehoben. Ein großes Thema im Vorfeld des Kanalbaus war auch die Gestaltung geeigneter Umschlaganlagen, denn die weiche Ruhrkohle war brüchig und sollte möglichst schonend und zügig verladen werden. Entwickelt wurde ein mechanischer Kohlenkipper, der zuerst in den Duisburger und Ruhrorter Rheinhäfen ab 1881 zum Einsatz kam.

So dominant die Bedürfnisse der Bergbauindustrie auch waren, so ernüchternd waren die Frachtmengen in der Anfangszeit. In den ersten Betriebsjahren des DEK erreichte die Kohleverladung in → **Dortmund** kaum die 20.000-Tonnen-Marke, obwohl man mit einer halben Millionen Tonnen jährlich kalkuliert hatte. Insgesamt blieb der Transport von Kohle weit hinter den Erwartungen zurück – und das, obwohl das 1893 als zentrale Absatzorganisation des Ruhrbergbaus gegründete „Rheinisch-Westfälische Kohlen-Syndikat" sogar Mehrheitsgesellschafter der bedeutendsten Kanalreederei → **Westfälische Transport AG (WTAG)** wurde und kartellmäßig Lieferverträge abschloss. Im Jahr 1903 kamen weniger als 200.000 Tonnen Kohle in → **Emden** an, im selben Jahr wurden aber über den Rhein knapp 11 Millionen Tonnen abgesetzt. Die Gründe dafür sind vielschichtig: Nur vier Zechen verfügten über einen direkten Anschluss an die neue Wasserstraße, für die anderen waren die hohen Vorfrachten zu teuer, denn die staatlichen Eisenbahnen hatten kein Interesse, durch Sondertarife mehr Transporte auf die Wasserstraße zu lenken. Wegen langfristiger Verträge und ausgehandelter günstiger Tarife mit der Eisenbahn erteilte das „Syndikat" den Zechen zudem kaum Ausnahmegenehmigungen für einen Kanaltransport. Auch scheute man aus Furcht vor Qualitätseinbußen einen mehrfachen Umschlag der

Aquarell aus dem „Buch von der Deutschen Binnenschiffahrt" 1955: Kohleumschlag. Über sieben Millionen Tonnen wurden in den 1950er-Jahren jährlich auf dem Dortmund-Ems-Kanal transportiert

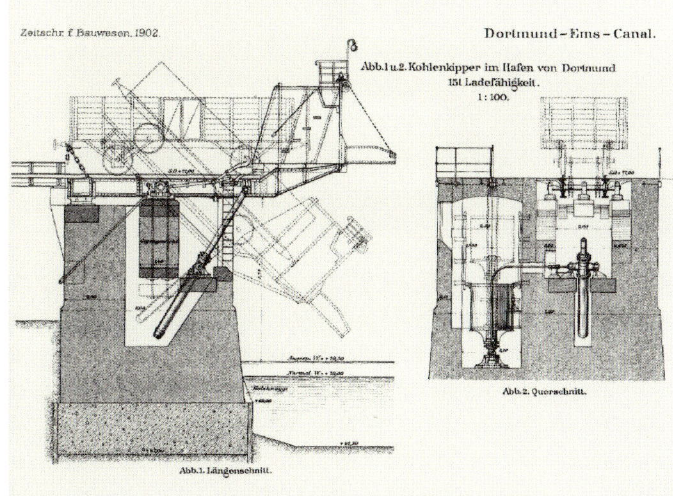


Im Dortmunder Hafen installierte man einen teuren, prestigeträchtigen Kohlenkipper. Doch die Umschlagsmengen entsprachen bei weitem nicht den Erwartungen

Für Schulkinder in NRW und Niedersachsen wurde 1952/53 der Unterrichtsfilm „Kohle Kurs Emden" produziert, noch getragen von einem ungebrochenen Optimismus an den Energieträger Kohle und seine Bedeutung für die Binnenschifffahrt. Doch es kam bekanntlich anders

Schwer beladen mit Kohle liegt die WILLI tief im Kanalwasser. Die Farbaufnahme entstand 1960 in der Nähe des Nassen Dreiecks. In diesem Jahr war der Zenit des Kohletransportes auf den westdeutschen Kanälen mit knapp 20 Millionen Tonnen erreicht

Kohle auf dem Weg zu den Empfängern. Und so dümpelte der Kohletransport über den DEK ein Jahrzehnt lang erst einmal vor sich hin. Auch eine im Jahr 1905 in Emden vom „Syndikat" errichtete Brikettfabrik gelangte nur für einige Zeit eine gewisse Bedeutung, wurde vorübergehend sogar stillgelegt und schließlich demontiert. Als ebenso wenig erfolgreich erwies sich die Idee, die Kohle unmittelbar von den Zechen auf See zu verschiffen, indem man sie in seetüchtige Prähme (sogenannte Seeleichter) verlud, die von Schleppern über See gezogen werden sollten. Demgegenüber verdankt die Textilindustrie in Nordhorn ihren Aufschwung den Kohlelieferungen via DEK. Ihre Beschäftigtenzahl wuchs zwischen 1890 und 1914 von 500 auf 3.500. Nach Eröffnung des DEK avancierte der Ems-Vechte-Kanal (➜ **Linksemsische Kanäle**) zum kostengünstigen Transportweg für Kohlelieferungen aus dem Ruhrgebiet.

Mit Eröffnung der drei Anschlusskanäle an den DEK (➜ **Rhein-Herne-Kanal**, ➜ **Mittellandkanal**, ➜ **Datteln-Hamm-Kanal**) in den Jahren 1914-1916 stieg der Transport von Kohle kontinuierlich an; die Attraktivität des so komplettierten Kanalnetzes für die Montanindustrie war erheblich gestiegen. Insbesondere erschloss der RHK die von Zechen gespickte Emscherzone mit Dutzenden von Umschlagstellen. Für das Verladen der Kohle setzte man jetzt Klappkübel ein, die vom Eisenbahnwagen gehoben und im Schiff entleert wurden, was eine optimierte Vernetzung der beiden Verkehrsträger Eisenbahn und Kanal brachte. In den 1920er-Jahren stieg der Kohletransport auf dem DEK auf jährlich über fünf Millionen Tonnen an, um im Kriegsjahr 1943 mit mehr als acht Millionen Tonnen einen nie wieder erreichten Spitzenwert zu verzeichnen. Auf dem DEK entwickelte sich die für Jahrzehnte typische Güterkombination aus „Kohle zu Tal, Erze zu Berg". ➜ **Emden** wurde der „Werkshafen" für das Ruhrgebiet, Stützpunkt der Versorgung der norddeutschen Küstenländer und ihres Hinterlandes mit Kohle sowie für die Ausfuhr von Kohle nach den skandinavischen Ländern. Was nicht als Rückfracht der Erzdampfer verschifft wurde, ging vor allem als Feinkohlelieferungen an die Hochofenwerke in Bremen-Oslebshausen und Lübeck. Bis zum Anschluss des MLK an die Elbe (1938) wurden über einen sogenannten Hufeisenverkehr vom Ruhrgebiet über Emden und Hamburg die Region Mittelelbe und Berlin versorgt.

Nach Inbetriebnahme des Rhein-Herne-Kanals stieg der Kohletransport auch auf dem Dortmund-Ems-Kanal rasant an, lagen dort doch etliche Zechenhäfen, über die das „schwarze Gold" verschifft wurde

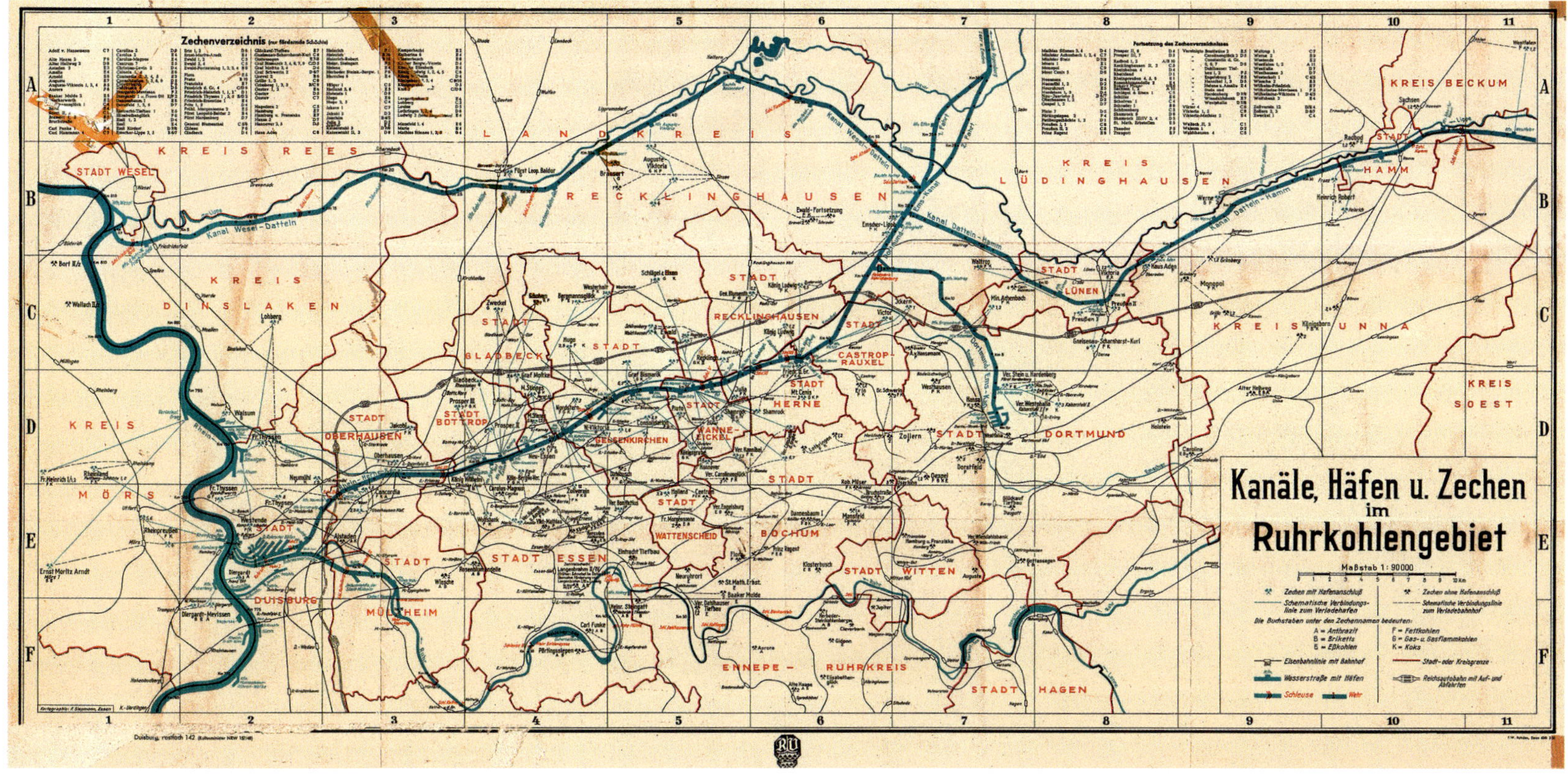


Eine symbiotische Beziehung: Die Karte „Kanäle, Häfen und Zechen im Ruhrkohlengebiet" aus dem Jahr 1948 wurde vom Kultusministerium des Landes NRW herausgegeben. Das 112 cm x 55 cm große Blatt im Maßstab 1 : 90.000 wurde auch vom Binnenschiffahrts-Verlag in Duisburg-Ruhrort vertrieben („gefalzt oder gerollt"). Eingetragen sind rund 150 aktive Zechen, wovon etliche über Umschlaghäfen an den Kanälen verfügten

Noch einmal in den Jahren nach Ende des Zweiten Weltkrieges boomte der Kohletransport auf dem DEK und erreichte 1959 – dem Jahr, als der DEK nach jahrelangem → **Ausbau** für das 1.000-Tonnen-Schiff freigegeben wurde – mit rund 7,5 Millionen Tonnen und 40 Prozent Anteil an der gesamten → **Transportmenge** seinen Höchstwert, um danach kontinuierlich abzusinken. Zum einen drängte Ende der 1950er-Jahre verstärkt billige Importkohle auf den deutschen Markt. Zum anderen traten die flüssigen Energieträger Mineral- und Erdöl sowie Erdgas ihren Siegeszug an und lösten die Kohle bei privaten Verbrauchern wie Wirtschafts- und Verkehrsbetrieben (Eisenbahn) ab. Mitte der 1960er-Jahre stellten zum Beispiel alle drei textilen Großbetriebe in Nordhorn die Energieversorgung von Kohle auf Erdgas um. Damit entfiel der Transport von 40.000 Tonnen Kohle, die jährlich von 200 Schiffen gebracht wurden. Als Folge dieses Wandels setzte das Zechensterben ein: Die letzten beiden Zechen in Deutschland, die Bergwerke Ibbenbüren und Prosper-Haniel in Bottrop, werden Ende 2018 schließen. Schließlich litt der Kohletransport auf dem letztlich nicht zureichend ausgebauten und damit wenig konkurrenzfähigen Kanal unter den von der Bahn eingeführten „Kampftarifen". 1991 wurde im Emder Hafen die letzte Tonne Kohle umgeschlagen. Die Ära des DEK als Kohlekanal war damit unwiederbringlich zu Ende.

Wenn gleichwohl heute noch Kohle auf dem DEK unterwegs ist, dann handelt es sich vor allem um Importkohle für die wenigen noch mit Kohle betriebenen → **Kraftwerke**. Im Zuge der Umstellung der Versorgung auf regenerierbare Energieträger („Energiewende") wird in einigen Jahrzehnten das Transportgut Kohle wohl kaum noch eine Rolle spielen.

Im Januar 2017 erteilte die Bezirksregierung Münster die erforderliche immissionsschutzrechtliche Genehmigung für das Kraftwerk Datteln IV, so dass nach Angabe des Betreibers einer Inbetriebnahme nichts mehr im Wege steht

Datteln, Münster, Ibbenbüren, Lingen: Gleich vier Standorte von Kraftwerken zogen oder ziehen auf sehr unterschiedliche Weise ihren Nutzen aus dem Dortmund-Ems-Kanal.

Nachdem die direkt in Kanalnachbarschaft liegende Zeche Emscher-Lippe in → **Datteln** jahrzehntelang → **Kohle** an Reichs- und die spätere Bundesbahn geliefert hatte, begann mit der Elektrifizierung der Bahn Anfang der 1960er-Jahre eine neue Ära. Nun wurden Kraftwerke für die Stromversorgung benötigt und die später zur Ruhrkohle AG gehörende Zeche schloss mit der Bahn einen Vertrag über die Lieferung von Strom, der mit dort geförderter Kohle erzeugt wurde. In den Jahren 1964, 1965 und 1969 gingen drei Kraftwerksblöcke ans Netz (Kanalkilometer 18) und lieferten rund 20 Prozent des von der Bundesbahn benötigten Stroms sowie die Fernwärme für 45 Prozent der Haushalte in Datteln. Auf der Zeche Emscher-Lippe aber wurde am 25. Februar 1972 der letzte Förderwagen zu Tage gezogen und damit die Zeche stillgelegt. Nun musste die Kohle über den DEK angeliefert werden. Auch das Kühlwasser wurde dem Kanal entnommen. Am 28. März 2014 wurden die Kohlekraftwerksblöcke Datteln I–III endgültig abgestellt. Bis zu ihrem Abriss waren die vier hölzernen Kühltürme des Kraftwerks Datteln unübersehbare Landmarken am Kanal (Foto rechte Seite).

Seit 2007 errichtet die Uniper Kraftwerke GmbH (vormals E.on Kraftwerke GmbH) am Standort Datteln auf der gegenüberliegenden Seite des DEK ein komplett neues Kraftwerk, dessen Inbetriebnahme ursprünglich für 2011 geplant war, aber durch erfolgreiche Klagen von Umweltschützern und Anwohnern immer wieder verzögert wurde. Das neue Kraftwerk Datteln IV soll eine Gesamtleistung von 1.100 MW haben (davon 413 MW für die Deutsche Bahn). Das erforderliche Kühlwasser wird ebenfalls dem DEK entnommen und der Kühlturm ist mit einer Höhe von circa 180 Metern einer der weltweit höchsten Naturzugkühltürme. Das Kraftwerk soll mit importierter Steinkohle – benötigt werden über drei Millionen Tonnen jährlich – befeuert werden, welche überwiegend über den DEK angeliefert werden soll. In einem eigens gebauten Parallelhafen können die Schiffe festmachen und kontinuierlich mit einer Tagesleistung von maximal 1.500 Tonnen entladen werden.

Auch die Energieversorgung von → **Münster** hing fast drei Jahrzehnte am DEK: Dort wurde 1977 die erste Ausbaustufe eines Kohleheizkraftwerks direkt im Hafen fertig. Die Kapazität lag bei 50 MW Strom und 120 Gcal Wärme/Stunde. In den folgenden Jahren kamen noch zwei weitere Blöcke hinzu. Mit Inbetriebnahme eines neuen, modernen und umweltschonenden Gas-und-Dampf-Kombi-Heizkraftwerks am Standort des alten Kohlekraftwerks im November 2005 verlor der Hafen wichtige Fracht, was seinen Niedergang beschleunigte. Da auch der Bunker für die per Binnen-

schiff angelieferte Kohle am Hafen nicht mehr benötigt wurde, entschieden die Stadtwerke, dort einen Wärmespeicher unterzubringen.

Kurz vor Beginn des Ersten Weltkrieges wurde in Ibbenbüren begonnen, die dort geförderte Anthrazit-Kohle zu verstromen. Die Silhouette des heutigen, 1985 angefahrenen Kraftwerks „Block B" mit einer Leistung von 770 MW und des Bergwerkes Ibbenbüren ist die wohl bekannteste Landmarke im Tecklenburger Land. Die Beschaffung von Wasser für den Kühlkreislauf mit einem Nasskühlturm war schon bei der Errichtung des ersten Blocks A (1967–1987 in Betrieb) ein Problem. Wegen des zu hohen Salzgehaltes kam die Verwendung von Wasser aus dem nahe gelegenen → **Mittellandkanal** (er speist sich aus der Weser) nicht infrage. Die Lösung bestand darin, das notwendige Kühlwasser von 1.400 Kubikmeter pro Stunde dem DEK oberhalb der → **Schleuse** Münster zu entnehmen (Kanalkilometer 70,9) und zum 110 Meter höher gelegenen Kraftwerkstandort zu pumpen. Die dafür erforderliche 38 Kilometer lange Fernleitung wurde durch die Bauernschaft Wechte verlegt. Wechte ist schon seit 1926 Wasserwerksstandort. Um den Grundwasserspiegel für die öffentliche Wasserversorgung auf der richtigen Höhe zu halten, besteht die Möglichkeit, bei Bedarf das Wasser aus dem DEK dort zu versickern. Hauptzweck der Leitung ist aber die Sicherung der Kühlwasserversorgung des Kraftwerkes Ibbenbüren.

1968 ging in Lingen ein Siedewasserreaktor-Demonstrationskernkraftwerk in Betrieb, das aber schon 1977 stillgelegt werden musste. Die Postkarte zeigt die Reaktorkuppel, die sich seit 1988 im „sicheren Einschluss" befindet und abgerissen werden soll, und den 150 Meter hohen Schornstein, der 2009 beseitigt wurde – direkt am Kanal

Auch die Stadt → **Lingen** im Emsland ist ein Kraftwerkstandort mit langer Geschichte. 1968 ging hier ein Siedewasserreaktor-Demonstrationskernkraftwerk in Betrieb, das aber schon 1977 stillgelegt werden musste. An seine Stelle trat 1988 das Kernkraftwerk Emsland, ein Druckwasserreaktor mit 1.400 MW Leistung. Seit 1972 versorgt darüber hinaus ein Erdgaskraftwerk die benachbarten Betriebe mit Strom und Prozessdampf. 2011 kam noch ein Gas- und Dampfturbinenkraftwerk mit einer Leistung von 800 MW hinzu. Ihr Wasser für die Kühlung beziehen die Kraftwerke aus der Haltung Varloh des DEK, während das sogenannte Abflutwasser aus den Kühltürmen (Wasser, das nicht verdunstet) in die → **Ems** geleitet wird. Die entstehenden Wasserverluste müssen bei Niedrigwasserabfluss in der Ems (im Schnitt 30 Tage pro Jahr) allerdings ersetzt werden. Deshalb wird seit Anfang der 1980er-Jahre Wasser aus dem Kanal in einem 23 Millionen Kubikmeter fassenden Becken zwischengespeichert, um es bei Niedrigwasser bedarfsgerecht wieder über den DEK der Ems zuzuführen. Der eigens zu diesem Zweck geschaffene See ist ein Kuriosum in der Landschaft, da sein ganzer Wasserinhalt, eingefasst von einem 5,8 Kilometer langen Ringdamm, mit einer Beckentiefe von 15 Metern oberhalb des flachen Geländes liegt. Da das Speicherbecken, das auch als Naherholungsgebiet genutzt wird, seinerzeit ein weiteres, nie errichtetes, Kernkraftwerk in Meppen-Hüntel mit Kühlwasser absichern sollte, wurde es auf halber Höhe zwischen Lingen und Meppen am jetzigen Standort Geeste angelegt.

Bis zur Abschaltung des Kernkraftwerkes im Jahr 2022 und im Übergangsjahr 2023 sollen wie bislang jährlich maximal rund 40 Millionen Kubikmeter Wasser entnommen werden dürfen. Ab 2024 wird für Nachkühlung und Rückbauarbeiten eine maximale Wasserentnahme von acht Millionen Kubikmeter pro Jahr benötigt.

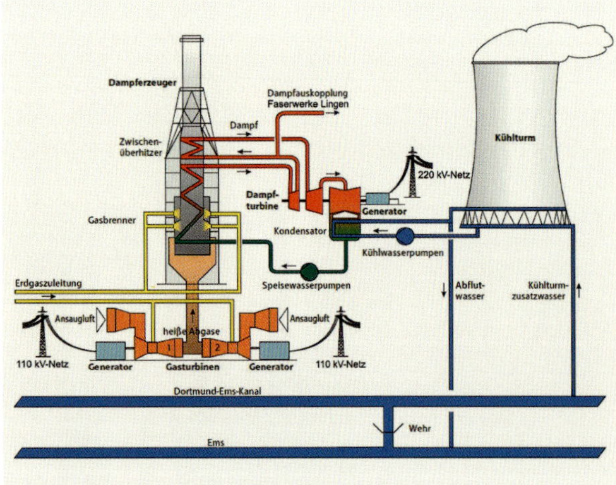


Systemzeichnung über die Funktionsweise der Blöcke B und C des Erdgaskraftwerkes Emsland: Das Kühlturmzusatzwasser wird aus dem Kanal bezogen, das Abflutwasser (Wasser, das nicht verdunstet) wiederum in die Ems eingeleitet. Die entstehenden Wasserverluste müssen bei Niedrigwasser der Ems aus einem riesigen Speicherbecken bei Geeste ersetzt werden

## Kriegszerstörungen

Mit Beginn des Zweiten Weltkrieges wurde möglichst viel Transportgut auf die Wasserstraßen verlagert, da die Kapazitäten der Reichsbahn vorrangig für militärische Operationen benötigt wurden. Hinzu kam der ständig steigende Bedarf für die Rüstungsschmieden in Salzgitter („Reichswerke") und Wolfsburg („KdF"-Werk, später VW) und eine verstärkte Versorgung von Hamburg und Berlin mit Ruhrkohle wegen des Wegfalls englischer Importkohle. In den fünf Kriegsjahren 1940 – 1944 stieg das Verkehrsaufkommen auf der → **Südstrecke** des Dortmund-Ems-Kanals deshalb in nie gekannte Dimensionen auf insgesamt 91 Millionen Ladungstonnen an. Je länger der Krieg dauerte, umso schwieriger wurden dabei die Bedingungen, unter denen diese Verkehrsleistung erbracht werden musste – angefangen bei den Verdunkelungsvorschriften, über einen wachsenden Personal- und Materialmangel bis zur Verknappung des Dieselöls und schließlich den Zerstörungen durch Luftangriffe, die immer wieder die Schifffahrt vorübergehend lahmlegten. Die schlimmsten Verwüstungen richtete freilich die Wehrmacht selbst an, die am Ende eines längst verlorenen Krieges Hitlers „Nero-Befehl" gehorsam umsetzte.

Die Bedeutung der Kanäle kannten auch die Engländer. → **Emden** und der DEK waren während des gesamten Krieges Ziel ihrer Bombenangriffe, bei denen interessanterweise → **Schleusen** und → **Wehre** bewusst verschont blieben (für die Zeit nach dem Krieg). Stattdessen wurden gezielte Attacken auf empfindliche andere Punkte des Kanalsystems unternommen, mit denen der Schiffsverkehr gestört werden konnte. Bereits im August 1940 wurde die Kanalbrücke der Zweiten Fahrt über die Ems (→ **KÜ Fuestrup**) von fünf Hampden-Bombern so beschädigt, dass die Haltung zwischen → **Münster** und dem → **Sicherheitstor** Fuestrup leer lief. Um auch die Schifffahrt über die Alte Fahrt zu unterbinden, wurde sie kurz danach ebenfalls bombardiert und erhielt einen Volltreffer. Nach einer Unterbrechung von nur vier Wochen waren die Schäden repariert. Um die Wasserversorgung des Kanalsystems (→ **Wasserwirtschaft**) zu stören, wurden gezielte Bombenangriffe auf das unterste Pumpwerk des → **Wesel-Datteln-Kanals** und das Pumpwerk Olfen an der Kreuzung des DEK mit der → **Lippe** geflogen. Auch die besonders hohen Dämme des → **Dattelner Meeres** waren ein bevorzugtes Ziel für mehrere Großangriffe. Bis Ende Januar 1945 wurden in Datteln 1.065 Fliegeralarme ausgelöst, darunter 630 Nachtalarme. Am 9. und 14. März 1945 folgten zwei Großangriffe auf die in unmittelbarer Kanalnähe liegende Zeche Emscher-Lippe. Dabei wurde auch der DEK so getroffen, dass er hier auslief. Ein weiterer neuralgischer Punkt für die Bombenangriffe waren die Alte und die Neue Fahrt (→ **Zweite Fahrten**) Ladbergen nördlich von Münster, wo der DEK mit einer Dammstrecke das Flüsschen Glane kreuzt. Ab September 1944 wurden bei sechs Angriffen insgesamt rund 9.500 Bomben auf den hoch liegenden Kanal und den Durchlassbereich abgeworfen, wobei die Dämme immer wieder brachen und der Kanal leer lief. Der vorletzte Angriff erfolgte am 4. November 1944 und zerstörte den Glanedurchlass. Während das Sicherheitstor Fuestrup noch heruntergelassen werden konnte, war dies beim durch Tiefflieger zerstörten Sperrtor Hörstel unmittelbar am Abzweig des → **Mittellandkanals** nicht mehr möglich, so dass eine Kanalstrecke von 70 Kilometern bis zum nächsten MLK-Sicherheitstor Bramsche trocken fiel. Nach zwei weiteren schweren Angriffen am 7. Februar und 3. März 1945 war es dann mit der Schifffahrt vorbei. Zur Behinderung der

Mancherorts wurden lange Zeit Fähren als Brückenersatz betrieben – wie hier in Dörenthe

Schifffahrt wurden auch Minen von Tieffliegern abgeworfen, die unter der Wasseroberfläche schwammen und bei Berührung mit einem Schiffsrumpf detonierten.

Die schlimmsten Verwüstungen an den Kanälen richteten jedoch nicht die alliierten Streitkräfte an, sondern die deutsche Wehrmacht. Bereits im September 1944, als Bautrupps noch unermüdlich versuchten, die Schifffahrt aufrechtzuerhalten, hatte Hitler das Prinzip der „verbrannten Erde“ auch für das Reichsgebiet befohlen. Nachdem Ende März 1945 britische Truppen nördlich des Ruhrgebiets den Rhein überschritten hatten und der Zerstörungsbefehl am 19. März erneuert worden war, begann das unheilvolle Werk der zurückweichenden Wehrmacht: Von den 184 Brücken über den DEK waren nur noch 22 benutzbar (am → **Rhein-Herne-Kanal** waren es noch 8 von 71, am Wesel-Datteln-Kanal keine einzige von 48 und am → **Datteln-Hamm-Kanal** 9 von 49). Die letzten Brücken rund um das → **Nasse Dreieck** wurden am Karsamstagnachmittag, den 31. März gesprengt. Noch am selben Tag marschierten die alliierten Kampfverbände in Riesenbeck ein. Auch wurden sämtliche Brücken über den → **Küstenkanal** und die Weserüberführung des MLK gesprengt. Am Tage der bedingungslosen Kapitulation (8. Mai 1945) stand die Binnenschifffahrt deshalb buchstäblich vor dem Nichts. Ihre Stunde Null war gekommen. Die Brücken waren gesprengt, die Kanalböschungen zerstört, der Schiffsraum versenkt, beschädigt, ausgeplündert oder beschlagnahmt, der DEK leergelaufen. Die gesamte deutsche fahrfähi-

Etliche im Zweiten Weltkrieg durch die Wehrmacht zerstörte Brücken wurden durch sogenannte Bailey-Behelfsbrücken ersetzt. So auch in Altenlingen. Freigegeben war die Kanalbrücke für Fahrzeuge bis 40 Tonnen. Als nun am 6. April 1951 ein Schwerlastzug mit 60 Tonnen Gewicht die Brücke passierte, sackte sie ab und Zugmaschine mit Tieflader und Bagger stürzten in die Tiefe. Die Brücke wurde vollständig zerstört und die Kanalschifffahrt musste für mehrere Tage eingestellt werden

ge Kahntonnage war auf 17 Prozent des Vorkriegsbestandes geschmolzen.

Es begannen mühselige Räum- und Aufräumarbeiten: Versenkte Fahrzeuge wurden – zum Teil mit Ladung – gehoben und repariert, Not- und Behelfsbrücken wurden errichtet, die Kanaldämme instand gesetzt, Bomben beseitigt, Blindgänger entschärft. Wo Brücken fehlten, waren in der Nachkriegszeit jahrelang auch Fähren oder Schwimmstege im Einsatz. In Münster-Hiltrup brachte eine Seilfähre die Menschen über den Kanal, bis die 1907 als „Karl-Lehr-Brücke" in Duisburg errichtete Brücke von der Ruhr nach Hiltrup umgesetzt und in „Prinz-Brücke" umbenannt wurde. Im Herbst 1945 konnten die trocken gefallenen Kanalstrecken wieder mit Wasser gefüllt und die westdeutschen Kanäle schrittweise zwischen November 1945 und Juni 1946 für die Schifffahrt freigegeben werden, wenn auch mit Abladebeschränkungen und wegen der vielen Engstellen auf weiten Strecken auch nur einschiffig. Ganze 524 Fahrzeuge wurden 1945 in Münster geschleust, 1946 waren es schon 6.226 und zwei Jahre später bereits wieder 12.799. Die Ära des deutschen „Wirtschaftswunders" begann.

Zerstörung durch die Wehrmacht: Von den 184 Brücken über den Dortmund-Ems-Kanal waren bei Kriegsende nur noch 22 benutzbar

## KÜ Fuestrup

Im Volksmund heißt sie kurz und knapp „KÜ". Gemeint ist die Kanalüberführung in der Bauernschaft Fuestrup nördlich von → **Münster**, wo der Dortmund-Ems-Kanal in einem Trog über die Ems geführt wird. Der Fluss bildet hier auf mehreren Hundert Metern die Grenze zwischen Münster und der Stadt Greven. Genau genommen handelt es sich jedoch um vier Kanalüberführungen, um die es nun gehen soll: die „Alte Fahrt", die „Neue Fahrt", eine „temporäre Fahrt" und schließlich eine künftige „Doppeltrogfahrt". Doch der Reihe nach.

Besondere und seinerzeit viel bestaunte Bauwerke der Wasserbauingenieurskunst sind die drei Kanalbrücken, mit denen der DEK über die Flüsse → **Lippe**, → **Stever** und die → **Ems** geführt wird. Solche Kanalbrücken waren in Deutschland bereits beim Ludwig-Donau-Main-Kanal gebaut worden, in Frankreich und England zum Teil aus Eisen. Angesichts der erforderlichen Querschnittsabmessungen von 18 Metern Breite bei 2,50 Metern Wassertiefe (→ **Regelquerschnitt**) und den zu tragenden Lasten sowie einer gewünschten langen Lebensdauer bei niedrigen Unterhaltungskosten entschied sich die Kanalbauverwaltung zum Bau von massiven Gewölbebrücken aus Stein und griff dabei

„Alte Fahrt": Durch die Ausgestaltung der Sichtflächen, Pfeiler und Flügelmauern mit reichlich Verzierungen aus warmem, in verschieden farbigen Tönen leuchtenden Ruhrkohlensandstein wurde ein gefälliges und für den damaligen wilhelminischen Zeitgeist auch repräsentatives Erscheinungsbild erreicht

das Prinzip römischer Aquädukte auf. Bei der Emsbrücke ruht der Kanaltrog auf einer Konstruktion aus fünf Stützen und sich dadurch ergebenden vier flachen Bögen von je 12 Metern Spannweite, wobei das Stichbogengewölbe aus Klinkern errichtet wurde. Der Übergang des schmalen Brückenprofils zum breiten Trapezprofil der freien Strecke wurde durch seitliche bogenförmig und unabhängig gegründete Flügelmauern vermittelt. Das Schwierigste waren die Dichtungen, die man durch verlötete, drei Millimeter dicke Bleiplatten – auf der Sohle verlegt, an den Seiten aufgehängt – herstellte. Auch musste zunächst die Ems begradigt werden, um eine rechtwinklige Kreuzung zu ermöglichen, wozu an zwei Stellen die Flusskrümmungen durchstochen wurden.

Die KÜ wurde nach dem Zweiten Weltkrieg zu „Münsters Badewanne" mit all den auch negativen Begleiterscheinungen eines Massenansturms ohne jegliche Infrastruktur. Das Foto stammt aus dem Jahr 1962, 1994 war der nasse Spaß vorbei

Vierzig Jahre alt war diese „Alte Fahrt", als im Jahr 1939 im Zuge des Kanalausbaus eine „Neue Fahrt" (➔ **Zweite Fahrten**) mit zwei neuen ➔ **Sicherheitstoren** zwischen den Kanalkilometern 77,8 und 79,8 in Betrieb genommen wurde. Eine in den Jahren 1935/36 errichtete Konstruktion aus drei Stahltrögen mit 30 Metern Trogbreite und 3,25 Metern Wassertiefe querte nun zusätzlich die Ems, denn ein Ersetzen des bestehenden Bauwerks hätte eine Kanalsperrung von mehreren Jahren bedeutet. So waren in den ersten Monaten des Zweiten Weltkrieges beide Kanalbrücken noch in Betrieb, bis in der Nacht vom 12. August 1940 fünf alliierte Bomber angriffen und die alte KÜ mit einem Volltreffer erwischten. Die Streckenwärter konnten die Sicherheitstore nicht rechtzeitig schließen, so dass sich das Kanalwasser in die neun Meter tiefer gelegene Ems ergoss und eine 1,50 Meter hohe Flutwelle verursachte. Die alte KÜ wurde zwar notdürftig repariert, aber nach Ende des Krieges von der durchgehenden Schifffahrt nie mehr genutzt. In den 1960er-Jahren wurden Alte und Neue Fahrt im Bereich Gelmer mit einem Damm voneinander getrennt.

Nun diente jahrzehntelang vor allem der Bereich direkt an der alten Kanalbrücke den Erholungssuchenden der Umgebung im Sommer als Schwimmbad. 1994 war der Spaß vorbei, als im Bereich der Emsüberquerung das Wasser abgelassen werden musste, nachdem ein Gutachten 1992 aufgezeigt hatte, dass die Dämme nicht standsicher waren, aus der Brücke Wasser austrat und auch das alte Sicherheitstor Undichtigkeiten aufwies. Ironie des Schicksals: Das war just in dem Jahr, als die Städte Münster und Greven das Gesamtensemble aus Kanalbrücke, Sicherheitstor und Wärtergehöft in ihre Denkmalschutzlisten aufnahmen (später kam noch der Damm hinzu) und in den Denkmalumfang ausdrücklich die Führung von Wasser einbezogen war, „weil der Verlust mehr als eine ästhetische Beeinträchtigung des Baudenkmals" darstellen würde. Eine Restaurierung des Troges und dessen erneute Flutung mit Wasser scheiterte allerdings seitdem an den Kosten.

Doch mittlerweile hat sich die Situation in Fuestrup erneut grundlegend geändert. Denn der → **Ausbau** des DEK für Großmotorgüterschiffe und Schubverbände erfordert eine dritte, noch größere Kanalbrücke über die Ems, die aus zwei je 27 Meter breiten und 62,4 Meter langen Trögen mit einer Wassertiefe von vier Metern bestehen wird – für jede Richtung also ein Trog. Verzichtet wird auf Strompfeiler, um den Abflussquerschnitt der Ems nicht einzuengen. Das gesamte Bauwerk hat eine Länge von 126,6 Metern. Ursprünglich war geplant, die Erweiterung „an Ort und Stelle" vorzunehmen, was allerdings gestoppt wurde, nachdem es am 10. Oktober 2005 an der Baustelle für eine neue Lippeüberführung, die nach derselben Methode errichtet wurde, zu einem Dammbruch und wochenlangem Stillstand des Schiffsverkehrs gekommen war.

Das neue Konzept sieht nun vor, zunächst eine provisorische 1,6 Kilometer lange bananenförmige „Umfahrung" herzustellen mit einem Trog über die Ems in rund 20 Metern Entfernung vom alten Stahltrog. Anschließend soll der Schiffsverkehr rund fünf Jahre lang mit Ampelbetrieb im Einbahnverkehr auf diese Strecke mit einer Sohlenbreite von nur 21 Metern umgeleitet werden, so dass drei Generationen von Brücken nebeneinander existieren. In der Zeit kann das alte Kanalbett trocken gelegt werden, die alte Stahlbrücke abgebrochen und an selber Stelle ein neuer Trog gebaut werden. Ist diese Bauphase beendet, soll der Schiffsverkehr ins ausgebaute Kanalbett zurückverlagert werden. Als letzter Akt soll schließlich die Behelfsbrücke an die neue Kanalüberführung herangeschoben werden und diese – abgetrennt durch eine 12 Meter breite und 188 Meter lange Mittelmole – zu einer Doppeltrogbrücke erweitern. Danach beginnt die Zuschüttung der Ausweichstrecke (die einen Abschnitt der „Alten Fahrt" von 1899 nutzt) und der Abbruch der Sicherheitstore.

„Neue Fahrt": In den Jahren 1935/36 wurde eine Konstruktion aus drei Stahltrögen mit 30 Metern Trogbreite und 3,25 Metern Wassertiefe errichtet, die nun zusätzlich die Ems überquerte. Drei Jahre später war auch die neue Kanalstrecke fertig

Im Jahr 2025, so sieht es die Planung vor, soll die dritte Fahrt des DEK über die Ems – zeitgleich mit der „Stadtstrecke Münster" – fertiggestellt sein. Ob die „Banane" wirklich verfüllt wird, oder hier nicht doch dem Wunsch vieler Anwohner folgend eine neue naturnahe Badelandschaft entstehen wird, stand bei Drucklegung dieses Buches nicht fest.

## Küstenkanal

Bei Kilometer 202,55 mündet der Küstenkanal in den Dortmund-Ems-Kanal. Er hat eine Gesamtlänge von 69,63 Kilometern und beginnt im Fluss Hunte an der Neuen Amalienbrücke im Stadtgebiet von Oldenburg und stellt einen Verbindungskanal zwischen Unterweser und → **Ems** dar. Die Scheitelhaltung des Kanals (NN + 5,00 Meter) wird im Osten durch die Schleuse Oldenburg (Kanalkilometer 1,7) und im Westen durch die Schleuse Dörpen (Kanalkilometer 64,83) abgeschlossen. Die Fallhöhe beträgt in Oldenburg bis zu 5,40 Meter je nach dem Tidewasserstand der Hunte und in Dörpen 1,20 Meter Abstieg zur Stauhaltung Bollingerfähr der Ems.

Schon immer war ein schiffbarer Kanal der Traum Oldenburgs (Großherzogtum von 1815 bis 1918, Freistaat bis 1946) gewesen, um seine Hafenstädte Elsfleth, Brake und Nordenham an der Unterweser mit der Ems zu verbinden und seine Moore zu kultivieren. Dass es

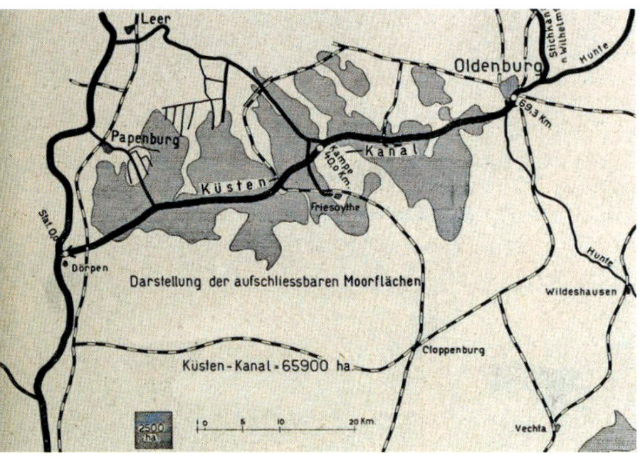


Ein Jahr nach Gründung des umtriebigen „Küstenkanalvereins" erschien in der „Zeitschrift für Bauwesen" 1921 eine Karte, die den Vorteil eines Kanalbaus für die Entwässerung des umgebenen Moorgebietes darstellte. Danach könnten 66.000 Hektar Moor durch den Kanal entwässert werden – ein Argument, das zählte (Karte vom Autor bearbeitet)

Für das Großmotorgüterschiff muss nicht nur der Kanal ausgebaut werden. Auch Ersatzneubauten der beiden Schleusen Oldenburg und Dörpen in den Abmessungen von künftig 115 Metern Länge und 12,50 Metern Breite sind erforderlich

80 Jahre vom ersten Spatenstich 1855 bis zur Eröffnung des „Küstenkanals" im Jahr 1935 brauchte, lag vor allem am Königreich Preußen, auf dessen Territorium (nach Annexion des Königreichs Hannover im Jahr 1866) die Weststrecke des Kanals gebaut werden musste. Unter Rücksicht auf sein „verwöhntes Kind" → **Emden**, das unliebsame Konkurrenz fürchtete, verweigerte sich Preußen jahrzehntelang. Auch eine entsprechende Bitte Oldenburgs nach Eröffnung des DEK wurde noch 1910 abgelehnt.

Der 15 Kilometer lange nordwestliche Teil des einstigen Hunte-Ems-Kanals von Kampe/Küstenkanal bis zur Sagter Ems mit vier erhaltenen Schleusen bildet heute den Elisabethfehnkanal. Er wird touristisch genutzt und kann von Sportbooten befahren werden

Zu diesem Zeitpunkt existierte aber bereits der „Hunte-Ems-Kanal" quasi als Vorläufer des späteren Küstenkanals. 1846 hatte der Oldenburger Handels- und Gewerbeverein 600 Reichstaler Spenden gesammelt und beauftragte den „Vermessungscondukteur" Ino Hayen Fimmen aus Westerstede mit der Vorplanung für einen Kanal. Die von Fimmen vorgeschlagene Trasse führte von Oldenburg in westliche Richtung bis zehn Kilometer vor die Landesgrenze nach Kampe, dann 15 Kilometer nach Nordwesten, wo die Sagter Ems (ein von Süden kommender Fluss) hart an der Grenze des Großherzogtums erreicht wurde. Über Sagter Ems und weiter über die bei Leer in die Ems mündende Leda sowie im Osten über die Hunte wurde so die gewünschte Verbindung ermöglicht, ohne Oldenburger Hoheitsgebiet zu verlassen.

Mit dem Bau dieses 44,43 Kilometer langen Kanals wurde am 22. September 1855 begonnen. Wegen der schwierigen Bedingungen im nassen Moor kamen die Arbeiten nur schleppend voran: Nach zehn Jahren waren erst vier Kilometer ausgehoben. Ab 1872 setzte man zwar eine dampfbetriebene Torfabbaumaschine ein, trotzdem dauerte die Fertigstellung des Kanals noch bis zum 1. Oktober 1893. Der Kanal hatte eine Wasserspiegelbreite von knapp 15 Metern und war 1,80 Meter tief. Seine neun hölzernen mit Stemmtoren ausgerüsteten Schleusen erlaubten maximal 60-Tonnen-Schiffen von 20 Metern Länge und 4,50 Metern Breite die Passage. Eine wirtschaftliche Bedeutung hatte der Kanal deshalb nie: Seine Verkehrsleistung lag jahrelang bei unter 100.000 Tonnen pro Jahr und erreichte nach 1918 auch nur rund 400.000 Tonnen. Haupttransportgut waren Torf und Ziegeleierzeugnisse. Dem Kanal kam maßgeblich die Funktion zu, unbewohnbare Landstriche

04031290
L80 BB 20
T1120
MOD 1016
WILKA
D

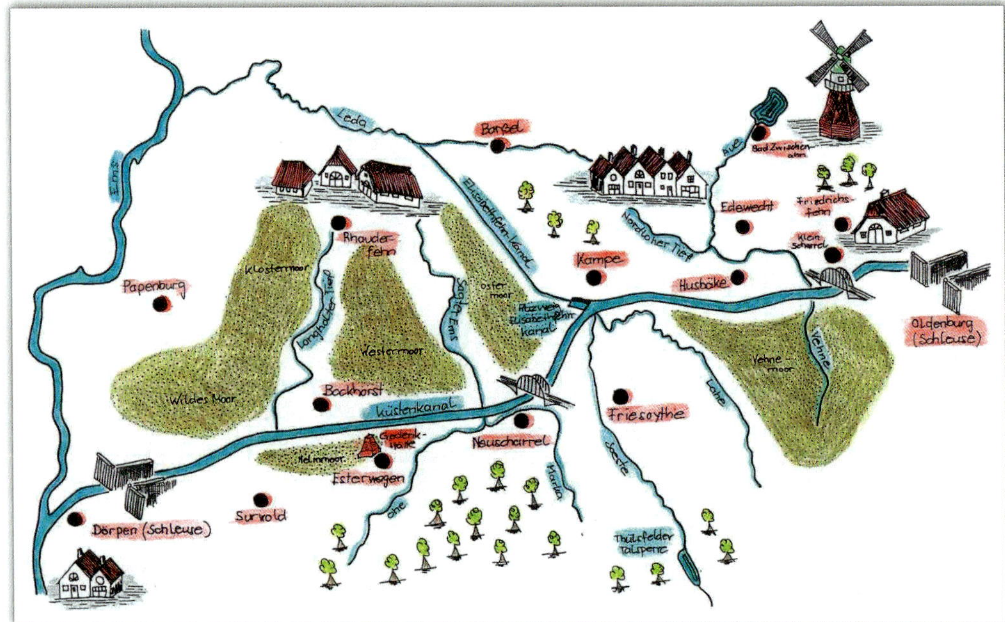


Diese liebevoll gestaltete Karte stammt von Schülerinnen und Schülern der Klasse 4c der Grundschule Friedrichsfehn, die sich im Winterhalbjahr 2002/2003 im Rahmen eines Projektes mit dem Küstenkanal intensiv beschäftigt haben

Reger Schlepperbetrieb an der Schleuse Oldenburg Mitte der 1950er-Jahre

zu erschließen und das Hochmoor zu entwässern. Zur Ergänzung wurden noch Nebenkanäle angelegt: 3,7 Kilometer oberhalb der Mündung in die Sagter Ems wurde 1876 – 1879 ein Querkanal gebaut sowie 1880 ein 9,7 Kilometer langer Zweigkanal mit zwei Schleusen nach Friesoythe.

Erst in den 1920er-Jahren verbesserten sich die Rahmenbedingungen zum Bau einer leistungsfähigen Wasserstraße zwischen Weser und Ems. 1920 wurde ein umtriebiger Küstenkanalverein gegründet, Oldenburg leitete die Verbreiterung des Hunte-Ems-Kanals als Notstandsarbeit ein und die Kleinstaaterei in Sachen Wasserstraßen wurde durch deren „Verreichlichung" zum 1. April 1921 beendet. 1922 begannen die Ausbauarbeiten der Trasse bis Kampe für das 600-Tonnen-Schiff, deren Finanzierung der Reichsverkehrsminister genehmigt hatte. Am 4. Juli 1927 wurde mit Inbetriebnahme einer Ersatzschleuse in Oldenburg (Kammerlänge 105 Meter, Breite 12 Meter) die Küstenschifffahrt dann aufgenommen. Es folgte der Neubau einer 12 Kilometer langen Kanalstrecke von Kampe bis zur Landesgrenze Oldenburg/Preußen, wo bereits seit 1924 ein Entwässerungskanal gezogen worden war. 1929 war schließlich die Oststrecke vollendet. Die noch fehlende 29 Kilometer lange Weststrecke von der Landesgrenze bis zur Ems einschließlich der Schleuse → **Dörpen** wurde erst am 28. September 1935 dem Verkehr übergeben. Denn zunächst kam es zu Verzögerungen, da man glaubte, auf eine Einmündung in die Ems verzichten und damit fünf Kilometer Kanal einsparen zu können. Der Kanal sollte direkt übergehen in den → **Seitenkanal** von Gleesen nach Papenburg, der im Rahmen des Ausbaus der DEK-Nordstrecke geplant war. Die erforderlichen Mittel zum Weiterbau wurden erst nach persönlicher Intervention des Oldenburger Ministerpräsidenten beim „Führer" Hitler bereitgestellt. Die Nazis feierten die Eröffnung des Kanals dann auch mit viel Propagandagetöse. Der Seitenkanal freilich wurde nie vollendet. Bei → **Dörpen** kreuzt der Küstenkanal nun dessen teilfertiges Bett, von dem 890 Meter nach Süden als „Stichkanal Dörpen" nebst Hafen jetzt zum Küstenkanal zählen.

Der Küstenkanal mit einer Gesamtlänge von 69,65 Kilometern war auf der Oststrecke mit 600-Tonnen-Schiffen, auf der Weststrecke aufgrund der größeren Wasserspiegelbreiten mit 750-Tonnen-Schiffen im Begegnungsverkehr befahrbar. Er verkürzte den Weg von den Unterweserhäfen ins Ruhrgebiet um 70 Kilometer im Vergleich zur Fahrt über die Mittelweser und den → **Mittellandkanal**. Bereits in den ersten Jahren nach Inbetriebnahme stelle sich allerdings heraus, dass die Bauwerke zwar für den zukünftigen Verkehr ausreichend dimensioniert waren, die engen Kanal-Querschnitte und ihre zu leichten und steilen Böschungsbefestigungen jedoch zum Problem wurden: Die Ufer brachen insbesondere in der Oststrecke ein, weil man sie dort in alter Fehnkanalart mit aufgeschichteten Torfsoden befestigt hatte. Verantwortlich dafür waren auch die Erhöhung des zulässigen Tiefgangs auf zwei Meter sowie diverse Überführungsfahrten der Marine während des Zweiten Weltkrieges. Die Strecke wurde deshalb von 1947 bis 1958 für den Begegnungsverkehr von 1000-Tonnen-Schiffen ausgebaut. Drei Millionen Kubikmeter Boden wurden bewegt, 350.000 Tonnen Steinmaterial für Befestigungen verbaut und 2,5 Millionen Pflanzen für Weiden als Uferbefestigung und zur Aufforstung verwendet. Für die Weststrecke fehlten zunächst die Finanzmittel.

Das änderte sich 1965 mit diversen Regierungsabkommen des Bundes mit den Bundesländern zum Ausbau des nordwestdeutschen Kanalsystems für das 1.350-Tonnen-„Europaschiff" (→ **Bemessungsschiff**). Bremen verpflichtete sich, ein Drittel der Ausbaukosten des Küstenkanals zu übernehmen. Die Ausbauarbeiten begannen mit den Querschnittsaufweitungen in der nicht ausgebauten Weststrecke auf 22–24 Meter Sohlenbreite und 43–45 Meter Wasserspiegelbreite (bei 3,50 Metern Wassertiefe) auf der jeweils gegenüberliegenden Seite der parallel zum Kanal verlaufenden Bundesstraße B 401. Die Dammstrecke Oldenburg erhielt eine großzügigere Sohlbreite von 32 Metern und eine Wasserspiegelbreite von 53 Metern. 1971 waren die Arbeiten beendet. Ursprünglich vorgesehene zweite Schleusenanlagen sowohl in Oldenburg als auch in Dörpen wurden nicht realisiert, da eine Instandsetzung der bestehenden Schleusen wirtschaftlicher war. Im Jahr 2006 wurde eine Vertiefung und die Verbreiterung des Kanals von 27 auf 32 Meter auf der 850 Meter langen Stadtstrecke durch Oldenburg abgeschlossen, so dass seitdem der Verkehr auf der gesamten Kanallänge für das Europaschiff zugelassen ist. Durch die Anhebung zweier Brücken zwischen Ems und der Schleuse Dörpen wurden zudem die Voraussetzungen geschaffen, damit der Hafen Dörpen für den von Westen kommenden dreilagigen → **Containerverkehr** erreichbar ist.

Die Aufnahme eines Schleppzuges auf dem Küstenkanal von 1950 zeigt ihn vor seinem Ausbau für das 1.000-Tonnen Schiff bei Husbäke/Edewecht. In diesem Abschnitt waren die Ufer noch in alter Fehnkanalart mit aufgeschichteten Torfsoden befestigt worden

Über den Küstenkanal werden jährlich rund 3,5 Millionen Tonnen Güter transportiert; wichtigste Häfen sind Dörpen, Edewecht (Betreiber ist ein Unternehmen, das Stahlbetonfertigteile produziert), der im Juli 2007 eröffnete „c-Port" bei Friesoythe (Träger ist ein interkommunaler Zweckverband) und der Hafen Oldenburg, den über Weser und Hunte auch Seeschiffe erreichen können (der Umschlag mit Binnenschiffen dominiert mit rund 1 Million Tonnen jährlich). Mit dem im Jahr 2016 verabschiedeten „Bundesverkehrswegeplan 2030" wurde der Ausbau des Küstenkanals für das 2,50 Meter tief abgeladene Großmotorgüterschiff (GMS) als sogenannter vordringlicher Bedarf beschlossen.

Auch heute noch ist der Küstenkanal Hauptvorfluter mit einem Einzugsgebiet von 1045 km² südlich des Kanals Ems-Hunte und Leda/Jümme. Bei Hochwasser werden die aus den Flüssen Sagter Ems, Soeste und Vehne in den Kanal abgeleiteten Wassermengen schnell und gefahrlos über die Ems, die Goldfisch Dever und über die Hunte abgeleitet.

## Liegestellen

Zu Zeiten der → Schleppschifffahrt mit festen „Fahrplänen" und Stationen waren sie weder erforderlich noch sinnvoll. Erst mit dem Aufkommen der selbstfahrenden Motorgüterschiffe wurden es immer mehr: Liegestellen. Und auch Verzeichnisse von „Stromtankstellen" und „Autoabsetzplätzen", Angaben, ob Müll entsorgt werden kann und wie weit das nächste Einkaufszentrum entfernt ist, sind Dokumente, mit denen ein Schiffer zur Zeit der Eröffnung des Dortmund-Ems-Kanals wohl nichts hätte anfangen können.

Für das Festmachen von Schiffen zum Land (in der Regel zur Nachtruhe) sind eigens zu diesem Zweck „Liegestellen" vorgesehen, die vom Binnenschiff zwingend zu nutzen sind. Allein neun Paragrafen der Binnenschifffahrtsstraßenverordnung stellen „Regeln für das Stillliegen" auf. Und der „Internationale Ausschuss für die Verhütung von Arbeitsunfällen in der Binnenschifffahrt (CIPA)" hat genaue Anforderungen an solche Liegeplätze definiert (Europäische Norm Nr. 14329: Beleuchtung, Begehbarkeit, Sicherheit beim Anlegen, Entsorgung usw.). Schiffsliegestellen befinden sich vorzugsweise außerhalb des Fahrwassers, sind mit einer Spundwand versehen und sollen etwa alle 10 Kilometer zu erreichen sein (das entspricht einer Fahrzeit von mindestens einer Stunde für beladene Schiffe). Liegeplätze werden gesondert ausgewiesen für „Fahrzeuge mit blauem Kegel", also Gefahrguttransporte. Ein blauer Kegel weist auf entzündbare Stoffe als Transportgut hin, zwei blaue Kegel weisen auf gesundheitsgefährdende Stoffe hin. → Sportbooten sind Liegestellen „für Kleinfahrzeuge" jeweils am Ende derer für die Berufsschifffahrt zugewiesen. Neben Liegeplätzen an Spundwänden gibt es auch solche an Böschungen oder Dalben. Hier liegen dann mehrere Schiffe nebeneinander.

Insgesamt 43 solcher Liegestellen (neben denen vor → Schleusen) sind am DEK eingerichtet. Skipper von Sportbooten können darüber hinaus noch etliche „Marinas" ansteuern. An verschiedenen Liegestellen/Warteplätzen besteht für die gewerbliche Schifffahrt heutzutage die Möglichkeit, Strom zu tanken. Bezahlt wird mit einem speziellen Chipschlüssel, der an Verkaufsstellen der WSV oder bei Schiffsausrüstern erworben werden kann.

Abendromantik am Liegplatz: So ging es vielleicht einmal zu, heutzutage haben Binnenschiffer einen harten Job mit bis zu 16-Stunden-Tagen. Die Zeichnung stammt aus dem Jugendbuch „Schleuse frei: Auf Ferienfahrt mit einem Schleppzug" von 1957

Liegeplätze bei Bergeshövede (Nasses Dreieck) Mitte der 1920er-Jahre: Hier, am Abzweig des Mittellandkanals vom Dortmund-Ems-Kanal, wurden die Schleppzüge neu zusammengestellt. Die Liegeplätze waren zeitweise so überfüllt, dass die auf Weiterfahrt wartenden Kähne in mehreren Reihen nebeneinander lagen

# Lingen, Häfen

Es muss frustrierend gewesen sein. Nur drei Jahre lang war Lingen Garnisonsstadt (1834–1837), dann standen die neu erbauten Kasernen leer. Auch der Ausbau von Chausseen und die Fertigstellung des → **Hanekenkanals** 1829 brachten der Stadt zunächst keine Impulse. Ein Zeitgenosse lästerte, Lingen habe eine Kaserne ohne Soldaten und einen Hafen ohne Schiffe. Mit dem Bau des Dortmund-Ems-Kanals änderte sich das gewaltig. Im Stadtgebiet von Lingen liegen heute insgesamt sieben Häfen bzw. Umschlagstellen, von denen fünf noch für den Umschlag von → **Gütern** genutzt werden.

Die Stadt Lingen verdankt schon ihre Entstehung der Lage an der → **Ems**, die als natürlicher Schifffahrtsweg schon immer eine wichtige Rolle spielte. Beim Bau des Hanekenkanals, einem Ems-Seitenkanal von Hanekenfähr bis → **Meppen**, entstand in Lingen der „Alte Hafen“: „Im Kanale ist zu Lingen ein für die ganze Anlage passender Hafen angelegt, der für die Durchwinterung der gesamten Schiffe groß genug sein wird. Bei dem Hafen zu Lingen soll ein hinlänglich geräumiges Packhaus erbaut werden, welches das Gouvernement nach den besten Mustern solcher Anstalten in Deutschland administrieren lassen wird, um mit den wenigsten Kosten jeden freien Verkehr der Güter zu befördern“, hieß es im „Journal nebst Anzeige von gelehrten und anderen Sachen“ aus dem Jahr 1829. Das von den „Gebrüdern Altmann und Bürger Hülshoff“ errichtete Packhaus für Stückgut fiel 1944 einem Bombenangriff zum Opfer.

In der Zeit nach Eröffnung des DEK, der den Hafen am einstigen Hanekenkanal in einen Stichhafen verwandelte (Kanalkilometer 145,88), kamen Lagerhäuser für Agrarprodukte und ein Gleisanschluss, 1939/40 ein als Landmarke prägender 4.000-Tonnen-Getreidesilo für den Lingener Landhandel August Klukkert hinzu (1996 abgerissen) und es siedelten sich rund um den Hafen zahlreiche Gewerbebetriebe an. Das südliche Bett des Alten Hafens wurde während des Krieges und in der Folgezeit verfüllt und verschwand schließlich. Nur der nördliche Abschnitt wurde bis in die 1950er-Jahre noch als Hafen genutzt. Für den Umschlag von rund 100.000 Tonnen jährlich (im wesentlichen Getreide, → **Kohle**, Baustoffe und Grubenholz) standen ein Elevator, ein Drehkran auf Raupen und ein Dampfkran auf Schienen zur Verfügung. In den 1990er-Jahren begann man mit der Verlagerung der ansässigen Gewerbebetriebe, nachdem

„Alter Hafen“ in den 1950er-Jahren: Heute ist er ein städtebaulich attraktiver Standort für hochwertige Wohnbebauung und touristische Nutzung

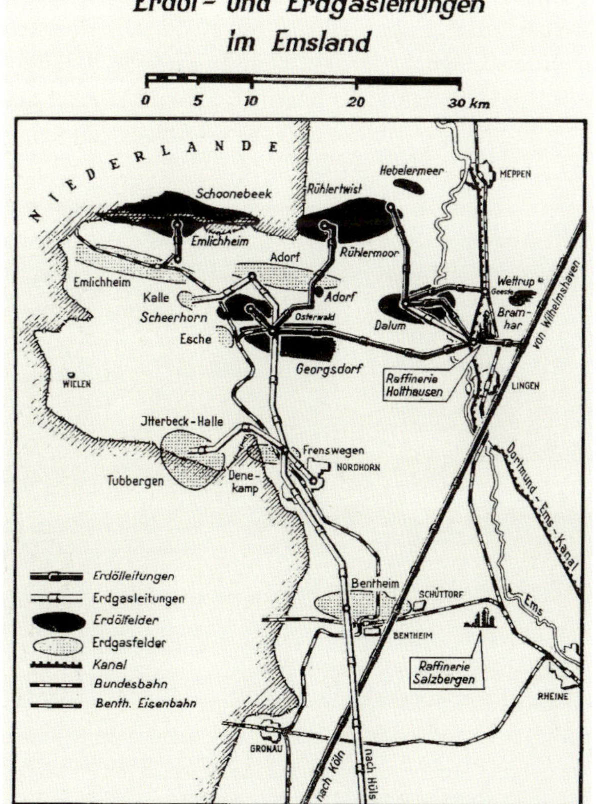



1942 wurde das Erdölfeld Lingen als erstes Erdölfeld im Emsland erschlossen. Hier wurde dann auch 1950 mit dem Bau einer Raffinerie begonnen, die 1953 ihre Produktion aufnahm. Als Standort hatte man ein Gelände direkt am Kanal gewählt, an dem auch ein werkseigener Hafen in Betrieb genommen wurde (Karte von 1959)

die Stadt Lingen das Gelände erworben hatte; 1996 wurden die letzten Lagergebäude auf der nordöstlichen Seite abgerissen. Erst durch die städtebauliche Entwicklung der letzten Jahrzehnte rückte der Alte Hafen wieder in den Fokus der innerstädtischen Entwicklung. Güter werden hier nicht mehr umgeschlagen.

Mit dem Bau des DEK kam 1899 der „Neue Hafen" als Parallelhafen für vier Schiffe hinzu (Kanalkilometer 146,5). Hierher verkehrte ab dem 31. Mai 1904 die legendäre Kleinbahn „L-B-Q" (Lingen-Berge-Quakenbrück) mit einer Spurbreite von nur 750 Millimetern, die durch die nördlichen Gemeinden des damaligen Kreises Lingen rumpelte. Die Strecke der privat betriebenen Schmalspurbahn (im Volksmund „Pingel-Anton" genannt) hatte eine Länge von 56,9 Kilometern und begann am Kleinbahnhof Lingen, der sich einige hundert Meter nördlich des Bahnhofs der preußischen Staatsbahn befand. Vom Bahnhof zweigte eine Stichstrecke zum „Neuen Hafen" am Kanal ab, wo auch mehrere Lingener Firmen Gleisanschlüsse besaßen. Für das Umladen von Gütern (Grubenholz, Torf aus dem Bourtanger Moor, Kohle, Kunstdünger) auf Schiffe stand ein dampfbetriebener Kran zur Verfügung. Vier sogenannte Rollwagen, die zum Transport von Fahrzeugen aus Netzen anderer Spurweite eingesetzt werden, dienten dem Transport von normalspurigen Güterwagen zum Hafen. So entfiel das teure und zeitaufwändige Umladen der zu transportierenden Güter. Die Auslastung blieb aber eher bescheiden, so dass am 31. Mai 1952 der Betrieb eingestellt und bald darauf die Betriebsanlagen abgerissen wurden. Das Gelände diente nur noch als Freilagerplatz für Massengut. Viele Jahre wurde hier auch eine Bunkerstation für Kraftstoffe betrieben. Güterumschlag findet heutzutage im „Neuen Hafen" nicht mehr statt, eine Anlegestelle für Fahrgastschiffe dient aber der touristischen Nutzung. Auch den ehemaligen „Hafen" (eine Ausbuchtung von 100 Metern Länge, Kanalkilometer 148,63) im Ortsteil Altenlingen ereilte dieses Schicksal. Immerhin starteten von hier schon mehrfach Flusskreuzfahrtschiffe. Altenlingen sei der „Kreuzfahrthafen auf dem Dorf", heißt es.

Während rund 38 Prozent der Erzeugnisse per Schiff in den Versand gehen, erfolgt die Versorgung der Raffinerie in Lingen-Holthausen, die heute zur BP (British Petroleum Company) Europa SE gehört, mit Rohstoffen (circa 5,1 Millionen Tonnen) überwiegend per Pipeline

Von erheblicher Bedeutung sind heute zwei umschlagstarke Häfen im Besitz großer internationaler Konzerne: ein Stahlhafen und ein Raffineriehafen. So eröffnete 1974 die Benteler AG – gegründet 1876 als kleiner Eisenwarenhandel in Bielefeld und inzwischen mit 70 Werken in 29 Ländern aktiv – gegenüber der Einmündung des Ems-Vechte-Kanals (→ **Linksemsische Kanäle**) im Ortsteil Darme/Hanekenfähr ein modernes Elektrostahlwerk. Dort werden jährlich rund 600.000 Tonnen Stahl produziert und der zu verarbeitende Schrott teilweise über den DEK per Schiff angeliefert. Der Stichhafen (Kanalkilometer 139,5) verfügt über ein eigenes parallel angelegtes Becken zur hier erstmals als Kanalstrecke genutzten Ems und über drei Halbportalkräne.

Gründung und Bau einer Raffinerie in Lingen-Holthausen (eingemeindet zum 1. März 1974) sind stark verbunden mit dem Auffinden von Erdölfeldern im Emsland. So wurde 1942 das Erdölfeld Lingen-Dalum ganz in der Nähe der Raffinerie als erstes erschlossen. Wegen der Beschaffenheit des Emslandrohöles,

04806400
D
EILTANK 26
DUISBURG
D

Sogar auf Postkarten wurde die wenig pittoreske Erdölraffinerie mit ihrem Kanalhafen verewigt. Hier eine mit Zeichnung von Horst W. König von 1984

welches eines der schwersten Rohöle der Welt ist, musste es aufwändig zu Raffinerien in Hannover (Misburg) oder ins Ruhrgebiet gebracht werden. Das geförderte Öl wurde zum Bahnhof Lingen gefahren und zum Weitertransport auf Kesselwagen verladen. Vom Herbst 1947 an konnten Schiffe an der ehemaligen → **Schleuse** Osterbrock des Hanekenkanals beladen werden, wohin man eine 8,5 Kilometer lange Rohrleitung verlegt hatte. Von hier aus verließen mehr als tausend Schiffe mit Rohöl den Mini-Ölhafen über DEK und den → **Mittellandkanal** nach Misburg. Aber: Um das Rohöl flüssig zu halten, musste es am Be- und Entladepunkt erwärmt werden können sowie Lagermöglichkeiten am Verladeort bereitgehalten werden. Dies alles machte den Transport außergewöhnlich teuer, was die Wirtschaftlichkeit der Ölförderung stark minderte. 1953 nahm deshalb am Standort Lingen direkt am DEK die „Gewerkschaft Erdöl-Raffinerie Emsland" ihre Produktion auf. Angelegt wurde ein neuer, großer Ölhafen durch dreieckförmige Kanalerweiterung sowie zunächst zwei, später drei parallele Becken am Kopfende. Rund 38 Prozent der Erzeugnisse gehen heute von dort per Binnenschiff in den Versand. Das sind etwa zwei Millionen Tonnen Heizöl, Benzin, Diesel, Kerosin, Propan oder Petrolkoks. Damit gehört der Raffineriehafen nach Umschlag zu den größten niedersächsischen Binnenhäfen.

Im Hafen „Lingen-Süd" werden die Rohstoffe der AGRAVIS Mischfutter Emsland GmbH und der sibobeton Ems GmbH & Co. KG für die Futter- bzw. Betonherstellung gelöscht. Festgemacht hat die unter polnischer Flagge fahrende BM 5221 (BM steht für „Barka Motorowa")

Auch zwei eher kleinere Häfen bzw. Umschlagstellen sind heute noch in Betrieb. Im Hafen „Lingen-Süd“, Kanalkilometer 144,39) werden die Rohstoffe der AGRAVIS Mischfutter Emsland GmbH und der sibobeton Ems GmbH & Co. KG für die Futter- bzw. Betonherstellung gelöscht. Und den Hafen im Ortsteil Biene nutzt gelegentlich das Betonwerk Emsland (Kanalkilometer 153,37).

## Linksemsische Kanäle

Am 31. Dezember 2006 endete eine Ära im Emsland: Die „Linksemsische Kanalgenossenschaft“ (LKG) wurde nach über 120 Jahren liquidiert. Die Genossenschaftsversammlung hatte bereits im Januar 2003 ihre Selbstauflösung beschlossen. Der Niedersächsische Landesbetrieb für Wasserwirtschaft, Küsten- und Naturschutz (NLWKN) übernahm sämtliche Rechte und Pflichten der LKG, ebenso das Restvermögen der Gesellschaft. Und das sind 111 Kilometer Kanäle nebst 17 Schleusen, drei Wehren und 52 Brücken links der → **Ems**.

Bereits um 1600 begannen die Niederländer damit, die Randbereiche der Moore zu besiedeln und zu kultivieren. Ab 1750 schufen sie ein weitreichendes Netz von Fehnkanälen zur Entwässerung der im Bourtanger Moor abgegrabenen Torfflächen und als Transportwege, auf denen der Torf zu den aufblühenden Ziegeleien und Kalkbrennereien jenseits der Grenze gebracht werden konnte. Das Bourtanger Moor erstreckte sich von der Grafschaft Bentheim bis nach Rhede an der Grenze zu Friesland in einer Breite von 20 Kilometern beiderseits der deutsch-holländischen Grenze. Auch auf deutscher Seite siedelten sich seit Mitte des 18. Jahrhunderts immer mehr Menschen links der Ems an, nachdem im Jahr 1764 Grenzverhandlungen erfolgreich abgeschlossen werden konnten. Aber es waren die Holländer, die ab 1863 ihren damaligen Nachbarn (das Königreich Hannover) drängten, für eine Verbindung ihrer Kanäle zur Ems zu sorgen. Auch die durch die Konkurrenz der Hannoverschen Westbahn von → **Emden** nach → **Münster** arg bedrängten Emsschiffer hatten ein Interesse an einer Kanalverbindung in die Niederlande. Und → **Lingens** Bürgermeister Werner von Beesten (1832–1905), der sich als Abgeordneter im Preußischen Landtag (Hannover war 1866 annektiert worden) für eine Strukturverbesserung der Region einsetzte, war ein besonderer Förderer der Kanalprojekte links der Ems.

Auf Basis vorhandener Vorentwürfe des Königreichs Hannover entwickelten während des deutsch-französischen Krieges Fachbeamte des Ministeriums für landwirtschaftliche Angelegenheiten und Vertreter der lokalen Gemeinden konkrete Pläne. Als eine Beschäftigung für die vielen französischen Kriegsgefangenen gesucht wurde, kam es im Oktober 1870 an der Ems oberhalb des → **Wehres** Hanekenfähr und gegenüber dem Abzweig des → **Hanekenkanals** endlich zum ersten Spatenstich für einen Kanal nach Westen Richtung Niederlande. So entstand bis 1904 aus dem, was 500 Kriegsgefangene einmal begonnen hatten, ein System von insgesamt sechs Kanälen.

1935 errichtete die größte Nordhorner Textilfabrik Niehues & Dütting (ab 1960: NINO) eine eigene Hafenanlage für Kohlenfrachter am Nordhorn-Almelo-Kanal. Die Kohlen wurden auf firmeneigener Strecke mit einer Bahn zum Kesselhaus transportiert

Vor dem Ersten Weltkrieg wurden jährlich rund 100.000 Tonnen Ruhrkohle zu den Nordhorner Textilunternehmen Povel, Rawe und Niehues & Dütting verschifft

Im Verlauf der 1950er-Jahre wurde der NINO-Kohlehafen zu einem beliebten Ausflugsziel der Nordhorner Bevölkerung. Mitarbeiterinnen und Mitarbeiter von NINO verbrachten am gegenüberliegenden Ufer gerne ihre Werkspausen

Nach dem Zweiten Weltkrieg wurden noch einmal Privathaushalte in Münster und Osnabrück in großem Stil mit dem Brennmaterial Torf versorgt. Das Foto zeigt die Torfschifffahrt auf dem Nord-Süd-Kanal in den 1950er-Jahren. Die sechs Meter breiten Kähne waren mit Torfballen hochbeladen

Das sind in Ost-West-Richtung

- der 21,95 Kilometer lange Ems-Vechte-Kanal (EVK) von Hanekenfähr zur einstigen Schiffer- und Schiffbauerstadt Nordhorn mit Anschluss an die Niederlande führende Vechte mit einer Eingangsschleuse in Hanekenfähr und einer Koppelschleuse als Abstieg zur Vechte (fertiggestellt 1879) und
- der 13,5 Kilometer lange → **Haren-Rütenbrock-Kanal** (HRK) mit vier Schleusen von der Schifferstadt → **Haren** zum Grenzort Rütenbrock, wo er Anschluss an das holländische Kanalnetz erhielt (fertiggestellt 1878).

Zwischen beiden Kanälen wurde mit dem Nord-Süd-Kanal (NSK) im Abstand von zehn Kilometern zur Ems von Nordhorn nach Rütenbrock eine Verbindung geschaffen (45,6 Kilometer mit sieben Schleusen, erbaut in mehreren Abschnitten zwischen 1884 und 1895). Von diesem wiederum zweigen nach Westen Richtung Niederlande drei weitere Kanäle ab: der Coevorden-Piccardie-Kanal (23,5 Kilometer mit vier Schleusen) bei Georgsdorf, der Nordhorn-Almelo-Kanal/NAK (33 Kilometer mit sechs Schleusen, davon 4,2 Kilometer auf deutschem Gebiet nebst einer Abfertigungsstelle für den Zollverkehr direkt auf dem Kanal – fertiggestellt 1904) und der Schöninghsdorf-Hoogeveen-Kanal (2,65 Kilometer, fertiggestellt 1904).

Über das ganze Kanalsystem von insgesamt 111,4 Kilometern Länge führten 90 Brücken, die wegen der segelnden Torfkähne zunächst als Drehbrücken gebaut wurden. Gespeist wurden diese Kanäle von der Ems über den EVK. Das Wasser floss vom höchsten Punkt in Hanekenfähr über Nordhorn nach Rütenbrock und kehrte über Haren in die Ems zurück. Binnenschiffer nutzten Strömung und Gefälle aus, legten sich in Lingen abends schlafen und ließen ihre Schiffe in der Nacht allein eine große Strecke nach Nordhorn treiben. Auf den Kanälen konnten Schiffe mit sechs Metern Breite und 33 Metern Länge fahren, die bei einem Tiefgang von 1,5 Metern bis zu 200 Tonnen transportierten. 1885 – 1888 entstand noch ein 800 Meter langer Verbindungskanal vom EVK zur Vechte und damit zum NAK mit einer großen Verbindungsschleuse, um die entstehende Textilindustrie an das Kanalsystem anzuschließen.

Ein lang gehegter Wunsch vieler Wassersportler und Freizeitkapitäne wurde ab dem 1. Mai 2006 Wirklichkeit: Der Ems-Vechte-Kanal, der Nordhorn-Amelo-Kanal sowie weitere Kanalstrecken im Stadtgebiet Nordhorns standen Sportbootfahrern wieder offen. Im Juni 2004 machte der Verein „Graf SHIP" mit einem Bootskorso von Lingen-Hanekenfähr nach Nordhorn auf dieses Anliegen aufmerksam

Gesetzliche Grundlage für den Bau der linksemsischen Kanäle war ein Vertrag zwischen dem Deutschen Reich und den Niederlanden von 1876, wobei die Baukosten auf deutscher Seite vom Königreich Preußen getragen wurden. Von Anfang an weigerte sich aber die Preußische Regierung, Verwaltung und Unterhaltung der Kanäle zu finanzieren und wollte sie auf die Anliegergemeinden abwälzen. Diese gründeten schließlich im Jahr 1884 eine Genossenschaft, deren Statuten von König Wilhelm V. von Preußen unterzeichnet wurden. Der Genossenschaft gelang es nur in einem einzigen Jahr (1908), ihre Ausgaben mit eigenen Einnahmen zu decken. In allen anderen Jahren musste der Staat mit Zuschüssen die Defizite ausgleichen. Denn letztlich erfüllte das Kanalsystem die wirtschaftlichen Ziele und Erwartungen nicht.

Der Löwenanteil der Schifffahrt fand – insbesondere nach Eröffnung des Dortmund-Ems-Kanals – auf dem EVK nach Nordhorn und auf dem HRK zwischen den Niederlanden und der Ems statt. Befördert wurden vorwiegend Torf und Torfprodukte, Baustoffe, Dünger sowie → **Kohle** für die Nordhorner Textilunternehmen. Auch Raseneisenerze wurden in den ersten Jahrzehnten zur Ilseder Hütte bei Peine oder zu den → **Dortmunder** Hüttenwerken verschifft, Kartoffeln zu einer Stärkefabrik in Emlichheim. Die Jahrestonnage betrug um 1910 etwa 260.000 und stieg bis 1938 auf 419.000 an. In den Jahren 1949/50 wurde das in den verkehrsmäßig ungünstig liegenden Ölfeldern Rühlertwist, Adorf und Scheerhorn gewonnene Erdöl mit dem 100 Tonnen-Tankleichter GLÜCKAUF auf dem Nord-Süd- und dem Coevorden-Piccardie-Kanal nach Emlichheim gebracht. Der Höhepunkt war 1950 mit insgesamt 430.000 Tonnen erreicht, danach sank das Frachtaufkommen auf den linksemsischen Kanälen mit zunehmendem Lkw-Verkehr rapide ab. Mit der Umstellung der Kesselhäuser der drei Textilbetriebe in Nordhorn auf Gas schwand die wirtschaftliche Basis endgültig dahin. Der NAK war seit Kriegsende schon nicht mehr in Betrieb, das Kanalnetz insgesamt für die immer größer werdenden Schiffseinheiten ungeeignet und die großflächige Kultivierung im Bourtanger Moor führte dazu, dass in die Kanäle immer mehr Oberflächenwasser floss, das Schlamm und Sand mitführte.

Das Land Niedersachsen stand vor der Alternative, entweder die Kanäle auszubauen oder sie zur besseren Entwässerung der Moore umzugestalten und auf die Schifffahrt zu verzichten. Während das Wasserwirtschaftsamt → **Meppen** die zweite Variante für wirtschaftlicher hielt, setzten sich die → **Wasserstraßen- und Schifffahrtsverwaltung** sowie die zur Durchführung des milliardenschweren „Emslandprogramms" gegründete Emsland GmbH dafür ein, die Kanäle zu vertiefen. So wurden bis Mitte der 1950er-Jahre EVK und NAK vertieft, die Schleusen instandgesetzt und Brücken erneuert. Doch das Blatt wendete sich, als auch die Emsland GmbH nicht weiter investieren wollte und eine Entwidmung der übrigen Kanäle favorisierte, was zunächst noch der preußisch-niederländische Vertrag vom 12. Oktober 1876 verhinderte. Nach Verhandlungen des Auswärtigen Amtes erklärten sich die Niederlande schließlich bereit, teilweise auf den grenzüberschreitenden Schiffsverkehr zu verzich-

Nach ihrer Entwidmung wurden Teilstrecken der Kanäle aufgefüllt. Auch Drehbrücken wurden festgesetzt, was das Ende jeglicher Schifffahrt besiegelte. Die Aufnahme vom Februar 1978 zeigt, wie die Nordhorner Jugend einen Abschnitt des Ems-Vechte-Kanals zum Schlittschuhlaufen nutzte

Die JANTJE ist ein holländisches Plattbodenschiff und wurde vom Verein „Graf SHIP" gekauft und wieder fahrtüchtig gemacht: ein schwimmendes Denkmal für Nordhorns maritime Geschichte. Sie wurde im November 2009 nach Nordhorn gebracht und am Alten Hafen in einer spektakulären Aktion zu Wasser gelassen. Nach vielen, vielen Jahren lag wieder ein Frachtschiff an der historischen Stätte

ten. Als Erstes wurde 1961 der in Holland verlaufende Teil des NAK stillgelegt. Von 1963 bis 1965 wurde die Schifffahrt auch auf dem deutschen Teilstück des NAK, dem Coevoerden-Piccardie-Kanal und dem Nord-Süd-Kanal eingestellt und der Wasserspiegel wurde um etwa einen Meter abgesenkt. Der letzte Transport nach Nordhorn erfolgte 1964. Bis 1973 wurde auch der Wasserspiegel auf den übrigen Kanälen – bis auf den HRK – abgesenkt und die Kanäle entwidmet. Die gewerbliche Schifffahrt kam zum Erliegen.

Die linksemsischen Kanäle dienten fortan nur noch der Entwässerung und fielen in einen dreißigjährigen Dornröschenschlaf. In dieser Zeit wurde der NAK auf niederländischer Seite für den Bau von Straßen teilweise zugeschüttet. Der EVK wurde im Stadtbereich Nordhorn mit niedrigen Brücken überbaut und auf einem Abschnitt in Rohre verlegt. Die Nordhorner Häfen und Entladestationen wurden stillgelegt, zugeschüttet oder abgebrochen. Vorhandene Schleusen blieben zwar erhalten, verfielen aber ohne Nutzung durch die Schifffahrt zunehmend. Auch in den anderen Kanälen wurden die Schleusentore demontiert und ihre Kammern verkamen zu Ruinen. Die Schleuse im Verbindungskanal in Nordhorn und die sogenannte Grenzschleuse im NAK sind aber als technische Denkmäler restauriert worden.

Mitte der 1980er-Jahre begann eine Diskussion über die erneute Schiffbarmachung des Süd-Nord-Kanals, des EVK und des Piccardie-Coevorden-Kanals und zwar für die Sportschifffahrt. Im Juli 2003 wurde schließlich der Verein „Graf SHIP" gegründet, dessen Abkürzung für Grafschafter Schiffswege-und-Häfen-Instandsetzungs-Projekt steht. Der Verein hat die Wiederherstellung, Instandsetzung und Erhaltung denkmalgeschützter Häfen und Schleusen und die Wiedereröffnung des Linksemsischen Kanalnetzes zum Ziel („Kanalvision"). Mit der Wiedereröffnung des EVK für Sportboote bis 12 Metern Länge im Jahr 2006 und der Restaurierung des unter Denkmalschutz stehenden Industriehafens von Nordhorn, dem „Klukkert-Hafen" (2006), wurden bereits erste Ziele des Vereins erreicht.

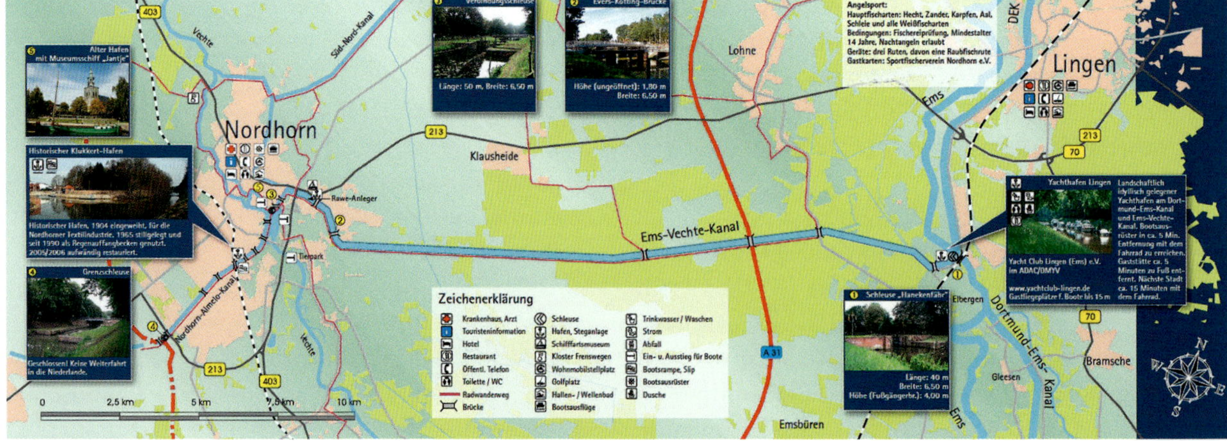


Der Niedersächsische Landesbetrieb für Wasserwirtschaft, Küsten- und Naturschutz als Eigner der linksemsischen Kanäle informiert über Freizeitmöglichkeiten, erlässt aber auch Befahrensregeln und setzt die Betriebszeiten für Schleusen und Brücken fest (Karte aus einem Flyer)

Zwar spielte die Lippe bei Überlegungen, eine schiffbare Verbindung zwischen dem Rhein und der Nordsee herzustellen, immer wieder eine Rolle. Der dazu erforderliche Ausbau ist aber unterblieben; stattdessen versorgt der Fluss das nordwestdeutsche Kanalsystem seit Inbetriebnahme des Dortmund-Ems-Kanals mit Zuschusswasser (→ **Wasserwirtschaft**).

Die Lippe ist ein rechter Nebenfluss des Rheins, der in Bad Lippspringe am Südrand des Teutoburger Waldes entspringt und nach einer Lauflänge von 220 Kilometern bei Wesel in den Rhein mündet. Ihr Einzugsgebiet von 4.882 Quadratkilometern liegt vollständig im Bundesland NRW. Die Lippe überwindet dabei als typischer Flachlandfluss mit wenig Gefälle lediglich eine Höhendifferenz von 114,5 Metern. Da ihr im Quellgebiet bereits ansehnliche Wassermengen zufließen, erreicht sie bereits nach kurzem Lauf eine für die Schifffahrt mit kleinen Fahrzeugen ausreichende Wasserführung. So wurde die zwischen 15 und 35 Meter breite Lippe schon zur Römerzeit (zwischen 12 v. Chr. und 16 n. Chr.) als Transportweg genutzt.

Da im Mittelalter zahlreiche Mühlen errichtet wurden, war die Schifffahrt an der oberen Lippe nicht mehr möglich, während unterhalb von Hamm die Mühlenstaue zur Durchfahrt eines Schiffes jedes Mal abgelassen wurden. Lünen wurde Hafen für → **Dortmund** und Hamm jener für Unna, Werl und Soest. 400 Jahre währende Interessengegensätze und Streitigkeiten der Anrainerstaaten um Nutzungsrechte, Zölle, Abgaben und Uferordnungen waren für die vor sich hin dümpelnde Lippeschifffahrt jedoch hinderlich. So blieben die seit 1630 zwischen den beteiligten Landesherren von Preußen, → **Münster** und Köln geführten Verhandlungen über einen Ausbau der Lippe ohne Erfolg. Erst als 1815 das gesamte Gebiet preußisch geworden war und die beiden Königreiche Preußen und Hannover sich gegenseitig im Jahr 1820 verpflichtet hatten, eine Verbindung zwischen dem Rhein und Ostfriesland zu schaffen (→ **Geschichte**), wurde die Lippe in den Jahren 1824 bis 1830 zwischen Vogelsang (bei → **Datteln**) und Lippstadt durch den Bau von je zwölf → **Wehren** und → **Schleusen** ausgebaut. Auf Staustufen in der unteren Lippe wurde verzichtet, da man fälschlicherweise glaubte, die Wasserführung reiche aus. Die Lippeschifffahrt mit ihren nur 80 Tonnen tragenden Schiffen (1826 waren das 18 kleine und 25 größere Einheiten) konnte deshalb nicht gedeihen.

Oberhalb von Lippstadt wurde jegliche Schifffahrt bereits im Jahr 1860 eingestellt. 1853/54 wurde der Versuch unternommen, die übrige Lippeschifffahrt durch Einführung der Schleppschifffahrt mithilfe von Dampfschiffen anstelle der Pferdetreidelei konkurrenzfähig zu machen. 1854 wurde die „Rhein- und Lippe-Dampfschleppfahrt Actiengesellschaft“ mit drei Dampfschleppbooten, sechs größeren und drei kleineren Lippeschiffen gegründet. Der Versuch schlug jedoch fehl, da sich die kleinen Dampfboote für die Lippe nicht eigneten. Auch die Aufhebung der Lippezölle 1867 konnte den Niedergang nicht aufhalten: 1878 verkehrten nur noch 14 Lippeschiffe. Sie transportierten Steine und Schermbecker Dachziegel. 1880 hatte die Lippe einen Tiefgang von nur noch 1,57 Meter. Der ab Mitte des 19. Jahrhunderts einsetzende Siegeszug der Eisenbahn besiegelte auch das Schicksal der Dampfschifffahrt auf der Lippe.

Einen vorletzten Versuch startete im Jahr 1885 der „Verein für die Schiffbarmachung der Lippe“, zumal der → **Kohlebergbau** die Lippezone inzwischen erreicht

Dorsten an der Lippe erlangte als Schiffbauplatz eine gewisse Bedeutung. Hier lief die berühmte „Dorstener Aak“ vom Stapel, mit der auch Rhein und Ruhr befahren wurden

Anzeige aus dem Dorstener Wochenblatt vom 13. Dezember 1898 für eine Vergnügungsfahrt flussabwärts in das Lippedorf Gahlen

Die Lippedampfschifffahrt kam nie richtig in Fahrt. Entweder brauchten die Schiffe in niedrigem Wasser zu viel Kraft, oder aber sie hatten Konstruktionsfehler. Vor allem die Lippemündung in Wesel versandete. 1880 hatte die Lippe einen Tiefgang von nur noch 1,57 Meter. Schließlich besiegelte die Eisenbahn das Schicksal der Dampfschifffahrt. Die Postkarte von 1910 zeigt wohl einen der letzten Lippedampfer

Zwecks Entnahme von Speisungswasser für den Dortmund-Ems-Kanal aus der Lippe wurde ein Pumpwerk an der Kreuzungsstelle von Fluss und Kanal bei Olfen gebaut. Drei Kreiselpumpen wurden installiert, die das benötigte Lippewasser 17,5 Meter hoch in den Kanal beförderten. Der Brennstoff Kohle kam direkt von den Zechenhäfen. Für den Betrieb waren ein Werkmeister, sechs Maschinisten, acht Heizer, zwei Maschinenschlosser und vier Arbeiter verantwortlich

Die Kanalbrücke über die Lippe wölbt sich 18 Meter über dem Wasserspiegel und besteht aus drei mächtigen Ruhrsandstein-Bögen mit einer Spannweite von je 21 Metern. Der Brückentrog ist 15 Meter breit und 70 Meter lang

hatte. Vorgeschlagen wurden zwölf große Schleusen zwischen Wesel und Hamm und weitere sechs kleinere oberhalb von Hamm bis Lippstadt. Bis Hamm sollten Schiffe mit bis zu 1.000 Tonnen Tragfähigkeit verkehren können und an den zu diesem Zeitpunkt bereits beschlossenen DEK sollte die Lippe mittels eines → **Schiffshebewerks** bei Olfen angeschlossen werden. Auch dazu kam es nicht. In Olfen wurde stattdessen an der Kreuzungsstelle Fluss/Kanal ein Pumpwerk erbaut, um dem Kanal Wasser zuführen zu können. Die Lippe selbst wurde mit einer 1895 fertiggestellten Trogbrücke überquert, welche heute unter Denkmalschutz steht (Kanalkilometer 23,382 der „Alten Fahrt"). Denn hier musste der DEK im Tal der Lippe auf einer hohen Dammstrecke geführt werden. Am Fuße der Kanalüberführung liegt das ehemalige Pumpwerk von 1897 zur Speisung des DEK mit Lippewasser, das mit Eröffnung des → **Datteln-Hamm-Kanals** 1914 außer Betrieb gesetzt wurde.

Schließlich war mit dem preußischen Wasserstraßengesetz von 1905 vorgesehen, die Lippe bis Lippstadt für die Großschifffahrt zu erschließen. Bis Datteln sollte der Fluss staugeregelt („kanalisiert") werden und von dort bis Hamm als Seitenkanal weitergeführt werden. Oberhalb von Hamm wiederum sollte die Lippe teils staugeregelt werden, teilweise ebenfalls ein Kanal gebaut werden. Verwirklicht wurde dann in den Jahren 1910 bis 1914 der → **Datteln-Hamm-Kanal**, der in den Jahren 1926 bis 1933 um zehn Kilometer bis Schmehausen verlängert wurde und dem bei Hamm Speisungswasser aus der Lippe zugeführt wird. Auf einen Ausbau der Lippe als Wasserstraße wurde nach dem Ersten Weltkrieg endgültig verzichtet, stattdessen wurde bis 1931 der → **Wesel-Datteln-Kanal** gebaut. An zwei Stellen musste die Lippe diesem Kanal Platz machen, der nun in ihrem ehemaligen Bett verläuft – nördlich von Dorsten auf vier Kilometern Länge. Auch wurden mehrere Flussschleifen durch zwei Kilometer lange Durchstiche beseitigt und der nördliche Kanalseitendamm dient streckenweise gleichzeitig als Hochwasserschutzdeich für die Lippe. So ist die Lippe von ihrer Mündung in den Rhein bei Wesel bis Schmehausen der einzige deutsche Fluss, der durch einen → **Seitenkanal** für die Großschifffahrt erschlossen wurde. Und dem auf Grundlage eines zwischen dem Bund und dem Land NRW geschlossenen Regierungsabkommens von 1968 bei extrem geringer Wasserführung auch schon einmal Kanalwasser zugeführt wird, wenn dies zur Erhaltung eines befriedigenden Gewässerzustandes erforderlich ist.

## Max-Clemens-Kanal

Die Vorgeschichte des Dortmund-Ems-Kanals beginnt im fürstbischöflichen Münster, das im Süden bis zur → **Lippe** reichte und im Norden an Ostfriesland grenzte. Der erst 23-jährige Kurfürst von Köln und Fürstbischof von Münster, Clemens August von Bayern (1701–1761), bedrängt von westfälischen wie niederländischen Kaufleuten, favorisierte einen Kanal von der münsterschen Aa bis zur Vechte, die ab Nordhorn schiffbar war und weiter über Zwolle ins heutige IJsselmeer. Mit dem Bau wurde am 9. Mai 1724 begonnen – ganz gegen den Rat seiner Fachleute, die davor warnten, der Kanal könne nicht mit genügend Wasser versorgt werden.

Als ein erstes Teilstück von vier Kilometern für eine Probefahrt freigegeben wurde, lief das Schiff prompt mangels Wassertiefe auf Grund – an Bord war der Kurfürst höchstpersönlich. 1731 endete der 30 Kilometer lange Kanal schließlich westlich des Emsdettener Venns bei Steinfurt, freilich ohne die Vechte erreicht zu haben. Ein Grund dafür war, dass die Grafen von Bentheim die Weiterführung über ihr Gebiet verweigerten; ein anderer, dass man wegen monatelanger Reparaturarbeiten an bereits fertiggestellten Abschnitten (was zur Entlassung des beauftragten Baumeisters führte) wohl keinen Elan mehr hatte; ein dritter war Mangel an Geld, das die Landstände für das ehrgeizige Projekt nicht mehr bewilligen wollten.

Der Kanal hatte eine Breite von 12 bis 18 Metern, eine Tiefe von 1,5 Metern und erhielt zwei steinerne Schleusen, die 1739 durch eine dritte, aus Sparsamkeit, hölzerne Schleuse, ergänzt wurden. In → **Münster** wurde ein kleiner Hafen angelegt mit Wendebecken, Hebekran, Lagerschuppen und einem Verwaltungsgebäude. Der Kanalendpunkt wurde zu Ehren des Landesherren Clemenshafen genannt. Befahren wurde er von sogenannten Treckschuten, die drei Meter breit und 16,5 Meter lang waren und etwa 10 Tonnen Fracht befördern konnten. Sie wurden auf einem Leinpfad, der auf dem westlichen Kanaldamm angelegt worden war, von Pferden getreidelt (→ **Treideln**). Die umliegenden Bauern durften weder den Leinpfad noch den Kanal als Viehtränke nutzen, denn immer wieder brachen Dämme und versandete das Becken. War ausreichend Fracht vorhanden, gingen morgens drei, später fünf Treckschuten von Clemenshafen in Richtung Münster, wo sie gegen Mittag ankamen. Der Kanal unterstand der münsterschen Postverwaltung, welche die Abwicklung des Verkehrs an einen Spediteur und Posthalter mit Sitz in Clemenshafen verpachtete. Mit durchschnittlich 900 Tonnen pro Jahr diente er vornehmlich dem Import von Waren nach Münster, in Gegenrichtung gingen lediglich 46 Tonnen. Unterwegs auf dem Kanal war auch ein Schiff für den Transport von Post und Personen, die den Wasserweg den rumpeligen Kutschen vorzogen.

Der Wunsch nach einem Süd-Nord-Wasserweg zur Förderung des Handels wurde immer wieder aufgegriffen. Der Max-Clemens-Kanal war der Versuch, über eine Verbindung zu der ab Nordhorn schiffbaren Vechte und Zwolle das heute IJsselmeer (damals: die Zuiderzee) und Amsterdam zu erreichen. Später sollte der nie vollendete Kanal Teil einer auf rein deutschem Boden verlaufenden Verbindung werden

Maxhafen: Im Oktober 1840 bestimmte der Finanzminister den Verkauf des beweglichen Inventars, im April 1853 wurden die beiden Schleusen und die Gebäude in Maxhafen versteigert

1751 bot Preußen unter Friedrich II, einem Förderer des Kanalbaus, dem Kurfürsten an, eine gemeinsame Kanalverbindung von Münster bis nach Emden zu schaffen. Doch der sparsame Preußenkönig ließ das Projekt fallen, als man ihn davon überzeugte, der Kurfürst sei ständig klamm und in argen Geldnöten. Im Verlauf des siebenjährigen Krieges (1756–1763) wurde dann das zweimal belagerte Münster über den Kanal versorgt, der allerdings schwere Schäden erlitt, so dass 1762 der Verkehr zusammenbrach. Ab 1766 pachtete schließlich der Postkommissar Duesberg den Postbetrieb auf dem Kanal, stellte aber die Bedingung, dass er bis zum Düsterbach nahe Steinfurt ausgebaut werden sollte. So wurde der Kanal um sechs Kilometer verlängert und der neue Endpunkt zu Ehren des neuen Landesherrn, Erzbischof Maximilian Friedrich Graf von Königsegg-Rothenfels (1742 – 1784), Maxhafen genannt. Der Kanal war nun 36,4 Kilometer lang mit 15 hölzernen Brücken, drei → **Schleusen** – aber immer noch ein Torso ohne Verbindung zum holländischen Kanalnetz oder zur Ems. Seinen Namen erhielt der Max-Clemens-Kanal nach seinen beiden fürstbischöflichen Bauherren.

1790 ging die Kanalpacht an den Tuchhändler Storp, der sogar Gewinne machte. Eine zweite Blüte erlebte der Kanal in den Jahren ab 1794, als durch die Blockade der niederländischen Häfen durch England viele Handelswaren über den Kanal und weiter ab → **Rheine** über die → **Ems** in die Niederlande transportiert wurden. 1815 wurden jedoch alle Instandhaltungsarbeiten an dem „undichten Talergrab“ eingestellt und der Zustand des Kanals verschlechterte sich immer mehr. Hatten zwischen 1808 und 1810 noch 451 Schiffe die „Hauge Brügge“ bei Emsdetten passiert, war 1833 der ganze Kanal eine einzige Viehtränke geworden, 1837 lief die untere Wasserhaltung aus und der Verkehr kam zum Stillstand. Am 23. Juni 1840 wurde der Kanal offiziell durch „Kabinettsordre“ aufgehoben. Seit 1989 ist diese erste künstliche Wasserstraße in Westfalen-Lippe als technisches Bodendenkmal eingetragen. Als landschaftsprägendes Element hat sich das alte Kanalbett bis heute weitgehend erhalten.

## Meppen, Häfen

Jahrhundertlang machte die → **Ems** Meppen zu einem bedeutenden Speditions- und Handelsplatz. Das änderte sich jedoch in Folge des Wiener Kongresses von 1815. Meppen wurde seiner althergebrachten Handelsbeziehungen beraubt, zum einen zum Münsterland, das durch die vereinbarte territoriale Neuordnung nun preußisch geworden war; zum anderen durch den zwischen den beiden Königreichen vereinbarten Bau des → **Hanekenkanals**. Zwar wurde in Meppen 1828 die Koppelschleuse erbaut, auch erhielt die staatliche

Torfumschlag mit Kabelkran: Der Transportweg per Feldbahn – vom Torfwerk zum Süd-Nord-Kanal in Twist, von dort weiter per Schiff über den Haren-Rütenbrock-Kanal zur Ems und weiter zum Emshafen in Meppen – mit seinen 53 Kilometern dauerte mit zweieinhalb Reisetagen viel zu lange. Kleinbahn und Schwebekran der Firma Pohlig aus Köln verkürzten die Fahrt auf einer dann 15 Kilometer langen Strecke vom Torfwerk zum Emsufer auf 45 Minuten

Wasserbauverwaltung nach Fertigstellung des Kanals hier ihren Sitz. Gleichwohl: Vor dem Bau des Kanals konnten die Schiffe oft genug nur bis Meppen fahren, wo die Güter im Sommer bei niedrigem Wasserstand ausgeladen und durch Wagen weitertransportiert wurden. Jetzt verlor Meppen seine Funktion als wichtigster Umschlagplatz Richtung Süden. Diese Rolle fiel durch den schiffbaren Kanal der Stadt → **Lingen** zu.In den 1870er-Jahren machte Meppen sich stark für eine Verbindung zur nahe gelegenen holländischen Stadt Hoogeveen, welche dann auch mit Bau des → **linksemsischen Kanalsystems** hergestellt wurde – freilich ohne direkten Anschluss an die Ems in Meppen, denn die von Hoogeveen ausgehende Wasserstraße endete im fünf Kilometer entfernten Schöninghsdorf. Erst durch den Bau des Dortmund-Ems-Kanals profitierte Meppen in mehrfacher Hinsicht: Einheimische Binnenschiffer übernahmen, zunächst einzeln, dann genossenschaftlich zusammengeschlossen, Transportdienste (→ **Pünte**). Auf der rechten Emsseite wurde ein Hafen

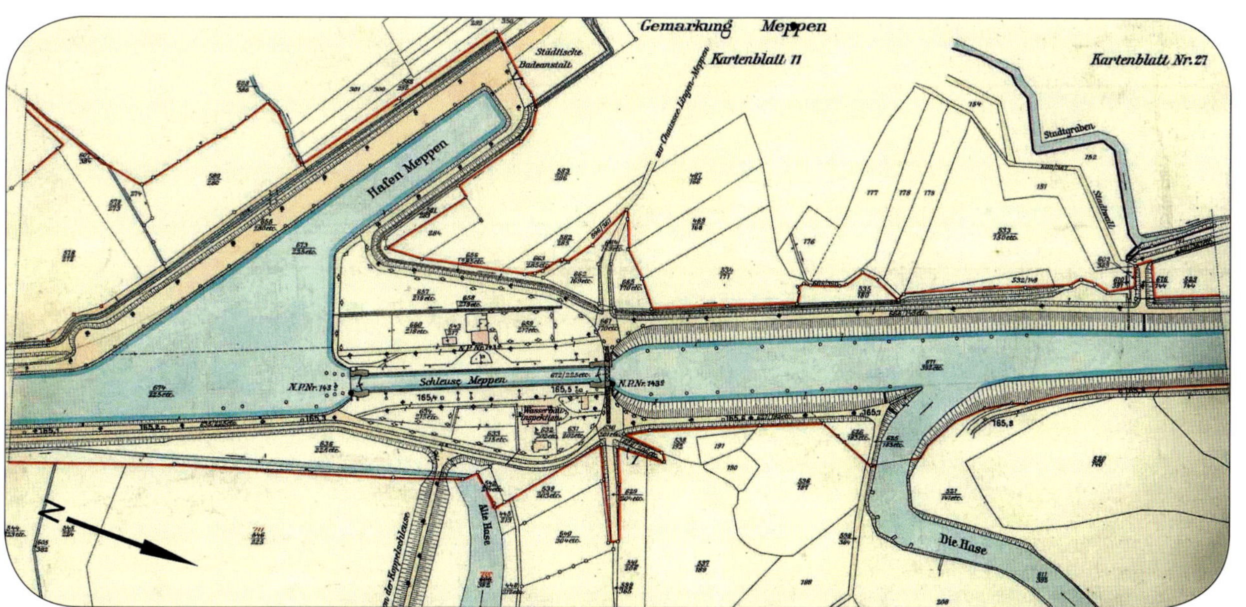


Auf dieser Karte (um 1900) ist viel zu sehen, was es später nicht mehr gab: Die alte Schleuse Meppen wurde bis auf die östliche Kammerwand als Uferstützmauer abgebrochen und wurde mit der Schleusenstufe Teglingen zusammengelegt. Auch der Schlepperhafen wurde aufgegeben und verfüllt. Die Wasserbauinspektion (heute Wasserstraßen- und Schifffahrtsamt) hat ihren Dienstsitz verlegt. Und eine Städtische Badeanstalt (am Kopfende des Hafens gelegen) gibt es dort auch nicht mehr

Erst in den 1920er-Jahren erlangte der Meppener Ems-Hafen als Umschlagplatz für Torf, landwirtschaftliche Produkte und Kunstdünger sowie als verkehrsgünstig auf halber Strecke nach Emden gelegener Rastplatz für Schleppzüge aus dem Ruhrgebiet an Bedeutung

für den Güterumschlag und in einem toten Arm der → **Hase** ein Bauhafen zur Überwinterung der schwimmenden Geräte und als Nothafen bei Hochwasser eingerichtet – beide im Eigentum der Wasserstraßenverwaltung. Da es in Meppen kaum verarbeitendes Gewerbe gab, trug die Stadt selbst zum Frachtaufkommen auf dem neuen Kanal allerdings nicht in nennenswertem Umfang bei.

Ein weiterer kleiner Liegehafen für Schlepper, auch „Kanalhafen" genannt, mit einer Städtischen Badeanstalt am Kopfende befand sich noch an der → **Schleuse** Meppen (→ **Schleppschifffahrt**). Die Schleuse, 1906 nach einem spektakulären Einsturz des Oberhauptes durch eine Schleppzugschleuse ersetzt, wurde nur bis 1955 betrieben. Denn im Zuge des → **Ausbaus** wurden die Schleusen Teglingen und Meppen zusammengelegt. Es entstand dadurch die heutige Schleusengruppe Meppen in Teglingen. Der Stichhafen wurde nicht mehr benötigt und zugeschüttet.

Erst in den 1920er-Jahren erlangte der Meppener Hafen als Umschlagplatz für Torf, landwirtschaftliche Produkte und Kunstdünger sowie als verkehrsgünstig auf halber Strecke nach → **Emden** gelegener Rastplatz für Schleppzüge aus dem Ruhrgebiet an Bedeutung. Ende Januar 1922 wurde die Kleinbahnlinie Meppen – Groß Hesepe in Betrieb genommen, mit der Erzeugnisse der Heseper Torfwerke bis ans linke Ufer der Ems gegenüber vom Hafen herangeschafft wurden. Da eine Brücke zu teuer war, errichtete man eine Kabelkrananlage, mit der die Torfwaggons hängend über der Ems auf die andere Seite gezogen wurden. Hier im Hafen sorgte ein Gleisanschluss der Staatsbahn nach Umladung für die Weiterfahrt. Die notwendige Kraft für die Zugseile lieferte anfangs eine mit Torf befeuerte Dampfmaschine. 1928 wurde der bislang genutzte hölzerne Anleger mit zwei kleinen Dampfwinden durch eine massive Kaianlage mit einem großen, elektrisch betriebenem Kahn ersetzt. Als für Meppen von Vorteil erwies sich, dass der in den 1930er-Jahren geplante → **Seitenkanal** von Gleesen nach Papenburg, der im weiten Bogen um Meppen herumgeführt worden wäre, nie vollendet wurde.

Nach Ende des Zweiten Weltkrieges wurde die Hafenanlage an der Ems durch den Landkreis Emsland von der → **Wasserstraßen- und Schifffahrtsverwaltung** des Bundes gepachtet und an eine Betreibergesellschaft weiterverpachtet. Diese Verträge liefen zum 31. Dezember 2006 aus. Der Ausbau des Straßennetzes ab Mitte der 1950er-Jahre hatte bereits dazu geführt, dass Torf zunehmend auf Lkw verladen wurde, so dass Bahnlinie und Transportseilbahn 1972 stillgelegt wurden. Wegen seiner städtebaulich ungünstigen Lage – in der Nähe waren Wohnungen entstanden – und wegen der teilweise abgängigen Bausubstanz der aufstehenden Gebäude wurde deshalb entschieden, den Vertrag nicht zu verlängern. Eine Modernisierung und Sanierung des Hafens und der Spundwand kamen nicht mehr in Betracht. Auch fehlten Flächen, um hafenaffine Unternehmen anzusiedeln. Da auch das benachbarte → **Haren** ähnliche Probleme mit seinem Emshafen hatte, wurde als gemeinsames Vorhaben ein neuer Stichhafen projektiert und als „Eurohafen Emsland" im Oktober 2007 in Betrieb genommen (→ **Haren**). Zeitgleich, am 11. Oktober 2007, legte die Stadt Meppen auch das aufgegebene Areal des alten Emshafens als Sanierungsgebiet „Rechts der Ems" fest, wo neben einem Hafen-„Plateau" mit Ladenzeile und direktem Zugang zum Wasser noch ein attraktives Hafen-„Quartier" mit Wohnbebauung entsteht.

AQUA-VERDE

Zehn Jahre nach Eröffnung des Dortmund-Ems-Kanals begannen die Bauarbeiten am Mittellandkanal. Zum Einsatz kam modernstes Gerät, wie dieser Eimerkettenbagger. Von einer Dampfmaschine angetrieben, trug der untere Ausleger die Baggereimer, während mit dem oberen Ausleger der Grad der Böschungsneigung bestimmt wurde

Der Mittellandkanal zweigt bei Bergeshövede (→ **Nasses Dreieck**) bei Kilometer 103,85 des Dortmund-Ems-Kanals ab und endet 325 Kilometer weiter östlich unterhalb von Magdeburg auf der rechten Uferseite der Elbe bei Hohenwarthe. Hier ermöglicht eine Doppelschleuse den Abstieg zum Elbe-Havel-Kanal. Die Definition dieses Abschnittes im Kanalsystem als „Mittellandkanal" wurde erst nach dem Zweiten Weltkrieg von der westdeutschen → **Wasserstraßen- und Schifffahrtsverwaltung** vorgenommen. Fast 100 Jahre lang wurde unter der Bezeichnung auch immer die gesamte Wasserstraßenverbindung vom Rhein bis zur Elbe (und darüber hinaus) verstanden. Insofern war die → **Südstrecke** des DEK als „Mittelstück" jahrzehntelang Teil des MLK – verbunden mit einer langen gemeinsamen Ideen- und Durchsetzungsgeschichte (→ **Geschichte**). Erst der Bau von MLK und → **Rhein-Herne-Kanal**, nach langen parlamentarischen Kämpfen mit dem preußischen Wasserstraßengesetz von 1905 beschlossen, befreite den DEK aus seiner isolierten Lage und verschaffte diesem Kanaltorso den Anschluss an den Rhein im Westen und an Weser und Elbe im Osten.

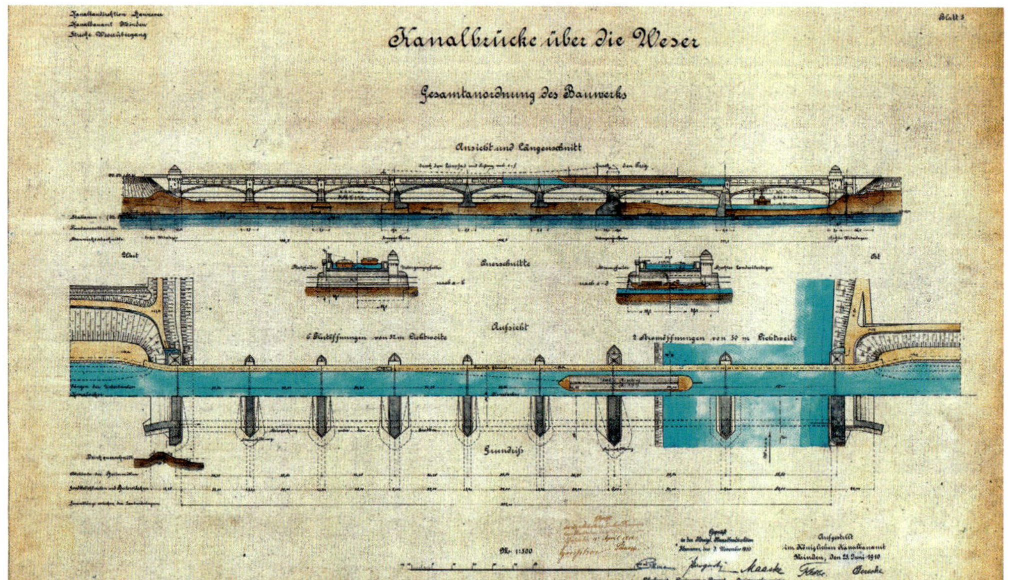


Vom Abzweig aus dem Dortmund-Ems-Kanal bis Hannover-Anderten konnte der Mittellandkanal über 174 Kilometer schleusungsfrei trassiert werden; zusammen mit der DEK-Strecke ab der Schleusengruppe Münster sind es sogar 212 Kilometer – eine ingenieurtechnische Meisterleistung. Die Überführung des Kanals über die Weser war mit 370 Metern Länge bis zum Jahr 2003 die größte Kanalbrücke der Welt (Bauzeichnung aus dem Jahr 1910)

Der Abzweig des MLK aus dem DEK bereitete den Wasserbauingenieuren schon bei der Projektierung des DEK allerhand Kopfzerbrechen, da sein Anschluss ohne zusätzliche Schleuse nur durch ein „Heranschieben" an den Teutoburger Wald möglich war, um ihn auf entsprechend hohem Gelände führen zu können. Denn die Variante eines acht Kilometer langen Tunnels durch das Gebirge wurde verworfen. So musste der DEK um drei Kilometer gegenüber den Ursprungsplanungen verlängert und zusätzliche Finanzmittel bereitgestellt werden.

Der Bau des MLK erfolgte dann in mehreren Abschnitten. Als Konzession an die dem Kanalbau hartnäckig Widerstand leistenden ostelbischen Junker wurde zunächst nur ein „Ems-Weser-Kanal" mit einem „Anschlusskanal" nach Hannover beschlossen. Die Strecke bis Minden sowie ein Stichkanal mit zwei → **Schleusen** nach Osnabrück, der Schachtschleuse für die Verbindung zur Weser, dem Kanaltrog über die

Weser und der Edertalsperre zur Versorgung mit Speisungswasser (das der Weser bei Minden mit einem Pumpwerk entnommen wird) waren 1914 fertiggestellt. Hannover einschließlich eines Stichkanals und einer Schleuse nach Linden wurde 1916 erreicht. Erst nach Ende des Ersten Weltkrieges ging es nicht mehr um das „Ob“ eines Weiterbaus, sondern nur noch um das „Wie“ mit Blick auf den weiteren Trassenverlauf. Als Notstandsmaßnahme für heimkehrende Soldaten angeordnet, wurde sein Bau zunächst bis Peine vorangetrieben. In diese Bauperiode fallen auch die Errichtung der 225 Meter langen „Hindenburgschleuse“ (Anderter Schleuse), eines Stichkanals nach Hildesheim und der zum Aufstieg dorthin notwendigen Schleuse bei Bolzum. Als der Kanalabschnitt 1928 dem Verkehr übergeben wurde, war auch ein Kompromiss über seinen weiteren Verlauf gefunden. 1933 war Braunschweig erreicht, 1938 die Elbe. Kurz vor Wolfsburg (bei Sülfeld) wurde eine zweite Schleppzugschleuse errichtet, so dass die Schifffahrt im 325 Kilometer langen Hauptkanal überhaupt nur zweimal geschleust werden muss. Noch heute gilt die komplett schleusungsfreie Trassenführung von der Schleuse → **Münster** des DEK bis zur Schleuse in Hannover des MLK auf einer Länge von insgesamt 212 Kilometern als technische Meisterleistung.

Allein den Kriegsvorbereitungen des NS-Regimes verdankt ein vierter Stichkanal, nach Salzgitter, seine Existenz. Er schloss die Rüstungsschmiede „Hermann Göring Werke“ an das Kanalsystem an und wur-

Minden i. W. Dortmund-Ems-Kanal. Ober-Vorhafen zur Schleuse.

Auf dem Mittellandkanal wurde von Anbeginn ein staatliches Schleppmonopol eingeführt, von dem der Dortmund-Ems-Kanal zunächst ausgenommen war, bis auch er im Jahr 1939 der Regelung unterworfen wurde. Die Postkarte zeigt eine stattliche Ansammlung von Schleppern mit preußischem Wappenadler als Schornsteinmarke vor der Schachtschleuse in Minden (Abstieg zur Weser), die hier irrtümlicherweise dem DEK zugeordnet wird

Auf dem Mittellandkanal ist nach Anhebung sämtlicher Brücken ein zweilagiger Containerverkehr möglich. Etliche Terminals, die von Liniendiensten bedient werden, haben sich etabliert. Rund 400.000 Standardcontainer gehen jährlich über die Kaikanten

1938 erreichte der Mittellandkanal die Elbe, doch ihre Querung mit einem Trog blieb jahrzehntelang unvollendet, nachdem 1942 die Bauarbeiten kriegsbedingt eingestellt wurden. Die Schifffahrt im Transitverkehr von und nach Berlin musste deshalb die 18 Meter tiefer liegende Elbe mit ihren schwankenden Wasserständen auf 12 Kilometern Länge befahren

Zum Konzept des Mittellandkanals gehörte, wichtige Industriezentren mit vom schleusungsfreien Hauptkanal abzweigenden Stichkanälen anzuschließen. Der Hafen Osnabrück wird über einen Stichkanal von 14,5 Kilometern Länge erreicht, der Höhenunterschied von 9,5 Metern dabei mit zwei Schleusen überwunden. Auch die Häfen von Minden, Hannover-Linden, Hildesheim und Salzgitter können so erreicht werden

de im Dezember 1940 eröffnet. Für den Bau dieses Stichkanals wurden seinerzeit Mittel vom → **Ausbau** des DEK abgezogen, da er als kriegswichtiger angesehen wurde. Auf dem linken Elbeufer wurde 1938 ein Schiffshebewerk in Betrieb genommen, über das ursprünglich lediglich die Magdeburger → **Häfen** angeschlossen werden sollten, da der Schiffsverkehr von und nach Berlin in einem Trog über die Elbe geführt werden sollte. Die Vollendung des Bauwerkes fiel allerdings dem Krieg zum Opfer: Die Arbeiten daran wurden 1942 eingestellt. Als Folge musste 65 lange Jahre der Transitverkehr die Elbe auf 12 Kilometern nutzen, um im Westen über das Schiffshebewerk und im Osten über die Schleuse Niegripp das Kanalsystem zu erreichen, denn auch zu DDR-Zeiten wurden die Bauarbeiten an der Kanalbrücke nicht wieder aufgenommen.

So begann die letzte Bauphase des MLK mit der Umsetzung der einzigen Wasserstraßenmaßnahme aus den nach der Wiedervereinigung aufgelegten „Verkehrsprojekten Deutsche Einheit". Mit der laufenden Nummer 17 wurde der MLK auch im Osten auf seiner ganzen Strecke für die Befahrung mit Großmotorgüterschiffen und Schubverbänden ausgebaut – darunter die im Jahre 2003 eröffnete Elbüberquerung, eine neue Abstiegsschleuse zu den Magdeburger Häfen und eine Doppelschleuse in Hohenwarthe. Im Westen hatte man mit dem Ausbau bereits 1965 begonnen und mit dem 1976 eröffneten Elbe-Seitenkanal eine auf BRD-Hoheitsgebiet liegende Verbindung zur Elbe geschaffen. Ohne Übertreibung kann behauptet werden, dass am MLK über hundert Jahre gebaut wurde.

Mit seiner Inbetriebnahme im Zusammenwirken mit der Eröffnung des RHK stieg das Frachtaufkommen auf dem DEK sprunghaft an, was hier die entsprechenden Neubauten von größeren und zusätzlichen → **Schleusen** sowie den → **Ausbau** des Kanals erforderlich machte. Auch wurde auf MLK und RHK von Anbeginn das staatliche Schleppmonopol eingeführt, von dem der DEK zunächst ausgenommen war, das später aber auch auf ihn ausgeweitet wurde (→ **Schleppschifffahrt**).

Auf dem MLK werden derzeit durchschnittlich 22 Millionen Güter im Jahr befördert, davon 17 Millionen Tonnen im Gebietsverkehr (75 Prozent) und lediglich fünf Millionen Tonnen – entgegen allen ursprünglichen Annahmen – im Durchgangs-(Transit-)Verkehr West-Ost beziehungsweise Ost-West. In Anderten werden jährlich rund 17.000 Schiffe geschleust. Die Hafenlandschaft des MLK hat sich im Laufe seines Bestehens kontinuierlich gewandelt. Häfen mit ehemals enormen Umschlagsvolumina sind heute fast unbedeu-

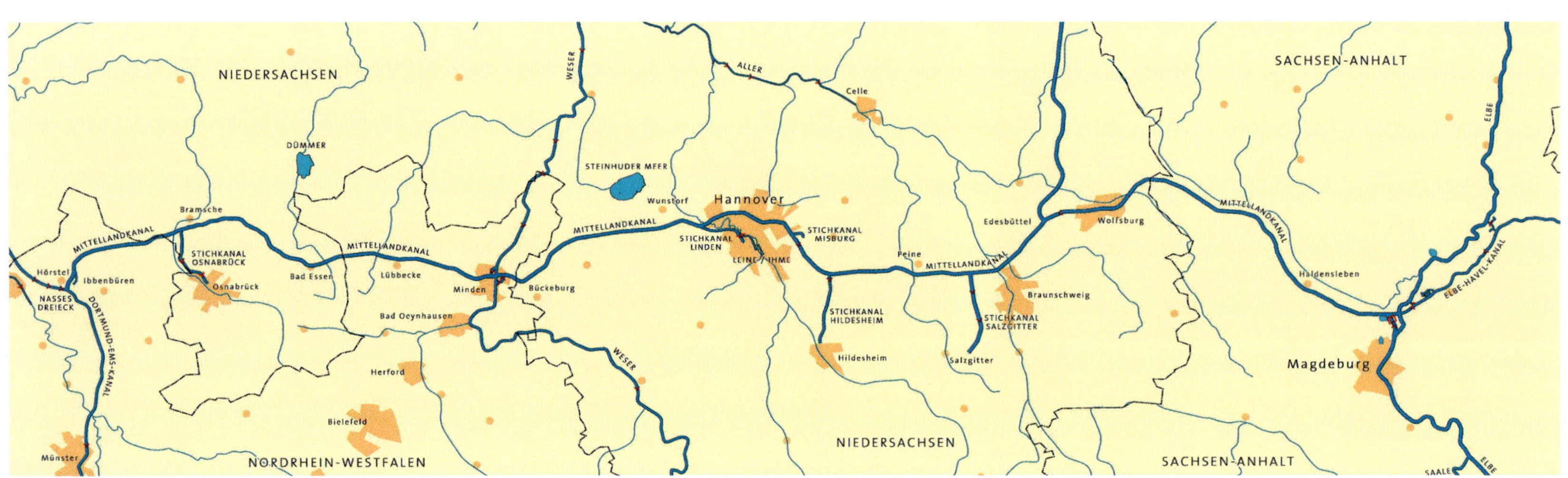

tend geworden (Osnabrück, Linden) oder völlig neuen Nutzungen zugeführt worden (Marina und „Wohnen am Wasser“ in Bad Essen, „Autostadt“ Wolfsburg am ehemaligen Werkshafen von VW), andere kamen hinzu oder sind in Planung, wie mehrere Containerterminals. Größte Häfen am Kanal mit seinen Stichkanälen sind Osnabrück, Bramsche, Lübbecke, Minden, Hannover (vier Häfen in einer Holding), Hildesheim, Peine, Salzgitter, Braunschweig, Fallersleben, Haldensleben und Magdeburg. Auf dem Kanal dominiert der Transport von nur sechs Güterarten: Sand/Kies (26 Prozent), Getreide/Futtermittel (25 Prozent), Mineralölerzeugnisse (17 Prozent), Schrott (sieben Prozent), Düngemittel (fünf Prozent) und schließlich Kohle (14 Prozent), die wie auf dem DEK in der Blütezeit des Ruhrkohlebergbaus mal fast 70 Prozent des Aufkommens ausmachte.

Erst das nach der deutschen Wiedervereinigung aufgelegte „Verkehrsprojekt Deutsche Einheit Nr. 17“ sollte den Traum einer durchgehenden Kanalverbindung vom Rhein bis zur Oder verwirklichen. Am 10. Oktober 2003 wurden der 918 Meter lange Kanaltrog sowie eine Doppelsparschleuse für den Abstieg zum Elbe-Havel-Kanal ihrer Bestimmung übergeben

## Münster, Häfen

→ **Kaiser Wilhelm II.** kam höchstpersönlich zur Einweihung des Stadthafens von Münster. Gleich zwei Tage wurde gefeiert und am Montag, dem 16. Oktober 1899 ein Festmahl im Rathaussaal kredenzt, das musikalisch eingeleitet wurde durch den Marsch „Ein Hoch dem Deutschen Kaiserpaar“ und ausklang mit den berühmten „Ungarischen Tänzen“ von Brahms. Vorgetragen wurde auch ein Lied, in dem es hieß: „Nun geht der Münsterländer sogar zum Senegal, man speiset Pumpernickel in Persien und Natal.“ Münster war Hafenstadt geworden, der Traum einer schiffbaren Verbindung zum Meer in Erfüllung gegangen (→ **Max-Clemens-Kanal**). 112 Jahre später – im Juni 2011 – lief das letzte Schiff den Hafen an und brachte eine allerletzte Fracht zum Betonwerk Weber & Elskes. Umgenutzt zum „Kreativkai“ sind dort heutzutage Modern Jazz, Hiphop, Techno oder House-Musik zu hören.

In Betrieb genommen wurde der Hafen schon Ende des Jahres 1898, nachdem die Königliche Kanalkommission die im Auftrag der Provinzialhauptstadt Münster 1896 begonnenen Bauarbeiten abgeschlossen hatte. Die Stadt erwarb für den Hafenbau Grundstücke in der Größe von 23 Hektar südöstlich der Innenstadt und außerhalb der damaligen Stadtgrenzen. Hier entstand – mit einem Kostenaufwand von 850.000 Mark und bezuschusst vom Königreich Preußen mit 221.477 Mark – der damals bedeutendste Hafen am Dortmund-Ems-Kanal zwischen den beiden Endpunkten → **Dortmund** und → **Emden**. Das 36.000 Quadratmeter große Becken war ausgelegt für 19 große Kanalschiffe; an seinem Ende wurde im Jahr 1900 ein Denkmal errichtet, das einen Seefahrer mit Südwester und Steuerrad zeigte.

Der Hafenbetrieb erfolgte in städtischer Regie. Erlassen wurde eine Hafenordnung und eine Satzung

Spediteur
August Peters
Privat-Hafen Peters.

Telephon-Anschlüsse
für Schiffahrt u. Getreidespedition Nr. 722
„ Speditions-Lager „ 221
„ Buchhaltung u. Möbeltransport „ 120
Bahnspedition „ 32
Telegramm-Adresse:
Spediteur Peters, Münsterwestf.
Giro-Conto
Westf. Bankverein, Münster i. W.
Vertreter
der Westf. Transport A.-G.
Dortmund.

Münster i/W. den 30. März 1905.

Handelskammer
für den Regierungsbezirk Münster
Münster i/W.

Handelskammer
Praes. 31. MRZ. 1905
zu Münster i. W.

In der zweiten Hälfte des 19. Jahrhunderts wurden besonders aufwändige und schmuckreiche Briefbögen gestaltet. Sie enthielten Schmuckelemente wie Arabesken, Ornamente, Medaillen und Bilder. Besonders beliebt war bei Industrieunternehmen die Fabrikansicht, die Größe, Besitz und Wohlstand repräsentierte – wie hier vom Privathafen des 1873 gegründeten Familienunternehmens August Peters, der 1913 von der Stadt Münster übernommen wurde

Nach Beseitigung der enormen Kriegsschäden ging es für den Hafen Münster zunächst ständig aufwärts. Als im Jahr 1953 der Betrieb des Hafens von der Stadt auf die Stadtwerke überging, hatten sich dort rund 90 Firmen angesiedelt. Die Aufnahme vom Stadthafen I stammt vom August 1954

zur Entrichtung von Hafengeld, Ufergeld, Lagergeld, Krangeld, Waagegeld, Hafenbahngeld und für die Arbeitsleistung städtischer Kräfte. Die Überlassung von „1 Mann für 1 Stunde“ kostete damals 50 Pfennig. Die Stadt selbst errichtete ein großes dreigeschossiges Lagerhaus, an das sich ein repräsentatives Hafenverwaltungsgebäude anschloss. Ebenfalls am Hafen angesiedelt wurden städtische Versorgungseinrichtungen, wie die Gasanstalt, das Elektrizitätswerk und die Wagenhalle für die örtliche Straßenbahn. Auch hatten sich bereits kurz nach Eröffnung des Hafens zahlreiche Firmen im Hafengebiet niedergelassen, darunter die Firma Ostermann & Scheiwe mit einem großen Holzlager (heute bekannt unter „Osmo-Hallen“). Im Zusammenhang mit dem Hafen entstand ein neues Stadtquartier, das „Hansaviertel“, dessen Straßennamen „Dortmun-

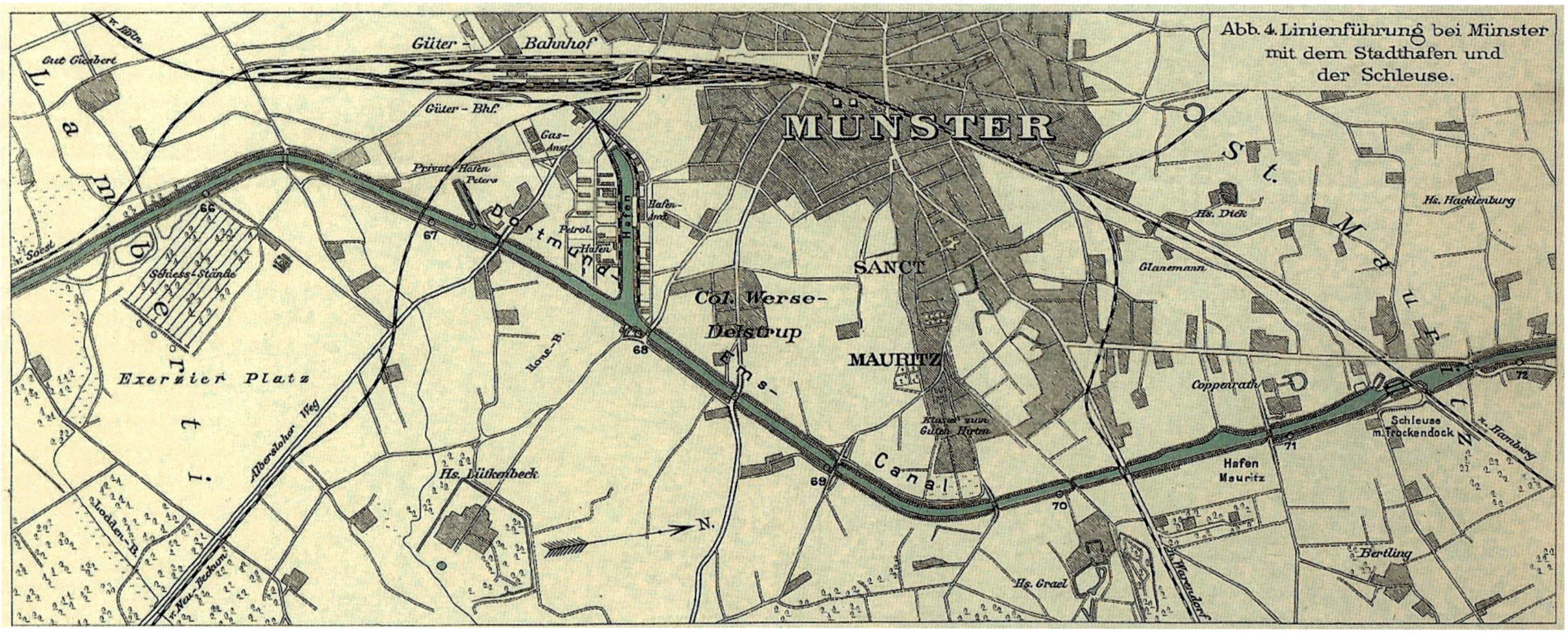

Abb. 4. Linienführung bei Münster mit dem Stadthafen und der Schleuse.

Karte von 1901: Der Hafen zweigt als Stichhafen mit einem 740 Meter langen Becken, dessen mittlere Breite bei 58 Metern liegt und das sich zum Kopfende hin auf 20 Meter wegen der dort zusammenlaufenden Bahngleise verjüngt, vom Kanal ab. Denn die Be- und Endladung erfolgte mit dampfbetriebenen Eisenbahnkränen. Angeschlossen wurde der Hafen in unmittelbarer Nähe des Güterbahnhofs auch an die Bahnstrecke Münster-Hamm. Münster wurde östlich vom Kanal in großem Bogen umgangen, um Platz für die weitere Ausdehnung der Stadt und Ansiedlung von Unternehmen zu lassen. Eingezeichnet in die Karte sind der „Privathafen Peters“ (später „Stadthafen II“), der Petroleumhafen, der Hafen (später „Stadthafen I“), der Hafen „Mauritz“ (heute ein Yachthafen) sowie die Schleuse nebst Trockendock

der", „Lingener", „Meppener" oder „Emder" Straße auf die Verbindung zum Kanal hinwiesen.

Neben dem Stadthafen (Kanalkilometer 67,9) wurden seinerzeit noch ein Privathafen für die Spedition Peters (Kanalkilomter 67,23 – der Hafen wurde 1913 von der Stadt Münster als „Stadthafen II" übernommen), ein kleiner Petroleumhafen als Parallelhafen (Kanalkilometer 67,4), ein Hafen nebst Wendeplatz „Mauritz" (Kanalkilometer 70,7 – seit 1968 genutzt vom Yachtclub „Monasteria"; die Gemeinde Sankt Mauritz wurde zum 1. Januar 1975 eingemeindet) und am Oberwasser der → **Schleuse** Münster ein „fiskalischer Hafen" mit Bauhof geschaffen.

Der Hafen Münster war von Anfang an als Importhafen insbesondere für Getreide und Holz ausgelegt. In Ermangelung von Industrie und verarbeitendem Gewerbe war der Versand unbedeutend. Von den 38.000 Tonnen umgeschlagener Güter des ersten Betriebsjahres waren dementsprechend 35.000 Tonnen Importe. Einen ersten Höhepunkt erreichte der Umschlag 1911 mit einem Volumen von 235.000 Tonnen. Münster entwickelte sich nach Duisburg zum bedeutendsten Getreideumschlagsplatz in Nordwestdeutschland. Von dort wurde vor allem die von den Schweinemästern sehr gefragte und billige Futtergerste aus dem Baltikum, der Ukraine und den Donauländern per Fuhrwerk oder Eisenbahn nach Warendorf, Lengerich und Osnabrück, aber auch nach Hamm und in die ostwestfälischen Städte Gütersloh und Bielefeld geschaffen. Im Jahr 1910 wurden 138.000 Tonnen Futtergerste eingeführt, was über 50 Prozent der im Seehafen → **Emden** angelandeten Menge entsprach. Der Getreideimport war ein wichtiger Erwerbszweig jüdischer Händler, darunter die international tätige und renommierte Firma Flechtheim & Comp., die am oberen Südufer einen eigenen Speicher errichtete. Eingeführtes Brotgetreide ging in die Kiesekampsche Dampfmühle (1999 abgerissen), die über eine Transportbrücke mit dem Hafen verbunden war und eine Mahlkapazität von 60.000 Tonnen besaß. Auch das Geschäftsfeld der 1900 gegründeten „Münsterischen Lagerhaus Gesellschaft" (1928 von der → **WTAG** übernommen) war anfangs die Getreidespedition. Sie errichtete ebenfalls zwei Speicher mit eigenen Elevatoren.

Während des Ersten Weltkrieges ging der Warenumschlag im Hafen stark zurück, unter anderem aufgrund der britischen Blockade des Emder Hafens. Mitte der 1920er-Jahre brach dann der Getreidehandel fast ganz zusammen. Auf die Anlage eines dritten Hafenbeckens wurde deshalb verzichtet, stattdessen siedelten sich auf dem dafür vorgesehenen Gelände vor allem Händler und Produzenten von Baustoffen an. Zement entwickelte sich zu einem wichtigen Exportgut. Bis 1930 stabilisierte sich der Güterumschlag zwar wieder bei rund 220.000 Tonnen – die Hälfte davon war Getreide und je rund ein Viertel Holz und Baustoffe – um in der Weltwirtschaftskrise aber erneut zu sinken. Erst in der NS-Zeit stieg der Umschlag wieder, unter anderem durch das Anlanden von Baustoffen für diverse Wehrmachtsgebäude. 1939 wurden 575.000 Tonnen Güter gelöscht und verladen.

Im Zweiten Weltkrieg erlebte Münster insgesamt 112 Bombenangriffe, wobei die Großangriffe vor allem dem Bahnhofs- und Hafengebiet galten. Gleichwohl wurde bis 1944 ein hoher Warenumschlag erzielt, was darauf zurückzuführen ist, dass im

Der Stadthafen II wurde jahrelang auch „Büscher-Hafen" genannt, da das Bauunternehmen Büscher & Sohn hier ein Betonwarenwerk betrieb. Die Aufnahme stammt aus dem Jahr 1957

Das Foto aus dem Jahr 1916 suggeriert einen boomenden Hafen mit Dutzenden von Schiffen. Tatsächlich ging der für Münster so bedeutende Umschlag von Getreide im Ersten Weltkrieg rapide zurück, denn ab 1915 unterlag der Einfuhrhafen Emden der englischen Seeblockade. 1917 und 1918 kamen hier jeweils nur noch rund 2.800 Tonnen an. 1916 erwarb aber die Münsterische Schiffahrts- und Lagerhaus-Aktien-Gesellschaft eine eigene Kanalflotte

Das 100-jährige Jubiläum des Dortmund-Ems-Kanals wurde 1999 an vielen Orten gefeiert. In Münster wurden dem Thema allein drei Ausstellungen gewidmet, darunter die zentrale im Stadtmuseum zum Hafen. Den Ausstellungskatalog ziert eine kolorierte Zeichnung aus dem Jahr 1902 vom Kopfende des Hafens aus der Vogelperspektive

Hafen Zwangsarbeiter zu Aufräumarbeiten eingesetzt wurden. 1945 war der Hafen schließlich vollständig zerstört und seine Anlagen aus Kränen, Elevatoren, Exhaustoren, Lagerhäusern und Hallen galten als „völlig unbrauchbar“. Das Wasser wurde nun abgelassen, um die Sohlen der Becken von nicht detonierten Bomben und gesunkenen Schiffen zu säubern. Bereits am 2. März 1946 waren die Anlagen so weit instandgesetzt, dass der Hafen wieder in Betrieb genommen werden konnte. In diesem Betriebsjahr wurden bereits 146.343 Tonnen Güter umgeschlagen, lediglich 220 Tonnen davon gingen in den Versand. Als im Jahr 1953 der Betrieb des Hafens von der Stadt auf die Stadtwerke überging, hatten sich dort rund 90 Firmen angesiedelt – es schien aufwärts zu gehen. Tatsächlich erlebte Anfang der 1960er-Jahre bis Ende der 1970er-Jahre der Hafen seine Blütezeit: 1962 liefen 4.300 Schiffe den Hafen an, umgeschlagen wurden 1,3 Millionen Tonnen Güter, vor allem Getreide und Baustoffe. 1978 waren es immer noch eine Millionen Tonnen, doch von nun an gingen die Zahlen kontinuierlich zurück, denn neue firmeneigene Häfen gewannen an Bedeutung. So nahm 1966 die Westfalen AG ein großes Tanklager mit Ölhafen am DEK in Münster-Gelmer in Betrieb (Kanalkilometer 75,68 – 0,3 Millionen Tonnen Umschlag jährlich) und die „Westfälische Centralgenossenschaft“ (seit 2004 zur AGRAVIS Raiffeisen AG gehörend) eröffnete einen Hafen in einem alten Kanalarm, der durch die 1942 im Zuge des Kanalausbaus fertiggestellte → **Zweite Fahrt** abgetrennt worden war (Kanalkilometer 66,44 – 0,3 Millionen Tonnen Umschlag jährlich). 1988 meldete das Bauunternehmen Peter Büscher & Sohn Konkurs an, das über 60 Jahre am Stadthafen II ein Betonwarenwerk betrieben hatte. Mit der Schließung des Kohlekraftwerks und Inbetriebnahme eines gasbetriebenen Kraftwerks fiel ab 2006 auch die Anlieferung von → **Kohle** und damit 50 Prozent des noch verbliebenen Güterumschlages weg. 2009 wurden 63.000 Tonnen umgeschlagen, 2011 hatte das Sterben auf Raten ein Ende. Seitdem hat kein Frachtschiff den Stadthafen mehr angelaufen.

1957 wurden im vom Wasser- und Schifffahrtsamt Münster betriebenen Parallelhafen „Loddenheide II“ 69.582 Tonnen umgeschlagen. Die Eimerkette, die hier auf einem Dia aus jenem Jahr zu sehen ist, war das einzige Umschlaggerät

Mit der abnehmenden Bedeutung des Hafens begann die Stadt Münster ab 1997 alternative Nutzungskonzepte zu entwickeln und stellte einen „Masterplan Hafen“ für die Konversion der größtenteils brach liegenden Flächen auf. Mit Auslaufen der Erbpachtverträge für viele Immobilien wurde das nördliche Ufer des Stadthafens I als sogenannter Kreativkai entwickelt. In die sanierten Gebäude – ergänzt durch einige Neubauten – zogen Architekten, Künstler, Ingenieure, Verlage, Restaurants, Clubs, Geschäfte und Freizeitbetriebe. Im „Speicher II“ ist die Kunsthalle Münster nebst 30 Ateliers untergebracht und in den ehemaligen Flechtheimspeicher auf der Nordseite zog im Herbst 2014 das „Wolfgang Borchert Theater“. Hier steht auch das Wahrzeichen des Hafens, ein alter Verladekran aus dem Jahr 1962. Auf der Freifläche daneben eröffnete in einem Neubau die „Hafenkäserei“ als reine Bio-Schaukäserei. Stück für Stück werden die maroden Flächen am Hafen umgewidmet und für nicht hafenaffine Nutzungen neu vergeben. Der Stadthafen I gilt inzwischen als touristisches Highlight, beliebter Treffpunkt für die studentische Szene und als Hot Spot für Musikfans und Nachtschwärmer. Auch das Areal am Stadthafen II steht inzwischen auf der Agenda der Stadtplaner, die ihm ein neues Gesicht verpassen wollen. Hier soll es weitergehen mit dem neuen, modernen Münster.

Auf dem heutigen Stadtgebiet von Münster betreibt die städtische Wirtschaftsförderung eine Schwergutumschlagstelle (Kanalkilometer 55,35) am „Hansa Business Park“, die im Zuge der Querschnittserweitung des Kanals gebaut wurde und auch als „Neuer Hafen Hiltrup“ bezeichnet wird. Aufgegeben wurde der „Alte Ha-

Kreativkai: Einer der Höhepunkte in Münsters Veranstaltungskalender ist das einmal im Jahr stattfindende Hafenfest. Drei Tage (und Nächte) lang werden das Hafenbecken und die angrenzende Promenade zur Bühne für Musiker, Aktionen und sportliche Aktivitäten mit einem bunten Kinder- und Familienprogramm

fen Hiltrup" an der Alten Fahrt. Zwei Kilometer weiter – ebenfalls im 1975 eingemeindeten Hiltrup-Amelsbüren – betreibt eine Betonfirma einen Hafen. Hierher wurde auch das letzte im Stadthafen I noch angesiedelte Gefahrgutlager verlegt. Von einiger Bedeutung ist noch der privat betriebene Hafen „Loddenheide" (Kanalkilometer 65,97) mit dem sich anschließenden „Dreieckshafen" (Liegeplätze). Hierher zog genau jenes Betonwerk um, das im ehemaligen Stadthafen die letzte Schiffsladung Fracht erhielt.

## Münster, Schleusen

Sämtliche Schleusen von 1899 erhielten Stemmtore. Diese wirken wie Flügeltüren, die etwas zu breit ausgefallen sind und daher nicht in einer geraden Linie schließen können, sondern sich in einem stumpfen Winkel gegeneinander stemmen, wobei die Spitze des Winkels dem höheren Wasserstand zugewandt sein muss, beim Obertor also der oberen Haltung, beim Untertor der Schleusenkammer. Der Wasserdruck presst dann die beiden Torflügel fest gegeneinander

Mit dem schrittweisen Ausbau des nordwestdeutschen Kanalsystems wurde die Schleusenstufe in Münster immer tragender für das gesamte Wasserstraßensystem. Hatte sie bei Inbetriebnahme des Dortmund-Ems-Kanals lediglich den Verkehr auf der Relation Dortmund-Emden zu bewältigen, kamen nach und nach weitere Verkehre via → **Mittellandkanal**, vom und zum Rhein über → **Rhein-Herne-Kanal** und → **Wesel-Datteln-Kanal**, über und zum → **Datteln-Hamm-Kanal** und den → **Küstenkanal** hinzu. Immer mehr Schiffe mussten durch das Nadelöhr → **Münster** hindurch. Und so verwundert es kaum, dass hier im Laufe der Jahre insgesamt fünf – immer größere – Schleusen gebaut wurden.

Von den insgesamt rund 70 Höhenmetern, die der Kanal auf seinem Weg von → **Dortmund** zur Nordsee überwinden muss, entfallen 6,2 Meter auf die Schleusenstufe Münster bei Kanalkilometer 71,5. Da eine ausreichende Wasserversorgung des Kanals bis zum Erreichen der Ems ein großes Problem darstellte, konzipierte man die Schleuse Münster als sogenannte „Sparschleuse". Mit einer Sparschleuse konnte der Wasserverbrauch auf etwa die Hälfte reduziert werden. Der Grundgedanke war bereits vom Ingenieur Gotthilf Hagen 1852 in seinem „Handbuch der Wasserbaukunst" dargestellt worden, aber es gab zum Ende des 19. Jahrhunderts nur eine praktische Ausführung in Belgien am Canal du Centre bei Obourg, die sich aber nicht wirklich bewährt hatte. Man wagte sich also auf Neuland. Das Prinzip einer Sparschleuse besteht darin, das für eine Schleusenfüllung benötigte Wasser bei der Talschleusung nicht komplett ins Unterwasser abzulassen, sondern es in Schichten aufzufangen, um es bei der Bergschleusung wiederzuverwenden. Zu diesem Zwecke wurden links und rechts der Schleuse je zwei Sparbecken angeordnet, in die als Verschlussorgane Zylinderschützen eingebaut wurden – das sind senkrecht stehende Hohlzylinder, die zum Öffnen angehoben werden und einen kreisrunden Spalt freigeben. Um die Bedienung der vielen Einzelantriebe – zwei Stemmtore, acht Schützen – zu erleichtern, wurde die Anlage elektrifiziert. Da aber Strom von außerhalb schwer zu

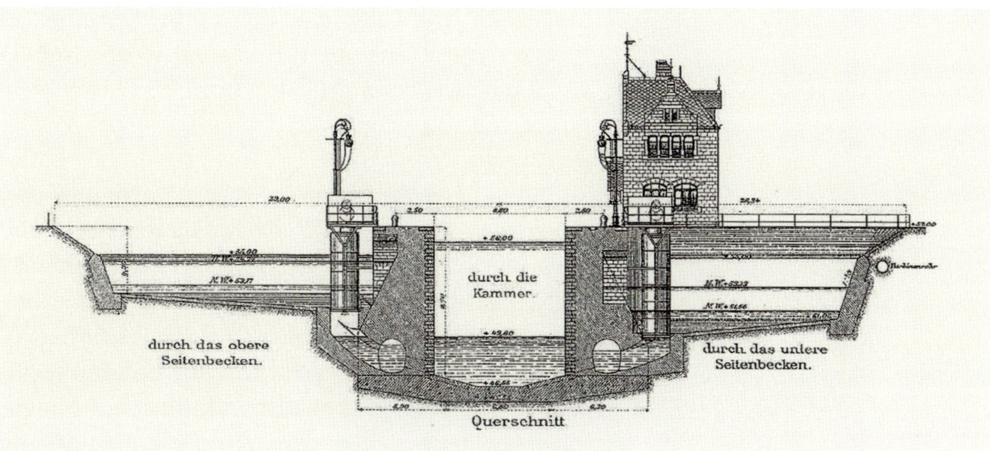


1901 erschien ein zweibändiges Werk über den Bau des DEK. Die Zeichnung aus dem Band „Atlas" zeigt einen Querschnitt durch die Kammer und die beiden Seitenbecken der Sparschleuse von 1899

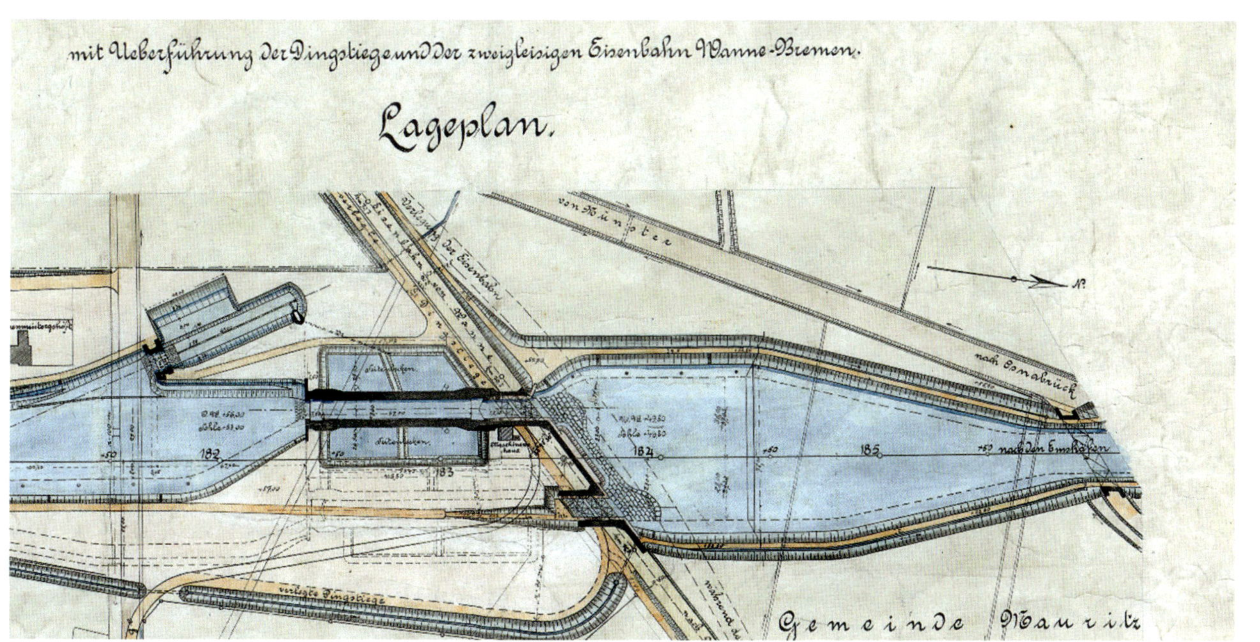


Lageplan von 1896: Gut zu erkennen sind die Sparbecken der geplanten Schleuse, die bereits parallel dazu vorgesehene zweite Schleuse mit der dadurch erforderlichen Verlegung der Bahntrasse und das vom Oberwasser abzweigende Trockendock. Wegen des hohen Wasserverbrauchs wurde die ursprüngliche Planung, in Münster zwei hintereinander liegende Schleusen mit jeweils nur halber Fallhöhe zu installieren, verworfen

beschaffen war, baute man an den Schleusenunterhäuptern jeweils eine von Wasser angetriebene Turbine ein, die mittels eines Dynamos neun PS Gleichstrom erzeugte, der in einer Sammelbatterie gespeichert werden konnte.

Wie alle → **Schleusen** zwischen Dortmund und → **Hanekenfähr** erhielt auch die in Münster eine Nutzlänge von lediglich 67 Metern und eine Breite von 8,60 Metern. Schleppzüge mussten also für eine Schleusung zeitaufwändig zerlegt werden (→ **Schleppschifffahrt**). Dass eine einzige kleine Schleuse dauerhaft den wachsenden Verkehr – insbesondere mit Blick auf den zunächst politisch nicht durchsetzbaren MLK und einen Anschluss an den Rhein – nicht würde bewältigen können, war den Planern sehr wohl bewusst. In weiser Voraussicht wurde die Schleuse deshalb nicht nur seitlich versetzt angeordnet, um Platz für eine größere zweite zu haben. Auch wurde bereits eine zweite → **Brücke** für die Eisenbahnlinie Münster-Bremen einschließlich ihrer Widerlager errichtet. Die bestehende Bahnlinie, die über das verlängerte Unterhaupt führte, musste zur Erreichung der lichten Durchfahrtshöhe für die Schiffe zunächst lediglich angehoben werden.

Luftaufnahme vom Bau der neuen Schleuse 2: Wegen des hohen Verkehrsaufkommens mussten während der gesamten zehnjährigen Bauphase immer zwei Schleusen in Betrieb bleiben. Beim Bau der neuen Schleuse 1 waren die alten Schleusen II und III betriebsbereit, während die älteste Schleuse I stillgelegt und überbaut wurde. Beim Bau der neuen Schleuse 2 übernahmen die fertige Schleuse 1 (rechts) und die alte sanierte Schleuse III (links) diese Aufgabe

1957 fährt ein Motorgüterschiff in die Schleuse von 1899 ein. Damals passierten jährlich über 50.000 Fahrzeuge die Schleusengruppe Münster, davon bereits rund 60 Prozent motorisierte Selbstfahrer. Sie transportierten eine Gütermenge von rund 16 Millionen Tonnen

Das Preußische Wasserstraßengesetz vom 1. April 1905, mit dem MLK und RHK auf den Weg gebracht wurden, verwandelte den Torso DEK nicht nur in ein Verbindungsstück einer weit greifenden Ost-West-

Aus der Festschrift zur Eröffnung: „Die erste Schleuse bei Münster, die den Abstieg von der Hauptkanalhaltung zur Ems einleitet, hat 6,2 m Gefälle. Um den Wasserverbrauch thunlichst einzuschränken, sind dieselben als Sparschleusen eingerichtet. Die Thore, die Rollschützen in den Umläufen und die Cylinderventile zwischen den Umläufen und den Seitenbecken werden elektrisch bewegt, doch ist auch Handbetrieb vorgesehen."

Verbindung. Auch wurden die Mittel für die nötigen „Ergänzungsbauten" am DEK mit beschlossen, darunter die dringend erforderliche zweite Schleuse in Münster, die parallel zur bestehenden („Schleuse I") auf deren Ostseite gelegt wurde. Diese 1914 eröffnete Schleppzugschleuse mit einer Nutzlänge von 165 Metern und einer Breite von 10 Metern erhielt ebenfalls je zwei Sparbecken, so dass auch hier der Wasserverbrauch auf die Hälfte reduziert wurde („Schleuse II"). Das Bauwerk erhielt eine Natursteinverkleidung, das Untertor war ein Stemmtor, das Obertor ein Klapptor.

Doch schon im Jahr 1919 begann man mit dem Bau einer dritten Schleuse („Schleuse III"), denn vor Ende des Ersten Weltkrieges hatte sich ein Kapazitätsengpass an der Stufe Münster infolge des durch den Krieg stark angestiegenen Verkehrs ergeben. Der Bau wurde als Notstandsmaßnahme zur Beschäftigung von Arbeitslosen durchgeführt. Die Abmessungen der Schleuse entsprachen denen der neuen Schleusen am WDK und der Oststrecke des MLK (Hannover – Elbe): 225

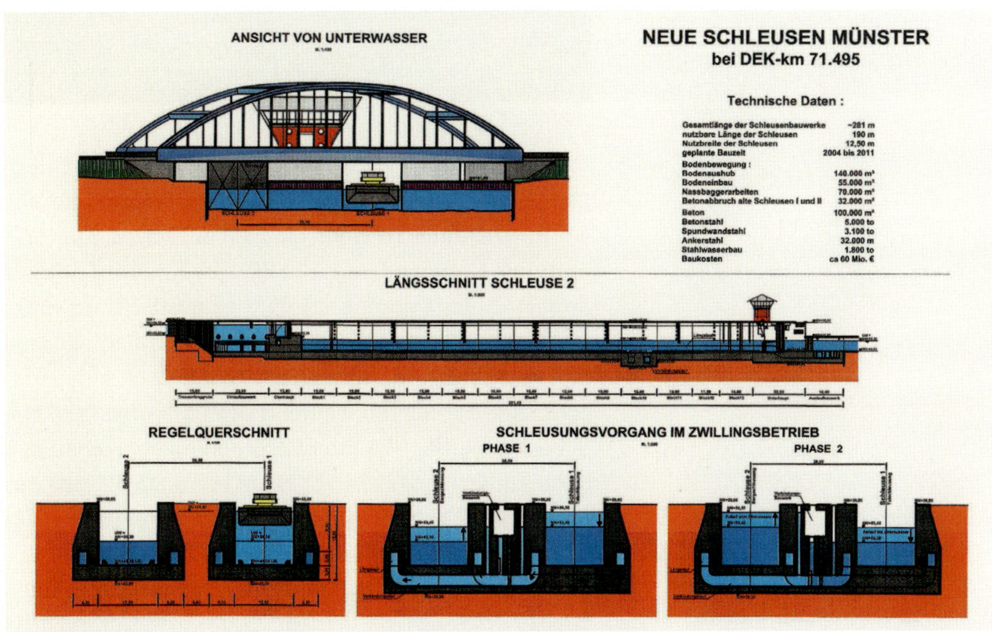


Schematische Darstellung der Funktionsweise der neuen Zwillingsschleuse: Im Zwillingsbetrieb wird ein Teil des Wassers der zu entleerenden Kammer in die zu füllende Kammer abgegeben

Die Zwillingsschleuse wird von Dienstag bis Freitag im 24-Stunden-Betrieb vom Leitstand aus gesteuert. Von Samstag auf Sonntag sowie von Sonntag auf Montag ist die Schleuse zwischen 22.00 Uhr und 06.00 Uhr geschlossen. Im Jahr 2016 passierten hier 14.873 Schiffe die Anlage, in etwa je zur Hälfte in der Berg- bzw. Talfahrt

Meter Nutzlänge (Platz für drei Kähne plus Schlepper), 12 Meter Breite und 2,50 Meter Wassertiefe. Sie wurde ebenfalls als Sparschleuse ausgelegt. Die Füllung der Kammern mit 17.500 Kubikmetern Wasser mittels dreier Pumpen erfolgte jetzt allerdings nicht mehr über Längsumläufe sondern ausschließlich vom Oberhaupt aus. Man erhoffte sich dadurch eine ruhigere Lage der Schiffe während des Füllvorganges. Die Schleuse wurde 1925 ihrer Bestimmung übergeben und blieb zunächst das einzige Bauwerk nach Plänen aus dem Jahr 1922, die einen → **Ausbau** des DEK für das 1.000-Tonnen-Schiff vorsahen.

Der Vollausbau der → **Südstrecke** des DEK nach Wasserstraßenklasse Vb für Großmotorgüterschiffe und Schubverbände (→ **Bemessungsschiff**) begann erst in den 1990er-Jahren. Wichtigste und aufwändigste Maßnahme war dabei der Ersatz der alten Schleusen I und II durch zwei neue mit 190 Metern Länge und 12,50 Metern Breite, die als Zwillingsschleuse angeordnet sind. Bei einer Zwillingsschleuse werden die beiden Kammern abhängig voneinander betrieben. Die gewollte Einsparung beim Wasserverbrauch wird dadurch erzielt, dass die Kammern mit unterschiedlichen Wasserständen gefahren werden und das Wasser untereinander austauschen. Im Zwillingsbetrieb wird ein Teil des Wassers der zu entleerenden Kammer also in die zu füllende Kammer abgegeben.

Wegen des hohen Verkehrsaufkommens mussten während der gesamten zehnjährigen Bauphase immer zwei Schleusen in Betrieb bleiben. Beim Bau der neuen Schleuse 1 waren die alten Schleusen II und III betriebsbereit, während die älteste Schleuse I stillgelegt und überbaut wurde. Schleuse 1 wurde am 15. April 2009 dem Verkehr übergeben. Beim Bau der neuen Schleuse 2 übernahmen die fertige Schleuse 1 und die alte sanierte Schleuse III diese Aufgabe. Sie wurde, und damit die 140 Millionen Euro teure Zwillingsschleuse insgesamt, am 15. April 2014 eingeweiht. Das Bauprojekt umfasste neben der Schleuse auch den Bau eines Pumpwerks, den Ausbau der Vorhäfen mit → **Liegestellen** sowie den Bau einer zweigleisigen Eisenbahnbrücke, die über den Einfahrbereich des neuen Bauwerkes führt.

In unmittelbarer Nachbarschaft zur Schleusengruppe Münster betreibt die → **Wasserstraßen- und Schifffahrtsverwaltung** einen Informationspavillon „Schaustelle Kanal" (in den Sommermonaten geöffnet). Die modern aufgemachte und sehenswerte Ausstellung zeigt mit Installationen und Objekten, Modellen, Audio- und Video-Medien die vielen Seiten des DEK. Die Themen reichen vom kurfürstlichen → **Max-Clemens-Kanal** bis zum Bau des DEK im 19. Jahrhundert, von den Wandlungen der Binnenschifffahrt bis zum Leben auf, am und im Kanal und beschreiben auch die Baumaßnahmen auf der Stadtstrecke des Kanals durch Münster. An den Unterhäuptern der neuen Schleusen 1 und 2 haben Besucher die Möglichkeit, sich den Schleusenbetrieb aus der Nähe anzusehen. Durchschnittlich 15.000 Fahrzeuge mit rund 12 Millionen Tonnen Ladung passieren jährlich die Schleuse.

Neue Zwillingsschleuse: Eine Kreuzungsschleusung einschließlich Öffnen und Schließen der Tore sowie das Einfahren, Anlegen, Festmachen, Lösen und wieder Ausfahren dauert etwa 40 Minuten

# CHRONIK

## Chronik

**1812**
Entwurfsarbeiten durch den Hamburger Wasserbaubeamten Woltmann für konkrete Napoleonische Kanalprojekte („Grand Canal du Nord" als Teil des „Canal de la Baltique") werden nach der Niederlage in Russland gestoppt

**1817–1820**
Verhandlungen zwischen den Königreichen Preußen und Hannover über eine Wasserstraßenverbindung zwischen Rhein und Ostfriesland

**1819**
Einrichtung einer „Königlich-Hannoverschen Commission zur Schiffbarmachung der Ems", die einen Parallelkanal rechts der Ems zwischen Hanekenfähr und Meppen vorschlägt

**30. März und 26. April 1820**
Vertragsabschluss zwischen Preußen und Hannover, „Berliner Protokoll"

**1829**
Nach fünfjähriger Bauzeit wird der „Ems-Canal" („Haneken-Kanal") fertiggestellt

**31. März 1831**
„Rheinschifffahrtsakte"

**1832**
Preußen lässt Projekt eines Lippe-Ems-Kanals fallen

**1843**
Abschluss eines Emsschifffahrtsvertrages zwischen den Königreichen Hannover und Preußen

**15. Oktober 1847**
Aufnahme des Betriebes der Köln-Mindener-Eisenbahn bis Minden

**24. April 1856**
Dortmunder Canal-Comité unter Leitung des Kreisbaumeisters von Hartmann legt dem preußischen Minister eine Denkschrift für den Bau eines Kanals zwischen Rhein und Elbe vor

**1856**
Handelsminister v. d. Heydt lässt erste Untersuchungen über mögliche Streckenführungen anstellen

**1856**
Fertigstellung der Hannoverschen Westbahn von Münster nach Emden

**9. August 1860**
Schreiben des Ministers für Handel, Gewerbe und öffentliche Arbeiten veranlasst Planungs-Vorarbeiten

**Mai 1862**
Vorlage verschiedener Streckenvarianten durch den „Königlichen Wasserbauinspektor" Karl Michaelis

**1863**
Ministerium erlässt Anordnung zur Ausführung technischer Vorarbeiten für einen „Rhein-Elbe-Kanal" auf Staatskosten

**1864**
Michaelis legt Abschlussbericht vor und favorisiert eine Kanaltrasse von Dortmund über Münster und Bevergern/Bergeshövede nach Minden

**15. Juni 1869**
Gründung des „Centralvereins für die Hebung der deutschen Fluß- und Kanalschifffahrt"

**1873**
Gründung des „Emscher-Kanal-Komitees"

**11. Juni 1874**
Preußisches Gesetz über die Enteignung von Grundeigentum

**1877**
Preußische Regierung legt dem Landtag eine Wasserstraßen-„Denkschrift" vor, in der u. a. der Bau eines „Rhein-Weser-Elbe-Kanals" vorgesehen ist

**1878**
Handelsminister Achenbach setzt zwei Kommissionen in den Provinzen Westfalen und Hannover zur Überprüfung des Kanalprojekts ein

**1879**
Inbetriebnahme des „Haren-Rütenbrock-Kanals"

**27. März 1882**
Gesetzesvorlage zum Bau eines „Dortmund-Ems-Kanals" (Projekt einer „Deutschen Rheinmündung") zunächst ohne Anbindung an Rhein, Weser und Elbe

**Juni 1883**
Vorlage wird vom preußischen Abgeordnetenhaus angenommen (9. Juni) und scheitert im Herrenhaus am erbitterten Widerstand der ostelbischen Großagrarier (30. Juni)

**1886**
Einbringung (13. März), Beschluss Abgeordnetenhaus (27. Mai), Beschluss Herrenhaus (10. Juni) und Unterzeichnung durch Wilhelm I. (9. Juli) der Gesetzesvorlage zum Bau des DEK in Verbindung mit dem Projekt eines Oder-Spree-Kanals

**1888**
Übernahme des Emder Hafens durch den preußischen Staat

**1889**
Gründung des Nordwestdeutschen Kanalvereins

**23. Mai 1889**
Einsetzen einer „Königlichen Kanal-Kommission" in Münster, die am 1. Juli 1889 ihre Arbeit aufnimmt

**1891**
Beginn der Erdarbeiten bei Varloh

**29. September 1893**
Kanaltag in Dortmund legt sich auf Bau eines Kanals entsprechend der „Südemscherlinie" fest

**18. Mai 1894**
Regierungsvorlage zum Bau einer Verbindung des DEK zum Rhein wird vom Preußischen Abgeordnetenhaus abgelehnt („Südemscher-Kanal", später: „Rhein-Herne-Kanal")

**November 1894**
Montanunternehmen Hoesch legt Denkschrift über „Dortmund und die schwedischen Eisenerzvorkommen, mit besonderer Berücksichtigung des Dortmund-Ems-Kanals" vor, droht offen mit Abwanderung an den Rhein

**21. Juni 1895**
Bruch des Mühlenbachdükers im Stadtgebiet von Lingen, Leerlauf einer bereits gefluteten 15 Kilometer langen Kanalstrecke

**9. Oktober 1895**
Erster Spatenstich zum Bau des Dortmunder Hafens

**26. Juni 1897**
Gesetzliche Ermächtigung zur Leistung von Mehrausgaben für ein vergrößertes Kanalprofil, den geplanten Anschluss an den Mittellandkanal und Befestigung der Ufer mit Steinschüttung

**18. November 1897**
Gründung der Westfälischen Transport-Actien-Gesellschaft (WTAG) im Hotel „Römischer Kaiser"/Dortmund

**1. März 1898**
Erlass eines Abgabentarifes durch Finanzministerium und Ministerium für öffentliche Arbeiten

**9. März 1898**
Übertragung der Bauangelegenheiten sowie die Verwaltung der Kanal- und Schifffahrtspolizei auf den Oberpräsidenten zu Münster bzw. den Regierungspräsidenten zu Aurich

**Mitte 1898**
Versuchsweise Freigabe des Verkehrs zwischen Emden und Herne

**■ 6. März 1899**
Versuchsweise Freigabe des Verkehrs zwischen Schiffshebewerk und Dortmund

**■ 1. April 1899**
Auflösung der Königlichen Kanal-Kommission

**■ Anfang Mai 1899**
Erster Schleppdampfer mit dem Kahn WTAG 11 bringt 600 Tonnen schwedisches Erz für die „Dortmunder Union" von Emden nach Dortmund

**■ 11. August 1899**
Inbetriebnahme des DEK, Eröffnung durch Kaiser Wilhelm II.

**■ 15./16. Oktober 1899**
Festakt zu Eröffnung des Stadthafens von Münster

**■ 30. Dezember 1899**
Erlass einer Schifffahrtspolizei-Verordnung für den DEK

**■ Juli 1901**
Inbetriebnahme des Emder Außenhafens

**■ 10. September 1904**
Bruch des Oberhauptes der Schleuse Meppen

**■ 19. Oktober 1904**
Provisorische Wiederherstellung der Schleuse Meppen, Beendigung der Umleitung über den alten Hanekenkanal

**■ 1. April 1905**
Preußisches Wasserstraßengesetz (Bau eines „Ems-Weser-Kanals" mit einem Anschlusskanal nach Hannover, des „Rhein-Herne-Kanals", des „Datteln-Hamm-Kanals" und eines „Großschifffahrtsweges Berlin – Stettin")

**■ 1906**
Fertigstellung einer Ersatzschleuse in Meppen

**■ August 1906**
Schleppversuchsfahrten auf dem DEK zur Ermittlung geeigneter Kurvenradien für die neuen Kanäle

**■ 25. Februar 1907**
Verordnung zur Bildung von Wasserstraßenbeiräten zur beratenden Mitwirkung beim Bau und Betrieb der nach dem Wasserstraßengesetz vom 1. April 1905 auszubauenden Wasserstraßen

**■ 1907**
Gründung des „Schiffahrt-Vereins für den Dortmund-Ems-Kanal". Verlängerung des Dortmunder Stadthafens um den Schmiedighafen

**■ 1910**
Beginn der Bauarbeiten an den neuen Schleppzugschleusen

**■ 1910**
Erweiterung des Dortmunder Hafens um den Marxhafen und den Mathieshafen

**■ 24. Dezember 1911**
Reichsgesetz über den Ausbau der deutschen Wasserstraßen und die Erhebung von Schifffahrtsabgaben

**■ 30. April 1913**
Gesetz über die Einrichtung eines staatlichen (Monopol)-Schleppbetriebes; Gründung der Schleppämter Duisburg und Hannover

**■ 1913**
Erweiterung des Dortmunder Hafens um den Industriehafen

**■ 27. Oktober 1913**
Einweihung der Großen Seeschleuse in Emden

**■ 4. Dezember 1913**
Einsturz der fertig montierten Eisenbahnstahlbrücke in Hanekenfähr beim Einschwimmen

**■ 11. März 1914**
Inbetriebnahme der neuen Schleppzugschleusen Hesselte und Gleesen

**■ 27. Juni 1914**
Inbetriebnahme der neuen Schleppzugschleuse Venhaus

**■ September 1917**
Notinstandsetzung der alten Schleppzugschleuse Hüntel

**■ 1919**
Baubeginn der Schleuse III in Münster

**■ 29. Juli 1921**
Staatsvertrag regelt Übernahme der Wasserstraßen von den Ländern durch das Reich („Verreichlichung") auf Grund des Artikels 97 der Reichsverfassung von 1919

**■ 16. Januar 1922**
Dr. Leo Sympher, der „Vater des MLK" stirbt in Berlin

**■ 1922**
Erster „Allgemeiner Entwurf" für den Ausbau des DEK „zur Anpassung an den zu erwartenden stärkeren Verkehr und zur Ermöglichung der Fahrt des 1.000-t-Schiffs"

**■ 8. April 1923**
Sprengung des Emscherdükers durch einen Sabotageakt während der Ruhrbesetzung, Leerlaufen des Stichkanals Herne

**■ 1. April 1924**
Schleppämter Duisburg und Hannover werden der Wasserbaudirektion Münster unterstellt

**■ 1924**
Einrichtung einer eigenen Verwaltung des staatlichen Schleppbetriebes in Münster

**■ 1925**
Inbetriebnahme der neuen Schleppzugschleusen Hüntel und Münster III

**■ Juli 1928**
Rahmenentwurf für den Ausbau des DEK

**■ 19. Oktober 1929**
Inbetriebnahme der „Zweiten Fahrt" Emscher des DEK

**■ 1. April 1930**
Reichsschleppbetrieb wird in einen kaufmännisch geleiteten Reichsbetrieb umgewandelt

**■ 11. April 1930**
Sitzung der technischen Kommission des DEK in Dortmund legt Ausbau des Kanals zur Steigerung seiner Leistungsfähigkeit fest

**■ 8. November 1933**
Öffentliche Bekanntmachung über den Beschluss zum Ausbau des DEK

**■ 1934**
Beginn des Baus der Zweiten Fahrt Hanekenfähr

**■ 1935**
Beginn des Emsausbaus auf Sommerhochwasser, Fertigstellung des flutkehrenden neuen Untertores der Schleuse Herbrum

**■ 1938**
Beginn der Bauarbeiten am Seitenkanal Gleesen-Papenburg

**■ 15. Mai 1938**
Gründung der Nord-Westdeutschen Schleppdampfer-Genossenschaft (NSG) durch Schlepperpartikuliere mit Sitz in Emden

**■ 23. Juli 1938**
Einführung des staatlichen Schleppmonopols auf der Südstrecke des DEK von Dortmund bis Bergeshövede; unbeschränkte Zulassung der Selbstfahrer auf den westdeutschen Kanälen

**■ 10. Juni 1939**
Umwandlung des Dortmunder Hafens von einem städtischen Eigenbetrieb in eine Aktiengesellschaft

**■ 4. Oktober 1939**
Einführung des staatlichen Schleppmonopols auf der Nordstrecke des DEK von Bergeshövede bis Emden

**■ 12./13. August 1940**
Zerstörung der alten Kanalüberführung über die Ems durch Bombenangriff

**■ 1941**
Einstellung der Bauarbeiten am Seitenkanal Gleesen-Papenburg

**■ Frühjahr 1944 bis Januar 1945**
Mehrfache Bombardierung der DEK-Dammstrecke bei Ladbergen; schließlich Einstellung der Schifffahrt

**■ 7. April 1945**
„Führerbefehl" an die Wehrmacht zur Zerstörung sämtlicher Brückenanlagen

**■ 3. Dezember 1945**
Verkehrsfreigabe des DEK zum Aufsuchen von Werften im

Bezirk des Wasserstraßenamtes Meppen

**■ 25. Februar 1946**
Verkehrsfreigabe des DEK mit Einschränkungen

**■ 1. Mai 1946**
Verkehrsfreigabe des DEK ohne Beschränkungen auf ganzer Länge

**■ 19. Juli 1946**
Gründung der Generaldirektion für Wasserstraßen und Binnenschifffahrt in Windelsbleiche bei Bielefeld

**■ 5. Mai 1950**
Beschluss des Bundestages über den „Emslandplan"

**■ 3. Januar 1951**
Beschluss des Deutschen Bundestages über den Ausbau der Nordstrecke

**■ 1952**
Emsausbau: Durchstich Sustrum fertiggestellt

**■ 19. Juli 1953**
Emsausbau: Inbetriebnahme des neuen Wehres Bollingerfähr

**■ 21./22. Oktober 1954**
Festlegung von Ausbaunormen für Wasserstraßen im Rahmen der 2. Westeuropäischen Verkehrsminister-Konferenz

**■ 25. November 1954**
Verkehrsfreigabe der Schleppzugschleusen Varloh, Meppen und Bollingerfähr
Emsausbau: Inbetriebnahme des neuen Wehres Hilter

**■ 1954**
Einstellung des Pumpwerkbetriebes in Olfen

**■ 23. Juni 1956**
Verkehrsübergabe der Schleppzugschleuse Hilter

**■ Sommer 1956**
Emsausbau: Inbetriebnahme des neuen Wehres Düthe

**■ Oktober 1956**
Inbetriebnahme der kleinen Schleuse Meppen

**■ 30. Juli 1957**
Verkehrsübergabe der Schleppzugschleuse Düthe

**■ Juli 1958**
Inbetriebnahme der Zweiten Fahrt Hanekenfähr mit Sperrtor

**■ 1958/1959**
Neubau eins großen Hafenbeckens als kombinierter Schutz-, Liege- und Umschlaghafen in Haren/Ems

**■ 1959**
Emsausbau: Fertigstellung des Durchstiches Roheide (Meppen)

**■ 6. Februar 1959**
Uraufführung des Dokumentarfilms „Die Ems und der Dortmund-Ems-Kanal" in Dortmund

**■ 2. April 1959**
Freigabe des DEK für 1000-Tonnen-Schiffe mit einem Tiefgang von 2,50 Metern (Festakt im Friedenssaal des Münsteraner Rathauses)

**■ 1961**
Beschluss und Vereinbarung über einheitliche Klassifizierung und Anwendung einheitlicher Ausbaunormen der Wasserstraßen im Rahmen der Europäischen Verkehrsminister-Konferenzen (CEMT)

**■ 1961**
Emsausbau: Inbetriebnahme des neuen Wehres Herbrum

**■ 1. Januar 1963**
Freigabe des Verkehrs auf dem DEK für 1.350-Tonnen-Schiffe

**■ 1965**
Anlage des Hafens Dörpen am Küstenkanal im bereits fertiggestellten Kanalbett des geplanten Seitenkanals Gleesen-Papenburg

**■ 14. September 1965**
Regierungsabkommen zwischen Bund und Land NRW (u. a. Ausbau des DEK mit 235 Mio. DM)

**■ 11. Oktober 1965**
Gründung der „Rheinisch-Westfälischen Kanal-GmbH (RWK)" mit Sitz in Münster

**■ 1965**
Inbetriebnahme des neuen Bauwerkes in Hamm für die Einspeisung von Lippewasser in das Kanalsystem

**■ 1966**
Verkehrsübergabe der 2. Schleuse Herbrum

**■ 31. Dezember 1966**
Auflösung des Maschinenamtes Bergeshövede

**■ 11. August 1967**
Auflösung des „Bundesschleppbetriebes" durch Gesetz zum 31. Dezember

**■ 1968**
Zulassung des „Europaschiffes" auf dem DEK

**■ 8. August 1968**
Vertrag zwischen der BRD und dem Land NRW „über die Verbesserung der Lippewasserführung und die Speisung der westdeutschen Kanäle mit Wasser, sowie die Wasserversorgung aus ihnen"

**■ 1. Januar 1970**
Gründung des „Wasserverbandes Westdeutscher Kanäle", Sitz Essen

**■ 1972**
Nachtrag zum Regierungsabkommen von 1965: Zurückstellung der Schleusenersatzbauten für die Nordstrecke des DEK zugunsten des Rhein-Herne-Kanals für die Beseitigung von Schäden durch Bergsenkungen

**■ 1974**
Inbetriebnahme der neuen großen Schleuse Altenrheine

**■ August 1983**
Abschluss einer privatrechtlichen Rahmenvereinbarung zwischen der Ruhrkohle AG und der Wasser- und Schifffahrtsdirektion Münster zur Kostenteilung bei Baumaßnahmen in Bergbaugebieten

**■ 1984**
Inbetriebnahme der Fernsteuerungszentrale in Datteln für die Wasserbewirtschaftung der westdeutschen Kanäle

**■ 29. April 1985**
Erster Spatenstich für die neue Schleuse Henrichenburg

**■ 1985**
Auflösung der RWK

**■ 11. August 1989**
Verkehrsfreigabe der neuen Schleuse Henrichenburg
Erstmals befährt ein Schubverband (MATHIAS STINNES) den DEK

**■ 1990**
Bundesverkehrsministerium erlässt „Richtlinien für Regelabmessungen des nordwestdeutschen Kanalnetzes" (für Schubverbände mit zwei Leichtern Europa II und Großmotorgüterschiffe)

**■ 1990**
Freigabe der Ruhrgebietskanäle für den Sportbootverkehr

**■ 1993**
Beginn des Ausbaus der Südstrecke

**■ 1994**
Überarbeitung des Klassifizierungssystems für die europäischen Wasserstraßen

**■ 27. April 2001**
Letzter Hochofenabstich in Dortmund, Ende der Symbiose von Hafen und Montanindustrie

**■ 15. April 2009**
Verkehrsübergabe der neuen Schleuse 1 in Münster

**■ 22. Juni 2012**
5. Bericht des Bundesverkehrsministeriums über die Reform der Wasser- und Schifffahrtsverwaltung und der neuen „Netzkategorisierung"

**■ 15. April 2014**
Verkehrsübergabe der neuen Schleuse 2 in Münster

**■ 23. August 2016**
Erster Spatenstich für die neue Schleuse Gleesen im Zuge des Ausbaus der Nordstrecke

## 100 Jahre Kanalbau in Deutschland – eine Chronik

**Das deutsche Netz von Binnenwasserstraßen hat eine Gesamtlänge von rund 7.500 Kilometern. Davon entfallen rund 2.000 Kilometer auf Kanäle, die von der gewerblichen Binnenschifffahrt genutzt werden. Sie wurden innerhalb von rund 100 Jahren nach und nach gebaut und in Betrieb genommen. Der Schwerpunkt des deutschen Kanalbaus lag in der ersten Hälfte des 20. Jahrhunderts.**

Großen Anteil nahm die Bevölkerung, wenn im Deutschen Kaiserreich technisch herausragende Bauwerke wie Kanäle offiziell eingeweiht wurden. Derartige Feierlichkeiten fanden immer im Sommer statt und es sollte „Kaiserwetter" herrschen, denn solche Anlässe mit viel Pomp und Tschingderassabum ließ Wilhelm II. sich nicht entgehen. Dabei gewesen zu sein, war etwas Besonderes und wurde durch das Verschicken von Ansichtskarten stolz kund getan

| | |
|---|---|
| **5. Juni 1888** | Ems-Jade-Kanal (Verkehrsfreigabe / als Bundeswasserstraße werden heute nur noch die letzten 5,44 Kilometer bis Wilhelmshaven genutzt) |
| **1. Mai 1891** | Oder-Spree-Kanal (Verkehrsfreigabe) |
| **20. Juni 1895** | Nord-Ostsee-Kanal (Eröffnung durch Kaiser Wilhelm II., zunächst „Kaiser-Wilhelm-Kanal") |
| **11. August 1899** | Dortmund-Ems-Kanal (Eröffnung durch Kaiser Wilhelm II.) |
| **16. Juni 1900** | Elbe-Lübeck-Kanal (Eröffnung durch Kaiser Wilhelm II.) |
| **2. Juni 1906** | Teltowkanal (Eröffnung durch Kaiser Wilhelm II.) |
| **17. Juni 1914** | Havel-Oder-Wasserstraße (Eröffnung durch Kaiser Wilhelm II., zunächst „Hohenzollernkanal") |
| **17. Juli 1914** | Rhein-Herne-Kanal (Verkehrsfreigabe) |
| **18. Juli 1914** | Datteln-Hamm-Kanal bis Hamm (Verkehrsfreigabe) |
| **16. Februar 1915** | Mittellandkanal (Verkehrsfreigabe des ersten Bauabschnitts „Ems-Weser-Kanal" bis Minden mit Stichkanal nach Osnabrück) |
| **Sommer 1916** | Mittellandkanal (Verkehrsfreigabe des zweiten Bauabschnitts bis Hannover-Misburg mit Stichkanal nach Linden) |
| **20. Juni 1928** | Mittellandkanal (Verkehrsfreigabe des dritten Bauabschnitts bis Peine mit Stichkanal nach Hildesheim) |
| **2. Juni 1930** | Wesel-Datteln-Kanal (Aufnahme Probebetrieb) |
| **23. August 1933** | Datteln-Hamm-Kanal-Verlängerung bis Schmehausen (Verkehrsfreigabe) |
| **28. September 1935** | Küstenkanal (Verkehrsfreigabe) |
| **30. Oktober 1938** | Mittellandkanal (Verkehrsfreigabe des vierten Bauabschnitts bis Magdeburg) |
| **2. Dezember 1940** | Mittellandkanal (Verkehrsfreigabe des Stichkanals Salzgitter) |
| **28. Juni 1952** | Havelkanal (Verkehrsfreigabe) |
| **15. Juni 1976** | Elbe-Seitenkanal (Eröffnung durch Bundesverkehrsminister Kurt Gscheidle, den Ersten Bürgermeister von Hamburg Hans-Ulrich Klose und den niedersächsischen Ministerpräsidenten Ernst Albrecht) |
| **25. September 1992** | Main-Donau-Kanal (Eröffnung durch den bayerischen Ministerpräsidenten Max Streibl) |

Dortmund, Stadthafen mit Schleppern (1906)

Dortmund, Stadthafen mit Schleppern (1906)

Kanalabschnitt Dortmund-Schiffshebewerk mit Bootshaus (1925)

Dortmund, Hafen und Schiffshebewerk (um 1900)

Dortmund, Stadthafen mit Hafenamt (um 1920)

Dortmund, Stadthafenbrücke mit WTAG-Schleppern (1906)

Waltrop, Schiffshebewerk, Oberwasser (um 1910)

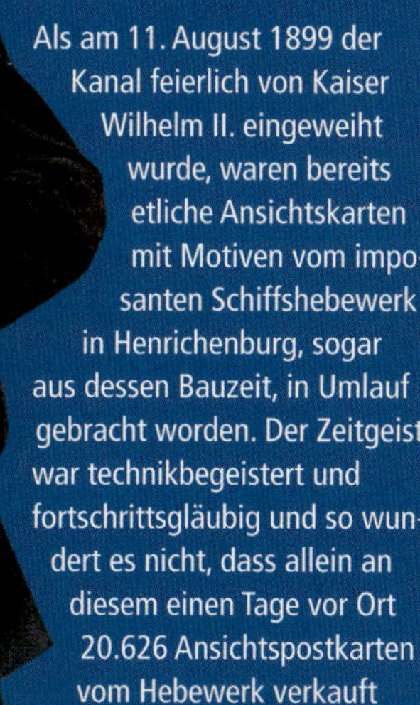


# Kähne, Kräne, Kohlenkipper: Grüße vom Kanal

Die Ansichtskarte ist eine typische Erfindung der Gründerzeit und des beginnenden Industriezeitalters. Offiziell eingeführt im Jahr 1872, erlebte die Bildpostkarte, befeuert durch eine Industrie, die sie mit immer neuen und verbesserten drucktechnischen Verfahren massenhaft herstellen konnte, in der Zeit zwischen 1895 und dem Ende des Ersten Weltkrieges ihre Blütezeit. Ein regelrechtes Postkartenfieber begann etwa zeitgleich mit Eröffnung des Dortmund-Ems-Kanals. 1899 wurden im Deutschen Reich bereits 88 Millionen Karten produziert, ein Jahr später wurde eine Viertelmilliarde davon verschickt und im Jahr 1906 – ein Jahr, nachdem endlich auch die linke Hälfte einer nun geteilten Anschriften-Rückseite beschrieben werden durfte – waren es knapp 1,2 Milliarden Karten.

Als am 11. August 1899 der Kanal feierlich von Kaiser Wilhelm II. eingeweiht wurde, waren bereits etliche Ansichtskarten mit Motiven vom imposanten Schiffshebewerk in Henrichenburg, sogar aus dessen Bauzeit, in Umlauf gebracht worden. Der Zeitgeist war technikbegeistert und fortschrittsgläubig und so wundert es nicht, dass allein an diesem einen Tage vor Ort 20.626 Ansichtspostkarten vom Hebewerk verkauft

Dortmund, Stadthafen mit Hafenamt (1908)

Dortmund, Stadthafen mit Gleisanlagen und Portalkran (um 1910)

Dortmund, Neue Hafenanlage (1908)

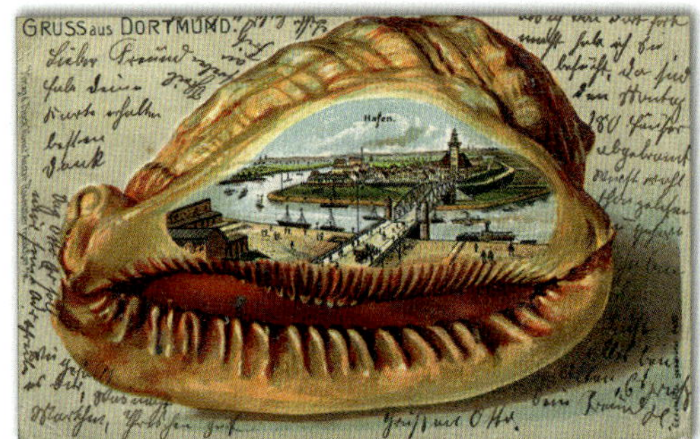

Dortmund, Stadthafen mit Hafenamt in Prägemuschel (1905)

Waltrop, Neues Schiffshebewerk (1962)

Waltrop, Schiffshebewerk, Unterwasser (um 1930)

Waltrop, Schachtschleuse, Oberwasser mit Sparbecken (um 1920)

Waltrop, Schiffshebewerk, Oberwasser (1910)

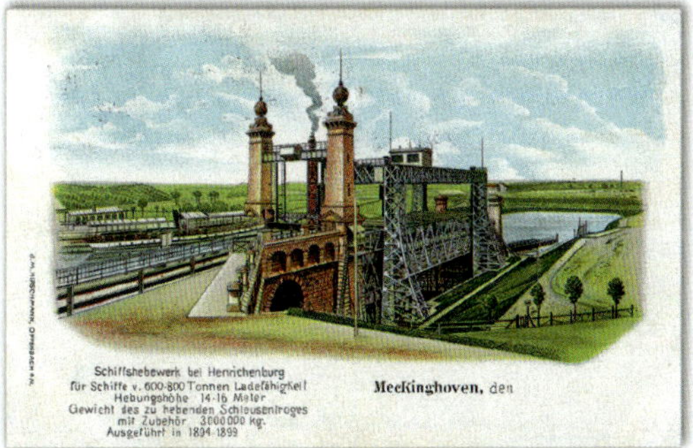


Waltrop, Schiffshebwerk (1910)

Waltrop, Schiffshebewerke, Schachtschleuse, Kiosk (um 1975)

Waltrop, Schiffshebewerk (um 1910)

Zweigkanal Herne, Hafen und Zeche Friedrich der Große (um 1920)

Zweigkanal Herne, Hafen und Zeche Friedrich der Große (1931)

wurden. Angeboten wurden sie damals von fliegenden Händlern, aber auch in Gaststätten, an Kiosken, speziellen Ansichtskartenläden oder in Automaten. In Deutschland setzte eine regelrechte Ansichtskarten-Sammelwut ein, von der ein ganzer Wirtschaftszweig lebte: angefangen bei Lithografen, Fotografen und Künstlern bis zu den Verlagen, Druckereien oder Einsteckalbenherstellern. Vor dem Zeitalter von illustrierter Presse, Telefon, Radio und Fernsehen stellte die Postkarte das Nachrichten- und Kommunikationsmedium schlechthin dar. In diesen Zeitraum fallen auch unter qualitativen Gesichtspunkten die schönsten Motive und Varianten.

Es gab kein Thema, für das die Bildpostkarte nicht gut war, kein Sujet, das nicht Eingang als Motiv gefunden hätte. Gerade in der Anfangszeit des Dortmund-Ems-Kanals, der in der Bevölkerung als kleines Wunderwerk galt, wurde auf Postkarten so ziemlich alles abgebildet, das deutsches Ingenieurswesen hervorgebracht hatte: Das waren die markantesten Bauwerke des Kanals wie das Schiffshebewerk, die Kanalüberführungen und Hafenanlagen, aber auch die meisten Brücken, die kleinen und großen Schleusen, Pumpwerke, Bauhöfe und natürlich immer wieder der von Schleppern und Kähnen befahre Kanal selbst. Dabei ließen die Künstler bisweilen auch ihrer Fantasie freien Lauf, etwa wenn auf einmal stattliche Großsegler oder Seitenraddampfer auf dem Kanal auftauchten. Als Herausgeber dieser Karten mit Hunderten von Ansichten und Darstellungen (allein vom Schiffshebewerk sind fast 200

Waltrop, Schiffshebewerk, unterer Vorhafen (um 1950)

Zweigkanal Herne, Hafen, Zeche, Ausflugsdampfer (1928)

Zweigkanal Herne, Hafen (1956)

Zweigkanal Herne, Hafen und Zeche Friedrich der Große (1906)

Zweigkanal Herne, Hafen und Zeche (um 1925)

Zweigkanal Herne, Hafen und Zeche „König Ludwig", Kohlenkipper (1900)

Datteln, Kanalbrücke, Schleppzug (um 1925)

Olfen, Alte Fahrt, Schlepper (1916, Feldpostkarte)

verschiedene Motive nachgewiesen) fungierten neben den örtlichen Druckereien, Buchhandlungen und Schreibwarengeschäften auch zahlreiche Gaststätten und „Tante-Emma-Läden", die sich gerne mit einer kleinen Abbildung werbewirksam in Szene setzten.

In den 1920er-Jahren geriet die Bildpostkarte dann gegenüber den neu aufkommenden Bildmedien wie Illustrierten ins Hintertreffen. Auf der Ansichtskarte selbst hatte die fotografische Darstellung – befördert durch eine stürmische drucktechnische Fortentwicklung – die vielfach verwendeten kolorierten Lithografien verdrängt. Das „goldene Zeitalter" der illustrierten Postkarte und der künstlerischen Ausgestaltung neigte sich dem Ende zu. Die Motive in der Zeit zwischen den Weltkriegen wurden nun deutlich dokumentarischer und nüchterner als ihre Vorläufer aus der Kaiserzeit, ein Trend, der sich in den 1950er- und 1960er-Jahren in der Zeit des Kanalausbaus fortsetzte. In den 1970er-Jahren traten dann anstelle von überwiegend Schwarz-Weiß-Ansichtskarten aus dem Schifffahrtsbereich zunehmend farbige Freizeit- und Tourismusmotive

Unternehmen wir also eine kulturgeschichtliche Zeit-Reise entlang des Kanals. Wo wir Station machen, verschicken wir eine oder mehrere Ansichtskarten – mal aus der Kaiserzeit, mal aus den „Goldenen" 1920er-Jahren, mal aus der Wirtschaftswunderzeit: Grüße vom Kanal!

Münster, Stadthafen I (1910)

# Ansichts-Postkarten.

Ansichts-Postkarten bilden heutzutage eine beliebte Erinnerung an unternommene Ausflüge und Reisen. Jeder Tourist hat daher das Bestreben, solche seinen Angehörigen und Freunden zu übersenden. Auch von

**Jbbenbüren und Umgegend**

ist im Verlage der

**Buchhandlung**

**Bernhard Scholten**

**in Jbbenbüren,**

**Marktstrasse, gegenüber dem Kirchplatz,**

eine reichhaltige Auswahl schöner Karten erschienen, die jedem Gelegenheit bietet, diesem angenehmen und die Erinnerung wachhaltenden Sport zu huldigen.

Olfen, Alte Fahrt, Steverbrücke, Lippe-Pumpwerk (um 1900)

Olfen, Lippe mit Lippebrücke (um 1906)

Olfen, Stever mit Steverbrücke (1935)

Münster, Schleuse (Mehrbildkarte um 1960)

Senden, Hafen (um 1950)

Münster, Stadthafen I, Speicher Flechtheim (1905)

Fuestrup, Emsüberführung (1914)

Münster, Stadthafen I, Denkmal (um 1910)

Münster, Stadthafen I, Elevatoren (um 1925)

Kanal bei Münster, Schlepper (1910)

Bevergern, Kanal mit Schleuse (1902)

Bergeshövede, „Nasses Dreieck" (1974)

Bergeshövede, „Nasses Dreieck", Schleuse, Mittellandkanal (um 1950)

Dörenthe, Hafen, Gastwirtschaft (um 1900)

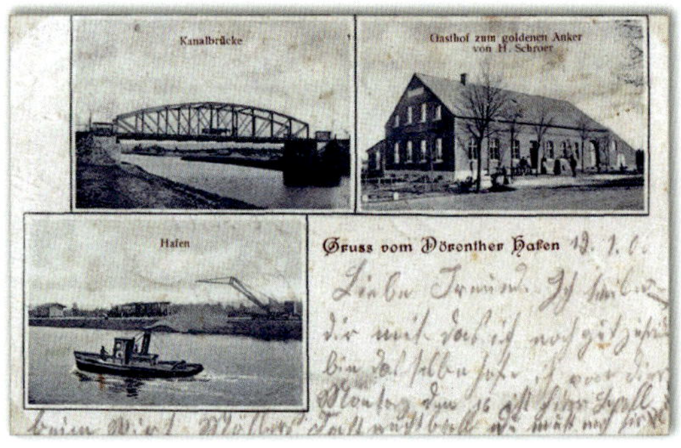

Dörenthe, Kanal, Brücke, Gasthaus (1900)

Dörenthe, Hafen, Gastwirtschaft (um 1940)

Bergeshövede, „Nasses Dreieck", Monopolschlepper, „Wirtschaft Baumann" (1943)

Bevergern, Große Schleuse (um 1970)

Rheine, Kanal, Hafen (1901)

Rheine, Kanal, Hafen (um 1910)

Rheine-Rodde, Schleuse, Lebensmittelgeschäft (um 1940)

Rheine-Rodde, Gasthof, Schleuse, WTAG-Kahn, Schlepper

Hanekenfähr, Kanal, Schlepper (um 1940)

Lingen, alter Hafen, Packhaus (um 1940)

Lingen, Kanal mit Drehbrücke (um 1910)

Meppen, Hase, Schlepper (Feldpostkarte 1917)

Lingen, alter Hafen, Packhaus, südliches Bett (um 1910)

Lingen, alter Hafen, Packhaus, Waggons (um 1920)

Meppen, „An der Ems", Jahrweiser „Deutsches Wandern" des DJH (1963)

Meppen, Hase mit Drehbrücke (1958)

Haren (Ems), neuer Hafen (um 1960)

Herbrum, Schleuse, unterer Vorhafen (um 1950)

Papenburg, Meyerwerft (1890)

Emden, Außenhafen, Binnenschiffe, Schlepper (um 1925)

Emden, Hafen, Binnenschiffe (um 1910)

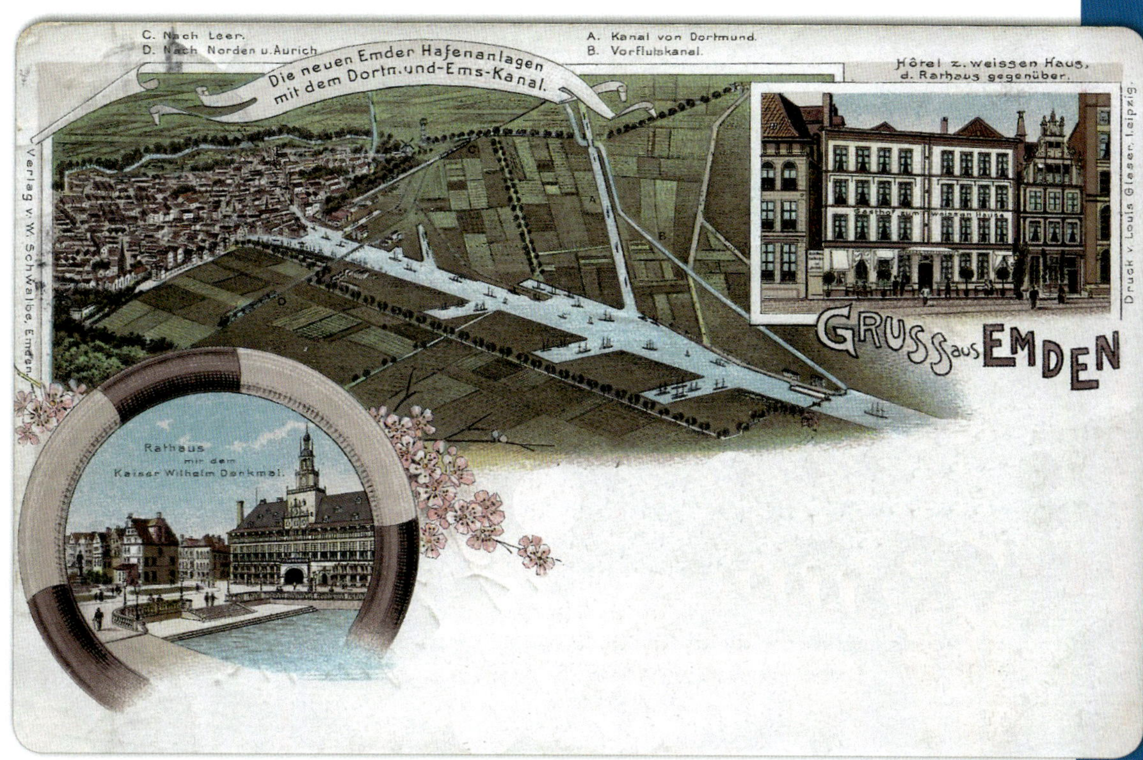


Emden, Übersichtskarte, Rathaus, Hotel (1900)

Emden, Hebedrehkran, Kohlenkipper (1924)

Emden, Außenhafen (1928)

Emden, Außenhafen (1913)

Emden, Große Seeschleuse (1967)

# STICHWORTE N-Z

## Nasses Dreieck

In Bevergern-Bergeshövede, einem Ortsteil von Hörstel bei → **Rheine** im Tecklenburger Land, zweigt der → **Mittellandkanal** bei Kanalkilometer 103,85 vom Dortmund-Ems-Kanal ab und quert den Teutoburger Wald in einem natürlichen Einschnitt (Gravenhorster Schlucht). Schnell bürgerte sich bei der Bevölkerung wegen der entstandenen ausgedehnten Wasserfläche der Begriff „Nasses Dreieck" ein. Die Flutung des MLK – er wurde im Februar 1915 dem Verkehr übergeben – und damit die Geburt des Nassen Dreiecks soll enttäuschend unspektakulär gewesen sein und dauerte mehrere Tage.

Bergeshövede war der wohl bedeutendste und lebhafteste Knotenpunkt zur Zeit der Schleppschiffahrt, wo es eine Betriebsstelle des staatlichen Schleppmonopols gab und seit 1949 ein Internat für die Kinder der Binnenschiffer, die hier während der Pausen beim Wechseln der Schlepper ihre Sprösslinge besuchen konnten. Das einst verschlafene Bauerndorf, in dem 1892 noch ein Amtmann per Ausruf bekanntmachte, dass der Kanal hier vorbeiführen würde, erlebte zunächst mit dem Bau und später durch den Betrieb der Kanäle einen enormen wirtschaftlichen Aufschwung. In der Blütezeit waren am Nassen Dreieck fünf Gaststätten, zwei Fleischereien, eine Bäckerei, eine Schneiderei für Berufskleidung, Lebensmittelgeschäfte („Tante Frida", „Klostermann"), zwei → **Werften** (das

KARTE VOM DORTMUND-EMS-KANAL
BEARBEITET NACH ANGABEN DER KÖNIGLICHEN KANAL-KOMMISSION.
VERLAG: MAX PASCH, KÖNIGLICHER HOFBUCHHÄNDLER BERLIN SW.
Erklärung.

Die Preußische Regierung hatte den „Mittellandkanal", der bei Bevergern vom Dortmund-Ems-Kanal abzweigen sollte, projektiert, lange bevor endlich der Widerstand dagegen im Parlament gebrochen werden konnte. Diese Karte des „Königlichen Hofbuchhändlers" Max Pasch erschien 1894. Erst zwanzig Jahre später entstand hier am Abzweig das sogenannte Nasse Dreieck

Das Nasse Dreieck war ein wichtiger Knotenpunkt zur Zeit der Schleppschifffahrt, denn hier wurden die aus drei Richtungen kommenden Kähne zu Schleppverbänden je nach ihren Zielhäfen neu zusammengestellt. Deshalb war hier auch eine Schleppbetriebsstelle angesiedelt. Diese 30 Schlepper warteten 1958 allerdings auf ihre Abwrackung – ihre Ära ging zu Ende

Schleppzugschleuse Bevergern in den 1950er-Jahren: Erstaunlich, wie dicht damals Schaulustige an das interessante Geschehen heran durften

staatliche „Maschinenamt“ und eine kleine private), eine Poststation, drei Schiffsausrüster, ein Hafen, ein Betrieb für Schiffsreparaturen und Bunkereinrichtungen angesiedelt.

Am 23. Juni 1898 war der DEK im Abschnitt Bergeshövede fertiggestellt und wurde geflutet. Die Wasserstraße entfaltete nun auch im regionalen Bereich ihre Wirkung. Es habe sich schon ein „ziemlich reger Verkehr darauf entwickelt“, hieß es, und: „Alle Gewerbe melden steigende Tendenz. Fünf Steinbrüche, von denen zwei der königlichen Kanalverwaltung gehören, haben Gleisanschluss zum Kanal verlegt. Die Kellersche Dampfziegelei und die Hörsteler Glashütte gehen gut.“ Der Schiffsverkehr am Nassen Dreieck nahm in Spitzenzeiten gewaltige Ausmaße an, so dass hier Dutzende von Schleppern bis zum Ende des Bundesschleppbetriebes 1967 stationiert waren. Bei „Onkel Gottfried“ von der Hafenkantine gab es nicht nur Sülzkoteletts und Bier, sondern auch Ölzeug, Schuhwichse und das neueste Rundfunkprogramm. Seine Frau Berta betrieb ebenfalls ein Proviantboot, damit die „Schiffi-

Schiffsausrüster Jürgen Cojetzki betrieb von 1951 bis 1970 ein Verkaufsboot (die LUX), mit dem er seinen Kunden die Ware direkt ans Schiff brachte

schen Hausfrauen“ auf den vielen wartenden Kähnen es einfacher hatten.

Diese Zeiten sind lange vorbei. Heute sind am Nassen Dreieck noch eine Bunkerstation und ein Schiffsausrüster, der Außenbezirk „Altenrheine“ der → **Wasserstraßen- und Schifffahrtsverwaltung** mit einem Bauhof, das „Kompetenzzentrum für das Taucherwesen“ (→ **Taucherschule**) und damit die zentrale Ausbildungsstelle für die Berufstaucherei der WSV, eine Leitzentrale zur Fernsteuerung von Schleusen (→ **Telematik**) und eine Wache der → **Wasserschutzpolizei** angesiedelt. Die evangelische → **Schiffergemeinde** existiert seit 2009 nicht mehr.

Gleich hinter dem Abzweig des MLK trennt sich der DEK in Richtung Norden für rund zwei Kilometer in zwei Läufe: in die heute ungenutzte „Alte Fahrt“ mit einer seit 2007 unter Denkmalschutz stehenden historischen → **Schleuse** von 67 Metern Länge aus dem Jahr 1899 und in eine „Neue Fahrt“ nebst einer größeren Schleuse von 165 Metern Länge aus dem Jahr 1914. Auf der Schleuseninsel zwischen den beiden Fahrten wurde der „Botschaftsgarten Nasses Dreieck“ inmitten eines lauschigen alten Baumbestandes eingerichtet. Er besteht aus einem Ausstellungspavillon aus Streckmetall, der einer Schleusenkammer nachempfunden wurde, mit Informationstafeln zum Thema Kanal und Bin-

Der „Bergeshöveder Steg" steht unter Denkmalschutz. Notwendig wurde die „Treppkesbrücke" seinerzeit, um den örtlichen Bauern mit ihrem Vieh nicht den Weg zu ihren Weiden abzuschneiden. So befanden sich auf den Holzbohlen links und rechts Querhölzer, die den Kühen Halt beim Queren der steilen Brückenaufgänge gegeben haben

Auch heute sind am Nassen Dreieck noch eine Bunkerstation und ein Schiffsausrüster ansässig. Die Firma Weert aus Emden hat hier ihre BOLTENTOR stationiert, am Dattelner Meer noch die FALDERNDELFT. Die Schiffe tragen die Namen historischer Hafenquartiere in Emden

nenschifffahrt sowie einem roten Aussichts-Container, genannt „Red Box", direkt an der Inselspitze mit Blick auf das Kanaldreieck. Der „Botschaftsgarten" war ein Baustein des Projektes „Kanalband – Der arbeitende Fluss" im Rahmen der „Regionale 2004".

Zum Ensemble gehört noch der 90 Meter lange „Bergeshöveder Steg", eine filigrane, in genieteter Fachwerkbauweise und ebenfalls seit 1998 unter Denkmalschutz stehende Fußgängerbrücke aus Stahl, die die Neue Fahrt seit 1913 überquert. Ihre Konstruktion entspricht dem sogenannten Gerbersystem, bei dem an beidseitig angeordneten Eingangsrahmen ein eingehängtes Mittelfeld gelenkig an die Kragträger angeschlossen wird. Vergleichbare, gleich aufwändig gestaltete Brückenbauwerke können in Westfalen nicht mehr nachgewiesen werden. Im Zuge des weiteren → **Ausbau** des Kanals und des Neubaus einer Schleuse wird die Brücke deshalb erhalten, aber um sechs Meter verlängert und um 4,92 Meter angehoben. Auch die kleine Schleuse soll baulich gesichert und so erhalten bleiben, so dass ihre ursprüngliche Funktionsweise erkennbar bleibt.

Das Nasse Dreieck liegt in idyllischer Ruhe und landschaftlich reizvoller Lage. Es ist ein beliebtes Ausflugsziel, denn hier kreuzen sich verschiedene Wander- und Radwanderwege, hier finden Kulturveranstaltungen statt und auch eine 1902 errichtete Gaststätte mit Biergarten existiert immer noch.

## Nordstrecke/Südstrecke

Der Dortmund-Ems-Kanal verläuft zwischen 7° und 8° östlicher Länge von Süd nach Nord und wird unterteilt in zwei sehr unterschiedliche Abschnitte: die Südstrecke und die Nordstrecke.

Als Südstrecke wird der Abschnitt beginnend im Dortmunder Hafen bei Kanalkilometer 0 bis zur Schleuse Bevergern bei Kanalkilometer 109 bezeichnet, also in etwa bis zum Abzweig des → **Mittellandkanals** aus dem DEK. Hier beginnt die fast gleich lange Nordstrecke, die bis zum Übergang in die → **Tideems** bei Kanalkilometer 226 unterhalb von Herbrum endet. Die Südstrecke liegt vollständig auf dem Gebiet des Landes Nordrhein-Westfalen, während die ersten 12 Kilometer der Nordstrecke noch zu NRW gehören, der Rest dann jedoch zum Bundesland Niedersachsen.

Die südliche Trasse unterscheidet sich zunächst in bautechnischer Hinsicht ganz erheblich von der nördlichen. Zum einen ist die Südstrecke ausschließlich „Kanal" im engeren Sinne, während die Nordstrecke in Teilabschnitten auch aus staugeregelter bzw. frei fließender Ems und Hase besteht. Von den insgesamt 16 Schleusen befinden sich allein 14 auf der Nordstrecke – davon dienen sechs dem Abstieg zur → **Ems**. Die gesamte Südstrecke besteht dagegen aus nur drei → **Haltungen** und zwei Schleusenanlagen. Der wohl bedeutendste Unterschied liegt aber im Verkehrsaufkommen, denn die Südstrecke trägt seit Eröffnung des MLK im Jahr 1915 zusätzlich die Last des West-Ost-Verkehrs. Das Ungleichgewicht zwischen den beiden Abschnitten in Hinblick auf die beförderte Tonnage hat dabei umso mehr zugenommen, wie die alte Relation „Kohle zu Tal, Erze zu Berg" abgenommen hat und schließlich ganz zum Erliegen gekommen ist. Schon im Jahr 1943 bogen etwa zwei Drittel der die → **Schleuse** Münster passierenden Schiffe in den MLK ab. 1990 wurden auf der Südstrecke 14,6 Millionen Tonnen Güter befördert, auf der Nordstrecke nur 9,2 Millionen Tonnen. Und im Jahr 2013 wurden in → **Münster** 14.500 Fahrzeuge geschleust, wohingegen es in Bevergern nur 6.300 waren. Insofern war es auch folgerichtig, beim schrittweisen → **Ausbau** des Kanals der Südstrecke den Vorzug zu geben.

Bei Kanalkilometer 109 und mit Beginn des Abstiegs zur Ems endet die Süd- und beginnt die Nordstrecke des DEK. Die Luftaufnahme von 1988 zeigt rechts oben die Schleppzugschleuse Bevergern, vorne links die kurz danach stillgelegte kleine Schleuse Bevergern

P

## Pünte/Harener Pünte

Das Stadtwappen von Greven zeigt eine Pünte. Es wurde 1950 zusammen mit der Stadtflagge vom Innenministerium NRW genehmigt

Nachdem im Jahr 1949 die Landgemeinde Greven unweit von → **Münster** die Stadtrechte erhielt, durfte sie auch ein neues Wappen tragen. Man wählte ein historisches Vorbild von 1801, mit dem an eine lange Tradition als Schifferstadt und Greven als Endpunkt der Schifffahrt auf der → **Ems** („Hafen von Münster") erinnert wurde. Das Wappen zeigt eine stilisierte silberne Emspünte auf blauem Grund. Jahrhunderte lang war dieser legendäre Schiffstyp vorherrschend auf dem Mittellauf der Ems und erlebte beim Bau des Dortmund-Ems-Kanals und in dessen ersten Betriebsjahren nochmal eine kleine Blütezeit.

Die Geschichte der Pünte (wohl von „pontonis": flaches Schiff) lässt sich bis ins 16. Jahrhundert zurückverfolgen. Der Warentransport zwischen Holland und → **Münster**, die einen regen Handel miteinander betrieben, wurde zu einem großen Teil mit Pünten abgewickelt, die als „verlängerter Arm" der Seeschifffahrt galten, da die großen Seeschiffe wegen ihres Tiefgangs über Papenburg nicht hinauskamen. Zum Zentrum der Püntenschifffahrt wurde → **Haren**, wo sich ein eigenständiger Zweig von Berufsschiffern herausbildete und wo durch Aufnahme und Verfeinerung handwerklicher Tätigkeiten sich auch der Bau dieses Schiffstyps konzentrierte (deshalb auch „Harener Pünte").

Aquarell einer Harener Pünte: Die Besegelung war einfach zu handhaben und simpel konstruiert: Ein kurzer Mast stand weit vorn, hatte kein Kontergewicht und konnte bei Gegenwind oder vor Brücken umgelegt werden. Das Segel bestand aus einem einzigen dunklen, mächtigen Lappen ohne jede Liekenführung

Die emsländische Pünte entwickelte sich aus dem Einbaum. So wurden zunächst die Seiten dünner gestaltet und zur Vergrößerung des Freibords wurden Planken auf die Bordwände aufgesetzt. Später wurde das Fahrzeug durch eine Längsspaltung der Baumstammhälfte und Einsetzen von Bodenplanken immer mehr verbreitert. Als man ab dem 13. Jahrhundert die vormalig halbrunden Seitenteile des Einbaums durch aufeinandergesetzte Seitenplanken ersetzte, entstand ein prahmartiges Fahrzeug: die Pünte. Sie erfüllte die Anforderungen für die Binnenschifffahrt in seichten Gewässern wie der Ems oder dem Wattenmeer, weil sie einen flachen Boden ohne Kiel mit geringem Tiefgang hatte und stabil gebaut war. Senkrecht aufstehende Seitenwände ermöglichten ein problemloses Aufstocken durch aufgesteckte Bretter für den Transport von voluminösen Ladungen mit niedrigem Gewicht wie zum Beispiel Heu. Hinten liefen die Seitenplanken an einen klotzartigen Steven heran, an dem das Ruder befestigt war. Die Pünten wurden entweder mithilfe von Pferden oder von Menschenkraft vom Leinpfad am Ufer aus getreidelt oder aber gesegelt. Durch das Fehlen eines Kiels waren die Pünten in ihrer Steuerbarkeit und in ihrer Wendigkeit beeinträchtigt, weshalb sie mit Seitenschwertern versehen wurden, die bei geringer Wassertiefe im mäandernden Lauf der Ems leicht demontiert werden konnten. Die Besatzung betrug zwei bis drei Mann („Püntker") und das Treidelpferd konnte mit an Bord genommen werden. Die Pünten waren lange Zeit die mit Abstand größten hölzernen Flussfrachtschiffe mit einer Tragfähigkeit von rund 40 Tonnen bei 17 bis 26 Metern Länge und fünf Metern Breite. 1573 brachten sie zum Beispiel eine Millionen Pfund importierter Stockfische von Emden nach Meppen.

Um die Mitte des 19. Jahrhunderts versuchte eine neugegründete Werft in Greven bei Münster, eine besondere Pünte für den Verkehr bis Greven zu entwickeln. Die Schiffe waren extrem flach und leicht konstruiert, so dass sie mit 30 Tonnen Last den größten Teil des Jahres bis Greven fahren konnten. Der Typ konnte sich jedoch nicht durchsetzen, weil er für den Verkehr auf der unteren Ems und an der Küste nicht geeignet war.

Die Konkurrenz zur 1856 fertiggestellten Hannoverschen Westbahn (eine Eisenbahnlinie längs der Ems) führte dazu, dass bis auf Holz und Steine die Handelsgüter den Wasserwegen entzogen wurden, die Frachtsätze sanken und nur noch die Hälfte der Schiffe betrieben werden konnten. Nun wurden die Pünten immer größer gebaut, erhielten Fassungsvermögen von bis zu 100 Tonnen und waren sogar seetüchtig. Eine erneute Weitung des Aktionsradius wurde ab 1870 mit dem Bau von Spitzpünten erreicht. Sie hatten ebenfalls einen flachen Boden und benötigten Seitenschwerter oder Kimmkiele als Kenterschutz. Anstatt der 2,50 Meter breiten platten Bugwand verfügten sie aber über einen Vorsteven und konnten mit entsprechender Betakelung in Nord- und Ostsee eingesetzt werden. Zur Legende wurde die 30 Meter lange Spitzpünte HELENE, die sogar fünf Atlantiküberquerungen nach Süd-

Die (hier geschlossene) Spitzpünte HAREN 78 hatte eine Tragfähigkeit von 186 Tonnen. Ursprünglich eine typische Harener Pünte (gebaut 1910), wurde sie später zu einer Binnenschiff-Spitzpünte umgebaut

1951 erreichte die Harener Flotte wieder ihren Vorkriegsstand von 205 Einheiten. Die Zahl der Holzpünten war jedoch von 30 auf 12 abgesunken, die der Schleppkähne von 70 auf nur noch 40. Das Foto zeigt die HAREN 45 (später NORDHORN II), die 1907 als letzte Holzpünte bei der Kötter-Werft vom Stapel lief

amerika absolvierte. Letztlich konnten sich die Pünten nur so lange behaupten, bis die ersten Motorschiffe („Dampfer“) aufkamen. Auch lehnten die Verlader die offenen Schiffe für den Transport von Getreide, Kunstdünger oder Zement zunehmend ab.

Der DEK war zwar von Anfang an für einen Verkehr mit Schleppkähnen von 700 Tonnen Ladefähigkeit ausgelegt, da man der Überzeugung war, dass für den Hauptzweck des Kohletransports zu Tal und des Erztransports in Gegenrichtung die Pünten wegen ihrer mangelnden Tragfähigkeit völlig ungeeignet waren. Gleichwohl legte man am Kanal → **Treidelpfade** an, um diese althergebrachte Traktionsform noch zu ermöglichen. Immerhin passierten in den letzten Jahren vor Inbetriebnahme des DEK durchschnittlich 900 Pünten mit einer Ladung von rund 16.000 Tonnen Fracht allein die Koppelschleuse in → **Meppen** am → **Hanekenkanal**.

Schon beim Bau des Kanals erwiesen sich die Pünten als unentbehrliche Hilfen. Benötigt wurden gewaltige Mengen an Material für den Bau der Schleusen und der Uferbefestigungen, das auf dem Wasserwege herbeigeschafft wurde: Steine aus Ibbenbüren, Buschholz für Faschinen aus dem Münsterland und Ziegel aus Holland und Ostfriesland. Zur Zeit des Kanalbaus hatte → **Rheine** einen jährlichen Durchgang von rund 1.000 Schiffen. Als nach Inbetriebnahme des DEK dann Schleppdampfer mit Kähnen eingesetzt und die ersten Reedereien ihren Betrieb auf dem Kanal aufgenommen hatten, stellten sich die Harener Püntker schnell auf die neuen Bedingungen ein. Sie erkannten, dass ohne einen Zusammenschluss der Partikuliere (Einzelbesitzer) gegen die Großen der Branche, wie die eigens für die Kanalschifffahrt gegründete → **WTAG**, nicht anzukommen war. Sie gründeten deshalb 1906 den Schiffertransportverein zu Haren, dem sich ein Großteil der Harener Binnenschiffer anschloss. Auch in Meppen taten sich 52 Pünteneigner zur „Ems-Kanal-Transportgesellschaft“ auf genossenschaftlicher Basis zusammen. Sie erschlossen Reviere, die Anschluss über kleiner dimensionierte Wasserstraßen an den DEK hatten wie die → **linksemsischen Kanäle** und die ostfriesischen Moorkanäle. So belieferten die Püntker die friesischen Ziegeleien mit Torf und brachten auf der Rückfahrt fertige „Klinkersteine“ mit. Große Bedeutung erlangten sie auch bei der Versorgung der Nordhorner Textilunternehmen mit Ruhrkohle über den Ems-Vechte-Kanal sowie beim Transport von Sand auf Kurz- und Mittelstrecken, der an verschiedenen Stellen in der Nähe des Kanals bei Hiltrup, → **Datteln**, Waltrop oder Lathen gefördert wurde. Ausreichende Beschäftigung fanden die Püntenschiffer auch im Stückgutverkehr und im Verkehr zu Zwischenstationen. Verladen wurden dabei als Gegenverkehr zur → **Kohle** vom Ruhrgebiet vor allem Grubenholz, Futtergetreide und Baustoffe. In den ersten vier Jahren liefen allein rund 3.300 Pünten den → **Dortmunder Hafen** an und die Gesamttragfähigkeit der Kleinschifffahrt (neben Pünten waren das noch Tjalken und Mutten) betrug etwa 30 Prozent. Zu dieser Zeit ließen die Schiffer ihre Pünten entweder von Schleppern ziehen oder treidelten wie eh und je.

Nach und nach erfolgte später der Ersatz der hölzernen Pünten durch (motorisierte) Eisenschiffe. So wurden allein in den Jahren 1925 bis 1927 je 50 Motorschiffe und Schleppkähne gebaut oder gekauft. 1939 war der Harener Bestand an Holzpünten auf 30 von insgesamt 205 Schiffseinheiten geschrumpft. Das Schicksal der letzten Pünten ist belegt: So wurde 1941 die letzte aus Holz gebaute Pünte, die NORDHORN I, mit einer Tragfähigkeit von 178 Tonnen – ihr Schiffsrumpf bestand aus fünf Zentimeter dicken

Fotos von Harener Pünten sind rar. Dieses zeigt eine an der Hasemündung in die Ems in Meppen noch vor dem Bau des Dortmund-Ems-Kanals

„Lewer en lütt Herr – as en groot Knecht" war das Motto des selbstständigen Püntkers. 37 Harener Püntenfahrer (Püntker) wurden bereits in einer Urkunde aus dem Jahre 1575 erwähnt

Eichenbohlen – bei der Kötter-Werft (→ **Werften**) auf Kiel gelegt. Sie transportierte einen Großteil der Steine für den Neubau des Nordhorner Rathauses und wurde 1959 in Osnabrück abgewrackt. Die letzte Holzpünte in Fahrt war die ebenfalls auf der Kötter-Werft 1907 gebaute NORDHORN II (vormals HAREN 45). Ihre letzte Reise fand Ende August 1959 mit 150 Tonnen Feinkohle von Wanne-West nach Osnabrück statt. Die letzte eiserne Pünte MARIA KATHARINA wurde zum Selbstfahrer umgerüstet. Die Jahrhunderte alte Geschichte der Pünte war damit zu Ende. Bedauerlicherweise sind keine originalen Pünten erhalten geblieben, viele verrotteten in einem alten Emsarm bei Haren, der sogenannten „blauen Donau".

Erst am 10. Dezember 1981 kam es wieder zur Kiellegung dieses Schiffstyps. In der alten Schiffbauhalle der Meyer Werft in Papenburg wurde im Rahmen der Lehrlingsausbildung eine Emspünte, die HAREN I, nachgebaut und dem Harener Heimatverein im Jahr 1982 übergeben. Der eiserne Nachbau zeigt alle wesentlichen Merkmale, die etwa bis zum Ersten Weltkrieg für den Püntenbau in Haren typisch waren. Der damals natürlich hölzerne Schiffsrumpf wurde nach dem sogenannten „Kleinfriesischen Maß" ausgelegt – Länge: 26 Meter, Breite: 5,50 Meter, Höhe: 2,00 Meter. Damit konnten alle wichtigen Schleusen im nordwestdeutschen Fluss- und Kanalnetz passiert werden. Im begehbaren Laderaum des Museumsschiffes finden die Besucher Ausstellungsstücke zur Schifffahrtsgeschichte Harens, zur Schiffbarmachung der Ems, zum Wohnen und Leben auf einer Pünte sowie zum Püntenbau. Im Jahr 1984 folgte dann ein Nachbau der legendären Spitzpünte HELENE, die seitdem als das Flaggschiff einer kleinen Museumsflotte im → **Haren-Rütenbrock-Kanal** direkt am 1986 eingeweihten Harener Schifffahrtsmuseum liegt.

## Regelquerschnitt

Beim Bau und den späteren Ausbaumaßnahmen des Dortmund-Ems-Kanals wurden bestimmte Standards eingehalten, damit der Kanal vom jeweiligen Regel- oder ➔ **Bemessungsschiff** im Begegnungsverkehr so genutzt werden kann, dass einerseits der Kanal nicht in Mitleidenschaft gezogen wird und andererseits die Schiffe ihn zu angemessenen Betriebskosten (Treibstoffverbrauch) befahren können. Denn der beschränkte Wasserquerschnitt von Kanälen bewirkt, dass bei größeren Schiffsgeschwindigkeiten der Schiffswiderstand ansteigt. Im Kanal „reitet" ein Schiff gegen seine eigene Bugwelle und das um den Schiffsrumpf zurückfließende Wasser greift dabei die Böschung an. Bei höheren Geschwindigkeiten sinkt das Heck immer tiefer gen Sole und greift das Kanalbett an. Es gilt also, das Verhältnis von Bau- und Unterhaltungskosten eines Kanals zu den Betriebskosten der Schifffahrt auszutarieren. Der maßgebliche „Regelquerschnitt" stellt dabei das Verhältnis „n" des eingetauchten Schiffsquerschnitts zum mit Wasser benetzten Kanalquerschnitt dar.

Im Vorfeld des Kanalbaus gab es heftige Kontroversen darüber, für welche Schiffe der Kanal befahrbar sein sollte. Im Gesetz von 1886 wurde schließlich ein Fahrzeug mit 500 Tonnen Tragfähigkeit bei einem Tiefgang von 1,60 Metern festgelegt. Das Kanalprofil sollte demnach 16 Meter Sohlenbreite und eine Fahrrinnentiefe von zwei Metern erhalten. Als jedoch nachgewiesen wurde, dass bei nur geringen Mehrkosten auch 600-Tonnen- Kähne auf dem Kanal fahren könnten, wurde 1892 der Sollquerschnitt des Kanals von 24 Meter auf 30 Meter Wasserspiegelbreite, auf 18 Meter Sohlenbreite und auf 2,50 Meter Wassertiefe vergrößert. Das hierbei entstehende Trapezprofil hatte bis einen Meter unter dem Wasserspiegel eine Neigung der seitlichen Böschungen von 1:3, darunter bis zur Sohle von 1:2 und einen damals als optimal angesehenen wassergefüllten Querschnitt von 58,5 m² (n = 5,0). In Dammstrecken vergrößerte man die Wassertiefe auf 3,50 Meter, um aufzuschüttenden Boden zu sparen. Bei Eröffnung des Kanals ließ man allerdings Schiffe mit 750 Tonnen Tragfähigkeit bei verminderter Geschwindigkeit zu, für die das Kanalprofil von Anfang an aber zu klein bemessen war.

Nach Ende des Ersten Weltkrieges ertönte deshalb bald der Ruf nach einem Ausbau des DEK, um ihn an die Standards von ➔ **Rhein-Herne-Kanal** und ➔ **Datteln-Hamm-Kanal** anzupassen, damit ihn bis zu 1.500-Tonnen-Schiffe befahren konnten. Außerdem war der Kohleverbrauch der Schlepper (➔ **Schleppschifffahrt**) auf dem engen Kanal verhältnismäßig groß. Für den ➔ **Ausbau** wurde zunächst das Profil auf 40 Meter Wasserspiegelbreite bei einer Wassertiefe von nunmehr 3,50 Metern festgelegt. Nicht zuletzt auf Drängen der unter der Wirtschaftskrise leidenden Stahlindustrie des Ruhrgebiets wurde ab 1931 noch der „einseitige Spundausbau" zugelassen, mit dem je laufendem Meter Kanal sogar Kosten eingespart werden konnte, unter anderem, weil nicht so viel Grund und Boden erworben werden musste. An der Ausbauseite wurde nun eine lotrecht verankerte Spundwand aus Stahlbohlen geschlagen, der Erdkeil wasserseitig vor ihr abgebaggert, so dass eine horizontale Sohle von 26 Metern Breite in 3,50 Metern Tiefe entstand. Die Wasserspiegelbreite betrug 31,25 Meter. Im Raum ➔ **Datteln** wurde in der Knotenstrecke zwischen den Abzweigungen des DHK und des ➔ **Wesel-Datteln-Kanals** sogar die von der Schifffahrt gewünschte Dreischiffigkeit mit 38 Metern Breite zwischen beidseitigen Spundwänden hergestellt. Nach

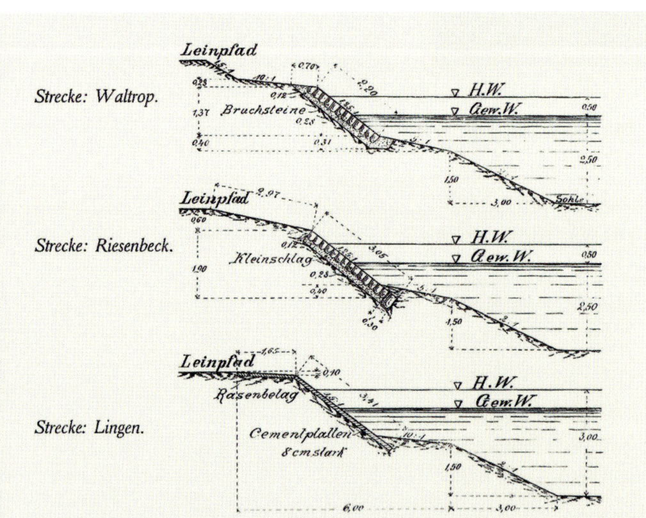


Zeichnung von 1899: Die unterschiedliche Befestigung der Böschung mit Steinpackungen oder Zementplatten veränderte das Kanalprofil in den Einschnittsstrecken. Nur in den Mergeleinschnitten am Schiffshebewerk und bei Münster wurde von Befestigungen abgesehen, da hier ein Abbruch der Ufer als unbedenklich angesehen wurde und durch Steinbewurf wieder ausgeglichen werden konnte

Ende des Zweiten Weltkrieges wurden die Profile der neuen → **Zweiten Fahrten** auf 24 Meter Sohlen- und 45 Meter Wasserspiegelbreite ein weiteres Mal vergrößert. Weil die beiden → **Überholstrecken** „Venner Moor“ und „Amelsbüren“ sogar eine Wasserspiegelbreite von 53 Metern erhielten, konnten sie nahtlos in den Ausbau für die Europa-Wasserstraßenklasse IV (für das „Europaschiff“) übernommen werden und wurden um weitere Abschnitte in der → **Südstrecke** bei Senden, Hiltrup, Ladbergen und Saerbeck ergänzt.

Die so erreichten Bedingungen erwiesen sich jedoch für die deutlich schnelleren und größeren Motorgüterschiffe sowie die Ende der 1960er-Jahre aufkommenden Schubverbände als immer noch ungenügend. Für den weiteren und bislang letzten Ausbau des DEK wurde ein Profil mit einem 167 m² Wasser benetzten Querschnitt festgelegt (n = 7,0), der eine Wasserspiegelbreite von 55 Metern und eine Sohlenbreite von 31 Metern in der Böschungsbauweise aufweist. Zur Ausführung kamen und kommen aber auch verschiedene Spundwandbauweisen (einseitig oder beidseitig je nach Erfordernis) mit Wasserspiegelbreiten von lediglich bis zu 42 Metern. Die Tiefe beträgt überall einheitlich vier Meter.

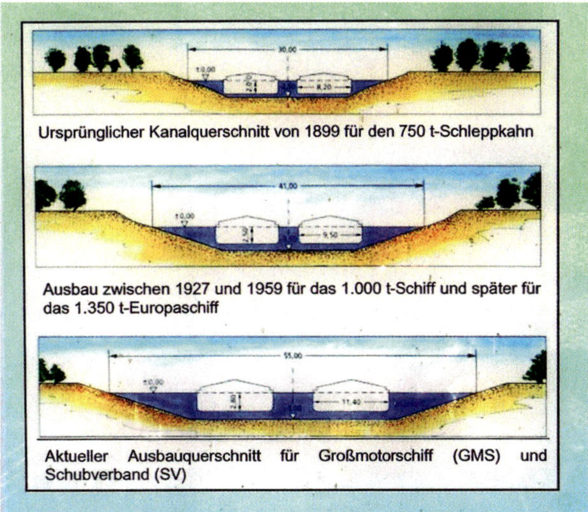


Über die drei Regelquerschnitte, nach denen der Kanal in seinen über 100 Jahren gebaut bzw. ausgebaut worden ist, informiert eine Tafel am Nassen Dreieck

## Rhein-Herne-Kanal

Der Rhein-Herne-Kanal entstand 1908 bis 1914 als Verbindung zwischen den Duisburg-Ruhrorter Häfen und dem Dortmund-Ems-Kanal. Er schließt nach 2,15 Kilometern an den Meidericher „Hafenkanal“ an, welcher vom Rhein bei dessen Flusskilometer 780,4 abzweigt, und führt dann auf 45,6 Kilometern Länge in östlicher Richtung durch das Tal der Emscher, um auf der Höhe des → **Schiffshebewerkes** Henrichenburg in den DEK einzumünden (Kanalkilometer 15,45). Das war nicht immer so: Ursprünglich war der Endpunkt des RHK bereits nach 38 Kilometern bei der Schleuse Herne-Ost erreicht, denn hier endete der → **Zweigkanal** des DEK nach Herne (daher auch der Namensbestandteil). Erst 1950 wurde auch dieser 7,6 Kilometer lange über Herne hinausgehende Abschnitt offiziell dem RHK zugeordnet.

Pläne zum Ausbau der Emscher zu einem Schifffahrtsweg, als „Emscherkanal“ bezeichnet, hatte bereits der Industrielle William Thomas Mulvany in der zweiten Hälfte des 19. Jahrhunderts vorgestellt. Auch war 1873 in Essen ein Emscherkanal-Komitee gegründet worden und der Abschnitt wurde 1877 Teil konkreter Planungen Preußens zu einer West-Ost-Tangente vom Rhein bis zur

Alle Schleusen am RHK erhielten für die Treidellokomotiven auf einer Kammerwand eine Gleisanlage, die jeweils 100 Meter weit bis in die Vorhäfen reichte. Eine der letzten dieser Loks ist erhalten geblieben und im Außengelände des LWL-Industriemuseums Schiffshebewerk Henrichenburg ausgestellt

Der Rhein-Herne-Kanal verbindet die Duisburg-Ruhrorter Häfen (links) mit dem westdeutschen Kanalsystem. Industrieanlagen wie die Hochöfen der Krupp AG in Essen lagen direkt an seinem Ufer (rechts). Die Aquarelle stammen aus einem Buch des „Zentralausschuss der deutschen Binnenschiffahrt e. V." von 1954

Elbe. Doch Jahrzehnte lang scheiterte das Projekt am parlamentarischen Widerstand und es kam lediglich zum Bau des isolierten DEK (→ **Geschichte**). Als das preußische Wasserstraßengesetz vom 1. April 1905 den Weg für den Bau des RHK endlich freigemacht hatte, war allerdings auch ein zentrales Problem gelöst: das der Wasserspeisung. Denn zugleich wurde auch der Bau des → **Datteln-Hamm-Kanals** beschlossen, über den von der → **Lippe** abgezapftes Wasser der Scheitelhaltung (→ **Haltungen**) dem DEK zugeführt und damit der RHK gleich mit versorgt werden konnte (→ **Wasserwirtschaft**). Nun wurde die Emscher nicht kanalisiert, sondern in ihrem Bett verlegt. Auf längeren Strecken verläuft sie heute fast parallel zum RHK, auf 30 Kilometern Länge in einem Abstand von weniger als 200 Metern.

Trotz günstiger Geländeverhältnisse – der Höhenunterschied zwischen der Scheitelhaltung des DEK

Schon 1864 legte der mit Vorüberlegungen für einen Rhein-Weser-Kanal beauftragte Wasserbauingenieur Karl Michaelis eine Trassenführung vor, die der heutigen in etwa entspricht. Sie führt entlang der Städte Duisburg, Oberhausen, Essen, Bottrop, Gelsenkirchen, Herne mit Wanne-Eickel, Recklinghausen, Castrop-Rauxel und Waltrop

Am Hafen „Nordstern" lag die Großkokerei der gleichnamigen Zeche in Gelsenkirchen (Ende der 1950er-Jahre). Die Anlage wurde 1986 stillgelegt, auf dem Areal fand 1997 bereits eine Bundesgartenschau statt. Den Kanal quert hier jetzt eine charakteristische rote Doppelbogenbrücke

und dem damals maßgeblichen Niedrigwasser des Rheins beträgt lediglich 36 Meter – stellte der Bau des Kanals eine große Herausforderung an die Ingenieure dar, weil die Kanaltrasse über die Grubenfelder mehrerer größerer Bergwerke im mittleren Ruhrgebiet verläuft. Aufgrund der zu erwartenden → **Bergsenkungen** legte man die → **Schleusen** dort an, wo Senkungen am wenigsten zu erwarten waren, und baute verwindungssichere Schleusentore. Als Untertor diente ein an Stahlseilen aufgehängtes Hubtor, das Obertor war als Klapptor konzipiert. Außerdem wurden alle Schleusen von Oberhausen bis Herne im Fußstapfensystem als versetzt angelegte Schleusenpaare gebaut, um bei Beschädigung einer Schleusenkammer die Funktionssicherheit durch eine zweite Schleuse zu gewährleisten. An den 165 Meter langen und 10 Meter breiten Schleusenkammern für jeweils zwei Kähne zogen elektrische Treidellokomotiven die Schleppkähne in die Schleuse hinein und auch wieder hinaus.

Auf den Kanalabschnitten hingegen verkehrten Schlepper im Pendelbetrieb. Entwickelt wurde hier der neue Typus des „Rhein-Herne-Kanal-Kahns", der bei 80 Metern Länge, 9,5 Metern Breite und 2,5 Metern Tiefgang 1.350 Tonnen tragen konnte und genau die Schleusenabmessungen ausnutzte. Aus ihm entstand später das Motorgüterschiff „Johann Welker", das als „Europaschiff" nach dem Zweiten Weltkrieg das → **Bemessungsschiff** auch für den → **Ausbau** des DEK werden sollte. Maßnahmen infolge von Bergsenkungen führten dazu, dass von ursprünglich sieben Gefällestufen (von durchschnittlich fünf Metern) zwei entfallen konnten: Die Stufe in Essen-Dellwig fiel in Folge einer Wasserspiegelsenkung 1980 weg und die Stufe in Herne-West 1991 beim Kanalausbau.

Das erste Schiff, das den Kanal am 17. Juli 1914 befuhr, war der Schleppkahn TYD IS GELD. Schnell entwickelte sich der RHK zur Lebensader im Herzen des pulsierenden Ruhrgebietes mit seiner Schwerindustrie und mit Blick auf seine Freizeitfunktion zur mythenumwobenen „Kumpel-Riviera". In seiner Boomzeit war der Kanal eigentlich ein einziger großer Binnenhafen,

„Notgeld" der Stadt Herne aus dem Jahr 1921. Der Zweigkanal Herne gehörte damals noch zum „Dortmunder Kanal" und noch nicht zum „Rhein-Herne-Kanal"

Wahrzeichen der Stadt, Landmarke am Kanal, Kulturzentrum: Erbaut von 1927 bis 1929 war der Gasometer Oberhausen mit 117,5 Metern Höhe und einem Durchmesser von 67,6 Meter der größte Gasbehälter Europas. Er wurde 1988 stillgelegt

Diese Ansichtskarten vom Rhein-Herne-Kanal wurden sämtlich in den Jahren der „Ruhrbesetzung" (1923–1925) von französischen Soldaten in die Heimat geschickt

dessen Löwenanteil auf im Ortsverkehr beförderte Gütermengen entfiel. Schon zur Eröffnung 1914 existierten 22 Werks- oder Stadthafenbetriebe. Nach dem Zweiten Weltkrieg stieg ihre Zahl auf 32 an. Allein 22 Zechen verfügten über einen eigenen und direkten Anschluss ans Kanalnetz. 1962 wurde das Spitzenergebnis von 27 Millionen Tonnen beförderter und umgeschlagener Güter erreicht, wobei ein erheblicher Teil auf die Steinkohle entfiel. In den Jahren des „Wirtschaftswunders" war der RHK der verkehrsreichste Binnenschiffskanal ganz Europas. Seit den 1970er-Jahren hat der Kanal aber seine Bedeutung mit Niedergang der Montanindustrie verloren, die Beförderungsmenge halbierte sich. Vorrangig werden heutzutage Mineralöl, Schrott, Baustoffe und chemische Produkte transportiert. Die drei umschlagstärksten Häfen waren im Jahr 2016 die von Gelsenkirchen (4,4 Millionen Tonnen), Bottrop (2,5 Millionen Tonnen) und Essen (1,3 Millionen Tonnen). Außerdem wuchs in den letzten Jahren die Bedeutung der Freizeitschifffahrt: Yachthäfen und Marinas für

→ **Sportboote** oder Schiffsanleger für Fahrgastschiffe wurden in nicht mehr genutzten Häfen oder Umschlagstellen angelegt.

Die wachsenden Schiffsgrößen machten Anfang der 1970er-Jahre einen Kanalausbau erforderlich. Wegen seiner Überlastung wurden deshalb sogar ursprünglich für den Ausbau des DEK vorgesehene Haushaltsmittel hierhin umgeschichtet. Notwendig wurde eine Erweiterung der Schleusenanlagen. Um den Betrieb nicht zu unterbrechen, wurden sie nacheinander gebaut. Die alten Schleusenkammern wurden so Zug um Zug durch 190 Meter lange und 12 Meter breite Schleusen für Großmotorgüterschiffe und Schubverbände ersetzt: Duisburg-Meiderich 1980, Oberhausen 1979 und 1982, Gelsenkirchen 1982 und 1985, Herne-Ost 1989 und 1992 sowie Wanne-Eickel 1994 (erste Kammer, Nordkammer 2003 stillgelegt, Neubau geplant).

Auch der ursprüngliche → **Regelquerschnitt** des RHK genügte nicht den heutigen Ansprüchen; in einem langjährigen Ausbauprogramm wird deshalb seit 1968 eine Anpassung der Strecken zwischen den Schleusenstufen vorgenommen, ein aufwändiges Unterfangen, queren doch in diesem dicht besiedelten Gebiet allein 52 Straßen- und Wegebrücken (1914: 25), 28 Eisenbahnbrücken (1914: 39) und 12 Rohrleitungen den Kanal. Hinzu kommen 15 Düker. Im Jahr 2000 war der Streckenausbau von Duisburg nach Gelsenkirchen fertiggestellt. Der restliche Ausbau von Gelsenkirchen nach Henrichenburg soll frühestens bis 2025 abgeschlossen sein. Nach dem Abschluss der Ausbaumaßnahmen werden alle Bergschäden beseitigt sein und der RHK wird als Wasserstraße der Kategorie Vb durchgängig zur Verfügung stehen und damit eine gleichwertige Verkehrsalternative zum → **Wesel-Datteln-Kanal** darstellen.

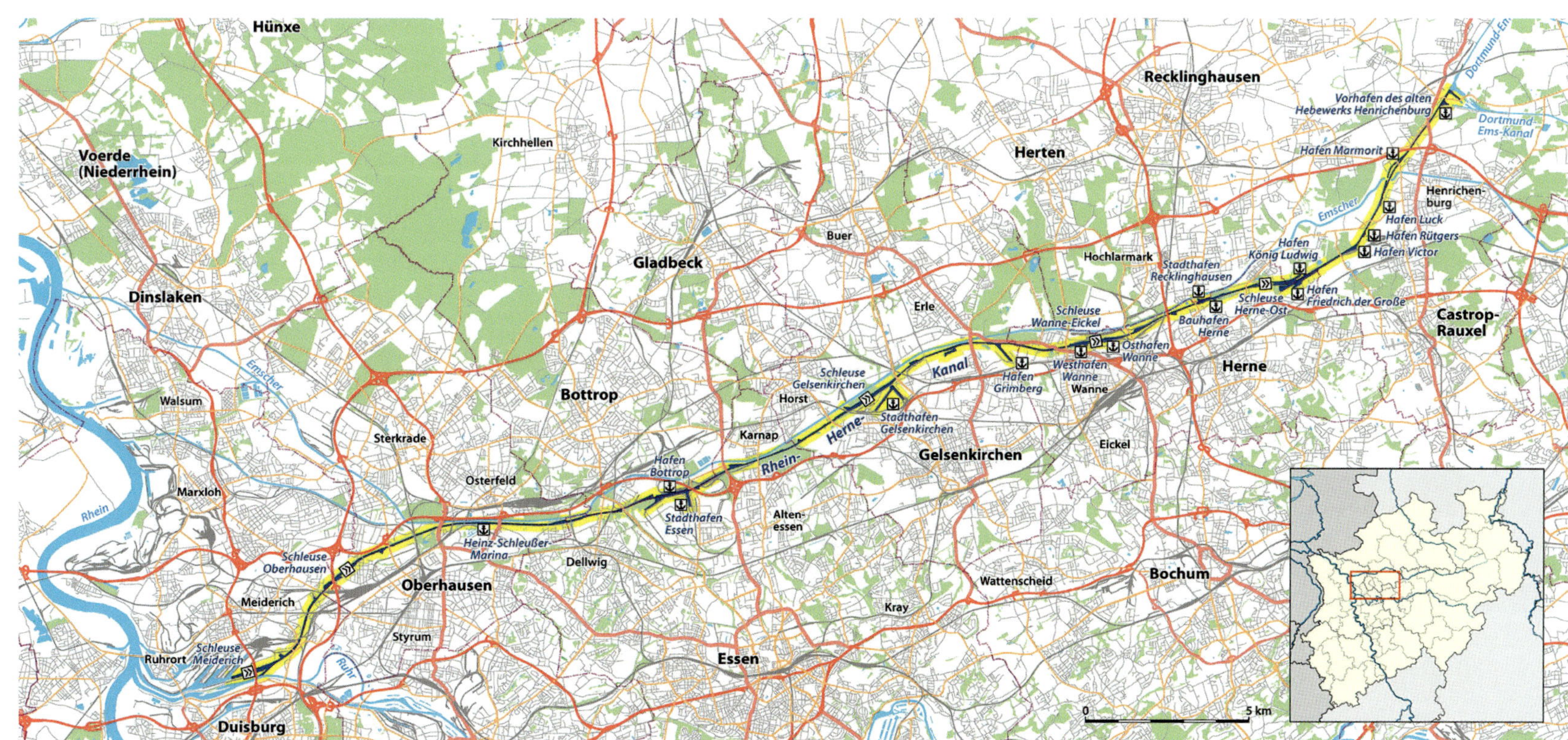

„Auf deutschem Rhein, durch deutsches Land, zum deutschen Meer“. Getreu dieses markig deutschtümelnden Mottos gründete sich Anfang des 20. Jahrhunderts ein „Verein zur Förderung des Baues eines Großschiffahrtsweges vom Rhein zur Nordsee“, der ernsthaft für einen zum Dortmund-Ems-Kanal parallel verlaufenden weiteren Kanal warb, der in seinen gigantischen Abmessungen sogar für große Seeschiffe befahrbar sein sollte.

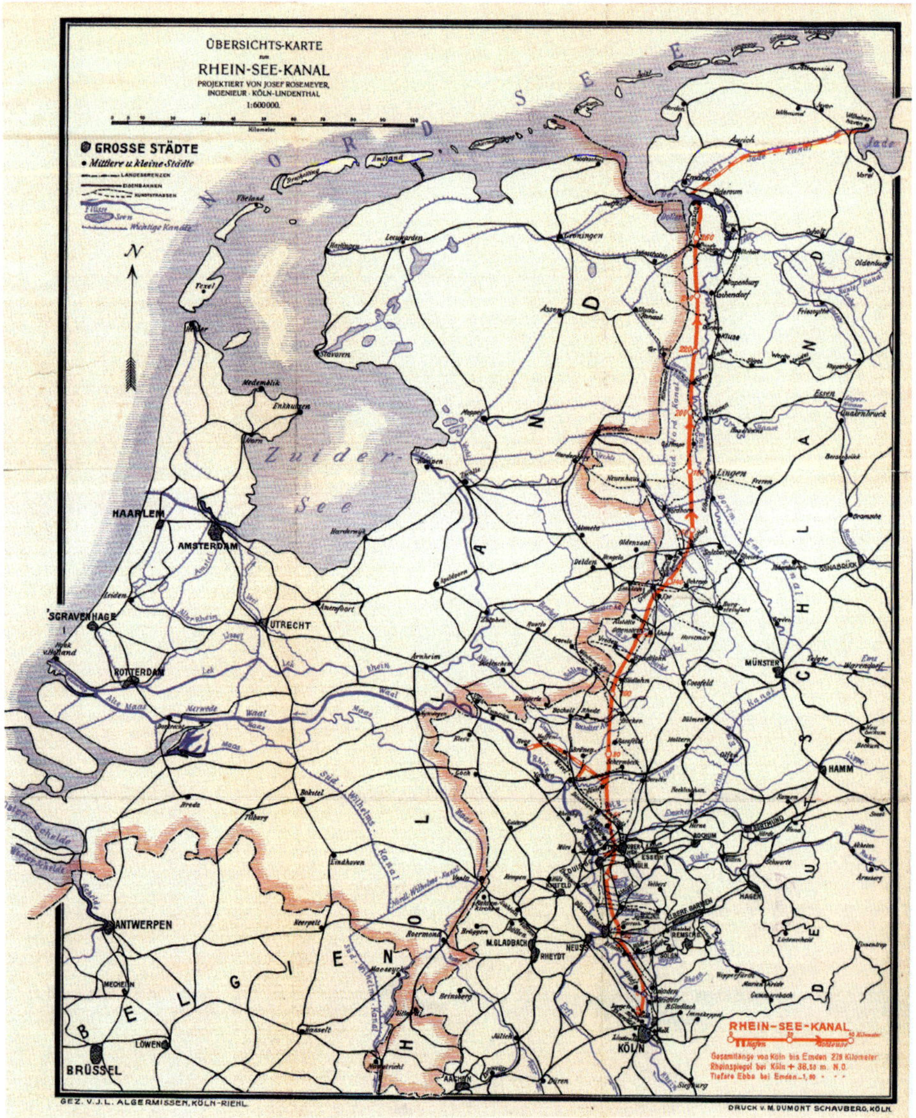

Es war die Zeit, als alle möglichen Kanäle kreuz und quer durch Deutschland vorgeschlagen, projektiert und diskutiert wurden – wie ein Nord-Süd-Kanal, ein Hansakanal, ein Main-Werra-Kanal oder ein Neckar-Donau-Kanal. Eine „Canalmania“ war ausgebrochen, und der Rhein-See-Kanal schaffte es immerhin bis ins preußische Ministerium für öffentliche Arbeiten in Berlin, wo am 4. Juli 1914 eine vorbereitende Besprechung stattfand. Es war der Erste Weltkrieg, der das Projekt letztlich in der Schublade verschwinden ließ.

Der Rhein-See-Kanal war ein 279 Kilometer langer vom Rhein zur deutschen Nordseeküste projektierter Kanal, der – wie ideengeschichtlich bereits der DEK – dem Wunsch einer territorial unabhängigen rein deutschen Schifffahrtsverbindung zwischen Rhein-Ruhr-Region und der Nordsee folgte („Dem deutschen Rhein eine deutsche Mündung“). Josef Rosemeyer aus Köln, Ingenieur, Erfinder der elektrischen Bogenlampe und ehemaliger Direktor einer großen Elektrizitätsgesellschaft, legte 1912 einen Plan zum Bau des Kanals in acht Varianten vor. Die favorisierte Trasse sollte an der Wuppermündung bei Wiesdorf vom Rhein abzweigen, als Rhein-Seitenkanal östlich an Düsseldorf vorbei bis Duisburg und weiter in einem nordwestlichen Schwenk Richtung Borken verlaufen. Sowohl zu den Duisburger Häfen als auch nach Wesel waren Stichkanäle mit Abstiegsschleusen geplant. → Münster sollte weit nordwestlich immer dicht an der Grenze zu den Niederlanden bis nach Emsbüren umfahren werden. Diese etwa 179 Kilometer lange Kanalhaltung war stufenlos geplant, wozu der Kanal weitestgehend im Einschnitt hätte gebaut werden müssen. Allerdings wären auch einzelne bis zu 20 Meter hohe Dammstrecken erforderlich geworden. Bei Emsbüren, → Meppen und Kaltentange westlich von Papenburg waren Schleusenanlagen mit Wasserkraftwerken vorgesehen.

Der von Rosemeyer geplante Kanal sollte eine Spiegelbreite von 70 Metern, 30 Meter Sohlenbreite und acht Meter Tiefe haben. Mit diesen Abmessungen wäre es möglich gewesen, mit Seeschiffen bis nach Köln zu fahren. Er hätte 28 Eisenbahnlinien, 29 „Chausseen", zwei Kanäle (den → **linksemsischen Ems-Vechte-Kanal** und den → **Haren-Rütenbrock-Kanal**) und einen schiffbaren Fluss (die → **Lippe**) überquert. Die nicht unerheblichen Kosten für dieses Projekt wurden mit 235 Millionen Mark ermittelt, galt es doch neben den Schleusen-, Brücken- und sonstigen Anlagen rund 155 Millionen Kubikmeter Boden zu bewegen. Der von den Schleusen-Kraftwerken erzeugte Strom mit einer Leistung von 53.000 PS, so war die Hoffnung des Elektroingenieurs, sollte den Kanalbau teilweise refinanzieren, der Kanal selbst an einen privaten Betreiber verpachtet werden. Schließlich glaubte Rosemeyer vorrechnen zu können, dass aus Pachteinnahmen und Schifffahrtsabgaben dem Staat eine Art „Überschuss" entstünde, mit dem ein „hervorragendes Werk der nationalen Verteidigung" finanziert werden könnte: der 60 Kilometer lange schleusungsfreie Ausbau des → **Ems-Jade-Kanals** einschließlich eines Neubaus ab Wiesens/Aurich auf 70 Meter Spiegelbreite und 11 Meter Tiefe – befahrbar für die Kaiserliche Kriegsflotte.

Josef Rosemeyer, das sei noch berichtet, war gebürtiger Emsländer, geboren am 13. März 1872 in Löningen. Sein Vater betrieb eine Schlosserei in → **Lingen**, die auf die Fertigung von feuer- und diebstahlsicheren Geld-, Bücher- und Dokumentenschränken spezialisiert war. Nach dem Tode des Vaters im Jahre 1889 führte Josef Rosemeyer als ältester von sieben Söhnen gemeinsam mit der Mutter das Geschäft weiter; Fahr- und später auch Motorräder wurden in das Sortiment aufgenommen. Schließlich wurden ab 1897 eigene Fahrräder der Marke „Rex" produziert. Im Jahr zuvor nahm Rosemeyer als einer von 21 deutschen Athleten an den ersten Olympischen Spielen der Neuzeit teil: als Radrennfahrer in drei Disziplinen. Rosemeyers Engagement für den Radsport in seiner Heimatstadt wird auch heute noch gewürdigt.

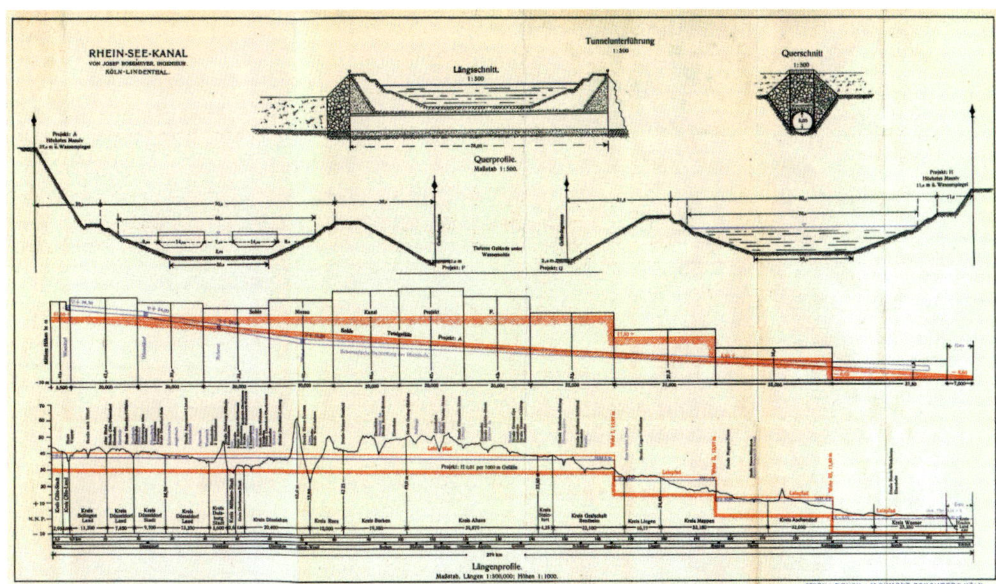


Höhenprofil mit drei Kanalstufen: Die ersten beiden Schleusen sollten jeweils 12,97 Meter, die letzte 11,40 Meter Höhenunterschied bis auf das Niveau des mittleren Nordsee-Tidehochwassers überwinden. Der Kanal wäre bei Ditzum auf der linken Seite der Ems gegenüber Emden in den Dollart eingemündet. Um das Umland vor Sturmfluten zu schützen, war dort eine vierte Schleuse von der Höhe des mittleren Tidenhubs erforderlich

1897 erfand er eine elektrische Bogenlampe, die er 1898 als Deutsches Reichspatent anmeldete. 1899 schied er aus dem Familienbetrieb aus und zog im folgenden Jahr nach Köln. Dort gründete er 1900 in Köln-Sülz die „Regina-Bogenlampen-Fabrik", die in ihrer besten Zeit 300 Mitarbeiter beschäftigte und einen Umsatz von 1,5 Millionen Mark machte. Später wurde die Firma aufgelöst, da die Nachfrage nach Rosemeyers Lampen aufgrund neuerer Entwicklungen zurückging. Seitdem bezeichnete er sich als „Fabrikdirektor a. D.". Josef Rosemeyer starb am 1. Dezember 1919 in Köln.

Der „Rhein-See-Kanal" sollte im Kölner Rheinhafen seinen Ausgangspunkt haben. In Köln wirkte und verstarb sein „Erfinder" Josef Rosemeyer

Hollweg, Kümpers & Co. hatte zunächst auch eine Gastwirtschaft eingerichtet, die bis Mitte der 1920er-Jahre bewirtschaftet wurde. Erst im Zuge der Wohnbebauung nach dem Zweiten Weltkrieg kam mit dem Gasthaus Hagemann ein neues Lokal an den Kanalhafen

Die Anschlussstelle 9 der Autobahn 30 ist nach ihm benannt und auch eine Schützenbruderschaft von 1951: Eine Bedeutung als Namensgeber hat der Kanalhafen in Rheine-Rodde allemal, zudem eine interessante Geschichte.

1936 verfügte der Hafen Rheine auf beiden Seiten des Kanals über Umschlaganlagen. Die Tecklenburger Nordbahn – hier eingezeichnet die Ladegleise am rechten Ufer des Kanals – verband Osnabrück und Rheine miteinander. Sie wurde 1935 auf Normalspur umgerüstet

Durch die Verknüpfung der Bahnlinien Osnabrück-Rheine-Emden und Hamm-Münster-Rheine im Jahr 1856 wurde Rheine zu einem wichtigen Verkehrsknotenpunkt des nördlichen Münsterlandes. Und mit dem Dortmund-Ems-Kanal erhielt die Stadt an der → **Ems** (deren Schiffbarkeit insbesondere wegen der dortigen Kreideklippen eingeschränkt war) einen Anschluss an das sich entwickelnde nordwestdeutsche Binnenwasserstraßennetz. Da die Kanaltrasse jedoch etwa fünf Kilometer außerhalb der Stadt verlief, gab es heftige Debatten im Rat über eine finanzielle Beteiligung an den Grunderwerbskosten. Dann forderten die Rheiner Gewerbetreibenden einen Stichkanal zur Ems, andere wollten die Ems von Gleesen (Einmündung des DEK in die Ems) bis Rheine für Kanalschiffe ausbauen, wieder andere favorisierten einen Zweigkanal. Aus all den Plänen wurde jedoch nichts.

Es waren schließlich die Kohlengroßhändler Ferdinand Hollweg aus Rheine und Edmund Siemon aus Münster, die gemeinsam mit dem Rheiner Weinhändler Theodor Kümpers im Jahr 1897 vom Bauern Hopster in Altenrheine ein Grundstück an der Kanaltrasse erwarben und darauf ein Wohngebäude mit Gastwirtschaft sowie eine einfache Lagerhalle errichteten. Das neu gegründete Unternehmen „Hollweg, Kümpers & Comp." pachtete mit Vertrag vom 30. Juni 1900 von der Königlich Preußischen Wasserbauinspektion in → **Münster** Uferflächen und stellte dort einen Dampfkran auf. Sogar der Bau einer Dampfstraßenbahn mit Güterbeförderung zwischen Rheine und dem neuen Kanalhafen war genehmigt. Das Straßenbahnprojekt wurde jedoch nie verwirklicht, denn 1898 stieg die Stadt Rheine in neuere Planungen zum Bau einer Kleinbahn „Piesberg-Rheine" ein, mit deren Bau im Jahr 1900 begonnen wurde. Am 16. Mai 1904 konnte der Betrieb bis zum Kanalhafen eröffnet werden, ein Jahr später auf der Reststrecke bis Rheine. Gute Geschäfte als Hafenbetreiber erhoffte man sich nun von der Versorgung der Rheiner Textilindustrie mit → **Kohle** und Baumwolle. Doch der wirtschaftlich durchschlagende Erfolg blieb aus. Deshalb wandten die Inhaber in der Folgezeit ihr Augenmerk auf den Umschlag von Brot- und Futtergetreide und ließen im Jahr 1905 einen ersten turmähnlichen Getreidespeicher errichten. Nun ging es aufwärts, Lagerkapazitäten wurden ausgeweitet und 1919 ein zweiter Kran angeschafft.

Nach dem Tod der beiden Gesellschafter Hollweg und Siemon (Kümpers verstarb schon ein Jahr nach Gründung der Firma) ging der Hafen im Jahr 1921 für 17 Jahre in den Besitz zweier Bergwerksunternehmen des Ruhrgebiets über. Nun engagierten sich die Zeche „Langenbrahm" aus Essen, die auch eine Brikettfabrik

Mit dem 25 Meter hohen „Turmspeicher" rechts im Bild verschwand im Jahr 2005 und damit exakt hundert Jahre nach dessen Bau eine markante Landmarke am Kanal. Er wurde abgerissen

und einen Kohlenhandel betrieb, und die Zeche „König Ewald Ludwig" aus Recklinghausen, die über einen Zechenhafen am → **Zweigkanal Herne** verfügte, zeigten aber im Laufe der Jahre immer weniger Interesse am Standort Rheine. Daher kam es im Jahr 1938 zu einem nochmaligen Besitzerwechsel. Der ganze Hafenbetrieb einschließlich eines Steinbruchs in Gravenhorst mit einer ebenfalls seit 1900 gepachteten Ladestelle am Kanal in Bergeshövede (→ **Nasses Dreieck**) wurde an das Familienunternehmen Wilhelm Werhahn in Neuss am Rhein verkauft, in dessen Besitz sich der Hafen auch heute noch befindet. Der Wechsel brachte dem Hafen endlich den erforderlichen Investitionsschub für eine Steigerung der Umschlagsleistungen. Ein weiterer Kran und ein weiteres Lagerhaus kamen hinzu, dann 1954 eine Halle für Stückgut, eine Teermischanlage und ein Halbportalkran. In den 1960er-Jahren wurde eine Vielzahl von Gütern umgeschlagen: Massengüter wie Getreide, Kies, Kohle und Baustoffe, technische Öle, die aus dem Emsland mit Kesselwagen angeliefert und auf Schiffe umgepumpt wurden, außerdem Güter des täglichen Bedarfs, wie Mehl, Zucker, Hülsenfrüchte, Dosenmilch, Fette, Speiseöle und Konserven. Der Hafen diente zwei großen Waschmittelherstellern als Auslieferungslager. Mit rund 200.000 Tonnen Umschlag jährlich war das seine Blütezeit.

Heute zählt die Hollweg, Kümpers & Comp. KG (HKC) – inzwischen ein Tochterunternehmen der Basalt AG – zu den regional bedeutenden Baustoffproduzenten und Logistik-Dienstleistern. Das Angebot umfasst die Produktion und den Vertrieb von Natursteinbaustoffen aus dem am → **Mittellandkanal** liegenden und ehemals der WSV gehörenden Sandsteinbruch Kälberberg in Recke und aus dem Quarzitsteinbruch Ueffeln bei Bramsche für den Verkehrswegebau. Der Steinbruch Gravenhorst mit der am DEK betriebenen Verladestelle wurde 1964 aufgegeben.

Im Hafen Rheine (Kanalkilometer 115,63) werden hauptsächlich Baustoffe wie Kies, Sand, Lava und Basaltsplitte sowie Roheisen, Schrott und Kunstdünger gelagert und umgeschlagen – rund 100.000 Tonnen pro Jahr. Immer wieder mal kommt es auch zum Umschlag von Schwergütern – wie im Jahr 2013, als von hier das bisher größte sogenannte Planetengetriebe der Welt auf den Wasserweg gebracht wurde. Die ortsansässige Präzisionsschmiede Renk hatte den 320 Tonnen schweren

Wappen der Schützenbrüderschaft „Kanalhafen" von 1951

In den 1950er- und 1960er Jahren wurden im Hafen Rheine auch Stückgüter aller Art umgeschlagen, darunter auch solche des täglichen Bedarfs, wie Mehl, Zucker, Hülsenfrüchte, Dosenmilch, Fette, Speiseöle und Konserven

Nach dem Wiederaufbau der zerstörten Kanalbrücke am Hafen 1950/51 betrieb Rheine systematisch die Ansiedlung von Gewerbebetrieben im Bereich des Hafens, darunter eine Holzgroßhandlung am rechten Kanalufer mit eigener Umschlagstelle, ein Betonsteinwerk und eine Schiffsreparaturwerkstatt

Koloss, dessen Form an einen Meteoriten erinnert, für die Clemson University im US-Bundesstaat South Carolina hergestellt. Durch einen eigenen Gleisanschluss und die Nähe zur Autobahn ist die Infrastruktur am Standort günstig. Es wird ein mobiles 40 Tonnen schweres Umschlaggerät mit Hydrauliktechnik, einer Tragkraft von fünf Tonnen und einer Reichweite von 16 Metern eingesetzt.

Mit dem Abriss des alten 25 Meter hohen „Turmspeichers“ verschwand im Jahr 2005 und damit exakt hundert Jahre nach dessen Bau eine markante Landmarke am Kanal. Bis zum Ende des Kalten Krieges in den 1990er-Jahren hatte die Bundesrepublik ihre Getreidereserven hier eingelagert, danach entfiel diese Nutzung. Als sich dann auch noch die Bauvorschriften änderten – Lagerung von Getreide auf Holzböden ist nicht mehr zulässig – war das Ende des geschichtsträchtigen Gebäudes gekommen.

## Rudersport/Deutschlandachter

Der Dortmund-Ems-Kanal mit seinen zum Teil schnurgeraden und windgeschützten Strecken gilt als attraktives und naturnahes Trainingsrevier für Ruderer. Insgesamt elf Rudervereine in → **Dortmund**, → **Datteln**, Senden, Lüdinghausen, Hiltrup, → **Münster**, → **Lingen** und → **Meppen** haben sich mit ihren Bootshäusern am Kanal angesiedelt, darunter die „Akademische Ruderverbindung Westfalen von 1891“ als einzige rudernde und farbentragende Verbindung Deutschlands. Einen regelrechten „Gründungsboom“ gab es in den 1920er-Jahren, als die meisten Vereine aus der Taufe gehoben wurden (Lingener Rudergesellschaft von 1923, Wassersportverein Meppen von 1923, Ruderverein Lüdinghausen von 1925, Ruderverein Datteln von 1928, Eisenbahnersportverein Lingen von 1927, Ruderclub Germania Dortmund von 1929). Auf dem DEK wurde sogar ein Stück deutscher Rundfunkgeschichte geschrieben: Der 21. Juli 1925 gilt als Premiere für Sportübertragungen im Radio, bei der der Reporter sich nicht in der Sendeanlage, sondern vor Ort am Geschehen befand, nämlich bei einem Ruderwettbewerb im Kanal bei Münster. 1949 waren 15 Rudervereine und 12 Kanuvereine am Kanal beheimatet – so die Festschrift zum 50-jährigen Jubiläum der Wasserstraßendirektion Münster.

Heute ist der DEK untrennbar verbunden mit einem Mythos im deutschen Sport: dem „Deutschlandachter“, der bereits sechsmal olympisches Gold holte. Das Ruderleistungszentrum (genannt „Stützpunkt“) in Dortmund am Kanalkilometer 1,8 ist seit 1986 die Heimstätte und der Haupttrainingsort des Deutschlandachters, wo auch die aus demselben Kader

Gasthaus „Zur Flotte“ am Dortmunder Stadthafen: Hier wurde der „Ruderclub Hansa“ gegründet. Eine Zeitungsanzeige hatte „junge Leute, welche sich für den Rudersport interessieren“ dorthin eingeladen

gebildeten Mannschaften im Vierer ohne Steuermann und im Zweier ohne Steuermann stationiert sind. Am selben Standort trainiert auch das Team Frauenachter. Seit jeher ist das Ruderleistungszentrum dabei Gast des Ruderclubs „Hansa Dortmund“, dessen Gründung unmittelbar auf den Bau des DEK zurückgeht.

1895 wurde durch einen Erlass von → **Kaiser Wilhelm II.** das Rudern an Schulen eingeführt, so dass auch in Dortmund für die oberen Klassen der „höheren Lehranstalten“ aus städtischen Mitteln Boote beschafft und direkt im Hafen nach dessen Eröffnung ein Bootshaus aus Holz errichtet wurden. Zur gleichen Zeit gründete sich im gegenüber dem Hafenamt liegenden Restaurant „Zur Flotte“ am 6. Oktober 1898 der „Ruderclub Hansa“. Aufs Wasser gingen damals allerdings nur Männer (erst ab 1931 waren auch Frauen als Mitglieder willkommen). Der Magistrat genehmigte dem Verein – mit seinem an die Hansetradition der Stadt Dortmund anknüpfenden Namen – die Errichtung eines zweiten Bootshauses am Stadthafen. Im Frühjahr 1907 musste jedoch das Schüler- und Vereinsrudern eingestellt werden, weil die Bootshäu-

Das 1909 errichtete Bootshaus des Ruderclubs „Hansa“ liegt zwischen dem Dortmunder Petroleum- und dem Hardenberghafen. Die Bezeichnung als „Gartenetablissement“ wurde vom Pächter gewählt, der dort auch ein Restaurant betrieb

Auf Initiative des Oberpräsidenten der Provinz Westfalen und Kurator der königlichen Akademie, Conrad von Studt, wurde der „Akademische Schwimm- und Ruderverein zu Münster“ am 23. Juni 1891 von diesen fünf Herren gegründet. Nach Inbetriebnahme des Kanals zog die spätere Verbindung mit einem Bootshaus dorthin um

Der erfolgreiche „Deutschlandachter“ trainiert seit 1986 auf dem Kanalabschnitt zwischen Dortmunder Hafen und Schiffshebewerk und passiert dabei auch die Umschlaganlagen

Ihre „Körperkräfte stählen" sollten die Schüler der oberen Klassen beim Rudern. Im Hintergrund das mit Kajüte und Zelt ausgestattete Motorboot HANSA, das für Betriebszwecke im Hafen sowie als Polizeiboot eingesetzt wurde

ser und die Anlegestellen der Erweiterung des Stadthafens weichen und abgerissen werden mussten. Im Sommer 1909 entstand deshalb ein massives, heute noch genutztes und mehrfach erweitertes Gebäude am Fredenbaumwald außerhalb des Stadthafens, in das der Ruderclub, die Rudersparten der Schulen, der Fischereiverein, ein verpachtetes Restaurant und ein Bootshauswärter einzogen. Der „Ruderclub Hansa" ist seitdem einer der erfolgreichsten deutschen Rudervereine, der bereits mehr als 2.000 Siege in seiner über 100jährigen Geschichte eingefahren hat und sich ab den 1960er-Jahren vermehrt dem Leistungssport zuwandte. In den 1980er-Jahren wurden die ersten Weltmeistertitel geholt, so dass Dortmund zum Zentrum des deutschen Rudersports und zum Bundesstützpunkt avancierte, wo seitdem Hobbyruderer neben Medaillenträgern trainieren.

Neben der „Hansa" liegen noch die Vereinsheime des „Freien Sportvereins von 1898" und des „Ruderclubs Germania", der am 9. November 1929 ebenfalls im „Haus zur Deutschen Flotte" gegründet wurde. Das war 14 Tage nach dem „Schwarzen Freitag", dem Crash an der New Yorker Börse. Keine günstige Zeit, einen Ruderverein zu gründen, für den viel Geld benötigt wird. Das erste Ruderboot des Clubs erhielt deshalb den Optimismus ausstrahlenden Namen „Unverzagt".

Seltene Begegnung beim Training: Mit 90 Metern Länge, 9,50 Metern Breite und einem Tiefgang von 2,88 Metern ist die NATAL ein typisches „Europaschiff", für das die Kanäle ausgebaut worden sind

## Schiffergemeinden

„Das nasse Netz der Kirche“ war 1999 Thema der Jahreskonferenz des Verbandes der evangelischen Binnenschiffergemeinden in Deutschland, der damals noch mit 30 Einrichtungen an Flüssen und Kanälen in Deutschland präsent war. Doch am Dortmund-Ems-Kanal wurde das Netz eingeholt und nicht wieder ausgeworfen. Die beiden Schiffergemeinden in → **Datteln** und Bevergern existieren nicht mehr.

Im Januar 2009 ging der vierte und letzte Schifferpastor der Evangelischen Kirchengemeinde Bevergern, Wolfgang Busse, von Bord. Dort, am → **Nassen Dreieck**, wurde 1971 die Gemeinde gegründet, bezog einen Neubau direkt am Kanaldamm in unmittelbarer Nähe der → **Schleuse** und war zuständig für 90 Kilometer Kanalabschnitte am DEK zwischen → **Münster** und → **Lingen** und am → **Mittellandkanal** bis zum Osnabrücker Stichkanal. 2003 wurde sogar noch ein neues Schiffergemeindehaus aus Holz mit Gruppenraum für Konfirmations- oder Gitarrenunterricht eingeweiht. „Wenn die Menschen nicht zur Kirche kommen können, muss die Kirche zu den Menschen gehen.“ Was der geistige Vater der Binnenschifferseelsorge und Diakon Johann Hinrich Wichern (1808–1881), der 1870 im Hamburger Hafen die erste Binnenschiffermission ins Leben rief, einst formulierte, wurde hier jahrelang engagiert umgesetzt. Und das war nicht nur Seelsorge, Mission und Pflege der religiösen Gemeinschaft, sondern bisweilen auch ganz handfeste Lebenshilfe wie das Organisieren von Arztterminen oder Hilfe bei Behördengängen. Im Eiswinter 1996 sorgte Busse mithilfe der Feuerwehr dafür, dass die Schiffer am Nassen Dreieck frisches Wasser bekamen, da die Leitungen eingefroren waren. Pastor Busse, der auch schon mal als Nikolaus mit dem Schiff der → **Wasserschutzpolizei** zu den Kindern kam, war Seelsorger, Therapeut und Sozialarbeiter in einer Person, immer mit einem Bein an Bord, mit dem anderen an Land. Als er in Pension ging, wurde seine Stelle eingespart und die Schiffergemeinde geschlossen. Das Steuerrad und die Haspel aus dem Holzhaus brachte Busse noch persönlich in die Versöhnungskirche im benachbarten Riesenbeck. Dorthin gingen auch die beiden Schiffsglocken der Schiffermission und erinnern an den jahrelangen Treffpunkt von gelebtem Christentum, Ökumene und Gastlichkeit.

Als Busse als 43-Jähriger nach Bevergern kam, hatte er bereits in Datteln die dortige Schiffergemeinde mit aufgebaut. Sie zog, weil der vorherige Standort aufgegeben werden musste, im Jahr 2006 in die unter Denkmalschutz stehende „Friedenskirche“, die in unmittelbarer Nähe des → **Schiffshebewerkes Henrichenburg** 1901 für eine von evangelischen Kanalarbeitern gegründete Gemeinde errichtet worden war. Und so fand man die Binnenschifferseelsorge in direkter Nähe zu Kanal und Hebewerk. Deren Diakon, Horst Borrieß, meinte schon in der Planungsphase: „Dort gehört die Arbeit hin – direkt ans Wasser.“ Aber auch seine Stelle wurde gestrichen. Am Heiligen Abend 2016 hielt der „Käpt’n der Seelen“ seine letzte Predigt, ging in den Ruhestand und mit ihm eine geschichtsträchtige Ära im Ruhrgebiet. Der Sohn eines Hamburger Seemanns kam 1977, als die Schifferseelsorge für das Westliche Ruhrgebiet von Herne nach Datteln verlegt wurde. Da damals selbst Taufen und Hochzeiten an Bord zelebriert wurden, war Borries ständig auf dem Kanal unterwegs – bis zu sieben Schiffe besuchte er täglich. Daher schaffte er sich 1986 ein eigenes Schiff an, die REGENBOGEN, das als Dienstfahrzeug zu Wasser von der Diakonie sogar anerkannt wurde. Borrieß betreute nicht nur die über hundert örtlichen Schifferfamilien als Kanal-Seelsorger. Post, Ersatzteile und Geld brachte er an Bord, bezahlte Rechnungen an Land oder gab Bestellungen auf. Das änderte sich erst in den 1990er-Jahren – mit dem Aufkommen von Handy und Internet und nachdem Autos an Bord mitgeführt wurden.

Seit 2017 hat die Friedenskirche, die sich auch als Eventkirche für Ausstellungen, Gespräche, Konzerte, Lesungen oder Vorträge einen Namen gemacht hat, einen neuen Nutzer: Nun sorgt der Verein der „Freunde und Förderer des Schiffshebewerks und Schleusenparks Waltrop e.V.“ dafür, dass die Verbindung dieses traditionsreichen Gebäudes zur Schifffahrt gewahrt bleibt

Acht Tage vor der offiziellen Einweihung von Dortmund-Ems-Kanal, Dortmunder Hafen und Schiffshebewerk erschien die „Illustrirte Zeitung" aus Leipzig mit dieser Zeichnung des Kieler Malers Fritz Stoltenberg (3. August 1899). Korrekt die Ortsangabe für das Hebewerk: Meckinghofen (die Bauernschaft ist heute ein Ortsteil von Datteln). Eingebürgert hat sich jedoch als Ortsangabe „Henrichenburg", wo alte Planungen den Bau des Hebewerkes vorgesehen hatten

Bereits in der Bauphase, in Betrieb und schließlich als technisches Denkmal: Das alte Schiffshebewerk in Henrichenburg ist schon immer ein Besuchermagnet gewesen und gilt zu Recht als das spektakulärste und bedeutendste Bauwerk des Dortmund-Ems-Kanals. Das Schiffshebewerk, seinerzeit eine wagemutige ingenieurtechnische Pionierleistung, ist die Kathedrale des Kanals, eine noch heute faszinierende Sehenswürdigkeit ersten Ranges. Es liegt im Stadtteil Oberwiese von Waltrop, wurde aber basierend auf alten Trassenplanungen nach der früheren Gemeinde Henrichenburg, heute ein Stadtteil von Castrop-Rauxel, benannt.

Die Höhendifferenz zwischen dem Wasserspiegel der Kanalhaltung vom → **Dortmunder** Hafen bis Henrichenburg (NN + 70,0 m) und der Scheitelhaltung zwischen Henrichenburg und → **Münster** (NN + 56 m) beträgt 14 Meter (→ **Haltungen**). Ursprüngliche Planungen, diese Geländestufe mit einer Treppe aus vier → **Schleusen** zu überwinden, wurden aus Gründen einer sparsamen → **Wasserwirtschaft** verworfen, denn die Kanalhaltung bis Dortmund verfügt über keinerlei natürliche Zuflüsse. Verloren gegangenes Schleusungswasser

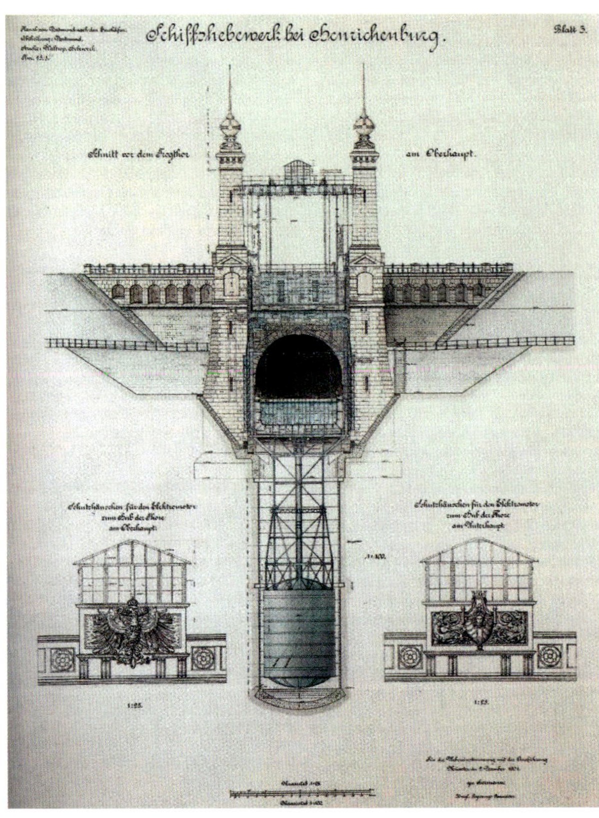


Der „königliche Regierungs-Baumeister" Hermann überwachte die Ausführung des Schiffshebewerkes und attestierte am 2. Dezember 1901 die „Übereinstimmung" mit den Plänen. Hier ein „Schnitt vor dem Trogthor" am Oberhaupt

hätte deshalb aufwändig immer wieder hochgepumpt werden müssen. Da die Schiffe bei einem Hebewerk in einem Wassertrog befördert werden, ist hier der Wasserverlust minimal. Das Problem bei Hebewerken besteht aber darin, die schwere Last des Troges ohne großen Kraftaufwand gefahrlos zu heben und zu senken. Im Herbst 1892 wurden deshalb fünf große deutsche Maschinenfabriken von der Königlichen Kanalkommission (→ **Wasserstraßen- und Schifffahrtsverwaltung**) in → **Münster** aufgefordert, Ideen zu entwickeln, ausführliche Entwürfe zu fertigen und mit Kostenvoranschlägen einzureichen. Im Mai 1893 lagen sieben Entwürfe auf der Grundlage verschiedener Systeme vor, die von der Königlichen Akademie des Bauwesens begutachtet wurden. Den Zuschlag erhielt die Firma Haniel und Lueg aus Düsseldorf (später zur „Gutehoffnungshütte“ in Oberhausen gehörend) mit einer bahnbrechend-innovativen und bislang technisch noch nicht umgesetzten Lösung, die auf einem Patent des Ingenieurs Friedrich Jebens aus Ratzeburg fußte und das altbekannte physikalische Wirkprinzip des Auftriebs ausnutzte.

Die Schiffe werden dabei in einem mit Wasser gefüllten Trog gehoben, wobei das Gewicht des beweglichen Systems von fünf Tauchkörpern, den sogenannten Schwimmern, ausgeglichen wird. Diese mit Luft gefüllten Hohlkörper bewegen sich in wassergefüllten Schächten auf und ab. So wird die – der Schwerkraft entgegenwirkende – Auftriebskraft des Wassers genutzt. Die benötigte und im Verhältnis zur bewegten Gesamtmasse sehr geringe Antriebskraft wird von einem Motor über vier 20 Meter lange Gewindespindeln auf den Trog übertragen. Gleichzeitig haben die Spindeln die Aufgabe, die horizontale Lage des Troges jederzeit sicherzustellen. Zeichnungen und Pläne, entwickelt aus vorangehenden Modellversuchen, hatten einen Umfang von rund 17.000 Blatt.

Die Bauarbeiten begannen im Frühjahr 1894 mit dem Aushub der Baugrube und der Brunnenschächte für die Schwimmer mit einem Durchmesser von 9,20 Metern und 28 Metern Tiefe. Anschließend wurden die Anker für die vier senkrechten Schraubenspindeln gegründet. Mit den Montagearbeiten für die Eisenkonstruktion konnte im Frühjahr 1896 begonnen werden. Die Hauptteile der Tragkonstruktion sind der Schleusentrog, die Schwimmer und die Stützkonstruktion.

Liebig-Sammelbild, das einer Packung von Fleischextrakt für den italienischen Markt beilag. Eine Serie bestand ab 1880 immer aus sechs Motiven im Format 105 bis 110 × 70 mm. So erschien 1903 die Reihe „Kanalbauten“, die ebenfalls ein Bild des Schiffshebewerkes enthielt. Bis 1930 erschienen über 1.100 Ausgaben dieser beliebten Sammelobjekte

Oberwasser: Ein Selbstfahrer hat gerade den Trog Richtung Dortmund verlassen, zwei weitere warten auf ihre Abfertigung (ca. 1960)

Unterwasser: Ein Schlepper mit umgelegtem Schornstein zieht einen Kahn von Dortmund kommend aus dem Hebewerk-Trog. Das Foto entstand 1934

Sehr schön zu erkennen ist auf dieser Aufnahme ein Schiff im Trog, der sich gleich senken wird. Die Dauer eines Doppelhubes einschließlich der Ein- und Ausfahrten betrug 45 Minuten. Der eigentliche Senk- oder Hebevorgang dauerte nur etwa 2,5 Minuten

Der in eine 70 Meter lange Stahlfachwerkbrücke eingehängte und auf den Schwimmern ruhende Schleusentrog hat eine nutzbare Länge von 68 Metern und eine Breite von 8,60 Metern bei einer Wassertiefe von 2,50 Metern und war damit für Schiffe mit bis zu 800 Tonnen Ladefähigkeit ausgelegt. Sein Gewicht beträgt rund 800 Tonnen, hinzu kommen 1.550 Tonnen Wasserfüllung. Befand sich ein Schiff im Trog, änderte sich das Gesamtgewicht aufgrund der Wasserverdrängung nicht. Drei Motoren waren zum Betrieb des Schiffsfahrstuhls erforderlich, deren Antrieb zentral auf gesonderter Bühne mittig über dem Trog platziert war. Die Motoren zum Heben der Hubtore waren in Schutzhäuschen auf besonderen Brücken zwischen den Türmen an Unter- und Oberhaupt angebracht, wobei Haltungs- und Trogtor jeweils gemeinsam gehoben wurden. Die Dauer eines Doppelhubes einschließlich der Ein- und Ausfahrten betrug 45 Minuten, so dass die Leistungsfähigkeit rund 10 Millionen Tragfähigkeitstonnen pro Jahr betrug. Der eigentliche Senk- oder Hebevorgang dauerte nur etwa 2,5 Minuten, was deutlich schneller war als mit den damals üblichen Schleusen. Neben dem Hebewerk wurde ein Maschinenhaus errichtet, in dem zwei Dampfmaschinen mit Dynamos den zum Betrieb des Hebewerkes erforderlichen Gleichstrom erzeugten. Untergebracht waren hier auch die beiden Pumpen für die Wasserversorgung der oberen Haltung.

Im März 1952 wurde die alte Schachtschleuse von 1914 vorübergehend trockengelegt. Das Foto erlaubt einen Blick in die Kammer Richtung Unterhaupt. 1969 wurde die Schachtschleuse dann stillgelegt. Sie wurde inzwischen teilweise verfüllt und kann per Rad oder zu Fuß „durchwandert" werden

Wesentliche Störungen dieser weltweit einmaligen Anlage von der Eröffnung 1899 bis 1962, als sie außer Betrieb genommen wurde, hat es nie gegeben. Nach ihrer endgültigen Stilllegung 1969 drohte zunächst ihr totaler Verfall. Sogar ein Abriss wurde erwogen. Der Landschaftsverband Westfalen-Lippe (LWL) beschloss jedoch 1979, das technische Denkmal als Standort des Westfälischen Industriemuseums (ein Verbundmuseum an acht Orten der Industriegeschichte) zu nutzen. Nach Restaurierung und Rekonstruktion wurde das alte Schiffshebewerk ohne Wiederherstellung seiner ursprünglichen Funktion zusammen mit seinen Vorhäfen und einer im ehemaligen Maschinenhaus untergebrachten Ausstellung 1992 wieder eröffnet und 1995 mit dem Europäischen Museumspreis ausgezeichnet. Das alte Schiffshebewerk ist einer von 25 Ankerpunkten der „Route der Industriekultur" im Ruhrgebiet und Hauptattraktion des „Schleusenparks Waltrop" mit einem Nebeneinander von Geschichte und Gegenwart von vier verschiedenen Abstiegsbauwerken

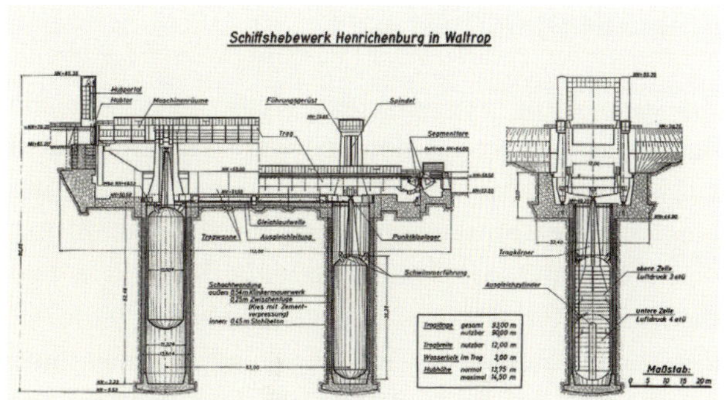


Beim neuen Schiffshebewerk wurde die Zahl der Schwimmer für den Ausgleich des Troggewichtes von 5.000 Tonnen auf zwei reduziert. Sie befinden sich in 52,5 Meter tiefen Schächten. Außerdem entfällt ein Unterhaupt, weil Trog- und Haltungstor als Drehsegmenttore ausgeführt sind (sie drehen nach unten weg). Die Spindeln befinden sich in vier einzeln stehenden Türmen, auf ein verbindendes Hebewerksgerüst wurde verzichtet

aus zwei Jahrhunderten. Denn bereits 1914 wurde das Hebewerk um eine 93 Meter lange und 10 Meter breite Schachtschleuse für den nach Inbetriebnahme des → **Rhein-Herne-Kanals** stark anwachsenden Verkehr ergänzt. Das inzwischen ebenfalls stillgelegte Abstiegsbauwerk war als Sparschleuse mit zehn Sparbecken angelegt, die rund 70 Prozent des Schleusungswassers auffangen und für die nächste Füllung nutzbar machen konnte.

Nach Ende des Zweiten Weltkrieges wurde dann im Zuge des → **Ausbaus** des DEK ein zweites, größeres Hebewerk erforderlich, das 1962 dem Verkehr übergeben wurde. Das neue Hebewerk, mit dessen Planungen bereits 1928 begonnen worden waren (ein erster Entwurf lag 1939 vor), hat eine Troglänge von 90 Metern bei einer Breite von 12 Metern und drei Metern Wassertiefe für das zum neuen → **Bemessungsschiff** erklärte „Europaschiff". Technisch gesehen besitzt das neue Hebewerk das gleiche Bauprinzip wie das alte, jedoch wurde die Konstruktion vereinfacht. Doch noch in den 1970er-Jahren stießen sowohl Schachtschleuse wie neues Hebewerk erneut an die Grenze ihrer Leistungsfähigkeit. Für die aufkommenden Leichter des Typs Europa IIa erwies sich die Schleuse als zu schmal, das Hebewerk hingegen war für die Aufnahme eines ganzen Schubverbandes zu kurz und konnte von Verbänden dieser Kategorie nur „zerlegt" passiert werden. In den Jahren 1985 bis 1989 wurde deshalb ein viertes Bauwerk errichtet, nämlich eine 190 Meter lange und 12 Meter breite moderne → **Schleuse**. Sie wurde am 11. August 1989, zum 90. Jahrestag der Eröffnung des DEK, ihrer Bestimmung übergeben. Das neue Hebewerk wurde bis Dezember 2005 genutzt, dann wegen technischer Probleme aber dauerhaft außer Betrieb genommen.

Das neue Schiffshebewerk wurde am 31. August 1962 eingeweiht. Auf der danach erschienenen Postkartenserie wurde es als das „größte und modernste Hebewerk Europas" bezeichnet

## Schleppschifffahrt

Bis zum Ende des Zweiten Weltkrieges war die Schleppschifffahrt das dominierende Verkehrssystem auf den deutschen Kanälen, nachdem Jahrhunderte lang zunächst muskelbetriebene Boote (Staken, Rudern), Frachtensegler und getreidelte Schiffe (→ **Treideln**) eingesetzt wurden. Kennzeichnend für diese Art des Transportes ist die Trennung von Antriebs- und Lasteinheit in Schleppkähne und mit Stahltrossen davor gespannte Schlepper.

Ein Schleppzug konnte aus bis zu sechs Anhängen bestehen, wobei jeder Kahn einen eigenen Schleppstrang zum Schlepper hatte und einzeln gesteuert werden musste. Der Abstand zwischen den Kähnen betrug zwischen 70 und 100 Metern

Lastkähne als → **Bemessungsschiff** für den Kanalquerschnitt, Kurvenradien der Trasse, Abmessungen der → **Schleusen**: Der Dortmund-Ems-Kanal wurde projektiert und gebaut für die Schleppschifffahrt, denn eine alternative Betriebsform mit treidelnden Lokomotiven wurde zwar erwogen, aber schnell wieder verworfen. Schleppzüge mit drei und mehr Lastkähnen mit Gesamtlängen von mehreren Hundert Metern waren nun mit nur vier oder fünf km/h auf dem Kanal unterwegs. Gezogen wurden sie von unterschiedlichen Schleppertypen – anfangs von Dampfschleppern, dann von neu entwickelten „Hochdruckern“ (Schlepper mit Dampfdruck von 110 bar), schließlich von Schleppern mit Dieselantrieb. Im Zuge der nationalsozialistischen Autarkiebestrebungen kamen in den 1940er-Jahren noch extrem stinkende Gasschlepper dazu, deren Motoren mit Gasen betrieben wurden, die durch Verkokung von → **Kohle** in Generatoren erzeugt wurden.

In den ersten Betriebsjahren wurde der Schleppbetrieb auf dem DEK noch von privaten Reedereien und Partikulieren (Privatschiffer), die in den Kanalhäfen beheimatet waren, durchgeführt. Später trat dann das staatliche Schleppmonopol (auch „das Monopol“ genannt) auf den Plan, dem schließlich auch der DEK unterworfen wurde. Alle Kähne mussten sich ausschließlich staatlicher Schlepper bedienen, Selbstfahrer benötigten Ausnahmegenehmigungen. Im preußischen Wasserstraßengesetz vom 1. April 1905 verankert und per Gesetz vom 30. April 1913 im Detail geregelt, wurde die Einrichtung eines staatlichen Interventionsinstrumentes für die neu zu bauenden Kanäle (→ **Mittellandkanal**, → **Rhein-Herne-Kanal** und → **Datteln-Hamm-Kanal**) durchgesetzt. Mithilfe entsprechend gestalteter Schlepplohntarife konnte und sollte so regulierend auf das Preisgefüge des Kanaltransportes eingewirkt werden, denn die konkurrierende Eisenbahn befand sich im Staatsbesitz. Außerdem wurde so eine neue Einnahmequelle für den Staat erschlossen. Der Verkehr sollte aber auch reibungslos, fast fahrplanmäßig, abgewickelt werden, Wartezeiten an den Schleusen minimiert und Schiffsraum optimal ausgelastet werden.

Das Monopol galt allerdings zunächst nicht für den DEK, da sich hier ja bereits private Schleppreedereien etabliert hatten (u. a. die → **WTAG**). Die Monopolbefreiung sollte für eine 15-jährige Übergangsregelung auf der → **Nordstrecke** von Bergeshövede bis Herbrum gelten und auf der Südstrecke, soweit es sich um Verkehre mit Häfen des DEK handelte. Tatsächlich existierte auf dem DEK aber 20 Jahre das Nebeneinander von privaten und staatlichen Schleppern, mit bisweilen unwirtschaftlichen Folgen: So verlagerten sich nach dessen Eröffnung die → **Kohleverladungen** immer mehr in den RHK mit dem Effekt, dass die Fahrten auf der Südstrecke des DEK monopolpflichtig, die umgekehrten

Fahrten von → **Emden** mit Erzladung nach → **Dortmund** aber monopolfrei waren. So fuhren die Privatschlepper zu Tal und die Monopolschlepper zu Berg leer aneinander vorbei. Mit Eröffnung des → **Küstenkanals** 1935 wurde eine einheitliche Schleppbetriebsführung immer notwendiger. Das NS-Regime entschied sich – ganz im Interesse seiner Kriegsvorbereitungen – für eine Ausweitung des Monopols auf das gesamte Kanalsystem, um dessen Leistungsfähigkeit zu steigern: Im Juli 1938 wurde das Monopol auf der Südstrecke, im Oktober 1939 auf der Nordstrecke (die ursprünglich erst nach Fertigstellung des → **Seitenkanals** einbezogen werden sollte) eingeführt. Auch auf dem Küstenkanal, der → **Tideems** mit → **Ems-Seitenkanal** bis Emden, dem → **Ems-Jade-Kanal** und den → **linksemsischen Kanälen** übernahm das Monopol sämtliche Schleppertätigkeiten. Einen Teil der Privatschlepper kaufte der Reichsschleppbetrieb auf, die übrigen 110 Schlepper wurden mit einem Dauervertrag als „bevorrechtigte Schlepper" angemietet. Ihre 67 Eigner schlossen sich am 15. Mai 1938 mehr zwangsweise als freiwillig zusammen und gründeten die Nord-Westdeutsche Schleppdampfer-Genossenschaft (NSG) mit Sitz in Emden.

Die für das Monopol charakteristische Schornsteinmarke der Schlepper – ein weißer Ring mit zwei schmalen schwarzen Randstreifen, dazwischen als eine Art „Kennzeichen" die Fahrzeugnummer – prägte über Jahrzehnte das Erscheinungsbild des Kanals. Die in Privatbesitz befindlichen Lastkähne ohne eigenen Antrieb wurden an → **Schleusen** und Abzweigungen des Kanalsystems zusammengestellt und von den Schleppern zu ihren Bestimmungsorten bzw. zum nächsten → **Haltungsabschnitt** befördert. Neben den üblichen Schifffahrtsabgaben (→ **Abgaben**) war dafür ein zusätzlicher Schlepplohn zu entrichten. Dafür hatten Schleppzüge Vorrang auf dem Kanal, Überholmöglichkeiten für die durchweg schnelleren Selbstfahrer waren eingeschränkt, was deren Wirtschaftlichkeit herabsetzte. Die Wasserstraßenpolizeiverordnung von 1924 setzte deshalb für die staatlichen Schlepper eine Mindestgeschwindigkeit fest.

Pause in der Schleuse Bevergern (Foto von 1957). Wegen der Schleusengrößen im Emsabstieg wurden ab hier Schleppzüge mit zwei Anhängen zusammengestellt. Eingesetzt wurden auf der Strecke rund 40 kleine Schlepper mit weniger als 2.500 Tonnen Zugkraft. Darunter auch 25 angemietete Privatschlepper wie die GRETHA

Mit dem Übergang der Wasserstraßen von den Ländern auf das Reich am 29. Juli 1921 wurde die preußische Schleppmonopolverwaltung in den

Jahrzehntelang prägten Dampfschlepper mit ihren rauchenden Schornsteinen, die zur Querung von Brücken umgelegt werden konnten, das Bild auf den Kanal. Nicht nur schweißtreibend sondern auch besonders gefährlich war die Arbeit der Maschinisten auf den „Hochdruckern", die mit 110 bar Heißdampf angetrieben wurden

In den 1950er-Jahren umfasste der Fahrzeugpark des Bundesschleppbetriebes 230 eigene Schlepper. Darunter auch 47 Gasschlepper mit den Ordnungszahlen zwischen 400 und 499, die mit Braunkohlenschwefelkoks betrieben wurden. Ihr Heimathafen war Minden am Mittellandkanal

Reichsschleppbetrieb (RSB) umgewandelt – der schwarze Preußenadler verschwand von der Schornsteinmarke. Ab Dezember 1924 wurde das Monopol dem Oberpräsidenten der Provinz Westfalen mit Sitz in → **Münster** unterstellt. Zuständig für den Schleppbetrieb auf dem DEK waren die Schleppämter in Duisburg (ab 1914), Emden (ab 1939) und → **Münster** (1945–1949). Die Schleppämter verfügten über Außenstellen zur Koordinierung der Verkehrsabwicklung („Schleppbetriebsstellen" in → **Datteln**, Münster, Bergeshövede, Meppen und Emden) sowie über „Maschinenbetriebsstellen/Maschinenämter" für die technische Betreuung des Schleppbetriebes (am DEK: Bergeshövede). Außerdem unterstanden den Schleppämtern auch die Hebestellen zur Erhebung der Schlepplöhne und Kanalabgaben. Betriebstechnisch war der Kanal in vier Reviere aufgeteilt. Auf der Teilstrecke zwischen dem → **Schiffshebewerk Henrichenburg** und dem Hafen → **Dortmund** wurde ein Pendelbetrieb eingerichtet, da das Hebewerk nur jeweils einen Kahn ohne Schlepper fasste. Zwischen Herne (→ **Zweigkanal**) und Bergeshövede war nur die Schleusengruppe → **Münster** zu passieren, die so ausgelegt war, dass Schlepper mit bis zu fünf Anhängen zum Einsatz kamen. Ihre Motoren hatten deshalb eine Leistung von mehr als 200 PS. Am Kanaldreieck Bergeshövede wurden die Schleppzüge wie auf einem Rangierbahnhof neu zusammengestellt. Das sich anschließende Revier erstreckte sich bis → **Meppen**, wo wegen der Schleusenabmessungen nur mit zwei Anhängen gefahren werden konnte. Hier wurden kleine Schlepper mit maximal 150 PS eingesetzt. Im nördlichen Revier bis Emden arbeiteten schließlich Schlepper mit mehr als 180 PS. Obwohl hier nur mit zwei Anhängen gefahren wurde, war eine hohe Motorleistung wegen der starken Strömung in der Ems notwendig.

Aufgrund der zunehmenden Auslastung des Kanalsystems wurden immer mehr Schlepper erforderlich, so dass neben den angemieteten Schleppern auch Neubauprogramme (1940: insgesamt 167 Schlepper, darunter 12 Dampfeisbrecher) aufgelegt werden mussten. 1944 verfügte das Monopol über den stattlichen Bestand von 297 eigenen und 183 angemieteten Fahrzeugen und war als größte Schleppreederei der Welt auf insgesamt rund 900 Kilometer Kanalstrecken mit über 100 → **Häfen** im Einsatz. Nach dem Zweiten Weltkrieg wurde das Monopol als reorganisierter „Bundesschleppbetrieb" (BSB – nach dem Namen ihres jahrelangen Direktors auch scherzhaft „Buhrows schnelle Burschen" genannt) fortgeführt. Die Neuorganisation trat am 1. Oktober 1949 in Kraft: Als selbst-

Schleppamt Emden — Oldenburg

Fahrschein C — Nr. 4019

Motorschiff Maria — Heimatort Haren — Tragf. 225 t
Fahrt von Oldenburg — bis Wesel-Strom — Entf. 253+60 km
zu durchfahrende Schleusen 23, davon unterh. Bergeshövede 16 — Tiefgang 195 cm
Schiffer Stephan Jüngerhans — zu Haren, Emmelnerstr. 2
Schiffseigner — zu
Das Schiff kommt von Hamburg — fährt nach Walsum

**A. Schiffahrtabgabe.**

Ladung: Güterklasse, Güterart, Gewicht in t — Abgaben (Einheitssätze in Dpf./tkm): für km, Tarif-abschnitt, Tarif-stellen-Nr., Tarif-satz Dpf, Betrag DM Dpf; für km, Tarif-abschnitt, Tarif-stellen-Nr., Tarif-satz Dpf, Betrag DM Dpf — Gesamt-Betrag DM Dpf

Geschleust am: 19.1.52 — Schleuse Friedrichsfeld

Vorschleusen für — Schleusen
Abgabenermäßigung — %
Summa — Summa
Zusammen 296 DM 48 Dpf
Die Abgabe nach der Zahl der zu durchfahrenden Schleusen beträgt — DM — Dpf
Mithin ist zu erheben der größere Betrag mit — 296 48

**B. Liege- und Ufergeld** (Häfen- u. Liegestellen ohne besonderen Tarif)

a) Liegegeld bei km — für — Woche
b) Ufergeld in

Wasserstraßen-Schleppamt Emden — Nr. IV 126 A — erstattet — E., den 25. II. 52

Gesamtsumme 296 48

Der Gesamtbetrag ist gezahlt/gestundet — Einnahme-Nr. — Stundungsnehmer
Hebestelle Oldenburg den 14. Jan. 1952
Anschluß zum Fahrschein/vorläufigen Fahrtausweis Nr.
der Hebestelle — vom
(Stempel) — Der Erheber:
D. 202 (Fahrschein für Selbstfahrer) — Ferd. Kleinogel, Ruhrort 2 51

Die Erhebung von Kanalabgaben wurde auch von Schleppämtern vorgenommen, die den Schiffern „Fahrscheine" ausstellten. Für eine Fracht mit Kohlen von Hamburg nach Walsum (unterhalb von Duisburg Ruhrort am Rhein) wurde dieser Fahrschein von der Hebestelle Oldenburg/Küstenkanal am 14. Januar 1952 ausgestellt. Fünf Tage später, am 19. Januar, passierte die MS MARIA die Ausgangsschleuse des Wesel-Datteln-Kanals Friedrichsfeld

ständige Mittelbehörde unterstand der BSB nunmehr der → **Wasserstraßen- und Schifffahrtsverwaltung** des Bundes. 1951 hatte er 235 eigene Schlepper in Fahrt.

Wenngleich der staatliche Schleppzwang die Innovationsbereitschaft in der privaten Binnenschifffahrt über Jahre hinweg dämpfe, setzte sich in den 1950er-Jahren immer mehr die Motorgüterschifffahrt durch. Mit dem platzsparenden Dieselmotor, der vielen Schiffern zur Selbstständigkeit mit eigenen Fahrzeugen verhalf, erwuchs dem Schleppbetrieb eine ernstzunehmende Konkurrenz. 1957 ließ man das Schleppen von Kähnen auch für Selbstfahrer zu. Im selben Jahr transportierten Selbstfahrer erstmals mehr Ladungstonnen durch die Schleusengruppe Münster als Schleppkähne.

Die Motorschiffe erwiesen sich als wirtschaftlicher und verdrängten die Schleppzüge. Als logische Folge wurde der Bundesschleppbetrieb zum 31. Dezember 1967 aufgelöst. Die immer weniger werdenden Schleppaufträge übernahm nun die einst zwangsweise gegründete NSG. Mit ihrer Auflösung im Jahr 1977 war die Schleppschifffahrt auf dem DEK endgültig Geschichte.

Die Welt der Schleppschifffahrt in Deutschland ist fünfzig Jahre nach ihrem Ende heute kaum noch präsent. Unter dem Titel „Schiffe – Schlepper – Fahrensleute" erschienen anlässlich des fünfzigjährigen Bestehens des „Schiffahrtverbandes für das westdeutsche Kanalgebiet" 1955 Erzählungen von Heinz Steguweit, dem das Porträtfoto dieses auf seinen Beruf stolzen Schiffers entnommen wurde. 2017 erschienen die lesenswerten Aufzeichnungen von Fritz Achilles aus Lünen mit seinen Erinnerungen an die Schleppschifffahrt auf Flüssen und Kanälen der Nachkriegszeit „Mach Leggo". Achilles war Sohn eines Schiffers und später Hochschuldozent in Dortmund für Geographie. Das Buch ist flüssig geschrieben, spannend und bebildert, unter anderem mit Zeichnungen vom Autor selbst

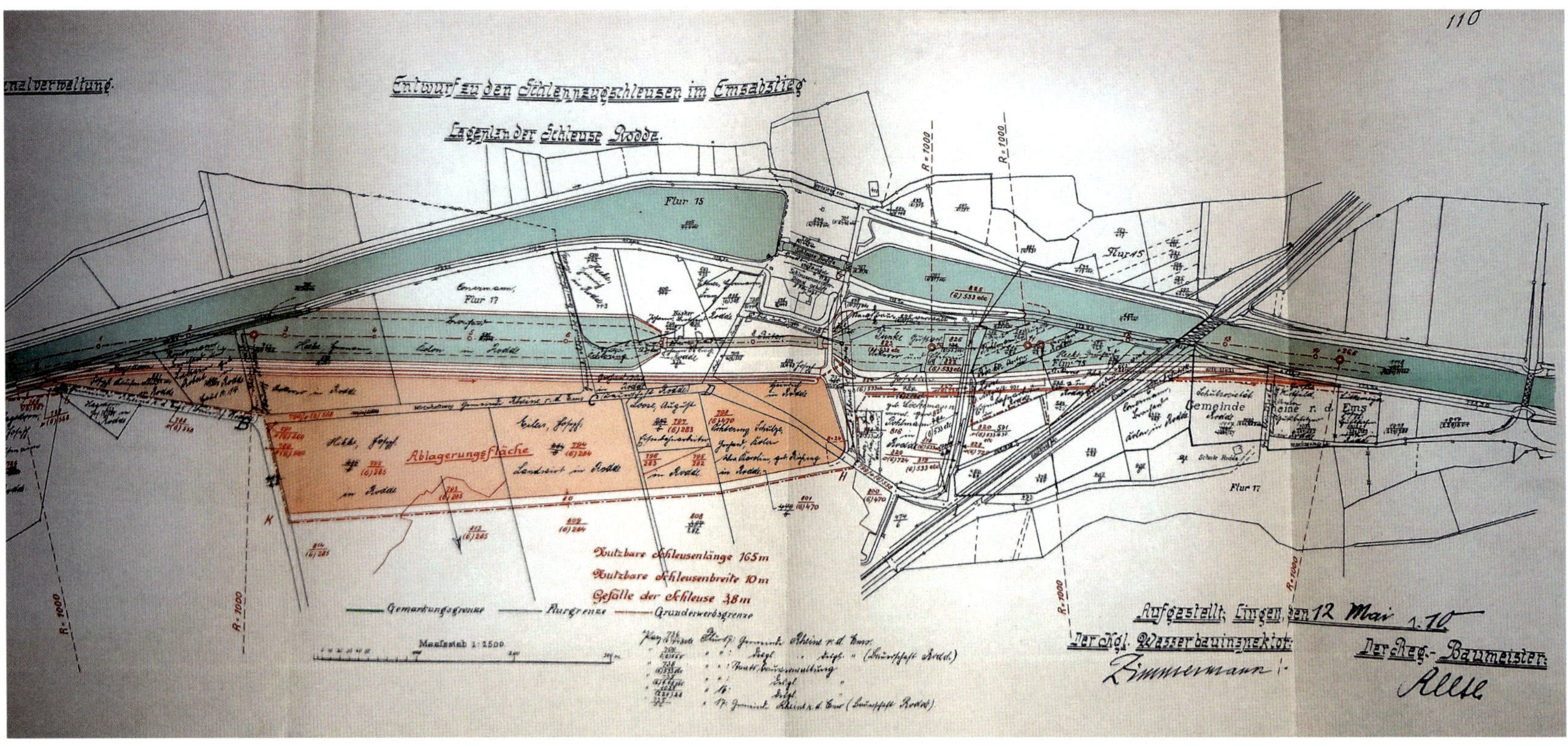


Mit Eröffnung von Mittellandkanal und Rhein-Herne-Kanal stieg der Verkehr auf dem Dortmund-Ems-Kanal sprunghaft an. Die alten kleinen Schleusen im Emsabstieg erhielten deshalb sämtlich „große Schwestern" in Form von Schleppzugschleusen für jeweils einen Schlepper und zwei Kähne. Der Lageplan für die Schleuse Rodde von 1910 lässt erkennen, dass bereits der Bau einer zweiten Schleuse eingeplant und durch seitliches Verschieben entsprechend Platz gelassen worden war

Die wichtigsten Bauwerke eines Kanals sind die Schleusen zur Überwindung der Höhendifferenzen zwischen den jeweiligen → **Haltungen**. Denn mehr noch als Querschnitt und Linienführung wird die Leistungsfähigkeit einer künstlichen Wasserstraße durch Schleusen bestimmt, die die eigentlichen Engstellen darstellen und so die Gütertransportmengen begrenzen. Neben den zwei → **Schiffshebewerken** in Henrichenburg (altes/neues) wurden am Dortmund-Ems-Kanal im Laufe seiner über 100-jährigen Geschichte nicht weniger als 40 Schleusen verschiedenster Bauart, Ausführung und Abmessung in Betrieb genommen. Hinzu kommen noch fünf Ersatz-Schleusen des aktuellen Neubauprogramms – abgesichert im „Bundesverkehrswegeplan 2030" – für den Abstieg zur Ems in der → **Nordstrecke**, deren letzte (Bevergern) im Jahr 2025 fertiggestellt sein soll (→ **Ausbau**). Grob lassen sich die DEK-Schleusen in vier Generationen einteilen: die „Erstausstattung" mit Inbetriebnahme des Kanals 1899, die mit Erweiterung des Kanalnetzes notwendig gewordenen „Ergänzungsbauten" ab 1914 sowie die neuen Schleusen der beiden Ausbauphasen ab 1925 bzw. ab den 1970er-Jahren.

Zu Beginn wurde an jeder der insgesamt 17 Gefällestufen nur je eine Schleuse (in Henrichenburg: ein Hebewerk) errichtet. Im oberen Bereich bis Hanekenfähr war jedoch bereits der Bau einer zweiten Schleuse eingeplant und durch seitliches Verschieben entsprechend Platz gelassen worden. Auch blieben im Bereich des früheren → **Hanekenkanals** die alten Schleusen als Reserve zunächst bestehen. Alle diese Schleusen erhielten eine Nutzlänge von 67 Metern und eine Breite von 8,60 Metern, so dass die Schleppzüge zerlegt und jeder Kahn sowie der Schlepper mit großem Aufwand einzeln geschleust werden mussten (→ **Schleppschifffahrt**). Die Schleusen unterhalb von Hanekenfähr wurden sofort als Schleppzugschleusen mit 165 Metern Nutzlänge und 10 Metern Breite gebaut. Denn ab hier gab es ausreichend Schleusungswasser aus der → **Ems**. Für die Strecke von Dortmund bis zur Einmündung in die Ems musste Wasser aus der → **Lippe** in den Kanal erst heraufgepumpt werden. Letztlich waren es diese → **wasserwirtschaftlichen** Erfordernisse, die zum Bau so genannter „Sparschleusen" in → **Münster** und in Gleesen als letzte des Emsabstieges führten. Bei einer Sparschleuse wird das Wasser einer Talschleusung teilweise aufgefangen, um es bei einer Bergschleusung erneut zu nutzen.

Sämtliche Schleusen erhielten Stemmtore aus Stahl in den Ober- und Unterhäuptern, die wie Flügeltüren wirken, die sich in einem stumpfen Winkel gegeneinander stemmen. Wasserdruck presst bei Stemmtoren die beiden Flügel gegeneinander. Wird das Wasser abgelassen, lassen sich die Tore in ihren Gelenken leicht öffnen. Das Füllen und Leeren der Schleusenkammern erfolgte indirekt durch in den Seitenwänden angeordnete Längskanäle, was eine sehr ruhige Lage der Schiffe ermöglichte. Der Antrieb der Torflügel und der Verschlüsse (Schützen) wurde per Hand vorgenommen, da an eine Beschaffung von Strom an den abgelegenen Standorten nicht zu denken war (Ausnahmen waren Münster und Gleesen, die mit Turbinen ausgestattet waren). Während die Schleusen Bergeshövede, Bevergern, Rodde, Altenrheine, Venhaus, Hesselte, Varloh, Teglingen und Meppen aus auf einer Betonsohle in Klinkerbauweise oder mit Bruchsteinen errichteten Kammern bestanden, erhielten die Schleusenkammern an den Staustufen mit dazugehörigen → **Wehren** und niedrigem Gefälle geböschte Wände aus Basaltsäulenpflaster mit seitlich angebrachten stabilen hölzernen Laufstegen für die Schiffer. An besonders beanspruchten Stellen wie zum Beispiel den Drempeln (hoch zu fahrende Spundwand), gegen die die Tore schlugen, wurde Basaltlava verarbeitet, an Ecken und Kanten Sandstein.

Altenrheine: 1974 wurde eine moderne Schleuse mit Maßen für Schubverbände in Betrieb genommen. Die beiden alten Schleusen wurden 1975 (große Schleuse) und 2005 (kleine Schleuse) verfüllt. Für die Schleusenbedienung wurde ein Zentralsteuerstand in einem pilzförmigen Turm eingerichtet. Er wurde 2015 von den Lichtpiraten des Künstlerkollektivs YPSILON2 aus Rheine illuminiert

Bereits ein Jahrzehnt nach Eröffnung des DEK wurde in Erwartung zunehmenden Verkehrs durch die Inbetriebnahme von → **Mittellandkanal** und → **Rhein-Herne-Kanal** mit dem Ausbau der Schleusenanlagen begonnen. In Münster sowie auf der Strecke von Bergeshövede (→ **Nasses Dreieck**) bis Gleesen entstanden neben den kleinen Schleusen sieben neue massive Schleppzugschleusen von 165 Metern Länge; Anfang

Die Schleppzugschleusen Hanekenfähr und die unterhalb von Meppen an der kanalisierten Ems wurden als Böschungsschleusen mit einer Neigung ausgeführt, da hier nur geringe Gefälle zu überwinden waren. Dabei wurde Basaltsäulenpflaster auf einer filterartigen Schotterbettung verlegt. Um die Schiffe sicher in die Kammer führen und festmachen zu können und um den Schiffern einen Landgang zu ermöglichen, wurde auf beiden Seiten ein stabiler Laufsteg errichtet. Um Kosten zu sparen, sollten sämtliche Schleppzugschleusen mit geböschten Kammerwänden gebaut werden. Da für deren Füllung aber mehr Wasser erforderlich ist, versah man die drei Schleusen oberhalb von Meppen mit gemauerten Kammern

der 1920er-Jahre erhielt Münster dann sogar eine dritte, 225 Meter lange Schleuse mit einer Breite von 12 Metern. In Henrichenburg, wo das Schiffshebewerk ebenfalls nur ein einziges 67-Meter-Schiff befördern konnte, wurde 1917 als zweites Bauwerk eine Schachtschleuse von 95 Metern Länge und 10 Metern Breite in Betrieb genommen. Auch die Schleppzugschleuse Hüntel wurde 1926 durch eine massive 225 Meter lange und 12 Meter breite Schleuse ergänzt, ferner erhielt die Schleuse Herbrum 1935 ein neues Unterhaupt, um die Flutwasserstände des Tidegebietes (→ **Tideems**) besser kehren zu können. Auf einen weiteren Ausbau der Schleusen in der Nordstrecke wurde aber verzichtet, da nördlich von Gleesen ein völlig neuer → **Seitenkanal** mit weniger Schleusen geplant war, der aber kriegsbedingt nicht vollendet wurde.

Nach Ende des Zweiten Weltkrieges waren daher von Gleesen bis Herbrum die Schleusenanlagen noch im Zustand des Jahres 1899 und genügten dem gestiegenen Verkehr nicht mehr. Außerdem waren die Bauwerke inzwischen 50 Jahre alt und wiesen erhebliche Mängel auf; die Schleuse in Meppen drohte ganz auszufallen. Der Seitenkanal war zu den Akten gelegt worden. Deshalb begann gleichzeitig mit der Querschnittserweiterung des Kanals 1952 ein umfassendes Neubauprogramm für die Schleusen der Nordstrecke. Vordringlich wurden oberhalb von Meppen zwei Spundwandschleusen von 165 bzw. 105 Metern Länge und 12 Metern Breite gebaut, wobei die Gefällestufen der alten beiden Schleusen Teglingen und Meppen zusammengefasst wurden, so dass eine Schleusenstufe fortfiel. Die Folge war, dass die Meppener Schleusen ebenfalls als Sparschleusen konzipiert wurden. In Varloh, Hilter, Düthe und Bollingerfähr

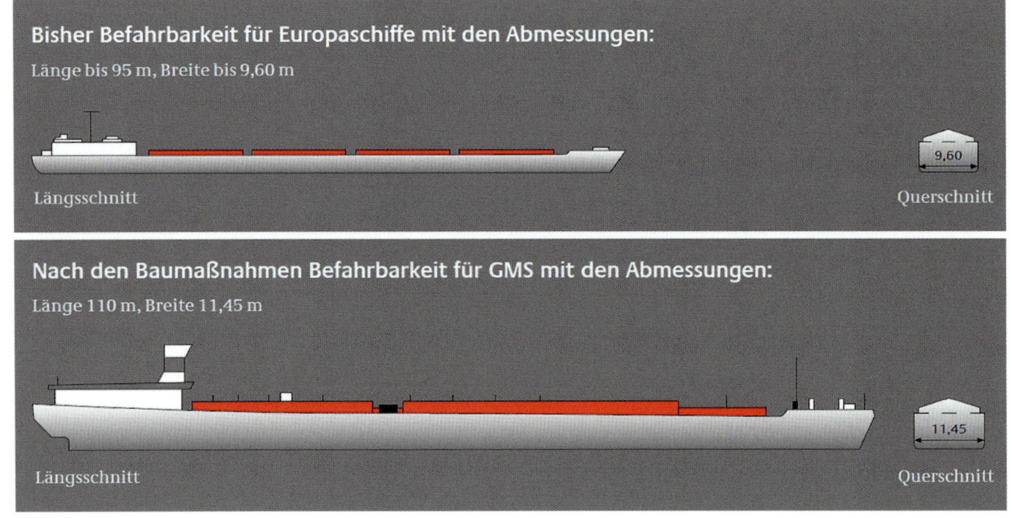


Bis zum Jahr 2025 sollen die fünf Schleusen des Emsabstiegs in der Nordstrecke – Bevergern, Rodde, Venhaus, Hesselte und Gleesen – für Großmotorgüterschiffe ausgebaut werden, die schon aufgrund ihrer Breite nicht die alten Schleusen passieren können. Die Maßnahme kostet mehr als 500 Millionen Euro nach dem Preisstand von 2014

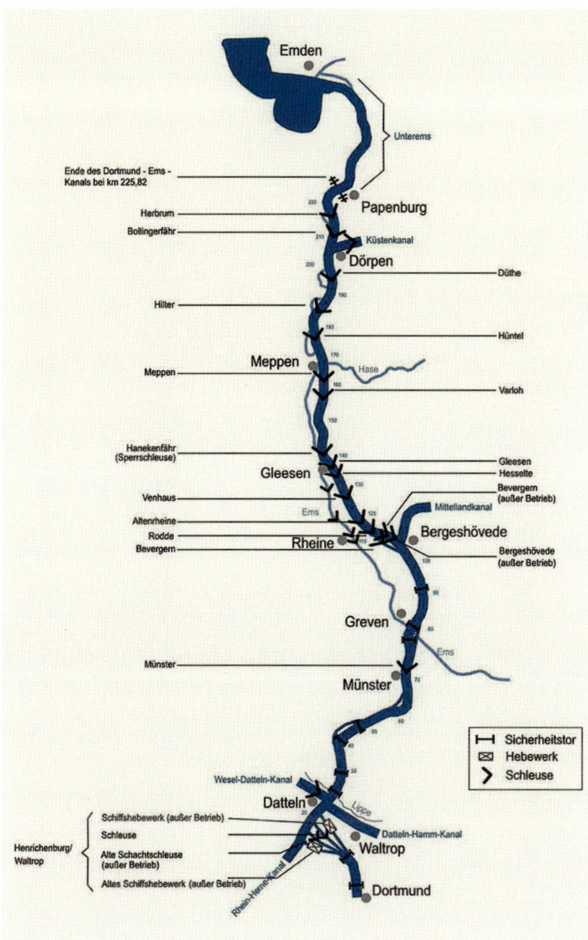


Übersichtskarte der WSV: Von den insgesamt 16 Schleusen befinden sich allein 14 auf der Nordstrecke

wurden neben den vorhandenen alten Schleppzugschleusen moderne Schleusen mit Schiebetoren von 165 Metern Länge und 12 Metern Breite errichtet (sie wurden in den Jahren 2004 – 2014 durch Sanierungsmaßnahmen umfassend instandgesetzt). Schließlich wurden auf der Strecke von Bergeshövede bis Gleesen die an jeder Stufe vorhandenen zwei Schleusen sowie die drei Schleusen in Münster gründlich saniert und zusätzlich aufgehöht, weil durch den Kanalausbau der Wasserspiegel gestiegen war. 1958 war das Schleusenprogramm abgeschlossen und der DEK wurde auf

Schleusengruppe Meppen: Das Foto vom November 1956 bietet eine Gesamtübersicht (Blick Richtung Norden) der Schleusengruppe. Links die fertige große Schleuse mit den zwei Sparbecken, rechts die Spundwandkammer der kleinen Schleuse im Bau, dazwischen die zwei Sparbecken der kleinen Schleuse im Bau

seiner gesamten Länge für das 1000-Tonnen-Schiff freigegeben.

Doch nicht nur die alten Schleusen unterhalb von Hanekenfähr zeigten bauliche Mängel. Ähnliches galt auch für die Schleusen des Emsabstieges. Nur war bei deren je zwei Kammern die Gefahr einer völligen Kanalsperrung wegen eines Ausfalls nicht so groß. Zunächst wurde deshalb lediglich ein Ersatz für die besonders baufällige Schleuse Altenrheine als vorgezogene Maßnahme eines zunächst geplanten umfassenden Programms geschaffen: Die neue Schleuse wurde von 1971 bis 1974 gebaut und erhielt die für die moderne Schubschifffahrt erforderliche Länge von 190 Metern und 12 Metern Breite. Erst nach über vier Jahrzehnten wurde das Bauprogramm zum Ersatz der anderen Schleusen des Emsabstiegs aufgelegt. Es soll im Jahr 2025 abgeschlossen sein. Hintergrund für diese Verzögerung war der im Regierungsabkommen von 1965 beschlossene teure Ausbau der westdeutschen Kanäle für das „Europaschiff" (→ **Bemessungsschiff**). 1972 wurden die Prioritäten neu gesetzt und ursprünglich für den DEK vorgesehene Mittel zugunsten eines Ausbaus des RHK umgeschichtet – durch Zurückstellung der Schleusenersatzbauten in der Nordstrecke und einer vierten Schleuse in Münster, wo erst in den Jahren 2009 die erste und 2014 die zweite Kammer einer Zwillingsschleuse in Betrieb genommen wurden.

Eine Schleppzugschleuse wie diese in Meppen bietet Platz für einen Schlepper und zwei Kähne. Die Aufnahme wurde am 8. Mai 1954 gemacht, als der erste Schleppzug nach Inbetriebnahme geschleust wurde

| Schleuse | Eröffnung 1899 | Erweiterung/ Ergänzung 1914–1916 | 1. Ausbauphase (ab 1925) | 2. Ausbauphase (bis heute andauernd) |
|---|---|---|---|---|
| Haltungen Dortmund bis Münster | | | | |
| Waltrop/ Henrichenburg<br>Hubhöhe: 14 m | *Altes Schiffshebewerk*<br>Nl: 68 m, B: 8,60 m<br>Wassertiefe: 2,50 m<br>stillgelegt: 1969 | *Alte Schachtschleuse*<br>Nl: 93 m, B: 10 m<br>Drempeltiefe: 3,15 m<br>stillgelegt: 1989 | *Neues Schiffshebewerk*<br>Nl: 90 m, B: 12 m,<br>Wassertiefe: 3 m<br>Inbetriebnahme: 1962<br>stillgelegt: 2005 | *Neue Schachtschleuse*<br>Nl: 190 m, B: 12 m<br>Drempeltiefe: 4,00 m<br>Inbetriebnahme: 1989 |
| Münster<br>Hubhöhe: 6,20 m | I *kleine Schleuse*<br>Nl: 67 m, B: 8,60 m<br>*Sparschleuse*<br>stillgelegt: 2005 | II *Schleppzugschleuse*<br>Nl: 165 m, B: 10 m<br>*Sparschleuse*<br>stillgelegt: 2014 | III *Schleppzugschleuse*<br>Nl: 225 m, B: 10 m<br>*Sparschleuse*<br>Inbetriebnahme: 1925 | IV *Zwillingsschleuse*<br>Nl: je 190 m. B: je 12,50 m<br>Inbetriebnahme: Schleuse 1: 2009<br>Schleuse 2: 2014 |
| Abstieg zur Ems | | | | |
| Bergeshövede<br>Hubhöhe: 4,10 m | *Kleine Kammerschleuse*<br>Nl: 67 m, B: 8,60 m<br>stillgelegt in den 1980er Jahren | | | |
| Bevergern<br>Hubhöhe: 4,00 m (kleine Schleuse)<br>Hubhöhe: 8,10 m (Schleppzugschleuse) | *Kleine Kammerschleuse*<br>Nl: 67 m, B: 8,60 m<br>stillgelegt in den 1980er Jahren | *Schleppzugschleuse*<br>Nl: 165 m, B: 10 m<br>Gebaut in einer neuen „zweiten Fahrt" | | Geplant: *Sparschleuse*<br>Nl: 140 m, B: 12,50 m<br>Abbruch der alten Kleinen Schleuse;<br>Verfüllung der alten Großen Schleuse;<br>Teilverfüllung der alten Fahrt |
| Rodde<br>Hubhöhe: 3,80 m | *Kleine Kammerschleuse*<br>Nl: 67 m, B: 8,60 m | *Schleppzugschleuse*<br>Nl: 165 m, B: 10 m | | Geplant: *Neue Schleuse*<br>Nl: 140 m, B: 12,50 m<br>Teilabbruch und Verfüllung der alten Schleusen |
| Altenrheine<br>Hubhöhe: 3,60 | *Kleine Kammerschleuse*<br>Nl: 67 m, B: 8,60 m<br>stillgelegt und eingeebnet: 1974 | *Schleppzugschleuse*<br>Nl: 165 m, B: 10 m | | Geplant: *Neue Schleuse*<br>Nl: 140 m, B: 12,50 m<br>Teilabbruch und Verfüllung der alten Schleusen |
| Venhaus<br>Hubhöhe: 3,50 m | *Kleine Kammerschleuse*<br>Nl: 67 m, B: 8,60 m | *Schleppzugschleuse*<br>Nl: 165 m, B: 10 m<br>– steht unter Denkmalschutz – | | Geplant: *Neue Schleuse*<br>Nl: 140 m, B: 12,50 m<br>Verfüllung und Teilabbruch der alten kleinen Schleuse; Umbau und Teilverfüllung der alten großen Schleuse |
| Hesselte<br>Hubhöhe: 3,36 m | *Kleine Kammerschleuse*<br>Nl: 67 m, B: 8,60 m | *Schleppzugschleuse*<br>Nl: 165 m, B: 10 m | | Geplant: *Neue Schleuse*<br>Nl: 140 m, B: 12,50 m<br>Teilabbruch und Verfüllung der alten Schleusen |
| Gleesen<br>Hubhöhe: 6,37 m | *Kleine Sparschleuse*<br>Nl: 67 m, B: 8,60 m<br>– steht unter Denkmalschutz – | *Schleppzugschleuse*<br>Nl: 165 m, B: 10 m | | Seit 8. 2016 im Bau: *Neue Schleuse*<br>Nl: 140 m, B: 12,50 m<br>Verfüllung und Teilabbruch der alten großen Schleuse, Umbau und Teilverfüllung der alten kleinen Schleuse |

| Schleuse | Eröffnung 1899 | Erweiterung/ Ergänzung 1914–1916 | 1. Ausbauphase (ab 1925) | 2. Ausbauphase (bis heute andauernd) |
|---|---|---|---|---|
| staugeregelte Ems | | | | |
| Hanekenfähr<br>Gefälle: max. 1,50 m | *Sperr- und Schleppzugschleuse*<br>Nl: 165 m, B: 10 m | | | *zweite Fahrt mit Sperrschleuse bzw. -tor*<br>Inbetriebnahme: 1976 |
| Varloh<br>Hubhöhe: 3,67 | *Alte Schleppzugschleuse*<br>Nl: 165 m, B: 10 m | | *Neue Schleppzugschleuse*<br>Nl: 153 m, B: 12 m<br>Drempeltiefe: 3,50<br>Inbetriebnahme: 1954 | |
| Meppen-Teglingen<br>Hubhöhe: 4,20 m bzw. 7,50 m nach Zusammenlegung mit Meppen | *Alte Schleppzugschleuse*<br>Nl: 165 m, B: 10 m | | *Große Schleuse*<br>Nl: 165 m, B: 12 m<br>Inbetriebnahme: 1954<br>Kleine Schleuse<br>Nl: 105 m, B: 12 m<br>Inbetriebnahme: 1956 | |
| Meppen<br>Hubhöhe: 3,30 m | *Alte Schleppzugschleuse*<br>Nl: 165 m, B: 10 m | Ersatzschleuse<br>Inbetriebnahme 1912 | Stufe zusammengelegt mit Meppen<br>Abbruch beider Schleusen | Stufe zusammengelegt mit Meppen |
| Hüntel<br>Hubhöhe: 2,90 m | *Alte Schleppzugschleuse*<br>Nl: 165 m, B: 10 m<br>*Böschungsschleuse* | | *Neue Ersatzschleuse*<br>Nl: 225 m, B: 12 m<br>Inbetriebnahme: 1925 | |
| Hilter<br>Hubhöhe: 1,50 m | *Alte Schleppzugschleuse*<br>Nl: 165 m, B: 10 m<br>*Böschungsschleuse* | | *Neue Schleppzugschleuse*<br>Nl: 165 m, B: 12 m | |
| Düthe<br>Hubhöhe: 2,20 m | *Alte Schleppzugschleuse*<br>Nl: 165 m, B: 10 m<br>Böschungsschleuse | | *Neue Schleppzugschleuse*<br>Nl: 165 m, B: 12 m<br>Inbetriebnahme: 1957 | |
| Bollingerfähr<br>Hubhöhe: 1,80 m | *Schleppzugschleuse*<br>Nl: 165 m, B: 10 m<br>*Böschungsschleuse* | | *Neue Schleppzugschleuse*<br>Nl: 165 m, B: 12 m<br>Inbetriebnahme: 1954 | |
| Herbrum<br>Hubhöhe: 2,70 m | *Schleppzugschleuse*<br>Nl: 165 m, B: 10 m<br>*Böschungsschleuse* | | *Neue Große Schleuse*<br>Nl: 165 m, B: 12 m<br>Inbetriebnahme: 1966 | |
| Oldersumer Seitenkanal | | | | |
| Oldersum | Nl: 100 m, B: 10 m<br>Sperrschleuse | | | Grundinstandsetzung 1992 |
| Borssum | Nl: 100 m, B: 10 m<br>*Sperrschleuse* | | | |

Abkürzungen: **Nl** = Nutzlänge, **B** = Breite

Auch in Henrichenburg wurde das alte Schiffshebewerk durch ein neues ersetzt (1962) und für die alte Schachtschleuse eine neue gebaut (1989). Dort, in Waltrop, ist so ein wohl einmaliges Ensemble von Kanalabstiegsbauten aus vier Generationen erhalten geblieben. Im Rahmen des Projektes „Emscher Landschaftspark" entstand hier der „Schleusenpark Waltrop" mit einem faszinierenden Nebeneinander von Geschichte und Gegenwart der Kanalschifffahrt. Hier betreibt die WSV auch ein Informationszentrum und der Landschaftsverband Westfalen-Lippe ein Industriemuseum als Ankerpunkt der „Route Industriekultur" direkt am alten Schiffshebewerk.

## Seitenkanal Gleesen-Papenburg

Nach dem Ersten Weltkrieg war der Dortmund-Ems-Kanal mit seinem engen Profil und den kleinen Krümmungsradien dem gestiegenen Verkehr für immer größere Schiffe nicht mehr gewachsen. Man begann 1926 mit dem → **Ausbau** für 1.500-Tonnen-Schiffe von 85 Metern Länge, 9,50 Metern Breite und 2,50 Metern Tiefgang. Während die Südstrecke unter anderem mit neun → „**Zweite Fahrten**" von insgesamt 34 Kilometern Länge ertüchtigt werden sollte, plante man für die → **Nordstrecke** einen großen Wurf in Form eines circa 80 Kilometer langen, völlig neu anzulegenden Seitenkanals.

Denn auch die Kanalabschnitte der Nordstrecke waren zu eng und die Emsabschnitte zu kurvenreich. Besonders beschwerlich für die → **Schleppschifffahrt** waren die Abzweigungen der Schleusenkanäle aus dem Fluss oberhalb der → **Wehre**. Hinzu kam die Neigung der Ems, bei Hochwasser an bestimmten Abschnitten zu versanden. Während man die unzureichenden Drempeltiefen der → **Schleusen** zwischen Bergeshövede und Gleesen durch die Höherlegung der → **Haltungswasserstände** verbessern konnte, war dies für die Schleusen zwischen → **Hanekenfähr** und Herbrum ausgeschlossen. Schließlich war die Fahrt unterhalb von Herbrum bis Papenburg tidenabhängig und damit zeitaufwändig. Es gab eine Lösung für alle diese Probleme: Ab 1927 wurde der Bau eines durchgehenden neuen Seitenkanals favorisiert, so wie er in den Ursprungsplanungen im 19. Jahrhundert schon einmal vorgesehen war, aber aus Kostengründen und um die alte Emsschifferstadt → **Haren** direkt anschließen zu können, allerdings verworfen worden war.

Dieser Seitenkanal sollte oberhalb der Schleusengruppe Hesselte (südlich von → **Lingen**) aus dem alten Kanal abzweigen, östlich der alten Strecke über die Geestlandschaft führen, dabei die Städte Lingen und

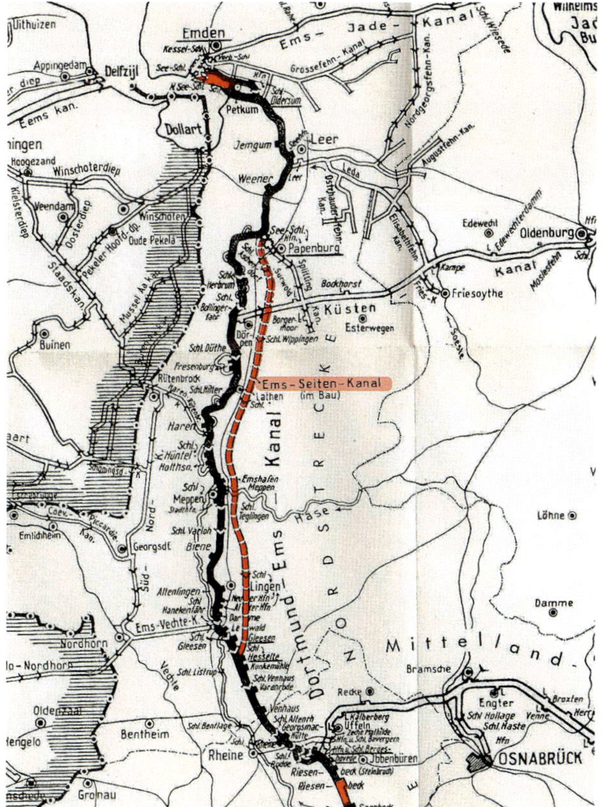


Im November 1950 legten die Industrie- und Handelskammern von Emden, Osnabrück, Münster, Dortmund, Bochum und Essen, die Städte Emden, Münster und Dortmund sowie diverse Wirtschaftsvereinigungen eine Denkschrift vor, in der vehement für einen Ausbau der Nordstrecke des DEK geworben wurde. Das Kartenwerk zeigt: Der Seitenkanal war die bevorzugte Variante. Tatsächlich wurde noch jahrelang die gesamte Kanaltrasse für einen eventuellen späteren Weiterbau von objektfremder Bebauung freigehalten

→ **Meppen** umgehen und erst nach 80 Kilometern an der Halter Fähre neben der Seeschleuse bei Papenburg wieder die Ems im Ebbe- und Flutgebiet erreichen. Das Projekt führte den Namen „Seitenkanal Gleesen-Papenburg“, weil ursprüngliche Planungen einen Abzweig oberhalb der Schleuse Gleesen vorgesehen hatten. Die Kanallinie war vorwiegend gestreckt von Süden nach Norden gerichtet. Geologisch besteht das vom Kanal durchschnittene Gelände aus feinkörnigen, verschieden gefärbten Sanden, die in den Niederungen vielfach von Moor überlagert sind. Zur Herstellung des Kanals waren 21 Millionen Kubikmeter Boden zu bewegen. Um das Gelände von + 29,00 NN bis 0,30 NN zu überwinden, waren vier aus jeweils zwei Schleusen bestehende Schleusengruppen geplant, nämlich je eine Schleppzugschleuse von 225 Metern Kammernlänge und je eine Schleuse für Selbstfahrer mit 115 Metern Länge. Mit diesen vier Stufen konnten die elf Stufen der bisherigen Trasse eingespart werden. Durch den Wegfall von sieben Schleusenstufen und eine Streckenverkürzung um 40 Kilometer versprach man sich eine Zeitersparnis für die Schifffahrt von einem Tag. Da der Kanal auch die Verkehrswege, die von West nach Ost führen, durchschnitt, waren 43 Brücken erforderlich, die man in Abständen von je zwei Kilometern vorsah. Das Betriebswasser für den Kanal sollte durch Pumpen an den vier Schleusenanlagen sichergestellt werden. Das Profil des Kanals entsprach dem Regelprofil der Südstrecke.

Diese Brücke überquert keine Straße, keine Bahnlinie, keinen Fluss und: keinen Kanal. Sie ist eins der ganz wenigen Bauwerke, die bis zur Einstellung der Arbeiten am Seitenkanal fertig wurden. Das Foto stammt aus einer Schrift im Jahr 1955 und ist mit den Worten „Noch unerfüllte Hoffnungen" betitelt. Auch in späteren Jahren lebte die Idee, den Kanal zu vollenden, immer wieder auf

Tatsächlich wurden auch die Planfeststellungsverfahren eingeleitet und rund 90 Prozent der erforderlichen Grundstücke erworben. 1934 erteilte das Reichsverkehrsministerium die Genehmigung zur Aufnahme der Vorarbeiten. Mit den eigentlichen Bauarbeiten wurde zwar 1936/37 gleichzeitig in Hesselte-Estringen südlich von Lingen und in Bokel bei Papenburg begonnen. Aber – mit Rücksicht auf Mangel an Stahl, der für die Kriegsvorbereitungen des NS-Regimes dringender benötigt wurde – wurden in erster Linie Erdarbeiten ausgeführt, die dann im Verlauf des Krieges in den Jahren 1942 bis 1944 nach und nach eingestellt wurden. Bis zu diesem Zeitpunkt waren etwa 60 Prozent des Kanalbettes ausgehoben und mehrere Düker zur Sicherung der Vorflut gebaut. Mit dem Bau der vier Schleusenanlagen und der erforderlichen Kanalbrücken über die Große Aa und die → **Hase** hatte man allerdings noch nicht begonnen. Im Volksmund hieß der Kanal auch „Adolf-Hitler-Kanal“.

Nach dem Zweiten Weltkrieg wurde die → **Nordstrecke** des DEK auf vorhandener Trasse ausgebaut und man legte den Seitenkanal zu den Akten. Die Brücken wurden beseitigt und durch Dämme quer durch das Kanalbett ersetzt. Böschungen, Dämme, Kippen und andere Grundstücke wurden aufgeforstet. Bemühungen, den Seitenkanal wiederzubeleben, hat es gleichwohl immer wieder gegeben. Anlässlich des 100-jährigen Bestehens des DEK im Jahr 1999 malte der damalige Oberkreisdirektor die Zukunft des Emslandes in düsteren Farben. Die Region würde in einen „peripheren Zustand“ wie schon vor dem Bau des DEK „zurückfallen“, wenn dieser Kanal nicht zu Ende gebaut würde. Da die Strecke zwischen → **Dörpen** (wo in einem teilfertigen Abschnitt 1965 ein Hafen angelegt wurde) und Papenburg weitestgehend fertiggestellt war, gab es auch immer wieder Überlegungen, wenigstens diesen Teil als tideunabhängige Ausweichstrecke und Alternativroute entsprechend auszubauen. Ende 2008 gewann diese Diskussion um einen möglichen Ausbau wieder an Brisanz. In einer Machbarkeitsstudie des Landes Niedersachsen sollte der Bau eines „Emskanals“ von Papenburg bis hinter Leer geprüft werden. Dieser Kanal sollte dazu dienen, die auf der Meyer Werft (sie liegt am ausgebauten Endstück des Seitenkanals) gebauten Kreuzfahrtschiffe zur Nordsee zu überführen. Im Zuge eines Kanalneubaus sollte dann auch der Seitenkanal Gleesen-Papenburg von Papenburg bis Dörpen ausgebaut werden. Dies wurde allerdings hinfällig durch den „Masterplan Ems 2050“ (→ **Tideems**).

Der Kanal ist heute insbesondere bei → **Anglern** sehr beliebt, da die Teilstücke unter anderem in Höhe

Noch heute sichtbar sind nördlich von Meppen sieben Meter hohe Dammaufschüttungen, die notwendig wurden, weil die geplante Trasse direkt am Gelände des Kruppschen Schießplatzes verlief (heute: Wehrtechnischen Dienststelle für Waffen und Munition 91 der Bundeswehr)

der 2011 aufgegebenen „Transrapid“-Versuchsanlage Emsland alle 1000 Meter unterbrochen sind und dadurch künstlich fischreiche Weiher entstanden.

Der Seitenkanal Gleesen-Papenburg ist nicht zu verwechseln mit dem → **Ems-Seitenkanal** von Oldersum nach → **Emden**, der nicht nur gebaut und dem Verkehr übergeben wurde, sondern auch heute noch von der → **Sportbootschifffahrt** genutzt wird.

## Sicherheitstore

Zum Schutz von Anlagen oder um ein Leerlaufen von Kanälen bei einem Dammbruch und das Überfluten benachbarten Geländes zu verhindern, werden an ausgewählten Stellen Sperr- oder Sicherheitstore errichtet. Sperrtore befinden sich deshalb an Anfang und Ende von Dammabschnitten oder vor und hinter Flussquerungen in Trögen, also an Teilstrecken, deren Wasserspiegel über dem Gelände liegt. Jedes Sicherheitstor besitzt einen stählernen Verschlusskörper, der senkrecht zum Kanal bis auf die Sohle abgesenkt werden kann, um das Kanalprofil passgenau dicht abzuschließen. So entweicht das Kanalwasser im Ernstfall nur im Abschnitt zwischen zwei Sicherheitstoren. Dadurch werden die Schäden örtlich begrenzt und die damit einhergehenden Folgen für die Umwelt verringert. Insgesamt befinden sich acht solcher Bauwerke am Dortmund-Ems-Kanal, sämtlich in der → **Südstrecke**.

Ein neuntes – in den Jahren 1941/42 erbautes – Sicherheitstor „Holthausen“ (Kanalkilometer 4,61) war wegen Einsturzgefahr zum Sicherheitsrisiko geworden und wurde deshalb im Sommer 2016 abgerissen. Es wird nicht wieder ersetzt.

Das Sicherheitstor Gelmer wurde 1938 gebaut. Rechts im Bild ist das dazu gehörende Wärtergehöft zu sehen

Das alte Sperrtor „Datteln" ist ohne Funktion und wurde kurz vor dem Dammabschluss zum Dattelner Meer in die Alte Fahrt herabgelassen. Im Hintergrund das neue Sicherheitstor in der Neuen Fahrt

Fast am Ende der Kanalhaltung zwischen dem Hafen Dortmund und dem Abstieg Henrichenburg befindet sich bei Kanalkilometer 10,53 das 1984/85 neu erbaute moderne Sicherheitstor „Groppenbruch". Der Antrieb erfolgt hier über Seilscheiben und nicht wie beim demontierten Tor „Holthausen" mit Haspelkettenzügen. Im weiteren Trassenverlauf sind die Sicherheitstore „Datteln" (Kanalkilometer 21,71, direkt hinter der Einmündung des → **Wesel-Datteln-Kanals** am → **Dattelner Meer**) und „Schlieker" (Kanalkilometer 29,39) zu Beginn und am Ende einer Dammstrecke angeordnet, mit der auch die Flusstäler von → **Lippe** und → **Stever** überquert werden. Auf der Strecke zwischen genau diesen beiden Sperrtoren lief der Kanal leer, als es am 10. Oktober 2005 an der Baustelle für eine neue Lippeüberführung zu einer Leckage kam, und die Tore wirklich einmal geschlossen werden mussten. Rund 1,5 Millionen Kubikmeter Wasser ergossen sich in die Lippe, so dass es flussabwärts zu Hochwasseralarm und zu ersten Evakuierungen kam. Die Befürchtungen, das Schlieker Tor aus den 1930er-Jahren könnte dem ungeheuren Druck nicht standhalten, bewahrheiteten sich zum Glück nicht. Das vorsorglich ebenfalls geschlossene Tor „Lüdinghausen" wurde nach einigen Tagen wieder geöffnet. Der Schiffsverkehr konnte aber erst am 15. Dezember 2005 wieder freigegeben werden.

Die nächsten beiden Sperrtore sind das Duo „Lüdinghausen" (Kanalkilometer 39,39) und „Senden" (Kanalkilometer 47,2), die ebenfalls eine hohe Dammstrecke des Kanals begrenzen. Vor und hinter der Querung der Ems bei Greven (→ **KÜ Fuestrup**) befinden sich die Sicherheitstore von „Gelmer" (Kanalkilometer 78,21) und „Fuestrup" (Kanalkilometer 79,14). Diese Tore kommen auch zum Einsatz, wenn der Kanaltrog entleert und gewartet werden muss. Im Zuge des Neubaus dieser Kanalstrecke einschließlich eines neuen Troges über die Ems werden die beiden Sicherheitstore aus dem Jahr 1940 ersatzlos abgebrochen, da sie eine zu beseitigende Engstelle mit einer Wasserspiegelbreite von nur 30 Metern darstellen.

Das letzte Sperrtor „Ladbergen" (Kanalkilometer 92,2) befindet sich gleich hinter dem → **Hafen** und einem Düker, mit dem der Mühlenbach unter dem Kanal entlanggeleitet wird. Im Zweiten Weltkrieg versuchten die Alliierten vergeblich, durch zahlreiche Bombenangriffe den DEK dort so zu treffen, dass das Wasser aus dem Kanal über den Mühlenbach das Umland überflutete. Kein andere Ort im deutschen Reich musste so

viele Bomben pro Quadratmeter hinnehmen (➜ **Kriegszerstörungen**). Geplant ist schließlich noch ein weiteres Sicherheitstor „Löringhoff" bei Kanalkilometer 17,85, das als Ersatz für das Sicherheitstor „Henrichenburg", das im ➜ **Rhein-Herne-Kanal** liegt, gebaut werden soll.

Im Notfall (wenn der Kanalwasserspiegel um ein bestimmtes Maß abgesunken ist) wird die automatische Absenkung moderner Sicherheitstore durch die zuständigen Fernsteuerzentralen gestartet. Nur bei einem Zusammenbruch der Stromversorgung oder der Übertragungstechnik würde eine Notbedienung vor Ort erfolgen. Die Sicherheitstore würden dann innerhalb von sechs Minuten durch Motorkraft abgesenkt. Darüber hinaus existiert noch die Möglichkeit einer Schnellsenkung innerhalb von vier Minuten, wobei der Verschlusskörper nicht mithilfe von Motoren, sondern allein durch sein Eigengewicht, unter Zuhilfenahme hydraulischer Bremsen abgesenkt wird. Die Sperrtore werden regelmäßig auf ihre Funktionstüchtigkeit hin überprüft.

Als der DEK im Jahr 1899 eröffnet wurde, waren ebenfalls bereits insgesamt sechs Sperrtore (und ein weiteres hinter dem Emscherdüker am ➜ **Zweigkanal Herne**) errichtet worden. Es waren stählerne Konstruktionen, deren Segmentschütztore an zwei landseitigen Armen befestigt waren und im Notfall von einem Mann in die Schließstellung heruntergekurbelt werden musstem. Die weiteren Sperrtore der ersten Generation wurden bei Kanalkilometer 21,584 („Datteln"), Kanalkilometer 29,497 („Stever"), Kanalkilometer 78,905 hinter der Emsquerung („Ems") und Kanalkilometer 90,268 („Glane"/Ladbergen) errichtet. Eine besondere Situation ergab sich im Oberwasser des ➜ **Schiffshebewerkes Henrichenburg** (Kanalkilometer 13,662). Der Einfahr-

Die Sperrtore der ersten Generation 1899 wurden von der Gutehoffnungshütte in Oberhausen-Sterkrade geliefert, die einen ausgeschriebenen Wettbewerb gewonnen hatte. Sie wurden noch von Hand bedient, weshalb in unmittelbarer Nachbarschaft auch Wärter- oder Strommeistergehöfte für das Personal und ihre Familien (außer beim ersten Sperrtor am Kanalkilometer 1,9 unweit des Dortmunder Hafens) existierten

Blick auf das Sicherheitstor „Lüdinghausen". Gemeinsam mit dem Tor „Senden" begrenzte es die Strecke des Loses 7 für den Ausbau des Kanals, der genau hier im März 2013 begann

DOINA

bereich vom Kanal bis zum Hebewerk konnte abgesperrt und zu Wartungszwecken am Hebewerk geleert werden. In der Anfangszeit wurde dies durch ein Nadelwehr (→ **Wehre**) bewirkt, später durch ein Klapptor.

Bedingt durch den Bau der → **„Zweiten Fahrten“** sind drei dieser Oldtimer in den ehemaligen Alten Fahrten nicht beseitigt worden, sondern als technische Denkmale erhalten geblieben: Das Sperrtor „Ems“ wurde Ende der 1990er-Jahre sogar abgebaut und von Spezialfirmen restauriert und konserviert, wobei die zumeist durchgerosteten Fachwerksgelenkarme ersetzt wurden. Herabgelassen in das alte – trockengelegte – Kanalbett wurde es anschließend an seine vertraute Stelle gesetzt. Das Sperrtor „Stever“ überspannt heute noch das Endstück des Olfener → **Sportboothafens**, während das alte Sperrtor „Datteln“ in den noch existierenden und mit Wasser gefüllten Kanaltorso kurz vor seinem Dammabschluss zum Dattelner Meer abgesenkt wurde.

## Spelle-Venhaus, Hafen

Der zeitgleich mit dem Dortmund-Ems-Kanal in Betrieb genommen „Hafen Venhaus“ (Kanalkilometer 122,05) fristete sechs Jahrzehnte lang ein Mauerblümchendasein. Er bestand zunächst aus nicht mehr als einem Liegeplatz von 90 Metern Länge für gerade ein Schiff und einer Freilagerfläche für Massengut von 2.000 Quadratmetern. Genutzt wurde der Umschlagplatz als „fiskalischer Hafen“ von der Wasser- und Schifffahrtsverwaltung. Als sich im Jahr 1959 als erstes privates Unternehmen die auf Straßenbeläge spezialisierte Firma Herbers dort ansiedelte, betrug der Jahresumschlag lediglich 2.000 Tonnen. Eine erste Erweiterung wurde auf Kosten der Herbers KG im Jahr 1972 vorgenommen, nachdem 1967 eine damals hochmoderne Transportbetonanlage ihren Betrieb aufgenommen hatte. Von hier aus wurde zum Beispiel der Neubau der → **Schleuse** Altenrheine beliefert. Das Unternehmen gründete eigens die Reederei HANSA, um mit einem eigenen 1.000-Tonnen-Schiff Kies, Splitt oder Betonfertigteile auf dem Wasserweg transportieren zu können. Und in den Jahren 1972 bis 1974 wurde die inzwischen 200 Meter lange Kaikante um 20 Meter nutzbarer Breite für zwei parallel liegende Schiffe rückverlegt. Der → **Hafen** bestand jetzt aus einem privaten und einem bundeseigenen Teil.

Nachdem die kleine Gemeinde Venhaus zum 1. Januar 1971 nach Spelle eingemeindet worden war, wurde ein weiterer Ausbauschritt auf den Weg gebracht. Die jährliche Umschlagmenge betrug mittlerweile rund 100.000 Tonnen, weshalb das WSA → **Rheine** einen Ausbau für geboten hielt. Auch sei unumgänglich, einen Ölhafen zu bauen, da die Erdölraffinerie Salzbergen die Schiffe immer noch am offenen Kanalbecken löschen würde, was aus Sicherheitsgründen nicht mehr statthaft sei. Die Gemeinde Spelle stellte daher einen entsprechenden Flächennutzungsplan auf, der

Der Hafen Spelle-Venhaus besteht aus einem Stich- und einem Parallelhafen mit insgesamt zehn Liegeplätzen

Beim Ausbau des Kanals in den 1950er-Jahren wurde zwischen Altenrheine und Venhaus eine Versuchsstrecke angelegt, um verschiedene Varianten der Befestigung steiler Ufer zu erproben und dadurch Kosten für Bodenaushub und Grunderwerb zu sparen. Auf dem Foto vom September 1954 werden Stahlbetonplatten mit der Neigung 1 : 1 aufgestellt. Allerdings ohne den gewünschten Erfolg, so dass der Ausbau dann doch in der üblichen Weise erfolgte

Blick in die 1914 in Betrieb genommene Große Schleuse Venhaus. Über das Obertor ergießt sich gerade eine Schleusungswelle (Aufnahme von 1952)

allerdings erst vier Jahre später alle formellen Hürden genommen hatte. Außerdem kam man überein, den gesamten Hafen nach Erweiterung in kommunale Regie zu übernehmen.

Am 8. Oktober 1976 erfolgte der erste Rammschlag. Durch eine Verlängerung des Parallelhafens auf 270 Meter wurden zwei weitere Liegeplätze und ein Wendebecken mit seitlich angeordneten weiteren zwei Liegeplätzen geschaffen. Das Wendebecken wiederum wurde um einen Stichhafen für nochmals zwei Schiffe von 30 Meter x 100 Meter verlängert und mit einer Ölsperre versehen. Außerdem wurden Brandschutz- und Alarmanlagen installiert. Das Projekt hatte ein Investitionsvolumen von rund drei Millionen Mark, die vom damaligen Landkreis → **Lingen**, der Gemeinde Spelle, der WSV und aus Mitteln des „Emslandprogramms“ aufgebracht wurden.

Nach dem Ausbau in den Jahren 2003 bis 2006 siedelten sich immer mehr Betriebe aus den Branchen Baustoffe, Futter- und Nahrungsmittel, Logistik am Hafen an und der Güterumschlag stieg so rasant, dass im Jahr 2010 ein Volumen von über 400.000 Tonnen erreicht wurde. Hafen- und Gewerbeflächen umfassen nach dem jüngsten Ausbau ein Areal von insgesamt 85 Hektar. Als diese Luftaufnahme gemacht wurde, war der Gleisanschluss noch nicht gelegt

Im Jahre 2003 bis 2005 baute die Hafen Spelle-Venhaus GmbH den Standort erneut aus. Insgesamt vergrößerten sich der Einmündungsbereich und das Straßennetz; außerdem wurde ein Gewerbegebiet an den Hafen angebunden. Kaum vollendet, plante man seit dem Frühjahr 2006 noch Größeres, einen Quantensprung, ein „Jahrhundertprojekt“ für das südliche Emsland, das in drei Bauabschnitten von 2011 bis 2015 auch umgesetzt wurde. Den Anstoß für die Realisierung der kompletten Neugestaltung gaben der geplante Ausbau des DEK und die Festlegung des Hafens im Landesraumprogramm Niedersachsens als „landesbedeutsamer Binnenhafen“. Angelegt wurden eine 720 Meter lange Kaianlage des Parallelhafens, 20 Meter zusätzliche Wasserfläche in der Breite für fünf Europaschiffe oder vier Großmotorgüterschiffe, eine 50 Meter breite Umschlagsfläche sowie eine 4,2 Kilometer lange Gleisanbindung an das Schienennetz der Strecke → **Rheine** – Spelle. Mit der Fertigstellung im Sommer 2015 wurde der Hafen trimodal (Anbindung an das Wasser-, Straßen- und Schienennetz). 55 Jahre nachdem das erste Binnenschiff im Speller Hafen gelöscht wurde, traf hier am 17. Dezember 2015 der erste Zug mit 23 Waggons und 1.300 Tonnen Kies ein. Im Hafen umgeschlagen werden vor allem Mineralöle, Baustoffe, Futtermittel, Bauteile für Windräder, Siloanlagen und Nahrungsmittel. 2016 waren es 729.000 Tonnen.

Er sei ein „durchweg langweiliger Kanal“ ohne landschaftliche Reize und Abwechslung böten nur die gastlichen Häfen. Keinen sonderlich guten Ruf bei Skippern genießt der Dortmund-Ems-Kanal dort, wo er auch im Wortsinn als echter „Kanal“ daherkommt. Immer geradeaus, auf weiten Strecken eingespundet und mit zum Teil spärlichem Ufergrün, das aber nach den → **Ausbaumaßnahmen** wieder nachzuwachsen beginnt. Das Emsrevier hingegen mit den vielen kleinen Nebengewässern, die mit ihrem besonderem Charme den Skippern „mehr zurückgeben“ würden, als sie ihnen an „navigatorischem Aufwand abverlangten“, gilt schon eher als Dorado für die Sportschifffahrt. Auf jeden Fall wird der DEK gerne als Transitstrecke vom Rhein bis zu den Ostfriesischen Inseln oder über den → **Küstenkanal** zur Weser oder noch weiter via → **Mittellandkanal** zu den Gewässern rund um Berlin, in Brandenburg und Mecklenburg-Vorpommern befahren.

Schon lange wird das Kanalsystem nicht nur von der Berufsschifffahrt, sondern in zunehmendem Maße auch von Freizeitkapitänen genutzt. Allerdings wurde der Sportbootverkehr auf den Kanälen des Ruhrgebietes erst im Jahr 1990 freigegeben, da er lange Zeit eher als lästig und hinderlich für die Berufsschifffahrt galt. Fast 400.000 Sportboote sind in Deutschland gemeldet und die Anzahl der Motorbootfahrer wird auf inzwischen 1,2 Millionen geschätzt, Tendenz: steigend. Der Anteil der motorisierten Sportboote an den Schleusungen der westdeutschen Kanäle liegt inzwischen bei etwa fünf bis zehn Prozent. So wurden durch die → **Schleuse** Münster im Jahr 2016 insgesamt 2.700 Sportboote geschleust, davon etwa 80 Prozent im Sommerhalbjahr April bis Oktober. In diesen Spitzenzeiten sind jährlich mehrere Tausend Yachten auf dem DEK unterwegs, für die in den letzten Jahren auch die nötige Infrastruktur aus → **Liegestellen**, Yachthäfen/Marinas und Wasserwanderraststegen mit und ohne Serviceangeboten geschaffen wurde.

Privat betrieben wird die idyllisch zwischen Alter und Neuer Fahrt gelegene Marina Fuestrup. Sie bietet als „Reisemobilhafen“ 90 Stellplätze direkt am Kanal und als Yachthafen 150 Liegeplätze für Skipper

Unterwasser des Schiffshebewerks Henrichenburg: Wo sich früher Dutzende von Frachtkähnen drängelten, schaukeln heute schnittige Yachten

So haben sich insgesamt 18 Motoryachtvereine am Kanal bzw. an stillgelegten ehemaligen „Alten Fahrten" (➜ **Zweite Fahrten**) angesiedelt: am Unterwasser des alten ➜ **Schiffshebewerks Henrichenburg** (zwei), am Unterwasser der alten Schachtschleuse Henrichenburg, in Olfen (Alte Fahrt), Lüdinghausen, Senden (zwei), Münster-Amelsbüren, ➜ **Münster**, Münster-Fuestrup, Lingen-Hanekenfähr (drei, ➜ **Hanekenkanal**), ➜ **Meppen**, ➜ **Haren** (zwei), Rhede und an der Seeschleuse von Papenburg. Ausgestattet mit entsprechenden Versorgungseinrichtungen bieten sie nicht nur Liegeplätze für die eigenen Clubmitglieder, sondern auch Gastliegeplätze, damit die vielen „Transitreisenden" ihre Leinen festmachen können. Hinzu kommen noch zwei privat und gewerblich betriebene Großanlagen mit Restaurants und Reisemobilcamps in Greven (Marina Alte Fahrt Fuestrup, ➜ **KÜ Fuestrup**) und Walchum (Marinapark Emstal).

Für die Sportbootschifffahrt gelten besondere Regeln: Die Höchstgeschwindigkeit beträgt 12 km/h, Sportboote dürfen im Kanalverlauf nur in Sportboothäfen und an extra für sie ausgewiesenen Liegestellen festmachen. Sie unterliegen einer Kennzeichnungspflicht, die Schiffsführer haben sich an die Binnenschifffahrtsstraßen-Ordnung zu halten. Boote mit weniger als 11,03 kW (15 PS) Leistung dürfen von Personen über 16 Jahren ohne Führerschein gefahren werden. Für das Führen von Wassersportfahrzeugen auf Bundeswasserstraßen mit einer Maschinenleistung von mehr als 15 PS wird ein Befähigungsnachweis benötigt. Auf Binnenschifffahrtsstraßen wie dem DEK ist dies für Sportfahrzeuge von weniger als 15 Metern Länge der „Sportbootführerschein-Binnen", für Sportfahrzeuge von 15–25 Metern Länge das „Sportschifferzeugnis". Sportboote unterliegen nicht der ➜ **Abgabepflicht**. Geschleust werden sie in der Regel immer nur gemeinsam mit der Berufsschifffahrt (deshalb wurden vor Schleusen in den letzten Jahren auch Wartestege neu gebaut).

Hinter Papenburg beginnt die Seeschifffahrtsstraße Unterems. Zum Befahren ist hier der Sportbootführerschein „See" erforderlich. Yachthäfen an der Unterems befinden sich in Weener, Leer, Bingum (Marina), Jemgum, Terborg, Oldersum, Ditzum, Petkum und ➜ **Emden**. Im parallel verlaufenden ➜ **Ems-Seitenkanal** sind zwei weitere Yachtclubs ansässig.

In den Sommermonaten herrscht dichtes Gedränge in den Schleusen der Nordstrecke. Vor den Schleusen wurden deshalb Wartestege angelegt

Für die Zweite Fahrt bei Olfen musste auch eine neue Kanalbrücke über die Stever gebaut werden. Sie war 1938 fertiggestellt und musste für den jüngsten Ausbau des Kanals einer dritten Brücke weichen

Die Stever ist ein 58 Kilometer langer rechtsseitiger Zufluss der → **Lippe** im südlichen Münsterland. Sie entspringt zwischen → **Münster** und Coesfeld und fließt zunächst stark mäandernd Richtung Süden nach Senden, wo sie das erste Mal den Dortmund-Ems-Kanal sowohl unter einer (hier nicht mehr mit Wasser gefüllten) Kanalbrücke der „Alten Fahrt" als auch unter einer weiteren Kanalbrücke der „Neuen Fahrt" (→ **Zweite Fahrten**) quert. Im weiteren Verlauf teilt sich der Fluss in drei Arme und speist die Gräften der berühmten Wasserburgen Vischering und Lüdinghausen.

Nach Aufnahme weiterer Zuflüsse kreuzt die Stever – nun in Ostwest-Richtung fließend – im Stadtgebiet von Olfen den Kanal erneut zweimal, zunächst unter einer Trogbrücke die Zweite Fahrt, anschließend die Alte Fahrt. Die dortige „Dreibogenbrücke" über den Fluss (alter Kanalkilometer 27,223) ist eine von drei historischen Kanalbrücken, die im Bereich Olfen einst den DEK über die Stever, die Lippe sowie eine Straße führten. Das heutige Baudenkmal wurde unter Leitung des Königlich Preußischen Oberbaudirektors Karl Hinckeldeyn im Stil des Historismus entworfen. Ihre imposante Stirnfläche besteht aus Ruhrsandstein. Im Bereich der Kanalbrücke wurde das frühere Kanal-

Wie drei weitere im Buch stammt auch dieser Holzstich der Steverbrücke aus dem Jahr 1899 vom Kieler Maler Fritz Stoltenberg. Die Brücke steht heute unter Denkmalschutz und die Wasserstraße wandelte sich in einen Rad- und Fußweg

Zum Ensemble historischer Kanalbrücken in Olfen gehört auch diese Unterführung. Federführend beim Bau war der Königlich-Preußische Oberbaudirektor Hinckeldeyn, der auch die Architektur der Brücken über Stever und Lippe sowie die des Schiffshebewerks Henrichenburg gestaltet hat. Die Bauarbeiten dauerten von 1894 bis 1897, der Tag des „Gewölbeschlusses" war der 1. September 1894. Die äußere Gestaltung der Brücke wird vom Historismus des späten 19. Jahrhunderts bestimmt, der sich an die alte Burg- und Wehrbauarchitektur anlehnt

bett inzwischen verfüllt und mit Fahrrad- und Wanderwegen neu erschlossen. Die Dreibogenbrücke gewährt einen weiten Blick über die Steveraue und ist nachts beleuchtet.

Nur 500 Meter entfernt (alter Kanalkilometer 26,683) wurde der Kanal über die Chaussee Olfen-Selm geführt. Die „Schiefe Brücke", berühmt wegen ihrer Einzelsteinmeißelung, gilt mit ihren Stirnseiten als architektonische Besonderheit. Das Attribut „schief" bezieht sich auf den 60-Grad-Winkel zwischen Kanaltrasse und Straßentrasse, während zu dieser Zeit aus technischen wie aus ökonomischen Gründen der rechte Winkel bei solchen Überführungsbauwerken der Normalfall war. Für sie wurde, da sich der Kohlensandstein von der Ruhr für die Gestaltung schwieriger Architekturformen weniger eignete, rötlicher Sandstein aus dem Arenhausener Bruch bei Kassel verwendet. Die Bauarbeiten dauerten von 1894 bis 1897, der Tag des „Gewölbeschlusses" war der 1. September 1897.

Die Stever fließt hinter Olfen weiter Richtung Westen und speist den für die Grundwasserversorgung bedeutsamen Halterner Stausee. Bei Niedrigwasser wird die Stever deshalb mit Kanalwasser angereichert. Sie mündet schließlich kurz unterhalb der Staumauer in die Lippe.

## Südstrecke, siehe Nordstrecke

## Sympher, Leo

Dr.-Ing. h.c. Leo Sympher, als Ministerial- und Oberbaudirektor im Preußischen Ministerium der öffentlichen Arbeit (um 1920)

unten: Leo Sympher als Student (um 1875)

Leo Sympher gilt als „Vater des Mittellandkanals", wenn nicht des gesamten nordwestdeutschen Kanalnetzes. Der nüchtern denkende Wasserbauingenieur mit ausgeprägtem volkswirtschaftlichen Sachverstand lieferte sein „Gesellenstück" ab, als es darum ging, für den Dortmund-Ems-Kanal die nötige parlamentarische Zustimmung zu erlangen.

Leo Sympher wurde am 19. Oktober 1854 in Münden, dem Zusammenfluss von Fulda und Werra, geboren. Das „Rauschen des Flusswassers" sei richtungweisend für seine spätere Berufswahl gewesen, heißt es. Zunächst trat Sympher 1871 in die Kriegsmarine ein, musste diese Laufbahn aber wegen einer Sehschwäche aufgeben. So studierte er ab 1874 Bauingenieurwesen

an der Technischen Hochschule Hannover und stellte 1879 seine Eignung als Wasserbauer beim Ausbau des Saar-Kohlen-Kanals in Lothringen bereits unter Beweis. Nach Ablegung der zweiten Staatsprüfung wurde er 1883 in der Wasserbauabteilung des preußischen Ministeriums für öffentliche Arbeiten in Berlin angestellt. Das war just das Jahr, in dem die Regierungsvorlage zum Bau des DEK im preußischen Herrenhaus unter anderem wegen angeblicher „Unwirtschaftlichkeit" gescheitert war (→ **Geschichte**). Sympher erhielt die anspruchsvolle Aufgabe, eine neue Kanalvorlage zu erstellen, in der er – ein Ingenieur – insbesondere die Wirtschaftlichkeit des Projektes herauszuarbeiten hatte.

Systematisch führte er Tariffrachten-Vergleichsrechnungen zwischen den Verkehrsträgern Schiene und Kanal durch, immer im Hinterkopf, dass sich die konkurrierende Eisenbahn in preußischem Staatsbesitz befand und das Finanzministerium argwöhnisch die Kanalbaupläne begleitete. Er betrieb über rein technische Fragestellungen hinaus Grundlagenforschung, indem er nicht die Tarife, sondern die tatsächlichen Selbstkosten miteinander verglich. Er ermittelte Betriebs- und Unterhaltungskosten des Kanals, rechnete eine Verzinsung des Anlagekapitals und Unternehmensgewinne mit ein und kam zum eindeutigen Ergebnis, dass die Kanalfrachten den Eisenbahntarifen weit überlegen sein würden. Für den Transport von Kohle auf der Strecke Dortmund-Emden errechnete er deutlich günstigere 2,158 Mark für das Binnenschiff gegenüber 4,81 Mark pro Tonne für den Bahntransport. Er antizipierte sogar die heutige Schubschifffahrt, indem er die Verkopplung eines Dampfschubbootes mit einem geschobenen Leichter als Betriebsart empfahl, und schlug angesichts der Unterschiedlichkeit der Schiffsgrößen in den einzelnen Stromgebieten die Schaffung genormter Schiffsabmessungen vor, denen wiederum die Querschnittsausbildung der zu bauenden Kanäle entsprechen müsse. Sein Erstlingswerk hatte durchschlagenden Erfolg: Die mit Symphers Berechnungen ausgestattete neue Kanal-Vorlage fand 1886 die gewünschte Mehrheit.

Nachdem er zunächst beim Bau des späteren Nord-Ostsee-Kanals eingesetzt wurde, holte man ihn 1899 ins Ministerium zurück. Nun sollte er die verkehrspolitische und ökonomische Begründung für die Fortführung des DEK zum Rhein nach Westen und bis zur Elbe nach Osten liefern. In seiner 1899 veröffentlichten Denkschrift „Die wirtschaftliche Bedeutung des Rhein-Elbe-Kanals“ fasste er die Argumente für ein einheitliches deutsches Wasserstraßennetz zusammen. Die Vorlage scheiterte allerdings im Abgeordnetenhaus am Widerstand der ostelbischen Großagrarier sowie der schlesischen und saarländischen Montanindustriellen. Auch eine zweite Kanalvorlage fand im Parlament keine Mehrheit. Sein Biograf: „Es bedurfte schon einer großen Persönlichkeit wie Sympher, um an diesem Tiefpunkt seines beruflichen Wirkens nicht zu resignieren.“ Und um schließlich mit einer dritten Vorlage sogar auf das Herzstück des Kanals, die Verbindung bis zur Elbe, ganz zu verzichten. Mit dem „Wasserstraßengesetz“ vom 1. April 1905 wurde lediglich der Bau des → **Mittellandkanals** bis Hannover aber auch der spätere → **Rhein-Herne-Kanal** beschlossen. Sympher wurde die oberste Bauleitung des gesamten Rhein-Weser-Kanals übertragen, bei der er erneut sein Können unter Beweis stellte.

Im Dezember 1915 wurde Leo Sympher zum Leiter der Abteilung Wasserbau im Ministerium ernannt. Unter seiner Führung wurde – wieder Ausdruck von Weitsichtigkeit – entschieden, beim Bau von Kanälen vom → **Bemessungsschiff** mit 600 Tonnen Ladefähigkeit auf das 1.000-Tonnen-Schiff, den später sogenannten „Sympher-Kahn“ umzustellen, um mit der Entwicklung der Binnenschifffahrt Schritt zu halten. Die Vollendung „seiner“ Wasserstraße vom Rhein bis zur Elbe hat Sympher, der zeit seines Lebens auch immer die Öffentlichkeit suchte und mehr als 100 Aufsätze, Bücher und Vorträge publizierte, nicht mehr miterleben dürfen. Er starb am 16. Januar 1922 in Berlin an den Folgen eines Schlaganfalls.

2. Vergleich. d. Transportselbstkosten unter Berücksicht. d. Nebenkosten. 47

Vergleichung der Transportselbstkosten.
Dortmund-Emden.
Durchschnittskosten für Hin- und Rückfahrt.
Kilometrischer Verkehr = 2 000 000 Netto-t.

| | a) Wasserweg | | | | | | b) Eisenbahn | | |
|---|---|---|---|---|---|---|---|---|---|
| | α) Pferdezug ohne Betriebsorganisation | | | β) Organisirter Dampfbetrieb | | | Betriebsergebnisse der rechtsrheinisch. Bahn, 1881/82 und 1882/83 gemittelt. | | |
| | Ganze Kapitalverzinsung | | | | | | Verzinsung nur für Erweiterungskosten | | |
| | pro Netto-Tonnen-Kilometer | | | | | | | | |
| | Hauptkosten Pf. | Nebenkosten Pf. | Summe Pf. | Hauptkosten Pf. | Nebenkosten Pf. | Summe Pf. | Hauptkosten Pf. | Nebenkosten Pf. | Summe Pf. |
| A. Betriebskosten . | *) 0,858 | 0,241 | 1,099 | *) 0,522 | 0,241 | 0,763 | 1,259 | 0,090 | 1,349 |
| B. Kapitalverzinsung | 0,606 | 0,051 | 0,657 | 0,578 | 0,051 | 0,629 | 0,331 | 0,055 | 0,386 |
| zusammen | 1,464 | 0,292 | *1756* | 1,090 | 0,292 | *1,392* | 1,590 | 0,145 | *1,735* |

In diesem Falle ist also der Dampfbetrieb auf dem Dortmund-Ems-Kanal rund **20% billiger** als der Eisenbahnbetrieb unter günstigster Berechnungsweise.

Bedenkt man, dass im Jahre 1881 allein Bremen einen Kohlen-

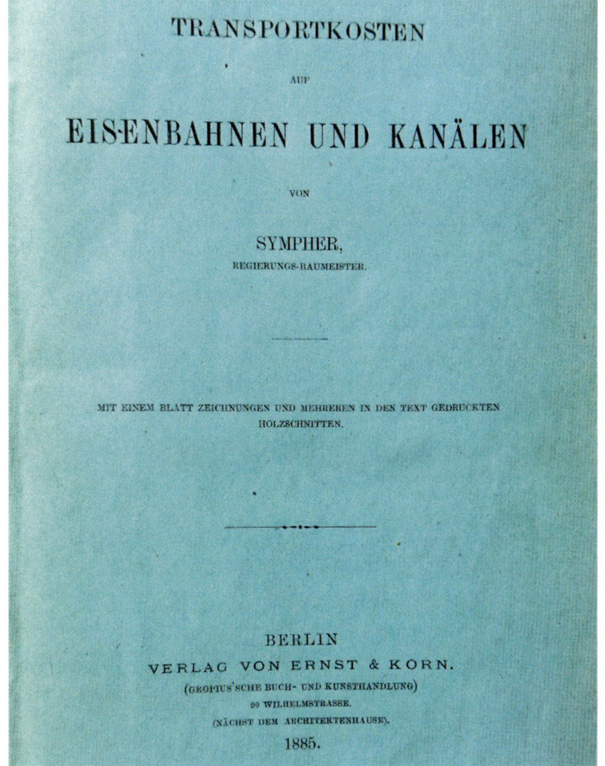
TRANSPORTKOSTEN
AUF
EISENBAHNEN UND KANÄLEN
VON
SYMPHER,
REGIERUNGS-BAUMEISTER.

MIT EINEM BLATT ZEICHNUNGEN UND MEHREREN IN DEN TEXT GEDRUCKTEN HOLZSCHNITTEN.

BERLIN
VERLAG VON ERNST & KORN.
(GROPIUS'SCHE BUCH- UND KUNSTHANDLUNG)
90 WILHELMSTRASSE.
(NÄCHST DEM ARCHITEKTENHAUSE).
1885.

Sympher publizierte seine Berechnungen und Überlegungen 1885 unter dem Titel „Transportwesen auf Eisenbahnen und Kanälen“ und war extrem gründlich: So bezog er sogar den damals auf den Kanälen noch üblichen Treidelbetrieb mit Pferden in seine Kostenrechnung ein, wohl wissend, dass dies in Zukunft keine Bedeutung mehr hatte

## Taucherschule Bergeshövede

Schon seit 1945 beheimatet der Bauhof des Wasserstraßen- und Schifffahrtsamtes (WSA) Rheine in Bergeshövede am → **Nassen Dreieck** eine ganz besondere und einmalige Einrichtung: eine Taucherschule. Im zentralen Taucherlehrbetrieb finden die Lehrgänge und Prüfungen für die Berufstaucher, Tauchermeister und Unterwasser-Schweißer der → **Wasserstraßen- und Schifffahrtsverwaltung** statt. Seit dem Jahr 2014 ist in Bergeshövede das „Kompetenzzentrum für das Taucherwesen in der WSV" eingerichtet worden, das bei Notfällen für die bundesweite Koordinierung von insgesamt 32 Tauchgruppen, die über ganz Deutschland verteilt sind, zuständig ist. Aufgabe des zum „Kompetenzzentrum" geadelten Betriebs ist seitdem auch für die zentrale Beschaffung von Taucherausrüstungen und Arbeitsgeräten im Unterwasserbetrieb der WSV.

Taucher im Einsatz (das kleine obere Foto zeigt Unterwasser-Schweißarbeiten). Zur Prüfung wird nur zugelassen, wer unter anderem auch den Erwerb des Deutschen Rettungsschwimmerabzeichens in Bronze der DLRG oder vergleichbare Leistungen nachgewiesen hat

Taucher seien die „Kontrolleure der Wasserstraßen", heißt es. Ist eine Kanalsohle durch ein Schiff beschädigt, klemmt ein Schleusentor, sind Schäden an Bauwerken zu erfassen oder blockieren Havaristen den Kanal, müssen die Taucher ran. Oft genug müssen auch Gegenstände geborgen werden: Schiffsschrauben und Anker, Ruder, Ölfässer oder Diebesgut, das im Kanal entsorgt wurde. Gestohlene Autos und Panzerschränke waren auch schon dabei.

Die Taucher rekrutieren sich aus Mitarbeitern der WSV und haben sämtlich eine abgeschlossene Facharbeiterausbildung, zum Beispiel als Schlosser, Binnenschiffer, Wasserbauwerker oder Elektriker. Zugelassen zur Prüfung wird, wer eine mindestens zweijährige betriebliche Praxis in einem Tauchunternehmen nachweisen kann. Sind die freiwilligen Anwärter körperlich fit, geht es einmal für sechs und nach einem bzw. zwei Jahren noch zweimal für drei Wochen zum Blockunterricht nach Bergeshövede (320 Unterrichtsstunden). Zwischendurch erfolgt die Ausbildung bei den heimischen Dienststellen durch eine(n) fest angestellten Tauchermeister/in. Bis zur Prüfung vor der Industrie- und Handelskammer muss er/sie mindestens 200 Tauchstunden nachweisen. Die Lehrgangsteilnehmer werden in Theorie und Praxis unterrichtet. Der theoretische Unterricht umfasst ein breites Spektrum: Gerätekunde, Tauchermedizin, Fachrechnen, Fachkunde und die einschlägigen Sicherheitsvorschriften. In der Praxis wird der Umgang mit dem technischen Gerät gezeigt, erklärt und geübt. Unter Wasser lernen

Modell eines Helmtauchers mit externer Luftversorgung, Bleischuhen, Brust- und Rückengewichten

die Teilnehmer mit unterschiedlichsten Werkzeugen und Geräten umzugehen, wie Schweißen, Brennen, Spülen oder Arbeiten mit Holz. Eine erfolgreiche Prüfung bei der IHK führt zum anerkannten Abschluss „Geprüfte/r Taucher/in". Angeschlossen werden kann eine 14-wöchige Fortbildung zum/zur „Tauchermeister/in", außerdem wird in Bergeshövede zum/zur Ingenieurtaucher/in und Signalmann/-frau qualifiziert. In Zusammenarbeit mit dem Germanischen Lloyd (GL) wird darüber hinaus auch eine Ausbildung zum Unterwasserkehlnahtschweißer in einem dreiwöchigen Lehrgang angeboten.

Begonnen hat die Taucherausbildung bereits unmittelbar nach Kriegsende. Der Trainingsort erwies sich als optimal, so dass er sich Schritt für Schritt zum heutigen „Kompetenzzentrum" entwickelte. Praktische Übungen fanden jahrzehntelang in der benachbarten stillgelegten kleinen Kanalhaltung zwischen den → **Schleusen** Bergeshövede und Bevergern statt. 1991 erhielt die einmalige „Berufsschule" dann einen Neubau auf dem Gelände mit Schulungsgebäude, wo seit dem Jahr 2000 ein Taucherlehrbecken für die praktische Ausbildung zur Verfügung steht. Nur für Tauchgänge in 40 Metern Tiefe, bei denen beispielsweise geübt wird, wie ein verletzter Taucher gerettet werden kann, geht es an die Edertalsperre.

Im April 1951 mussten Taucher die letzten Reste einer eingestürzten Bailey-Behelfsbrücke in Lingen bergen, um den Kanal wieder schiffbar zu machen

Zentralsteuerstand der neuen Schleuse Herbrum, die 1966 in Betrieb genommen wurde. Heute ist hier die „Bedieneinheit Nord" für zwei Wehre und eine weitere Schleuse (Bollingerfähr) eingerichtet

Sei es die Fernsteuerung von Schleusen, die zentrale Wasserbewirtschaftung oder der „Nautische Informationsfunk": Auch der Dortmund-Ems-Kanal ist längst im digitalen Zeitalter angekommen und die Wasserstraßen- und Schifffahrtsverwaltung nutzt die moderne Telematik, also die Verknüpfung von Telekommunikation und Information.

So wurde in → **Datteln** bereits im Juni 1984 eine Fernsteuerzentrale für die zentrale → **Wasserbewirtschaftung** eingerichtet, bei der über ein Prozessleitsystem die aktuellen Wasserstände erfasst und Anlagen wie Pumpwerke, Entlastungsanlagen oder → **Sicherheitstore** der Kanalhaltungen bis Bergeshövede (→ **Nasses Dreieck**) überwacht und fernbedient werden. Eine seit 1963 in Gelsenkirchen betriebene Leitstelle für die Bedienung der sieben Pumpwerke am → **Rhein-Herne-Kanal** ging in ihr auf. Die zweite Generation an gedoppelter Fernwirktechnik wurde hier im Jahr 2003 installiert. Die Bedienung erfolgt über fünf Monitorarbeitsplätze rund um die Uhr.

Im Dezember 2011 ging die Leitzentrale Bergeshövede in Betrieb, über die eine automatische Überwachung und Steuerung sämtlicher → **Schleusen** des Emsabstieges (Bevergern, Rodde, Altenrheine, Venhaus, Hesselte und Gleesen) die Vor-Ort-Bedienungen ablöste. Hier überwacht je ein Beschäftigter zwei Schleusen mithilfe von neun Bildschirmen pro Schleuse, deren Videoaufnahmen ein reales Bild der Schleusenabläufe wiedergeben. Nahezu alle Funktionen, beispielsweise das Fahren der Tore und Verschlüsse, aber auch der Betrieb von Heizungen und Beleuchtungen, werden über den Leitrechner bzw. die Visualisierung gesteuert. Durch diese Bildschirmsteuerung ist auch

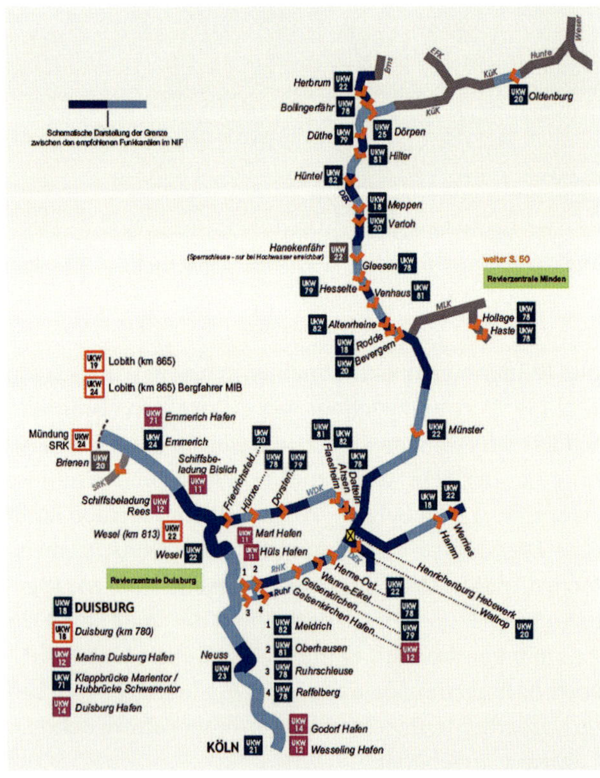


Das UKW-Sprechfunksystem NIF verfügt über ortsfeste Funkstellen, über die das westdeutsche Kanalsystem abgedeckt wird. Revierzentralen befinden sich in Duisburg und Minden

der Grundstein für die Fernsteuerung gelegt, da der Leitrechner sich nicht an der zu steuernden Anlage befinden muss. Die Daten werden über spezielle leistungsstarke Glasfaser-Leitungen von den einzelnen Schleusen zur Fernsteuerzentrale geschickt, um dort vom Leitrechner angezeigt zu werden bzw. Befehle an die Anlage zurückzuschicken. Eine Ausbaukonzeption in Bergeshövede erlaubt die Fernsteuerung weiterer Schleusen. Aber auch notwendige Verkehrslenkungen, wie zum Beispiel in der Bauphase der Kanalüberführung Ems (→ **KÜ Fuestrup**), können von hier gesteuert werden. Leitzentralen existieren auch an der Schleuse Herbrum mit der „Bedieneinheit Nord“ (darunter zwei → **Wehre** und die Schleusen Herbrum und Bollingerfähr am DEK) und im Bauhof → **Meppen** mit den „Bedieneinheiten“ Mitte (drei Wehre und die Schleusen Düthe, Hilter, Hüntel) und Süd (Schleusen Meppen und Varloh, ein Wehr, eine Hubbrücke und ein Pumpwerk). Auch die Schleuse Henrichenburg wird seit Herbst 2015 ferngesteuert – von der Schleuse Herne-Ost am RHK.

Der „Nautische Informationsfunk (NIF)“ informiert mehrmals täglich zu definierten Zeitpunkten über Wasserstände, Baustellen, Sperrungen, Betriebsstörungen, Bekanntmachungen usw. Die 1993 eingerichtete Revierzentrale in Duisburg ist für 226 Kilometer Rhein und 471 Kilometer Kanäle rund um die Uhr für die Binnenschifffahrt erreichbar.

## Tideems

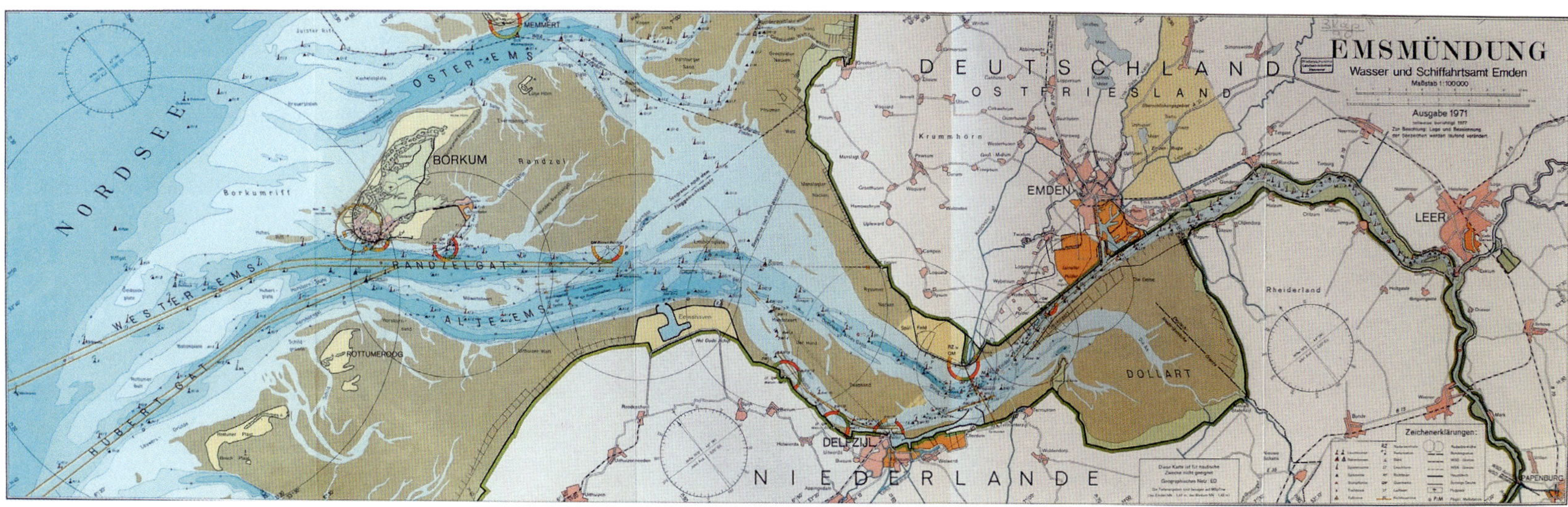


Der Dortmund-Ems-Kanal endet offiziell bei Kanalkilometer 225,82 (→ **Kilometrierung**) an der Einmündung des Papenburger Sielkanals und damit unterhalb der Großen Seeschleuse von Papenburg in die → **Ems**. Ab hier beginnt die Bundeswasserstraße Unterems, die nicht nur von Binnenschiffen, sondern auch von Seeschiffen befahren werden kann. Dass unter der Bezeichnung DEK immer auch die gesamte Strecke einschließlich der nun folgenden 40,7 Kilometer bis → **Emden** verstanden wurde, hatte zwei Gründe: Zum einen war für die Binnenschiffe ein heute von der gewerblichen Schifffahrt nicht mehr genutzter → **Seitenkanal** von Oldersum bis zum Emder Binnenhafen angelegt worden (der „kanalisierte“ Teil war also noch nicht zu Ende), zum anderen war Emden der wichtige Endpunkt, den zu erreichen die ganze Wasserstraße überhaupt nur gebaut worden ist.

Die Unterems steht unter dem Einfluss von Ebbe und Flut, der sich vor dem Bau des DEK bis auf die Höhe von Lathen auswirkte. Durch den Bau eines → **Wehres** und der → **Schleuse** Herbrum wurde der Tideeinfluss hier allerdings unterbrochen – oberhalb von Herbrum gibt es Ebbe und Flut nicht mehr (für die Elbe bewirkt dies das Tidewehr Geesthacht und für die Weser das Wehr Hemelingen). Unterhalb von Herbrum beginnt also die „Tidestrecke" des DEK. Bis zur Einmündung des Papenburger Hafen- bzw. Sielkanals – das sind 13 Kilometer – wurde die Ems durch Vertiefung und die Anlage von drei Durchstichen bei Rhede, Brual und Tunxdorf ausgebaut. Von Papenburg abwärts waren die Abmessungen der Ems für den erwarteten Binnenschiffsverkehr zunächst ausreichend. Wegen der immer länger werdenden Schleppzüge legte man dort aber zwischen 1911 und 1928 drei weitere Durchstiche an, wodurch die Fahrstrecke bis Emden um fast zwei Kilometer verkürzt wurde. Durch die Ausbaumaßnahmen an der Unterems wurde auch eine Erhöhung der Deiche notwendig, da der Fluss bei Sturmfluten höher auflief als früher. Die Arbeiten begannen in den 1930er-Jahren und wurden – nach kriegsbedingter Unterbrechung – erst 1953 abgeschlossen.

An der Schleuse Herbrum endet der Einfluss von Ebbe und Flut. Das Foto vom Oktober 1966 zeigt das Hub-Senktor der neuen Schleuse in Blickrichtung Oberwasser

rechts: Das Ausdocken eines neuen Luxusliners bei der Meyer Werft ist immer ein großes Spektakel

Die Schifffahrt hat sich dem ewigen Kommen und Gehen von Ebbe und Flut angepasst. In der schmalen und kurvigen Tideems zwischen Herbrum und Papenburg setzt der Ebbstrom bereits nach 3,5 Stunden für die nächsten acht Stunden wieder ein, dann ist Stoßzeit für die Berufsschifffahrt, die sich vor der Schleuse trifft, wo es dann auch schon mal zeitlich eng werden kann. Ausgerechnet dort vor der Schleuse lagert sich auch noch der allergrößte Teil der hochgetriebenen Sedimente ab, weil sich hier das Wasser beruhigt. Abhilfe schafft das Aufwirbeln des Schlicks, so dass die Schiffe freie Fahrt haben.

Die beiden an der Unterems liegenden Seehäfen Papenburg und Leer wurden kurz nach Eröffnung des DEK ausgebaut. Von 1900 bis 1903 wurde der Leeraner Hafen zu einem tideunabhängigen Dockhafen umgestaltet. Man trennte eine Schleife des Flusses Leda ab und verband das auf diese Weise gewonnene Hafenbecken durch eine große Seeschleuse mit der kurz danach in die Ems mündenden Leda. Die Schleuse war zu dem Zeitpunkt die einzige elektrisch betriebene Schleuse in Preußen. Auch Papenburgs Hafen erhielt 1902 eine neue, große Seeschleuse sowie einen neuen Verbindungskanal zur Ems. Als Ausgleich für einen geplanten aber nicht realisierten Seitenkanal, der Papenburg direkt an den DEK angeschlossen hätte, unterstützte Preußen das Vorhaben finanziell. Papenburg und Leer entwickelten sich mit dem Kanal zu Industriestädten; der Umschlag auf Binnenschiffe war erheblich. Papenburg war unter anderem ein bedeutender Holzumschlagplatz. Im kommunal betriebenen Hafen von Papenburg beträgt der konstant rückläufige Binnenschiffumschlag heute nur noch rund 15 Prozent des Gesamtumschlages von rund

einer Millionen Tonnen jährlich. Im Hafen von Leer, der von den dortigen Stadtwerken betrieben wird, sind es etwa zwei Drittel Anteil von rund 700.000 Tonnen Jahresumschlag (vor allem Baustoffe, Nahrungs- und Futtermittel, Eisen, Stahl und Schrott, Mineralölprodukte und Biodiesel sowie Salz).

Anrainer des Papenburger Hafens ist die weltweit für ihren Kreuzfahrtschiffsbau bekannte Meyer Werft, die als einzige von einst 20 → **Werften** am Standort Papenburg übrig blieb. Da die von der Meyer Werft gebauten Schiffe im Laufe der Jahre immer größer wurden, musste die Ems mehrfach vertieft und ein Sperrwerk bei Gandersum (das auch dem Hochwasserschutz dient) zum Aufstauen der Unterems gebaut werden. Um das ökologisch sensible Gewässer Ems nicht weiter zu belasten, kam vorübergehend der Gedanke auf, einen für Seeschiffe ausgelegten Parallelkanal zur Ems quasi in Verlängerung des nie fertig gestellten → **Seitenkanals Gleesen-Papenburg** zu bauen und letzteren als Ausweichstrecke zu reaktivieren. Die fixe Idee scheiterte an den immensen Kosten. Mit einem „Masterplan Ems 2050“ und konkreten vereinbarten Maßnahmen zur Wiederherstellung des Ökosystems der Ems unter Berücksichtigung wirtschaftlicher Interessen der Region wurde 2015 ein Interessenausgleich aller Beteiligten erzielt.

## Transportaufkommen

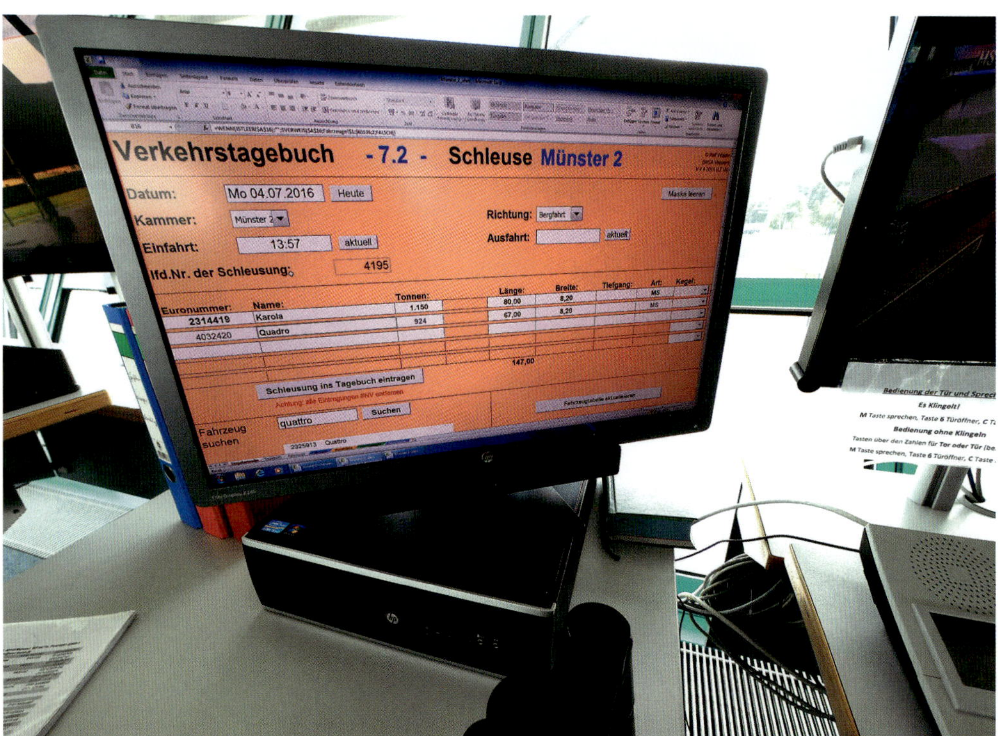


Moderne Datenerfassung in der Steuerzentrale der Schleusengruppe Münster. Jede Schleusung und jedes Schiff wird hier in ein Verkehrstagebuch eingetragen. Am Montag, den 4. Juli 2016 um 13.57 Uhr lagen hier KAROLA und QUADRO mit zusammen rund 2.200 Tonnen Ladung in der Kammer 2

Beim Bau des Dortmund-Ems-Kanals hatte man eine Entwicklung des Verkehrs bis zu drei Millionen Ladungstonnen pro Jahr angenommen, wobei der Kanal auf eine maximale Leistungsfähigkeit von 4,5 Millionen Tonnen ausgelegt war. Die beiden Marken waren schnell überschritten. Schon im Jahr 1906 gingen über eine Million Tonnen durch die → **Schleuse** Münster, im Jahr 1912 waren die drei Millionen Tonnen fast und im letzten Kriegsjahr 1918 die Kapazitätsgrenze mit 4,494 Millionen Ladungstonnen exakt erreicht. Mit Inbetriebnahme von → **Rhein-Herne-Kanal** (1914), → **Mittellandkanal** (1916 bis Hannover, 1938 bis zur Elbe) und → **Küstenkanal** (1935) hatte der DEK mit seiner → **Südstrecke** in den nun folgenden Jahren ein kontinuierlich steigendes Ladungsvolumen zu bewältigen. Dies erklärt, warum die → **Ausbaumaßnahmen** für dieses Bindeglied, das den gesamten gebündelten Durchgangsverkehr vom und zum Ruhrgebiet aufnehmen muss, immer Priorität hatte. Der DEK, insbesondere der Abschnitt zwischen Henrichenburg und Bergeshövede, wurde zum „Rückgrat“ des nordwestdeutschen Kanalsystems.

Nach Beendigung der Ruhrkrise 1923 stieg das Verkehrsaufkommen im DEK kontinuierlich an. Pas-

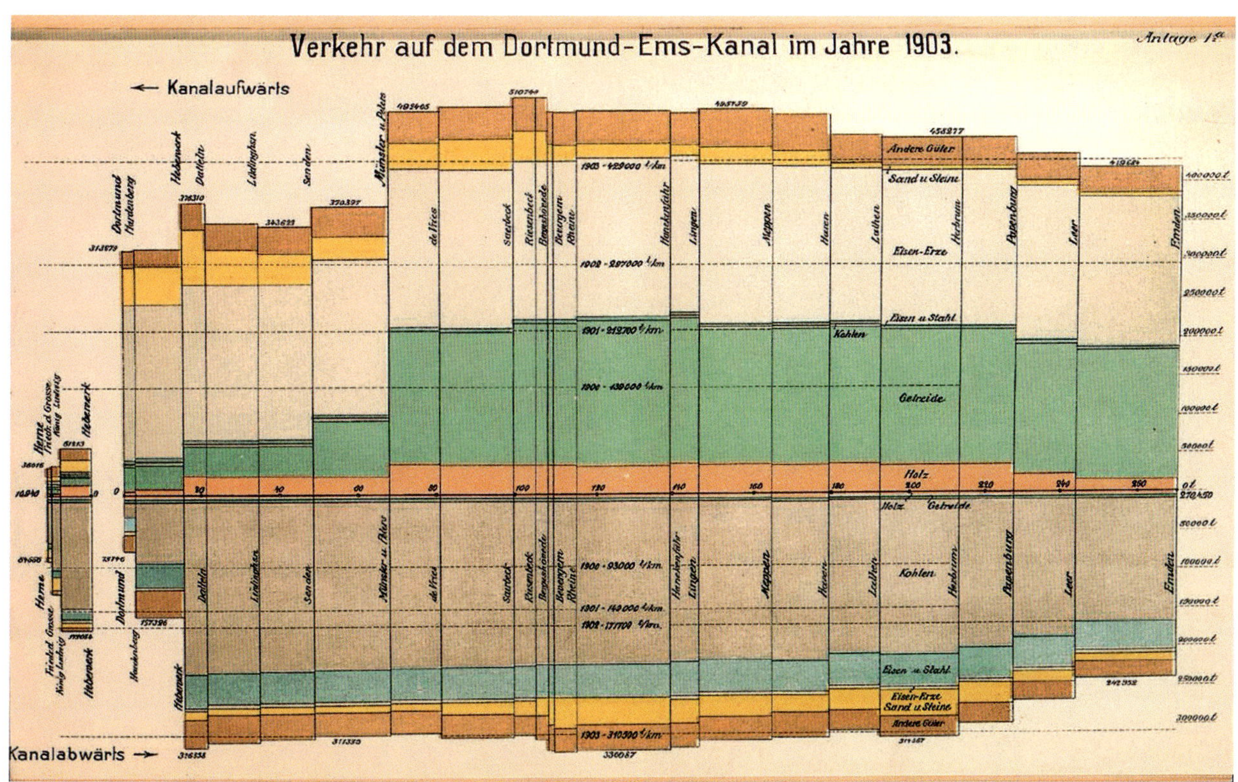


Die Entwicklung des Verkehrs auf dem Kanal wurde in den Anfangsjahren in sogenannten „Denkschriften" beschrieben und mit Diagrammen anschaulich dargestellt. Gut abzulesen ist hier, dass Kohle und vor allem Eisenerz auf der Relation zwischen den beiden Endhäfen Dortmund und Emden die gesamte Strecke transportiert wurde, während zum Beispiel ein Großteil des Getreides nur bis Münster gelangte

sierten die Schleuse Münster im Jahr 1925 noch 12.557 Schiffe mit 5,5 Millionen Tonnen Ladung, waren es im letzten Friedensjahr 1938 bereits 31.316 Schiffe mit 12,1 Millionen Tonnen Ladung und im Kriegsjahr 1943 dann 40.336 Fahrzeuge mit 18 Millionen Tonnen. Aufgesplittet stellten sich die Verkehrsströme wie folgt dar: Etwa 25 Prozent der Fahrzeuge pendelten zwischen → **Emden** und dem Ruhrgebiet, rund 65 Prozent kamen von bzw. fuhren zu Stationen des MLK, die restlichen zehn Prozent passierten den → **Küstenkanal**. Nach einer kurzen Zeit völligen Stillstandes aufgrund der → **Kriegszerstörungen** stieg das Frachtvolumen ab dem Jahr 1946 erneut stetig an. Auffällig ist, dass in den Jahren 1947/48 im Verhältnis zur Frachtmenge enorm viele Fahrzeuge im Einsatz waren. Um den Schiffsverkehr wieder anzukurbeln, wurde offenkundig jedes noch so kleine fahrtüchtige Schiff in Fahrt gebracht. In den 1950er-Jahren stieg der Jahresverkehr auf bis zu 32 Millionen Tragfähigkeitstonnen und ein Ladungsaufkommen von rund 20 Millionen Tonnen Gütern. Ein Höchstwert von 20,2 Millionen Gütertonnen wurde 1960 an der Schleuse Münster gemessen. In diesem Jahr wurden hier 31.193 von Norden und 30.566 Schiffe von Süden kommend geschleust. An Tagen mit Spitzenverkehr kam hier durchschnittlich alle vier Minuten ein Fahrzeug an. Es war die Blütezeit der Kanalschifffahrt und die Boomzeit der Montanindustrie im Ruhrgebiet – vor ihrem unaufhaltsamen Niedergang.

In diesen Jahren zeichnete sich jedoch ein ernstes Strukturproblem sowohl in der Emdenfahrt wie im Wechselverkehr mit dem MLK ab: das Überhandnehmen von Leerfahrten. Waren 1950 die Tonnagen an → **Kohle** nach Emden und jene von Erzen ins Ruhrgebiet mit einem Auslastungsgrad der Schiffe von 94 Prozent noch ausgewogen, liefen in den Folgejahren

Mitte der 1950er-Jahre, zur Blütezeit der Kanalschifffahrt, stauten sich vor der Schleuse Münster die Schiffe regelmäßig. An Spitzentagen kam hier durchschnittlich alle vier Minuten ein Schiff an

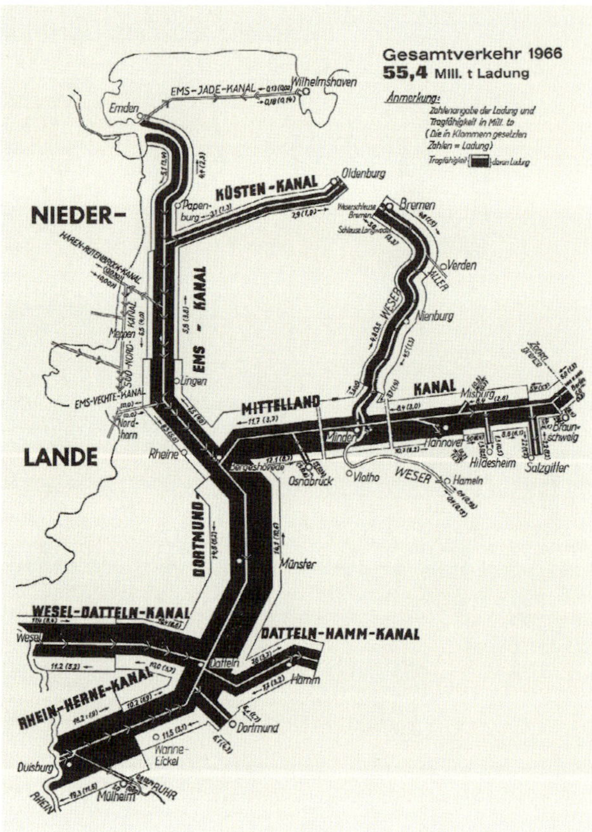


„Rückgrat" des Kanalsystems: In den 1960er-Jahren war die Südstrecke des DEK die am stärksten befahrene künstliche Wasserstraße Europas. Solche Gütermengendiagramme erstellte die Wasser- und Schifffahrtsverwaltung früher jedes Jahr

zunehmend leere Schiffe Emden an, um die Erzfrachten zu übernehmen. Die Auslastungsquote sank auf 40 Prozent, allein 1966 liefen 1.809 Schiffe Emden unbeladen an. Von den MLK-Häfen zum Ruhrgebiet waren es 1.188 Schiffe in Leerdisposition. Durch den massiven Rückgang von verfrachteter Kohle als auch von Erz, das zunehmend per Bahn mit Zügen von bis zu 5.000 Tonnen täglich ins Ruhrgebiet gebracht wurde, wurde die Verkehrsauslastung dann statistisch wieder angeglichen. Der DEK hatte schon lange vor Stilllegung der Dortmunder Hochöfen (letzte Roheisenschmelze: 2001) kaum noch Bedeutung für die Erzeinfuhr.

Die Transportleistung des DEK beträgt heutzutage rund 18 Millionen Gütertonnen pro Jahr. Sie setzen sich auf Basis der an der Schleuse Münster erhobenen Daten in etwa wie folgt zusammen: Im Jahr 2015 waren es 11,3 Millionen Tonnen insgesamt (davon 4,9 Mio. t Richtung Norden und 6,4 Mio. t Richtung Süden). 14.366 Schiffe passierten die Schleuse, davon 8.202 zu Berg, 6.146 zu Tal. 2.543 Fahrzeuge waren ohne Ladung in der Leerfahrt unterwegs. Entwicklungen im Güterverkehr auf der DEK-Nordstrecke können aus den Zahlen für die Schleuse Herbrum abgelesen werden. Die Schleuse passierten in beide Richtungen zusammen 5.957 Fahrzeuge mit 4,5 Millionen Tonnen Ladung. Der Verkehr von und nach → **Dortmund** schließlich wird an der Schleuse Henrichenburg registriert. 2015 waren das 3.701 Schiffe mit 1,9 Millionen

Tonnen Ladung. Nirgendwo sonst lässt sich der Niedergang der Dortmunder Montanindustrie, die im 19. Jahrhundert treibende Kraft beim Bau des DEK gewesen war und jahrzehntelang den Nutzen aus diesem Kanal zog, besser ablesen als hier. Auf dem Höhepunkt des deutschen „Wirtschaftswunders" wurden in Henrichenburg noch knapp 7 Millionen Tonnen geschleust bzw. vom neuen → **Schiffshebewerk** bewältigt. Für die Zukunft gilt: Gegenüber anderen Verkehrsträgern (Straße, Schiene) verfügt das umweltfreundliche, energiesparende und sichere Transportsystem Binnenschiff/Wasserstraße, also auch der DEK, noch über erhebliche Kapazitätsreserven, wobei Schleusenabmessungen und Dauer einer Schleusung allerdings das Maximum an Kapazität limitieren. Ob sich die Hoffnungen auf mehr Güteraufkommen allerdings erfüllen wird, wenn sowohl Süd- wie auch die Nordstrecke voll ausgebaut sein werden, wird sich zeigen müssen.

## Treideln

Auch heute werden die Betriebswege an Kanälen gerne noch als „Leinpfade" bezeichnet, auf denen man spazieren gehen oder Radfahren kann. Der überkommene Begriff stammt freilich aus einer Zeit, als Schiffe noch vom Ufer aus von Pferden (oder auch von Menschen) mit Leinen gezogen wurden. Vor allem in den Anfangsjahren des Dortmund-Ems-Kanals war diese Transportform gang und gäbe, als Güter in beträchtlichen Mengen noch mit Mutten (einem Segler der ostfriesischen Fehnkanäle mit bis zu 20 Tonnen Tragfähigkeit), Tjalken (einem auf den holländischen Kanälen verkehrenden Segler mit bis zu 150 Tonnen Tragfähigkeit) und den speziell für den Treidelbetrieb entwickelten → **Pünten** aus dem Emsland befördert wurden. Diese Kleinschiffe übernahmen zunächst einen nicht unerheblichen Teil des Transportvolumens, solange nicht ausreichend Schiffsraum in Form von Schleppkähnen vorhanden war und stellten die Verbindung zu kleiner dimensionierten Wasserstraßen wie den → **linksemsischen Kanälen** und den Moorkanälen her. Große Bedeutung erlangte zum Beispiel die Anlieferung von Sand aus Lathen oder Hiltrup als zweitwichtigstem Gut hinter Erzen im → **Dortmunder Hafen**. Die Zahl der Schiffsbewegungen mit Kleinschiffen in den Anfangsjahren des DEK lag nicht weit hinter der mit den neuen DEK-Maßkähnen (→ **Bemessungsschiff**): Im Jahr 1903 passierten allein 1.191 Pünten die Schleuse in → **Meppen**. Holländische Tjalken brachten Ladun-

Auch auf den linksemsischen Kanälen wurde noch viele Jahre nach Eröffnung des Dortmund-Ems-Kanals getreidelt, wie hier auf dem Nord-Süd-Kanal, auf dem vor allem Torf aus der Niedergrafschaft nach Nordhorn transportiert wurde

Treidelpause an einem der linksemsischen Kanäle. Das Zugpferd war über eine lange Leine (deshalb auch „Leinpfad") mit dem Schiff verbunden, wo sie am Mast angebracht war

Auf Flüssen wurden Schiffe in der Regel nur stromauf getreidelt und stromab durch die Strömung oder den Wind angetrieben. Auf Kanälen musste in beide Richtungen getreidelt werden, und sei es mit Menschenkraft wie hier auf dem Bild

gen als Leichter von den Nordseehäfen und kehrten vorzugsweise beladen mit Kohle oder Kunstdünger (Thomasmehl) zurück.

So wurde bei Bau und Betrieb des DEK auf die Treidelei in vielfältiger Weise Rücksicht genommen. Der Kanal erhielt auf seiner gesamten Strecke in Höhe von einem bis maximal drei Metern über dem Wasserspiegel einen Leinpfad auf beiden Seiten. Die Stützweite der Brücken war mit 32 Metern so bemessen, dass man die Leinpfade unter ihnen durchführen konnte. Als auf keinen Treidelverkehr mehr geachtet werden musste, konnten neue Konstruktionsformen mit unmittelbar an den Ufern aufsetzenden Zwischenpfeilern entwickelt werden, so dass die Gesamtspannweite nun in drei Öffnungen unterteilt war. Dadurch ergaben sich Vorteile für die Konstruktion und auch die Sichtverhältnisse für die Schifffahrt in Kurven konnte verbessert werden.

Anstrengend war auch das Staken eines Schiffes: Benutzt wurde eine lange Stange, die am oberen Ende einen kurzen Quergriff hatte, in den die Schulter gestemmt wurde. Die Stange wurde in den Grund gestoßen und nun schob man gleichsam das Schiff unter seinen Füßen weg. War man so bis zum Ende des Schiffes angekommen, ging man, die Stange nach sich ziehend, wieder nach vorn

Lange Zeit bereitete die Einfahrt zum Hardenberghafen Probleme. Dort durfte der Treidelverkehr, der die anderen → **Dortmunder Häfen** erreichen musste, nicht unterbrochen werden und wurde mit einer Brücke von nur zehn Metern lichter Weite über die Einfahrt hinweggeführt. Das Verholen besonders der leeren Kähne durch diese enge Einfahrt gestaltete sich schwierig und brachte etliche Schiffsbeschädigungen durch die Brückenwiderlager mit sich. Erst nach Beendigung des Treidelverkehrs wurde der Trennungsdamm zwischen Hardenberghafen und Kanal beseitigt. Im Dortmunder Hafen fehlten zunächst auch Räumlichkeiten zur Unterbringung von Treidelpferden. Ein massives, stöckiges Gebäude mit Pferdestall und Restauration ersetzte ab 1906 ein bis dahin als Provisorium genutztes Kantinengebäude.

Eine besondere Anweisung für Schleusenwärter bestand darin, dass bei → **Schleusen**, an denen Fähren für Treidelpferde eingesetzt wurden, diese von den Schleusengehilfen zu bedienen waren. Schleusen waren auch Stationen zum Wechseln der Pferde, wo ebenfalls entsprechende Unterbringungsmöglichkeiten – auch zum Schutz bei schlechtem Wetter – vorhanden waren. Noch bis kurz vor dem Zweiten Weltkrieg wurde vereinzelt mit Pferden getreidelt. Das letzte Treidelpferd wurde erst verkauft, als der Reichsschleppbetrieb (→ **Schleppschifffahrt**) seine Schlepper bis in die kleinsten Kanäle schickte.

## Twente-Mittellandkanal

Seit dem Bau des Twente-Kanals – er verbindet die Provinz Oberijssel/Twente mit Enschede – in den Jahren 1930 bis 1936 gab es in den Niederlanden immer wieder Überlegungen, diesen Kanal bis zum → **Mittellandkanal** hin zu verlängern, um so neben der Verbindung über den Rhein einen weiteren Anschluss an das nordwestdeutsche Wasserstraßennetz zu erhalten. Ein Blick auf die Karte mit dem Kanalnetz im heutigen Raum der EUREGIO legt denn auch nahe, dass hier ein Bindeglied fehlt. Das Kanalprojekt wurde jedoch nie verwirklicht, in jüngerer Zeit scheiterte es allein dreimal am Nachweis seiner Wirtschaftlichkeit. Und genau genommen würde es sich auch um eine Verbindung des Twentekanals mit dem Dortmund-Ems-Kanal handeln.

Erste konkrete Planungen wurden 1940/41 von der niederländischen Wasserbaubehörde Rijkswaterstaat aufgestellt und auf Veranlassung des damaligen Reichsverkehrsministeriums bei der Wasserstraßendirektion Münster näher untersucht. Zu einem Abschluss der Arbeiten kam es während des Zweiten Weltkrieges jedoch nicht mehr. Das Projekt sah Folgendes vor: Von Enschede aus, wo der Twentekanal mit einer Wasserspiegelhöhe von NN + 25 Meter endet, sollte mit einer Schleusenstufe eine Höhe von NN + 38,4 Meter erreicht werden und auf diesem Niveau südlich von Gronau und → **Rheine** der Kanal bis über die → **Ems** weitergeführt und an die Haltung Altenrheine des DEK angeschlossen werden. Damit hätte sich die Entfernung von Arnheim am Niederrhein zum MLK gegenüber der bestehenden Verbindung über den → **Wesel-Datteln-Kanal** und die → **Südstrecke** des DEK um knapp 70 Kilometer verringert – bei gleicher Anzahl von Schleusen. Bereits die ersten Voruntersuchungen auf deutscher Seite zeigten jedoch, dass sich wegen der Durchschneidung des Höhenzuges zwischen Enschede und Rheine, das Kreuzen zweier Bahnlinien und die Querung der Ems erhebliche Schwierigkeiten ergeben hätten. Gleichwohl sind die Planungen seitens der niederländischen Regierung nach Ende des Krieges

Dienstag, 23. September 2008

NACHBARN

EUREGIO 50 Jaar | Jahre

ZUSAMMENLEBEN IM GRENZGEBIET

Zeitungsgruppe Münsterland | Westfälische Nachrichten & Partner

De Twentsche Courant Tubantia

GN Grafschafter Nachrichten

**Die Initiative ging von unten aus**
Vor 50 Jahren wurde die Euregio gegründet

**Zur Behandlung über die Grenze**
Marktwirtschaft im Gesundheitswesen setzt sich immer mehr durch

**Hier Diesel, dort Benzin**
Einkaufen jenseits der Grenze ist heute nichts Besonderes mehr

**Integration ist das Schlagwort**
Immer mehr Niederländer zieht es über die Grenze

**Vater nahm mir den Pass weg**
Liebe über die Grenzen hinweg hatte schon früher ihre Tücken

**Guten Morgen, Herr Professor**
Das D-Team überspült die niederländischen Universitäten und Hochschulen

**Mit dem Zug zum Wochenmarkt**
Bahnverbindung zwischen Gronau und Enschede wird gut angenommen

Hinter EUREGIO verbirgt sich ein deutsch-niederländischer Zweckverband, dem 129 Städte, Gemeinden und Kreise aus dem Münsterland, dem südwestlichen Niedersachsen und den östlichen Niederlanden angehören. Anlässlich des 50-jährigen Bestehens erschien 2008 dieser Sonderdruck

Eine West-Ost-Verbindung vom Twente-Kanal zum Mittellandkanal hätte zunächst den Dortmund-Ems-Kanal erreicht

wieder aufgenommen worden. Ein Gutachten aus dem Jahr 1959, das von der Industrie- und Handelskammer beim Institut für Verkehrwissenschaften der Uni Münster in Auftrag gegeben worden war, kam jedoch damals schon zum Ergebnis, dass eine Wirtschaftlichkeit des Kanals nicht zu erreichen sein würde.

Die Wiedervereinigung Deutschlands, die Öffnung des einstigen „Eisernen Vorhangs" sowie ein erwarteter Anstieg des West-Ost-Güterverkehrs riefen die Niederlande erneut auf den Plan. Im Rahmen der Aufstellung des „Zweiten Strukturschemas Transport und Verkehr 1991 – 2010" (entspricht dem deutschen „Bundesverkehrswegeplan") wurde das Projekt diesmal mit alternativen Streckenführungen untersucht. Und wieder beschäftigte sich die Wasser- und Schifffahrtsdirektion West aufgrund einer deutsch-niederländischen Vereinbarung aus dem Jahr 1991 mit dem Projekt, dessen technische Realisierbarkeit sie untersuchte. Ergebnis war, dass die ursprünglich ins Auge gefasste Variante – auch wegen erheblicher Eingriffe in Natur und Landschaft – als nicht umsetzbar charakterisiert und eine alternative Trassenführung vorgeschlagen wurde. Die Kanalverbindung sollte nun auf deutschem Gebiet nördlich der Autobahn A 30 verlaufen und an den DEK im Oberwasser der Kanalstufe Venhaus anschließen. Der Höhenunterschied zwischen der obersten Haltung des Twentekanals und der Haltung Venhaus beträgt 9,80 Meter und hätte mit einer einzigen Schleusenstufe überwunden werden können. Der neue Kanal hätte eine Länge von 50 Kilometern.

Eine erste Analyse des Bundesverkehrsministeriums aus dem Jahr 1992 ergab auch bei dieser Variante kein vertretbares wirtschaftliches Ergebnis. Auch eine Kosten-Nutzen-Analyse, die von einem niederländischen und einem deutschen Institut zwei Jahre später gemeinsam erstellt wurde, kam zum Ergebnis, der Kanal sei keine vertretbare sinnvolle Investition. Bei dieser Einschätzung blieb es auch im Jahr 2004, als die Machbarkeitsanalyse mit neuen Daten aktualisiert wurde. Im Jahr 2011 erhielt die Diskussion um die Kanalverbindung neue Nahrung, nachdem die EU-Kommission entschieden hatte, ein gemeinsames transeuropäisches Transportnetz sämtlicher Verkehrsträger (TEN-T) zu entwickeln. Ob im sogenannten „Ost-West-Korridor 2" von Warschau bis Felixstowe der Kanalneubau eine positive Rolle spielen könnte, wurde nun ein letztes Mal untersucht. Immerhin fördert die EU den Ausbau dieser Kernkorridore des TEN-T-Programms mit viel Geld. EUREGIO gab im Oktober 2012 ein entsprechendes Gutachten in Auftrag, das im Januar 2013 veröffentlich wurde. Die Kosten für den Bau der ungefähr 50 Kilometer langen Wasserstraße würden sich je nach Trassenvariante auf bis zu 1,3 Milliarden Euro belaufen. Dagegen würde der prognostizierte Nutzen bis 2060 nur rund 18 Prozent dieser Investitionen ausmachen. Wieder zeigte der Daumen also nach unten: „aus volkswirtschaftlicher Sicht unrentabel". 2016 dann der letzte Akt: Die Anmeldung des Lückenschlusses zum neuen Bundesverkehrswegeplan 2030 wurde bereits „auf Basis der Vorbewertung" nicht weiterverfolgt.

## Überholstrecken

Nach Ende des Zweiten Weltkrieges befuhren immer mehr Fahrzeuge mit eigenem Motorantrieb die Kanäle und verdrängten nach und nach die → **Schleppzüge**. 1948 waren bereits mehr als die Hälfte aller Schiffe auf dem Dortmund-Ems-Kanal Selbstfahrer. Diese motorisierten und schnellen Selbstfahrer wurden beim weiteren → **Ausbau** des Kanals (Erhöhung der Tauchtiefe auf 2,50 Meter für das 1000-Tonnen-Schiff) unter anderem dadurch berücksichtigt, dass ihnen Möglichkeiten zum Überholen der langsameren Schleppverbände geschaffen wurden.

Derlei „Überholstrecken" wurden auf zweierlei Weise eingerichtet. Zum einen wurden die Venner-Moor-Strecke und die Strecke Amelsbüren in Böschungsbauweise für einen dreischiffigen Verkehr ausgebaut. Die Wasserspiegelbreite betrug 53 Meter, die Tiefe des Trapezprofils 3,5 Meter. Zum anderen verzichtete man auf die geplante Stilllegung der alten Fahrten bei Olfen, Lüdinghausen-Senden und Hiltrup (→ **Zweite Fahrten**) und besserte sie stattdessen für den künftigen erhöhten Wasserspiegel nach. Die alten Fahrten sollten den Schleppzügen in Richtungsfahrt dienen, während die Motorschifffahrt die Zweiten Fahrten nutzte. Schwierigkeiten bereiteten dabei die alten Kanalbrücken bei Olfen über → **Stever** und → **Lippe**, die man wegen zu erwartender → **Bergsenkungen** besonders gegen Zerrungen und Pressungen schützen musste, indem man die alten Tröge mit Blech auskleidete. Mit dem Verschwinden der Schleppzüge in den 1960er-Jahren verloren die Alten Fahrten (→ **Zweite Fahrten**) auch diese Funktion.

Bei Amelsbüren wurde eine Überholstrecke am rechten Ufer neu eingerichtet. Das Foto von 1967 zeigt den Bereich der Amelsbürener Brücke Nr. 62, wo eine neue Spundwand (links) eingebaut wurde. Die alte Spundwand ist noch nicht entfernt

## Wasserstraßen- und Schifffahrtsverwaltung

Noch bis Ende des Ersten Weltkrieges wurden zum Verschließen von Postsachen Siegelmarken verwendet. Rechts die eines „Streckenbaumeisters". Insgesamt 28 waren während des Kanalbaus für je nach Umfang der Arbeiten unterschiedlich lange Baustrecken zuständig. Links die der „Dortmund-Emskanal Verwaltung", die zum 1. April 1898 beim Oberpräsidenten in Münster eingerichtet worden war

Erst mit Inkrafttreten des Grundgesetzes am 23. Mai 1949, dessen Artikel 89 die ehemaligen Reichswasserstraßen ins Eigentum der Bundesrepublik Deutschland überführte und die Schaffung einer einheitlichen bundeseigenen Verwaltung ermöglichte, liegen die Kompetenzen für die schiffbaren Wasserstraßen länderübergreifend in einer Hand. Für den Dortmund-Ems-Kanal (nach heutiger Definition bis zur Schleuse Papenburg) ist dies die in Münster ansässige „Außenstelle West" der zum 1. Mai 2013 neu gegründeten „Generaldirektion Wasserstraßen und Schifffahrt" (GDWS) mit Sitz in Bonn. Die Generaldirektion gehört zum Ressort des Bundesministeriums für Verkehr und digitale Infrastruktur (BMVI); in ihr wurden die bisher regional wahrgenommen Aufgaben und Kompetenzen in einer zentralen Behörde zusammengeführt. Für die Seewasserstraße Unterems ab Papenburg ist die GDWS-„Außenstelle Nordwest" in Aurich zuständig.

Die Aufgaben der WSV wurden erstmals im Bundeswasserstraßengesetz aus dem Jahr 1968 definiert: Unterhaltung, → **Ausbau und Neubau**, → **Abgabeerhebung**, Ausübung strompolizeilicher Ordnungsgewalt (siehe auch → **Wasserschutzpolizei**), Verwaltung der Schifffahrtszeichen, Durchführung des Wasserstands- und Hochwassermeldedienstes sowie die Eisbekämpfung. Im „Binnenschifffahrtsaufgabengesetz" sind weitere Zuständigkeiten normiert: Förderung der Binnenschifffahrt, Abwehr von Gefahren für die Sicherheit und Leichtigkeit des Verkehrs, Schiffseichung, Ausstellung von Befähigungszeugnissen, Bescheinigungen über den Betrieb von Wasserfahrzeugen, Durchführung von Planfeststellungsverfahren und vieles mehr.

Zur Erledigung ihrer Aufgaben am DEK sind der Außenstelle „West" ein Neubauamt in → **Datteln** sowie drei Wasserstraßen- und Schifffahrtsämter (WSA) unterstellt.

- Der DEK von → **Dortmund** (Kanalkilometer 1,44) bis Datteln (Kanalkilometer 21,50) einschließlich der Kanalstufe bei Henrichenburg gehört zum Amtsbereich des WSA Duisburg-Meiderich mit seinem Außenbezirk Datteln, der → **Fernsteuerzentrale** in Datteln sowie einem Bauhof in Herne.
- Für die Strecke ab Datteln bis Gleesen ist das WSA → **Rheine** zuständig mit seinen Außenbezirken Lü-

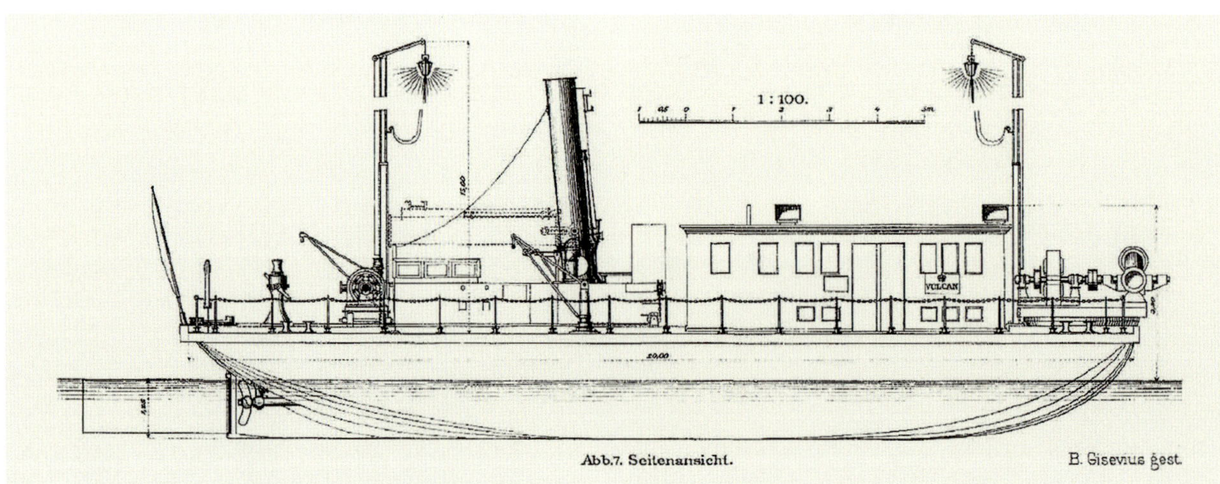


Risszeichnung eines „Werkstattschiffs" von 1899: Seit Eröffnung des Dortmund-Ems-Kanals hatte die Verwaltung auch immer eigene Fahrzeuge im Einsatz

dinghausen (Kanalkilometer 21,5 bis 51,0/Senden-Sportboothafen), → **Münster** (Kanalkilometer 51 bis 92,5 Ladbergen/Sicherheitstor) und Altenrheine (Kanalkilometer 92,5 bis 138,3/Gleesen) sowie einem Bauhof in Bergeshövede.
- Das WSA Meppen betreut die restliche Strecke mit seinen Außenbezirken → **Meppen** (Kanalkilometer 138,3 – 175/Schleuse Hüntel) und Lathen (175 bis 225,82/Seeschleuse Papenburg) sowie mit einem Bauhof in Meppen.

Die Unterems (→ **Tideems**) wird heute nicht mehr dem DEK zugerechnet. Hier ist das WSA → **Emden** zuständig mit seinen Außenbezirken Leer (Emskilometer 0 bis 36/Schifffahrtspegel Pogum einschließlich des Ems-Seitenkanals) und Emden (ab Emskilometer 36 bis zur Ansteuerungstonne Westerems) sowie einem Bauhof in Emden.

Der Weg bis zur heutigen Struktur der Wasserstraßenverwaltung war weit und oft verschlungen. Die Zersplitterung der deutschen Länder verhinderte für lange Zeit eine einheitliche Verwaltung der Wasserstraßen. Erst im 19. Jahrhundert, befördert durch die Regelungen des Wiener Kongresses (1815) und die später für Rhein und Weser erlassenen Schifffahrtsakte, kam es zur Ausbildung großräumigerer Verwaltungen. Das Königreich Hannover machte den Anfang und schuf durch das „Reglement“ vom 18. April 1823 eine „Oberste Zentralverwaltungsbehörde für sämtliche Wasserbausachen des Königreichs“ mit Sitz in Hannover. Ihr oblag die technische Leitung des gesamten Wasserbaus sowie die Erarbeitung wasserrechtlicher und schifffahrtspolizeilicher Gesetze und Verordnungen. Bis 1864 wurden insgesamt 23 Wasserbauinspektionen als unterste Instanz eingerichtet, darunter auch die Inspektion „Am Emskanal“ (später: „der Oberems und des Emskanals“) in Meppen (→ **Hanekenkanal**). Die Zentralverwaltungsbehörde wurde jedoch nach Annexion des Königreichs Hannover (1866) aufgelöst und 1869 durch eine preußische Verwaltung ersetzt. Preußen hatte mit einer 1851 für den Rhein eingesetzten selbständigen „Strombauverwaltung“ einschließlich eines Netzes von Wasserbauämtern gute Erfahrungen gemacht und übertrug diese Organisationsform nun, indem in Meppen und → **Lingen** Wasserbaukreise entstanden.

Untergebracht war die Dortmund-Ems-Kanalverwaltung (wie zuvor die Königliche Kanalkommission) im Ludgerihof in Münster – mit einem Café-Restaurant im Erdgeschoss. Ab 1905 war ihr Sitz im neugebauten Oberpräsidium am Schlossplatz, wo sie bis 1952 blieb. Zum 1. April 1924 wurde sie umbenannt in „Wasserbaudirektion“ und übernahm auch noch die bislang von der Kanalbaudirektion in Essen betreuten Aufgaben

Doch die eigentliche Geschichte der WSV in der preußischen Provinz Westfalen beginnt mit dem Gesetz zum Bau des DEK. Das preußische Ministerium der öffentlichen Arbeiten richtete in Münster die „Königliche Kanalkommission“ als Sonderbehörde ein, die ihre Tätigkeit am 1. Juli 1889 aufnahm. Die Leitung übernahm Regierungs- und Baurat Oppermann, der zuvor als Wasserbauinspektor in Meppen tätig gewesen war. Die gesamte Baustrecke wurde in sechs Bauabteilungen mit Sitzen in Dortmund, Münster, Rheine, Lingen, Meppen und Emden unterteilt. Zu ihren Aufgaben gehörten die Ausarbeitung des Trassenverlaufs, sämtliche Arbeiten zum Bau des Kanals, Planfeststellungsverfahren, Bodenankauf und gegebenenfalls Enteignungsverfahren, Vergabe der Baulose an die ausführenden Firmen und deren Überwachung sowie die Genehmigung von Hafenanlagen. Hinzu kam ein der „Kanalkommission“ direkt unterstellter Wasserbauinspektor für die besonders schwierige Baumaßnahme des → **Schiffshebewer-**

kes. Mit Fertigstellung des DEK hatte die „Königliche Kanalkommission“ ihre Aufgabe erfüllt und wurde am 31. März 1899 aufgelöst. Einen Tag später nahm die „Dortmund-Ems-Kanalverwaltung“ ihre Arbeit auf, die nun die Verwaltungs- und Bauangelegenheiten sowie die Kanal- und Schifffahrtspolizeiaufgaben übernahm. Die bisherigen sechs Bauabteilungen wurden aufgelöst und dafür als Ortsbehörden die Wasserbauinspektionen Münster und Meppen gebildet. 1906 wurde die Strecke dann dreigeteilt und zusätzlich die Inspektion Rheine aufgestellt. Schon damals kam die Ems nördlich von Papenburg einschließlich des Ems-Seitenkanals in die Zuständigkeit des Regierungspräsidenten von Aurich mit den Wasserbauinspektionen Leer und Emden. 1910 wurden die Inspektionen in „Wasserbauämter“ umbenannt, denen jeweils drei „Bauwartsbezirke“ unterstellt waren. Diese Verwaltungsstruktur hat sich letztlich bis in die Jetztzeit nicht mehr verändert. Eingerichtet wurden schon damals Betriebswerkstätten am Schiffshebewerk, beim Pumpwerk an der → **Lippe** und an der → **Schleuse** Münster sowie ein großer Bauhof in Meppen. Zur Wartung des umfangreichen schwimmenden Geräteparks diente eine Helling beim Bauhof Meppen, Trockendock und Schiffbauhalle in Bevergern sowie ein Trockendock an der Schleuse Münster.

Für den Kanalausbau und zur Betreuung des Neubaus diverser Anlagen wurden vorübergehend auch immer wieder Neubauämter eingerichtet. So das „Kö-

Außenbezirk Lüdinghausen des WSA Rheine: Auch auf Kanälen werden Tonnen zur Fahrwassermarkierung (zum Beispiel um Bau- oder Gefahrenstellen abzutrennen) eingesetzt

Im Rahmen ihrer Öffentlichkeitsarbeit unterhält die Wasserstraßen- und Schifffahrtsverwaltung am Dortmund-Ems-Kanal ein Besucherzentrum am Schleusenpark in Waltrop (ganzjährig geöffnet, linkes Foto) und an der Schleuse in Münster eine „Schaustelle Kanal" (geöffnet in den Monaten April bis Oktober, rechtes Foto) wo Interessierte sich anhand von Objekten, Modellen, Informationstafeln, Audio- und Video-Medien informieren können

nigliche Bauamt Lingen" für den Bau der Schleppzugschleusen im Emsabstieg (existierte vom 1. Mai 1908 bis 1. Januar 1919) oder ein Wasserstraßen-Neubauamt bzw. eine Neubauabteilung Meppen (vom 1. Januar 1926 bis zum 1. Februar 1972) oder das Neubauamt Lingen zum Bau des nie vollendeten → **Seitenkanals** Gleesen-Papenburg (aufgelöst zum 31. Oktober 1941).

Die Regelung des Artikel 97 der Weimarer Verfassung führte am 1. April 1921 zum Übergang der Wasserstraßen von den Ländern auf das Reich. Freilich: Die Länder nahmen die Verwaltung der Wasserstraßen im Auftrage und unter Aufsicht einer neu geschaffenen Abteilung des Reichsverkehrsministeriums wahr – ihre Bediensteten blieben Beamte, Angestellte und Arbeiter der Länder. 1939 wurden die Wasserbauämter in „Wasserstraßenämter", die Wasserbaudirektion in „Wasserstraßendirektion" umbenannt und 1941 zum Zwecke einer möglichst optimalen Koordinierung kriegswichtiger Wirtschafts- und Energiepotenziale die Institution des „Generalinspektors für Wasser und Energie" im Range eines Ministeriums geschaffen. In seine zentrale Regie gingen sämtliche Zuständigkeiten des Wasserwirtschaftssektors über. Es war nur eine kurze Episode.

Nach dem Zweiten Weltkrieg wurden im Westen zunächst die Verkehrswesen von britischer und amerikanischer Besatzungszone zusammengelegt und zum 1. April 1947 eine „Hauptverwaltung der Binnenschifffahrt" mit Sitz in Windelsbleiche bei Bielefeld geschaffen. Auf Basis der Regelungen des Grundgesetzes wurde schließlich zum 1. April 1950 die dem Bundesverkehrsministerium direkt unterstellte WSV etabliert. Als Behörden der Mittelinstanz lebten die insgesamt 12 alten Wasserstraßendirektionen (WSD) wieder auf, denen wiederum 65 Wasser- und Schifffahrtsämter unterstellt waren. Für den DEK zuständig war nun die WSD Münster. Im Zuge der Neuordnung und Straffung der WSV des Bundes wurden zum 1. Januar 1976 die WSD Münster und Duisburg aufgelöst und eine neu strukturierte „WSD West" mit Sitz in Münster geschaffen. Die bislang letzte Reform erfolgte im Jahre 2013 mit Bildung der „Generaldirektion" und ihren sieben „Außenstellen".

## Wassereisenbahn

Richard Koss, ein umtriebiger Ingenieur der Kanalverwaltung in → **Münster** und deren stellvertretender technischer Leiter, entwarf in den 1910er-Jahren ein alternatives System zum herkömmlichen Schleppverband mit Schraubendampfer: die „Wassereisenbahn". Im Jahr 1907 wurde Koss dafür ein Patent erteilt. Auf der Kanalsohle sollten bewegliche, schwebende Führschienen verlegt werden, an denen sich das Schleppboot – Koss nannte es „Wasserlokomotive" – mittels Druckrollen energieeffizient voranziehen sollte. Geplant war ein elektrischer Antrieb mit Oberleitung über dem Kanalbett, welches ein beim herkömmlichen Treidelbetrieb schräg zum Ufer gespanntes Treidelseil und die damit verbundenen Probleme bei allen möglichen landseitigen Hindernissen ersetzen sollte. „Spinnert" war das nicht, denn das → **Treideln** mit Elektrolokomotiven anstelle von Pferden wurde damals als technische Alternative zum Einsatz von Schleppdampfern sogar praktiziert – zum Beispiel am 1906 eröffneten Teltowkanal, später dann an den Schleusen des → **Rhein-Herne-Kanals**.

Erste Versuche mit einem Boot, in den ein Straßenbahnmotor eingebaut worden war, machte Koss auf dem „Königlichen Bauhof" in → **Meppen** sowie in einem toten Wasserarm der → **Hase** an der dortigen Bauhofsinsel. Er brannte darauf, seine Erfindung in einem größer angelegten Versuch zu testen und gewann Unterstützer. So stellte die AEG in Berlin die elektrische Ausrüstung bereit, das → **Dortmunder** Stahlwerk Phoenix lieferte 40 Tonnen Schienen und die → **WTAG** engagierte sich mit Fahrzeugen und Geldmitteln. Am 28. November 1911 war es soweit. Die Versuche fanden auf einer drei Kilometer langen gekrümmten Kanalstrecke bei Hiltrup statt, wo ein winziges Zugboot mit dem treffenden Namen DÄUMLING seine Stromabnehmer zur Oberleitung aufrichtete, unterm Schiffsrumpf die Schienen einspannte, um anschließend mit drei Kilometern pro Stunde einen voll beladenen Lastkahn problemlos hinter sich her zu schleppen. Hochrangige Regierungsvertreter, Abgeordnete, der Eisenbahndirektionspräsident, Angehörige der Dortmund-Ems-Kanalverwaltung sowie Vertreter interessierter Unternehmen (darunter von den Siemens-Schuckert-Werken, die später sogar eine Lizenz erwarben) waren auf dem Bereisungsboot WESTFALEN ebenso zugegen wie die Presse. Die bejubelte den Konstrukteur wegen seiner „epochemachenden Erfindung", der selbst in einer späteren Schrift allerdings ernüchtert schrieb: „Ich schwamm in begreiflicher Erfinderwonne. Aber es kam bald ganz anders. Dem Herrn Minister in Berlin missfiel mein frisches Drauflos." Die Vorteile seiner Schleppweise würden „höheren Ortes stark bezweifelt".

Die Wassereisenbahn

ein Schleppsystem auf Kanälen und Flüssen ohne Inanspruchnahme der Ufer

Von

Richard Koss

Ober- und Geheimer Baurat i. R.

früherer Direktor der Union, Elektrizitäts-Gesellschaft in Berlin und der Leipziger Werkzeugmaschinenfabrik

Mit 50 Abbildungen im Text

Berlin und Leipzig

Walter de Gruyter & Co.

vormals G. J. Göschen'sche Verlagshandlung · J. Guttentag, Verlagsbuchhandlung · Georg Reimer · Karl J. Trübner · Veit & Comp.

1927

Koss' im Juli 1927 erschienene Publikation über seine Erfindung war eine einzige „Grabrede". Gefördert wurde die Schrift von seinen Gönnern, den Siemens-Schuckert-Werken

Das winzige Versuchsboot mit dem treffenden Namen DÄUMLING hatte eine Führungsschiene auf der Kanalsohle und wurde mit Strom aus einem Oberleitungsdraht gespeist

Siemens-Schuckert gewannen einen Wettbewerb zum „Einsatz eines elektrischen Treidelzuges vom Ufer aus" für den geplanten Teltowkanal bei Berlin und lieferten die ersten 20 Treidellokomotiven, die hier von 1906 bis zum Ende des Zweiten Weltkrieges auch tatsächlich im Einsatz waren

Bereits im November des darauffolgenden Jahres führte Koss noch weitere Schleppversuche auf einer geraden Kanalstrecke bei Münster durch, wo er die Schienen nicht mehr an der Kanalsohle befestigte und das Schleppboot den Strom diesmal über einen Kupferdraht, der auf einer Mastenreihe am Ufer gespannt war, mithilfe einer Auslegerstange abgriff. Als Ergebnis hielt der Geheime Oberbaurat → **Leo Sympher** fest, nunmehr müsse ein Dauerprobeversuch auf der 15 Kilometer langen Kanalhaltung zwischen Dortmund und dem → **Schiffshebewerk** durchgeführt werden. Koss erhielt im Februar 1912 die ministerielle Zusage, dass diese Dauerversuchsstrecke auf Staatskosten eingerichtet werden sollte. Die Entwurfsbearbeitung für die elektrische Streckenausrüstung war den Siemens-Schuckert-Werken übertragen worden und Koss selbst entwickelte zusammen mit Siemens und der Maschinenfabrik Augsburg-Nürnberg diverse Schleppertypen („mit Pendelsäulen und Schneckenantrieb", „mit Tragekesseln" oder „mit Glühkopfmotoren"), die zum Einsatz kommen sollten. Alles auf dem Papier, denn es passierte nichts weiter, auch ein vom Oberpräsidenten von Westfalen an das Ministerium gerichteter Appell nutzte nichts. Schließlich machte der Erste Weltkrieg alle weitere Planungen zunichte, obwohl Koss im Auftrage des Feldeisenbahnchefs in einer schwierigen Tunnelstrecke des Rhein-Marne-Kanals seine Wassereisenbahnanlage sogar einbauen durfte.

Problematisch waren wohl die hohen Kosten der Oberleitung, und nicht zuletzt scheiterte das technisch sehr anspruchsvolle Unterfangen auch an der Frage, wie man mit Schiffsbegegnungen umgehen wollte. Trotz jahrzehntelangen Engagements des Erfinders wurde die „Wassereisenbahn" nie umgesetzt. In einer im Juli 1927 veröffentlichten Schrift fasste Koss, der sich inzwischen im Ruhestand befand, seine technischen Überlegungen nochmals für die Nachwelt zusammen.

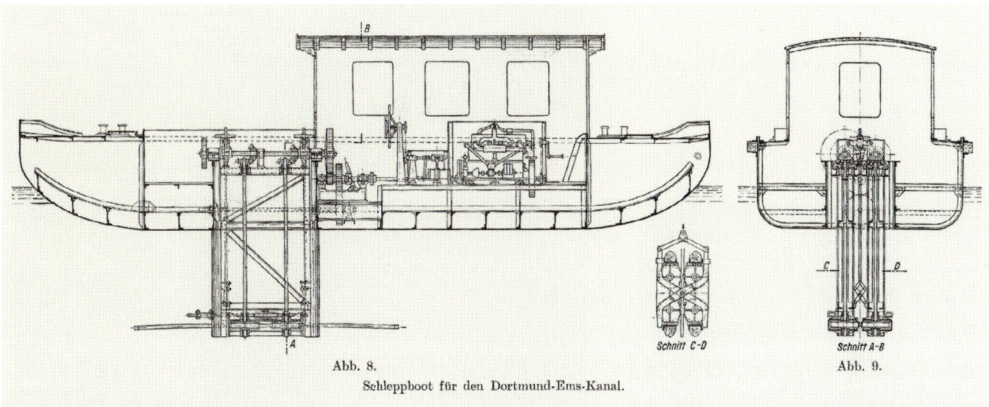


Koss entwickelte zusammen mit Siemens und der Maschinenfabrik Augsburg-Nürnberg diverse Schleppertypen („mit Pendelsäulen und Schneckenantrieb", „mit Tragekesseln" oder „mit Glühkopfmotoren"), die zum Einsatz kommen sollten – auf dem Papier

## Wasserschutzpolizei

Ihr Revier ist das Wasser und ihre Zuständigkeit endet im sogenannten „Schweißgraben", der das aus dem Kanal aussickernde Wasser aufnimmt, etwa zehn Meter hinterm Kanalufer: Die Wasserschutzpolizei (WSP) nimmt auf dem Dortmund-Ems-Kanal nicht nur allgemeinpolizeiliche, sondern auch spezielle schifffahrtspolizeiliche Vollzugsaufgaben wahr.

Die WSP gehört zur jeweiligen Landespolizei und ist vor allem für die Einhaltung der speziellen Binnenschifffahrtsvorschriften, aber auch für das Gefahrenabwehrrecht im Bereich Schifffahrt sowie den Umwelt- und Naturschutz zuständig. Entsprechende Bund-Länder-Vereinbarungen wurden in den Jahren 1955 und 1982 abgeschlossen. Darunter fallen zum Beispiel die Überwachung der Verkehrsvorschriften (Geschwindigkeitskontrollen, Kennzeichnung der Fahrzeuge), Überprüfung der Schiffspapiere und Befähigungsnachweise sowie von Lenk- und Ruhezeiten, die Aufnahme von Schiffsunfällen, Bearbeitung von

Nach Ende des Zweiten Weltkrieges übten zunächst bis zur Gründung der Bundesländer 1948 die Militärregierungen der Siegermächte die Polizeigewalt aus. Diese Beamten tragen noch eine Armbinde mit der Aufschrift „M.G. Police M.R. Polizei" (Military Government Police bzw. Militär-Regierungs-Polizei)

Kontrolle eines Binnenschiffes um 1966: Der Wasserschutzpolizist setzt während der Fahrt über

Leichensachen, Überwachung der Sportschifffahrt, Ermittlungen und Aufklärung von grenzüberschreitender Abfallverbringung und -beseitigung („Mülltourismus“), Überprüfung von illegal beschäftigten Personen nach dem Ausländerrecht, Ermittlung von Gewässerverunreinigungen, Gewässerüberwachungsflüge, Fahndung nach Personen, Schiffen und Sachen, Überprüfung der Fahrgastschifffahrt einschließlich der Bootsvermietungen, Überwachung der Einhaltung von Jagd- und Fischereivorschriften oder Sucheinsätze mit dem Sonarboot.

Die WSP ist sowohl mit bis zu 30 km/h schnellen Streckenbooten unterwegs, von denen aus zum Beispiel zu Kontrollen auf fahrende Binnenschiffe überge-

Museumsstück: Diese Einsatztafel der Wasserschutzpolizei Niedersachsen hing bis 2004 beim Polizeiamt in Oldenburg, wurde aber schon ab 2002 nicht mehr geführt, da sie durch Computerprogramme ersetzt wurde

setzt wird, als auch mit Streifenbooten, die auf Trailer gesetzt zu ihren Einsatzorten gebracht werden können und bis zu 50 km/h schnell sind sowie mit Kfz unter Nutzung der Betriebswege am Kanal. Zwei Wasserschutzpolizeien der Bundesländer NRW und Niedersachsen sind für Sicherheit und Ordnung auf dem DEK unterwegs – ihre Zuständigkeiten enden jeweils an der Landesgrenze. So unterstehen der „Direktion WSP" in Duisburg (dem dortigen Polizeipräsidium unterstellt) eine von der Wache → **Datteln** ausgelagerte Wachdienstgruppe in → **Dortmund** (für Kanalkilometer 0 einschließlich Dortmunder Hafen bis km 14,9 Oberwasser Schachtschleuse) sowie drei Wachen in Datteln (für Kanalkilometer 14,9 bis km 39,32 Lüdinghausen), → **Münster** (für Kanalkilometer 39,32 Lüdinghausen bis km 98,449 Ibbenbüren) und Bergeshövede (für Kanalkilometer 98,449 Ibbenbüren bis km 121,87 Landesgrenze). In Niedersachsen teilen sich die Zuständigkeit die WSP-Stationen → **Meppen** (für Kanalkilometer 121,87 Landesgrenze bis km 225,82) und → **Emden** (für die Unterems). Während Emden der für die gesamte Küste zuständigen WSP-Inspektion bei der Polizeidirektion Oldenburg unterstellt ist, gehört Meppen zur Polizeidirektion Osnabrück.

Sogenannte strom- und schifffahrtspolizeiliche Aufgaben werden von der Wasserstraßen- und Schifffahrtsverwaltung (WSV) wahrgenommen. Zur Gefahrenabwehr hat die WSV Maßnahmen zu treffen, um die Bundeswasserstraßen in einem für die Schifffahrt erforderlichen Zustand zu erhalten und dazu zum Beispiel Schifffahrtshindernisse zu beseitigen. Auch die Genehmigung und Überwachung von Benutzungen im Sinne des Bundeswasserstraßengesetzes sowie der Errichtung und des Betriebs von Anlagen am Kanal gehören dazu. Zur Abwehr von Gefahren im Rahmen der Strompolizei regeln Betriebsanlagenverordnungen das Befahren und Betreten der bundeseigenen Grundstücke sowie Schifffahrts- und Betriebsanlagen, insbesondere von Schleusen, Schleusenkanälen, Kanalbrücken, Wehren, Brücken und Betriebswegen. Sie dienen ferner dem Schutz bundeseigener Schifffahrts- und Betriebsanlagen wie Schifffahrtszeichen, Kabelmarkierungen und Höhenfestpunkten sowie von Uferbefestigungen, Uferbewuchs oder Anpflanzungen vor Zerstörung und Beschädigung.

Bis in die 1960er-Jahre befand sich im Oberwasser des alten → **Schiffshebewerkes Henrichenburg** eine Dienstbaracke der WSP. Das niederländische Polizei- und Feuerlöschbootboot CERBERUS (Baujahr 1930, als HAVENDIENST I bis 1969 im Hafen Amsterdam eingesetzt) hat als restauriertes Museumsschiff dort seinen Liegeplatz.

Der Dortmund-Ems-Kanal war kaum in Betrieb, da kam es im April des Jahres 1900 zu einem denkwürdigen Ereignis: Ein Schleppzug war auf seiner Fahrt von → **Emden** nach → **Dortmund** dreimal wegen unzureichender Wasserstände im Kanal hängengeblieben und benötigte für die Strecke volle zehn Tage. Ebbe im Kanal? Tatsächlich stellt die Wasserbewirtschaftung von Kanälen ein zentrales Problem dar, für das Lösungen gefunden werden müssen. Denn zur Gewährleistung einer sicheren und störungsfreien Schifffahrt kommt es darauf an, dass die Höhe des Wasserspiegels konstant (in einem nur etwa plus minus 15 Zentimeter bemes-

Mit den geplanten neuen Kanälen MLK, RHK und WDK sollte der Wasserbedarf der Scheitelhaltung des DEK sprunghaft ansteigen. Erste Berechnungen wurden bereits im Jahr 1899 vom Wasserbauingenieur Adolf Prüsmann in einer Denkschrift angestellt

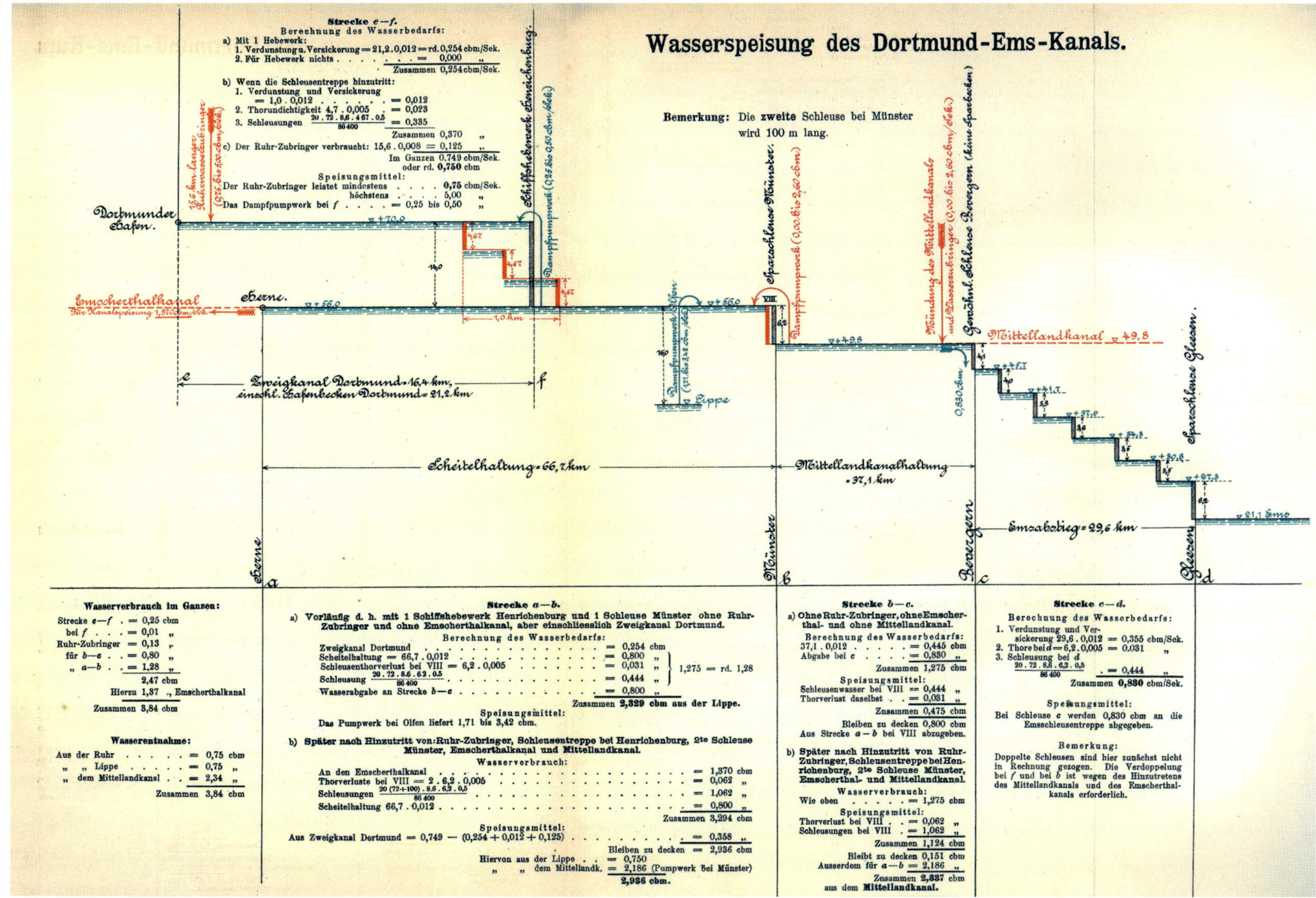

Ein Pumpwerk bei Olfen versorgte zunächst den Dortmund-Ems-Kanal mit Speisungswasser aus der Lippe. Mit Ausweitung des Kanalsystems stieg der Wasserbedarf der Scheitelhaltung aber so rasant an, dass er auf diese Weise nicht mehr gedeckt werden konnte

senen Korridor) gehalten wird, damit zum einen die Eintauchtiefe für beladene Schiffe und zum anderen die Durchfahrtshöhen unter den Querungsbauwerken garantiert sind. Möglich wird dies durch ein ausgeklügeltes System technischer Anlagen und eine zentrale (Fern)-Steuerung der gesamten Wasserbewirtschaftung.

Im Zentrum der Wasserbauingenieure stand bei der Planung des DEK dessen Haupt- oder Scheitelhaltung zwischen Herne (→ **Zweigkanal**), Henrichenburg und → **Münster**. Die (einzige) höher gelegene Haltung vom Dortmunder Hafen bis Henrichenburg wurde mit dem → **Schiffshebewerk** abgeschlossen, welches praktisch ohne Wasserverluste arbeiten konnte. Und weil in diese Haltung natürliche Gewässer nicht eingeleitet wurden, ersetzte ein kleines Pumpwerk die dort entstandenen Verluste mit Wasser aus der Haupthaltung. Für die Haupthaltung gilt indes, dass ihr Wasserverlust durch Schleusungen, Verdunstung und Versickerung weitaus größer ist, als auf natürlichem Wege, also durch Niederschläge und die beiden einzigen Einleitungen der Gewässer, Offerbach und Kannenbach, südlich von Münster, wieder zugeführt wird. Die Verluste müssen insofern durch Speisungswasser ständig ersetzt werden.

Um die Verluste durch Schleusungswasser in die unterhalb von Münster gelegenen → **Haltungen** (und damit den Bedarf an Speisungswasser) zu minimieren, wurde deshalb hier eine Sparschleuse angelegt. Die übrigen → **Schleusen** im weiteren Kanalverlauf wiederum verbrauchen kein Wasser, da sie ihr Wasser durch die jeweils oberhalb liegende Schleuse erhalten. Das Gefälle der Schleusen des Emsabstieges (Treppe von Bergeshövede bis zu der – den Abschluss bildenden – Sparschleuse Gleesen) stufte man dabei von 4,10 Metern Fallhöhe auf 3,36 Meter so geschickt ab, dass mit einer jeweils größeren Menge Schleusungswasser der oberhalb liegenden Stufe zugleich auch die Verdunstungs- und Versickerungsverluste der darunter liegenden Haltung abgedeckt werden konnten. In den Abschnitten des Seitenkanals von → **Hanekenfähr** bis → **Meppen**, der staugeregelten Ems, des → **Ems-Seitenkanals** und schließlich der → **Tideems** versorgt der Fluss die Wasserstraße ausreichend.

Es war also der hohe Wasserbedarf der Scheitelhaltung, der dauerhaft befriedigt werden musste. Zunächst glaubte man, einen wesentlichen Anteil aus dem freien Zufluss diverser genügend hoch liegender Bäche (wie der → **Stever**) sicherstellen zu können, was sich als Fehlkalkulation herausstellte. Verworfen wurde auch ein Zufluss aus der Ruhr über einen Speisungskanal, der über Grubenfelder mit späteren → **Bergsenkungen** hätte hinweggeführt werden müssen. So entschied man sich zur Entnahme von Speisungswasser aus der → **Lippe** mithilfe eines Pumpwerkes an der Kreuzungsstelle von Fluss und Kanal bei Olfen. Drei Kreiselpumpen wurden installiert, die das benötigte Lippewasser 17,5 Meter hoch in den Kanal beförderten. Den Brennstoff → **Kohle** für die Dampfmaschinen konnte man direkt von den Zechenhäfen anliefern. Zum Konzept gehörte auch, den Kanal selbst als Wasserspeicher für trockene Zeiten durch Schaffung eines „angespannten" 50 Zentimeter über Normal liegenden Wasserspiegels zu nutzen, indem die Bauten entsprechend ausgelegt waren. Das preußische Wasserstraßengesetz von 1905 befreite den DEK aus seiner singulären Lage als Torso ohne Anschluss an Rhein und Weser. Mit dem geplanten Bau der Anschlusskanäle musste jetzt die gesamte Wasserwirtschaft neu konzipiert werden. Ein Quantensprung stand bevor. Der Bau des → **Rhein-Herne-Kanals** mit seinen Doppelschleusen ohne Sparbecken erhöhte im Zusammenspiel mit dem explodierenden Verkehrsaufkommen und den neuen großen Schleppzugschleusen im Emsabstieg des DEK den Wasserverbrauch der Scheitelhaltung um ein Vielfaches, nämlich um über fünf Kubikmeter pro Sekunde. Ihn über die alte Pumpstation in Olfen zu decken, war unmöglich.

Ein erneuter Plan, den Bedarf über einen Zubringer aus der Ruhr zu decken, scheiterte – unter anderen an den Interessen des inzwischen gegründeten Ruhrtalsperren-Vereins. Die Lösung bestand schließlich darin, die → **Lippe**, deren hoheitliche Aufgaben in der Hand des preußischen Staates lagen, bei Hamm anzuzapfen und das Wasser in freiem Gefälle über einen schiffbaren Verkehrs- wie Versorgungskanal der Scheitelhaltung des DEK zuzuführen. Zu diesem Zweck baute man einen Trenndamm zwischen der aufgestauten Lippe und dem → **Datteln-Hamm-Kanal** mit einem bei Hochwasser verschließbaren Einspeisungsbauwerk. Die Kanalbauverwaltung ließ sich das Recht einräumen, der Lippe je nach Bedarf Wasser zu entnehmen, wobei dem Fluss bei Trockenheit mindestens 5,5 m³ /Sekunde belassen werden mussten. Als weitere Maßnahme wurde die Schleuse Münster mit einem Pumpwerk ausgerüstet (1916 zwei, 1925 drei Pumpen), um Wasser aus der unteren Haltung heraufpumpen zu können. Diese Haltung ist mit dem 1915 bis Minden eröffneten → **Mittellandkanal** direkt verbunden, der wiederum sein Wasser aus der Weser erhält, welche ihrerseits Zuschusswasser aus zwei eigens zu diesem Zwecke gebauten Talsperren (Eder- und Diemeltalsperre) bezieht. 15 Jahre später (1930) wurde das westdeutsche Kanalnetz durch die Inbetriebnahme des → **Wesel-Datteln-Kanals** mit seinen sechs großen Schleusen komplettiert. Und weil bei Niedrigwasserzeiten der Lippe der Wasserbedarf nur mühsam gedeckt werden konnte, entschied man sich, nun auch noch die Wasserführung des Rheins in Anspruch zu nehmen. An jeder Schleuse des WDK wurden Rückpumpwerke mit einer Förderleistung von bis zu 12 m³ /Sekunde installiert, um sowohl den örtlichen Wasserbedarf für die Schleusungen zu decken als auch in Trockenzeiten Wasser bis in die Scheitelhaltung transportieren zu können. Während die drei unteren Pumpstationen mit je vier Pumpen ausgestattet waren, hatten die drei oberen Pumpwerke zunächst nur je drei Pumpen. In den Jahren 1953 bis 1957 wurden auch sie

Dass ein Kanal nicht nur der Schifffahrt dient, wird mit dieser Bildtafel im Informationszentrum der Wasserstraßen- und Schifffahrtsverwaltung in Waltrop verdeutlicht

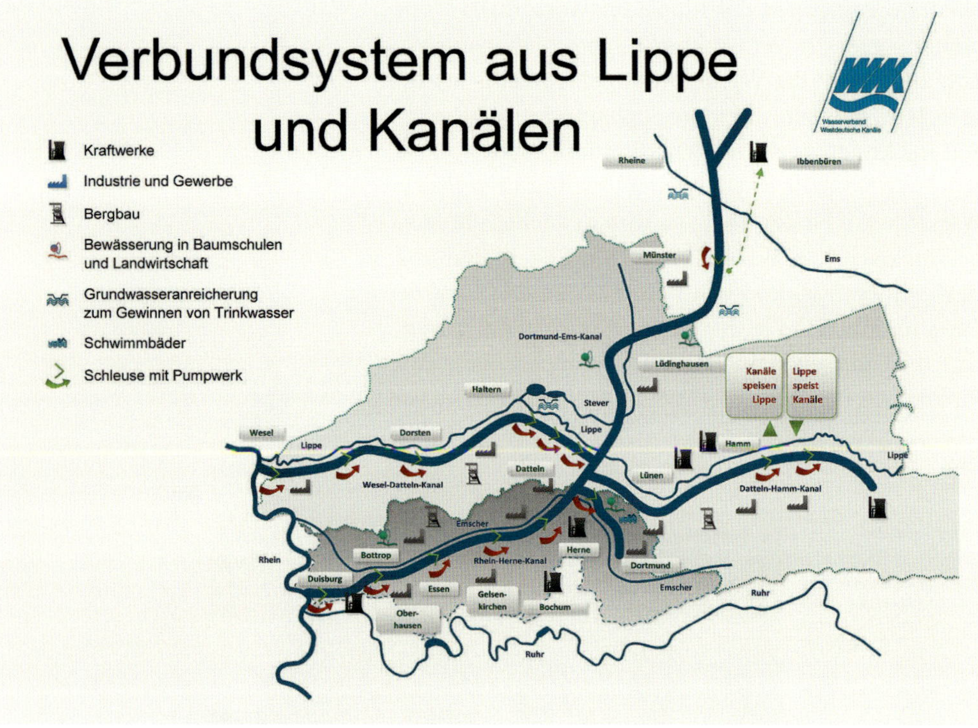


Zur Befriedigung des Bedarfs wurden im Wasserwirtschaftsjahr 2015 der Lippe an insgesamt 257 Tagen 225 Millionen Kubikmeter Wasser abgezapft. Im Gegenzug wurde die Lippe an 106 trockenen Tagen über ein im September 1971 bei Hamm errichtetes Überleitungsbauwerk mit insgesamt 14 Millionen Kubikmeter Kanalwasser angereichert. Der erforderliche Wasserstand im Kanalsystem wurde an diesen Tagen durch Pumpwasser der bereits vorhandenen Pumpkette am RHK (Schleusenwasser) und der in den Jahren 1979 bis 1988 neu installierten Pumpkette II am WDK (Betriebswasser) aus Rhein und Ruhr gedeckt

durch eine vierte Pumpe ergänzt. So entstand die Basis für ein noch heute funktionstüchtiges, weitgespanntes und stromübergreifendes Wasserversorgungsnetz für die nordwestdeutschen Kanäle.

Im Jahr 1926 gründete sich der Lippeverband als Anwalt für die wasserwirtschaftlichen Interessen des Lippegebietes und erreichte in langjährigen Verhandlungen mit dem Reich, das 1921 Eigentümer der Wasserstraßen geworden war, eine Anhebung der Entnahmegrenze aus der Lippe auf 7,5 m³/Sekunde ab dem Jahr 1938. Doch die doppelte Belastung des Flusses aus der Bereitstellung von Speisungswasser für die Kanäle und von immer mehr Betriebswasser für → **Kraftwerke** und Industriebetriebe führte dazu, dass in den 1960er-Jahren die Lippe oft ein „toter Fluss" mit minimalem Sauerstoffgehalt war. Als 1964 der Fluss kollabierte, mobilisierte das alle Verantwortlichen. Es kam zu mehrjährigen Verhandlungen, diversen Verträgen (unter anderem zur erneuten Anhebung der Entnahmegrenze auf nun 10 m³/Sekunde und zur Verpflichtung, die Lippe ihrerseits in Trockenzeiten mit Wasser aus dem Kanalsystem anzureichern), dem Bau einer Pumpkette auch an den Schleusen des RHK zum Transport von Rhein- und Ruhrwasser (über einen Verbindungskanal kurz vor Mündung in den Rhein). Schließlich wurde der „Wasserverband Westdeutsche Kanäle" (WWK) gegründet, der am 1. Januar 1970 seine Tätigkeit aufnahm. Die Pumpwerke am RHK mit einer Leistung von 10 Kubikmetern pro Sekunde wurden in den Jahren 1957 bis 1965 errichtet. Sie wurden in den Jahren 1972 bis 1982 im Zuge des Schleusenneubauprogramms durch eine Pumpwerkskette mit einer Leistung von bis zu 25 Kubikmetern pro Sekunde ersetzt.

Der WWK ist eine Körperschaft des öffentlichen Rechts „zur Sicherstellung einer nachhaltigen Wasserführung der Lippe, der Bereitstellung von Brauchwasser aus dem westdeutschen Kanalnetz im Verbund mit Rhein, Ruhr und Lippe für die Zwecke von Kraftwerken, Industrie und Gewerbe sowie zur Grundwasseranreicherung und damit zum Gewinnen von Trinkwasser", dem zunächst die Finanzierung weiterer Pumpwerke übertragen wurde. Die heute 43 Mitglieder rekrutieren sich aus Vertretern des Lippeverbandes und den Wasserentnehmern (darunter sechs öffentliche Wasserversorgungsunternehmen). Planung, Bau und Betrieb der benötigten Pumpwerke wurden von der Bundeswasserstraßenverwaltung übernommen. Die dann zwischen 1973 und 1978 fertiggestellten Pumpwerke können sowohl „aufwärts" (Rheinwasser zur Speisung der Lippe in Hamm) als auch „abwärts" (Freiwasserleitungen bei höherer Wasserführung der Lippe zur Speisung der Kanäle) leiten. In Summe existieren seither zwei Pumpwerkssysteme, eines über den RHK und eines über den WDK/DHK, die – wie auch die Stauhaltungen an Lippe und Ruhr – gemeinsam über eine im Jahr 1984 errichtete → **Fernsteuerzentrale** in → **Datteln** überwacht werden. Ausgestattet mit modernster Fernwirk- und Leittechnik sorgt sie dafür, dass in jeder der insgesamt 13 Kanalhaltungen des Systems das erforderliche Wasserstandsniveau gehalten wird. Für diese Bewirtschaftungsaufgaben werden 78 Pumpen, 18 Freiwassereinrichtungen, sechs → **Sicherheitstore**, ein Hochwassersperrtor (Ruhr) sowie zwei Wehranlagen (Ruhr/Lippe) bei einer Kanalstrecke von insgesamt 240 Kilometern fernbedient.

Die Wasserbilanz dieses komplexen Systems miteinander verbundener Flüsse und Kanäle stellt sich heute wie folgt dar: Der Bedarf durch Verluste aus Verdunstung und Versickerung sowie für den Betrieb der Schleusen beträgt jährlich rund 500 Millionen Kubikmeter Wasser allein für die Scheitelhaltung des DEK (entspricht rund 18 $m^3$/Sekunde). Weitere rund 66 Millionen Kubikmeter benötigen Industrie, Landwirtschaft, Baumschulen oder Gewerbebetriebe für Kühlung, Produktion und Bewässerung – mit sinkender Tendenz. In den 1970er-Jahren wurden noch bis zu 200 Millionen Kubikmeter Kühlwasser entnommen. Die Entnahmen an Kanalwasser bewegen sich dabei zwischen 500 Kubikmeter pro Jahr bei einem Schwimmbad, 1,5 Millionen Kubikmeter für die Raffinerie in Lingen oder 15 Millionen Kubikmeter pro Jahr bei einem Kraftwerk. Im Raum Münster wird darüber hinaus im größeren Umfang das Grundwasser mit Wasser aus dem DEK von den dortigen Stadtwerken zur Trinkwassergewinnung angereichert. Auch die → **Stever** wird in Trockenperioden aus dem DEK mit Wasser versorgt, um das Wasserdargebot der Halterner Talsperren zu unterstützen. Hinzu kommen noch sogenannte kleine Entnahmen durch Einzelgenehmigungen (im Jahr 2015 waren das 48 sogenannte Bagatellentnehmer). Insgesamt gibt es rund 100 Entnahmestellen unterschiedlicher Größe. Kanäle sind so quasi zu großen Fernleitungen für Betriebswasser geworden.

## Wehre

Unterhalb von → **Meppen** nutzt die Wasserstraße Dortmund-Ems-„Kanal“ den Flusslauf der → **Ems**. Der Fluss muss allerdings an fünf Stellen aufgestaut werden, denn sonst hätte er an vielen Stellen nur eine Tiefe von gerade einem Meter. Auch ist das Einzugsgebiet dieses Flachlandstromes derart klein, dass seine Niedrigwasserstände extrem abfallen können. Gemessen wurden schon zwei Kubikmeter/Sekunde gegenüber Hochwasserständen von bis zu 1.200 Kubikmeter/Sekunde. Durch die Errichtung von Stauwehren werden die Niedrigwasserstände aufgebessert, so dass auch bei schwächster Wasserführung auf der gesam-

1936 wurde das Nadelwehr in Versen durch ein Klappenwehr ersetzt. Zur Anwendung kommt dabei eine sogenannte Fischbauchklappe, die durch ihre Doppelwandigkeit sehr verwindungssteif ist und einen einseitigen Antrieb erlaubt, der durch einen Elektromotor über eine Zahnstange erfolgt

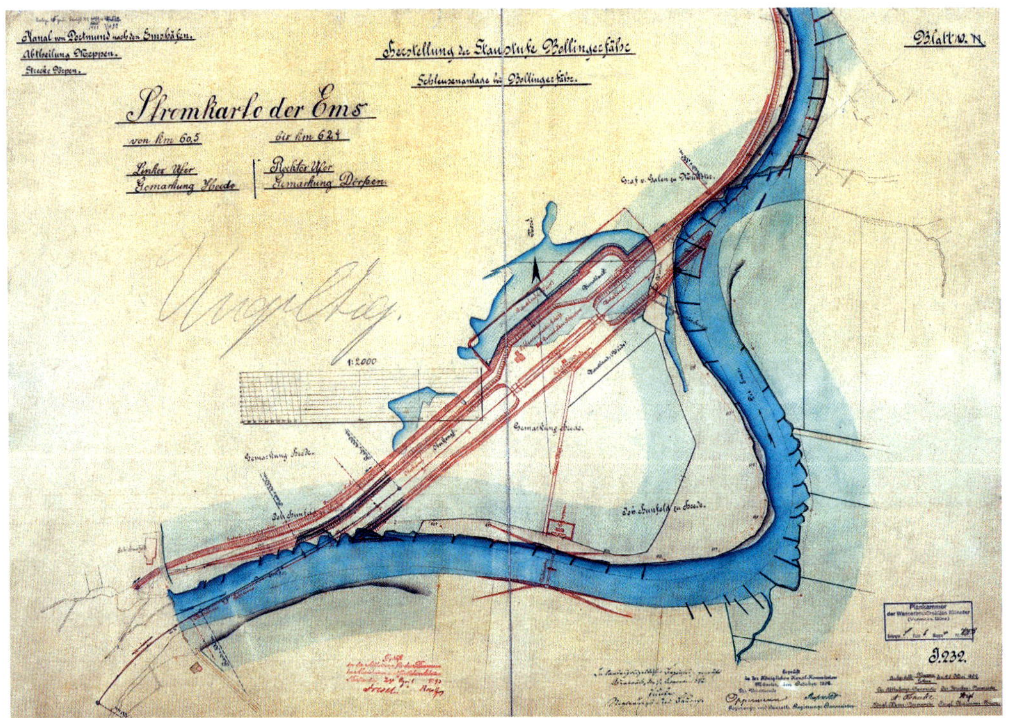

Staustufe, Schleusenkanal und Schleuse Bollingerfähr – oben als kolorierter Plan der Königlichen Kanalkommission, Abteilung Meppen und unten eine aktuelle Luftaufnahme mit alter und neuer, zweiter Schleppzugschleuse

ten Staulänge durchgehend bis an die Tore der jeweils oberhalb liegenden → **Schleusen** eine für die Schifffahrt ausreichende Wassertiefe erreicht wird. Bei Hochwasser können die Wehre geöffnet werden. Die Ems, die zwischen Meppen und Herbrum ein Gefälle von 9,65 Metern überwindet, wurde „kanalisiert“.

Als weitere wasserbauliche Maßnahme wurden an zu starken Krümmungen wie bei Versen, → **Haren**, Walchum, Lehe und Herbrum Durchstiche angelegt, um den Fluss zu begradigen und zu verkürzen. Die Altarme wurden dadurch zu Stillgewässern. Auch neben den fünf Wehren zum Aufstauen der Ems in Versen, Hilter, Düthe, Bollingerfähr und Herbrum wurden solche Durchstiche mit Längen bis zu vier Kilometern gegraben, in die je eine Schleuse gelegt wurde. Insgesamt wurden 12 Durchstiche/Schleusenkanäle mit einer Länge von 17,7 Kilometern hergestellt, wodurch sich der Schifffahrtsweg auf der Ems zwischen Meppen und Papenburg um 26,2 Kilometer verkürzte. Da die Landwirtschaft im 19. Jahrhundert noch an einer Anreicherung des Grundwasserstandes interessiert war, wurden in die Dämme der Kanäle an den Schleusen Hüntel, Düthe und Herbrum mit Schützen verschließbare Auslassbauwerke eingebaut.

Von den fünf Emsstauwehren nimmt das letzte Wehr, Herbrum, eine Sonderstellung ein, denn mit diesem Wehr wird der freie Zutritt der Tidebewegung, das heißt das Steigen und Fallen des Wasserstandes durch Ebbe und Flut, weiter flussaufwärts unterbrochen (→ **Tideems**). Setzt man aber der Flutbewegung eine feste Schwelle in Form eines Wehres entgegen, so erhöht sich der Tidenhub an dieser so erheblich, dass der Außenwasserstand bei Hochwasser höher als der Binnenwasserstand ausfallen kann. Deshalb musste hier ein nach beiden Seiten kehrendes Sperrwerk errichtet werden. Man wählte dafür ein Schützenwehr mit sechs Öffnungen von je 8,50 Metern Breite, welche durch stählerne zu hebende und zu senkende Tafeln (die Schütze) geschlossen werden konnte. Bei hohen Wasserständen konnte ein Teil des Wassers an dem in das Flussbett der Ems gelegten Wehr vorbeiströmen.

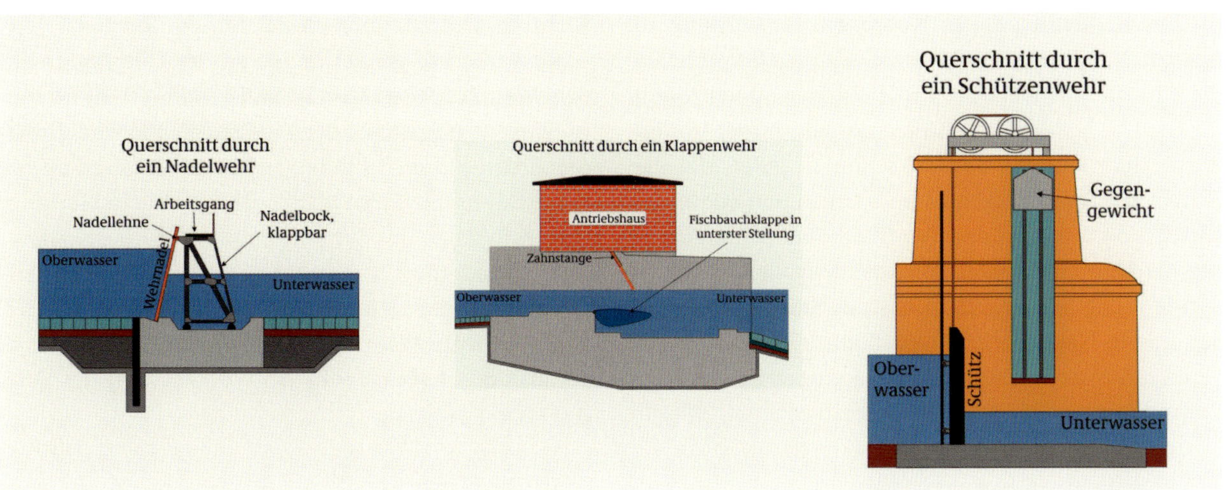


Schematische Darstellung der Funktionsweise verschiedener Wehre: Nadelwehr, Klappenwehr, Schützenwehr

Für die vier anderen Wehre wurde eine Konstruktion gewählt, die damals äußerst beliebt und kostengünstig war: das bewegliche Nadelwehr. Diese Nadelwehre waren klappbare, einseitig auf der Wehrsohle befestigte Stahlkonstruktionen und bestanden aus dem Nadelbock, der Nadellehne und je 556 Stück hölzerne Nadeln. Bei Normalstau standen die Nadelböcke, die untereinander mit Ketten verbunden waren und mit diesen aufgerichtet werden konnten, senkrecht im Flusslauf. Die Ems wurde dabei durch dicht nebeneinander stehende, 3,50 Meter lange Vierkanthölzer, die Wehrnadeln, aufgestaut. Durch das Einsetzen beziehungsweise Ziehen dieser Nadeln konnten Durchflussöffnungen für das Wasser geschaffen oder geschlossen werden und somit auch der Durchfluss reguliert werden. Bei Eisgang und Hochwasser wurden zunächst sämtliche Nadeln gezogen und über klapprige Brückenstege an Land gebracht, danach die Wehrböcke und Wehrlehnen seitlich in den Flusslauf abgeklappt, um einen ungehinderten Wasserabfluss zu ermöglichen.

Die Wehre erhielten auch damals schon Fischpässe – bestehend aus je einer Treppe von sieben Kammern – für die wandernden Fischarten. Der Bau der Wehre war nicht unproblematisch und wurde zum Wettlauf mit der Zeit. Wegen früh einsetzenden Winterhochwassers mussten Arbeiten eingestellt werden; in Bollingerfähr wurde eine Baugrube sogar vollständig zerstört. Erst im Juli 1898 konnten alle vier Nadelwehre in Betrieb genommen werden.

Die Bedienung der Nadelwehre war eine gefährliche Arbeit, die bei Wind und Wetter und von Hand vorgenommen werden musste. Nadeln gingen oft zu Bruch, so dass eine größere Zahl Ersatznadeln ständig in besonderen Schuppen bereit gehalten werden musste

Die Bedienung dieser Wehre war von Anfang an umständlich, mühselig, kostspielig und gefährlich. Da die einzelnen Nadeln bei Eis leicht zusammenfroren, mussten sie bei Frost zur Aufrechterhaltung der Vorflut vorsorglich entfernt werden, wodurch jedes Mal die Schifffahrt zum Erliegen kam. In trockenen Sommern wurden oft die gewünschten Stauhöhen unterschritten, da Undichtigkeiten unvermeidbar waren. Daher wurde schon im Jahr 1936 das zur Staustufe Hüntel gehörende Nadelwehr Versen durch ein neues nicht vereisendes und bewegliches Klappenwehr mit zwei Öffnungen von je 30 Metern Breite ersetzt. Dieser Wehrtyp verfügt über einen klappenförmigen Verschluss, der auf ganzer Länge an der Unterkante auf dem Wehrkörper gelagert ist und gedreht werden kann. Im Zuge des Ausbaus der Ems auf Sommerhochwasser in den Jahren 1953 bis 1956 wurden auch an die Stelle der übrigen drei Nadelwehre sowie in Herbrum (1959 im Zuge der Winterhochwasser-Eindeichung) solche modernen Anlagen errichtet. Mit einer einzigen Klappe der gleichen Art wurde 1957 schließlich auch das feste Wehr bei Hanekenfähr, das noch aus der Zeit des → **Hanekenkanals** vor Erbauung des DEK stammte, erweitert.

## Werften

Die Aktivitäten etlicher Werften waren unmittelbar mit dem Dortmund-Ems-Kanal verknüpft und bei gleich dreien zugleich auch mit der größten Reederei auf dem Kanal, der → **Westfälischen Transport AG (WTAG)**. So siedelte sich bereits 1897 als allererstes Unternehmen überhaupt die „Dortmunder Union – Aktiengesellschaft für Bergbau, Eisen- und Stahlindustrie“ im → **Dortmunder Hafen** an und mietete knapp 26.000 Quadratmeter Fläche für einen Erzladeplatz, ein Eisenlager – und eine Reparaturwerft. Die „Union“, Mitbegründerin der WTAG, ließ dort auch Kähne und Schlepper für eine kleine eigene Flotte zum Erzbezug aus → **Emden** bauen. Hier liefen aber auch für die WTAG die als „Bügeleisen“ bekannt gewordenen WTAG 29 und 30 sowie drei Kanal-See-Kähne (WTAG 31 bis 33) vom Stapel. 1930 übernahm Fritz Figge die Werft, die in ihren letzten Jahren nur noch gelegentlichen Reparaturaufträge erhielt. Die Hellinganlage – sie erlaubte, bis zu 100 Meter lange Schiffsrümpfe hoch zu hieven – erlebte 2005 den letzten Einsatz. 2009 wurde Insolvenz angemeldet und eine Dortmunder Schiffbautradition ging zu Ende.

Nach dem Zweiten Weltkrieg setzte im Schiffbau ein tiefgreifender Wandlungsprozess ein: Das Nieten wurde durch Schweißen ersetzt

Auch die heute als Hightech-Standort für den Bau von Kreuzfahrtschiffen bekannte Meyer Werft in Papenburg war – mit einer Kapitaleinlage von 15.000 Reichsmark, was einem Anteil von 0,7 Prozent entsprach – Gründungsmitglied und Aktionär der WTAG. Hier liefen bis 1935 etliche Schlepper sowohl im

Auftrag der WTAG als auch des späteren staatlichen Schleppmonopols, der königlichen Kanalbaudirektion und für das Kohlesyndikat vom Stapel. Darunter war im Jahr 1908 ein erster mit Dieselmotor statt mit einer Dampfmaschine angetriebener Schlepper. Auch Kanaldampfer, Kähne, Bereisungsboote für die Wasserstraßenverwaltung und ein Motor- und Feuerlöschboot für die WTAG wurden abgeliefert.

1902 zog die 1875 gegründete Cassens-Werft an den heutigen Standort im Emder Binnenhafen um und begann mit der Umstellung vom Holz- auf den Stahlschiffbau. Nachdem Emden mit Fertigstellung des DEK im Jahre 1899 zunehmend zum „Seehafen des Ruhrgebiets" wurde, eröffneten sich nicht nur neue Kundenkreise, sondern auch eine wichtige Partnerschaft. Die als Verkehrsträger für den DEK gegründete WTAG nutzte die Cassens-Werft als Reparaturbasis für ihre mehr als 100 Einheiten umfassende Binnenschiffsflotte. Nach Ende des Ersten Weltkrieges waren für die vielen überholungsbedürftigen Schiffe Werftkapazitäten rar. Deshalb erwarb die WTAG 1923 eine Mehrheit der Kapitalanteile an der „ C. Cassens Schiffswerft und Maschinenfabrik". Reparaturen und Umbauten bestimmten nun das Geschäft bis nach Ende des Zweiten Weltkrieges. Erst 1956 platzierte die WTAG, die im

Seltene Ansichtskarte um 1905: Direkt gegenüber dem Dortmunder Hafenamt betrieb das Hüttenwerk „Union" zunächst auch eine Schiffswerft

Der Kunstverlag Eckert & Pflug in Leipzig war auf Fabrikansichten aus der Vogelperspektive spezialisiert. 1902 bzw. 1907 wurden die beiden hier zu sehenden Raddampfer von der Meyer Werft abgeliefert

Meyer Werft um 1910: Das Wahrzeichen ist in dieser Zeit der 40-Tonnen-Ausleger-Drehkran, der zum Einsetzen der Kessel und Dampfmaschinen genutzt wurde

rechte Seite: Kötter-Werft im Sommer 2016

In den Jahren von 1956 bis 1969 lieferte Cassens neun Schleppkähne und zehn Binnengütermotorschiffe vom Typ „Gustav Koenigs" ab. Die vom Eigner WTAG georderte IBBENBÜREN lief mit der Baunummer 60 im Jahr 1959 vom Stapel

gleichen Jahr Alleineigner der Werft wurde, den ersten Neubauauftrag, nämlich den Schleppkahn W.T.A.G. 109. Bis Anfang der sechziger Jahre dominierten Binnenschiffe die Ablieferungsliste, dann folgten Schlepper, Kümos, Fähren und Spezialschiffe. 1972 wurden die im Besitz der VEBA befindlichen Werften – die WTAG gehörte über die Stinnes Reederei dazu – zur Werftunion GmbH & Co zusammengefasst. Von den sechs Werften war Cassens die größte im Verbund, schied aber 1992 aus.

Die Zeitläufte überlebt hat die Kötter-Werft in Haren, die sich nach wie vor im Familienbesitz befindet. Acht Jahre nach Inbetriebnahme des DEK gründeten der Schiffszimmermann Rudolf Kötter und der Schiffsbauer Wilhelm Sibum eine kleine Püntenwerft am alten → **Harener Hafen**. Als 1919 Sibum starb, übernahm Rudolf Kötter den Betrieb. Seine Söhne Hermann und Bernhard führten den Betrieb ab 1922 als offene Handelsgesellschaft „Gebrüder Kötter" fort und errichteten eine Hellinganlage. Neben durchschnittlich zehn Schiffszimmerleuten im Schiffbau wurden noch fünf weitere Arbeitskräfte in einem 1924 angegliederten Sägewerk (→ **Flößerei**) beschäftigt. Denn in den ersten Jahren wurden noch vorwiegend hölzerne Schiffe und

LENA
D

**Von der Cassens-Werft abgelieferte Binnenschiffe für die Kanalschifffahrt**

| Baunummer | Baujahr | Name des Schiffes – Schiffstyp – Auftraggeber |
|---|---|---|
| 46 | 1914 | MELANIE – Kanalleichter – Schulte & Bruns, Emden |
| 50 | 1956 | WTAG 109 – Leichter – Westfälische Transport AG, Dortmund |
| 51 | 1956 | OLG 2 – Leichter – Osnabrücker Lagerhaus GmbH |
| 52 | 1957 | WTAG 112 – Leichter – Westfälische Transport AG, Dortmund |
| 53 | 1957 | WTAG 115 – Leichter – Westfälische Transport AG, Dortmund |
| 54 | 1957 | WTAG 123 – Leichter – Westfälische Transport AG, Dortmund |
| 55 | 1957 | HANNELORE – Leichter – Westfälische Transport AG, Dortmund |
| 56 | 1958 | WTAG 131 – Leichter – Westfälische Transport AG, Dortmund |
| 57 | 1958 | ROLF – Binnengüterschiff – Baugemeinschaft Erxleben, Duisburg |
| 58 | 1958 | WTAG 11 – Leichter – Westfälische Transport AG, Dortmund |
| 59 | 1959 | WTAG 40 – Leichter – Westfälische Transport AG, Dortmund |
| 60 | 1959 | IBBENBÜREN – Binnengüterschiff – Westfälische Transport AG, Dortmund |
| 61 | 1960 | INGO – Binnengüterschiff – Brox KG, Berlin |
| 62 | 1960 | CLAUDIA – Binnengüterschiff – Brox KG, Berlin |
| 64 | 1961 | HENRICHENBURG – Binnengüterschiff – Westfälische Transport AG, Dortmund |
| 66 | 1961 | WILHELM BREGENZER – Binnengüterschiff – Westfälische Transport AG, Dortmund |
| 67 | 1961 | DATTELN – Binnengüterschiff – Westfälische Transport AG, Dortmund |
| 79 | 1969 | EMDEN – Binnengüterschiff – Westfälische Transport AG, Dortmund |
| 80 | 1969 | IJMUIDEN – Binnengüterschiff – Westfälische Transport AG, Dortmund |
| 81 | 1969 | REGENSBURG – Binnengüterschiff – Westfälische Transport AG, Dortmund |
| 82 | 1972 | VERA – Binnentanker – Diersch & Schröder, Berlin |
| 102 | 1971 | AMSTERDAM – Binnengüterschiff – Westfälische Transport AG, Dortmund |
| 103 | 1971 | FREDERICK G MÜLLER – Binnengüterschiff – Westfälische Transport AG, Dortmund |
| 104 | 1971 | ANGELIKA – Binnengüterschiff – Angelika Binnenschiff, Berlin |
| 105 | 1973 | ELISABETH – Binnengüterschiff – Elisabeth Binnenschiff, Berlin |
| 106 | 1973 | PARADE – Binnengüterschiff – D. Hegemann, Bremen |
| 107 | 1973 | PARCOURS – Binnengüterschiff – D. Hegemann, Bremen |
| 110 | 1972 | STEINDAMM – Binnentanker – Max Sötje, Hamburg |

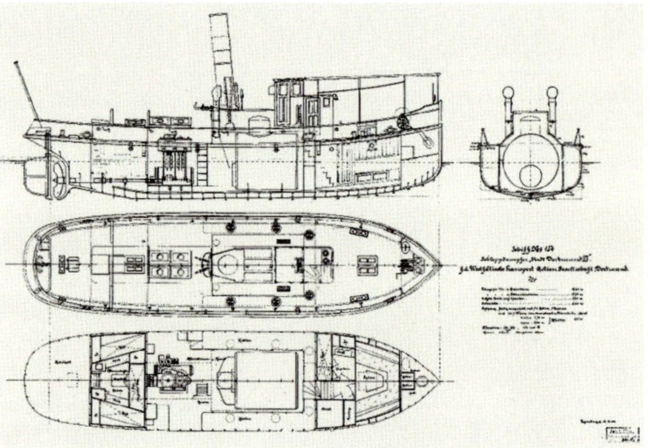

Originale Bauzeichnung aus dem Archiv der Meyer Werft: Sämtliche hier gebauten Schlepper wurden auf den Namen DORTMUND getauft. Die DORTMUND XI wurde mit der Baunummer 184 im Jahr 1904 an die WTAG abgeliefert

→ **Pünten** gebaut und repariert. 1939 lief auf der Werft mit der ELISABETH die letzte der mittlerweile legendären Harener Spitzpünten vom Stapel; metallene Materialien verdrängten immer mehr den Werkstoff Holz. Nach dem Zweiten Weltkrieg traten Adolf und Bernhard Kötter in das Unternehmen ein. Nach Einrichtung einer Schmiede wurden jetzt vornehmlich Reparaturen und Umbauten von stählernen Binnenschiffen sowie Motorisierungen ausgeführt. 1958 lief der erste stählerne Neubau, das Bunkerboot ESSO HAREN vom Stapel.

Als 1959 der neue Harener Hafen entstand, zog die Werft dorthin um, nachdem großzügige Schiffbauhallen und Slipanlagen errichtet worden waren. 1966 leitete der erste Seeschiffs-Neubau der Werft, das Küstenmotorschiff STEPHAN, wieder eine neue Ära ein. Es folgten jährlich weitere Neubauten sowohl von Seeschiffen als auch von Binnenfahrzeugen und ab 1974 lieferte die Kötter-Werft zahlreiche sogenannte Rhein-Seeschiffe, wie zum Beispiel EMS-LINER und EMS-TAL ab. Im Jahr 2006 lief hier mit der TMS TILL DEYMANN der damals innovativste „Futura Carrier"-Binnentanker für die gleichnamige Harener Reederei vom Stapel, im Jahr 2008 mit dem TMS ANNA der vorerst letzte Neubau. Verlängerungen, Umbauten, Reparaturen und „Klas-

### Von der Meyer Werft abgelieferte Binnenschiffe für die Kanalschifffahrt

| Baunummer | Baujahr | Name des Schiffes – Schiffstyp – Auftraggeber |
|---|---|---|
| 131 | 1899 | STADT DORTMUND IV – Dampfschlepper – Westfälische Transport-Actien-Gesellschaft, Dortmund |
| 138 | 1900 | WTAG 31 – Kanal-Seekahn, Schleppkahn – Westfälische Transport-Actien-Gesellschaft, Dortmund |
| 154 | 1901 | LEDA – Dampfschlepper – Schleppschifffahrts-Gesellschaft Dortmund-Ems GmbH, Leer |
| 184 | 1904 | STADT DORTMUND XI – Dampfschlepper – Westfälische Transport-Actien-Gesellschaft, Dortmund |
| 187 | 1904 | STADT DORTMUND IX – Dampfschlepper – Westfälische Transport-Actien-Gesellschaft, Dortmund |
| 188 | 1904 | ANTON UNCKELL – Dampfschlepper – Westfälische Transport-Actien-Gesellschaft, Dortmund |
| 191 | 1904 | S.G.D.E. No. 8 – Schleppkahn – Schleppschifffahrts-Gesellschaft Dortmund-Ems GmbH, Leer |
| 192 | 1904 | S.G.D.E. No. 9 – Schleppkahn – Schleppschifffahrts-Gesellschaft Dortmund-Ems GmbH, Leer |
| 193 | 1905 | WESTFALEN – Bereisungsdampfer – Königliche Dortmund-Ems-Kanalverwaltung, Münster |
| 268 | 1911 | STADT DORTMUND XIII – Dampfschlepper – Westfälische Transport-Actien-Gesellschaft, Dortmund |
| 269 | 1912 | STADT DORTMUND XIV – Dampfschlepper – Westfälische Transport-Actien-Gesellschaft, Dortmund |
| 283 | 1912 | WESTFALEN – Motor-Feuerlöschboot – Westfälische Transport-Actien-Gesellschaft, Dortmund |
| 293 | 1913 | M 106 – Monopolschlepper, Tunnelschlepper – Königliche Kanalbaudirektion, Essen |
| 294 | 1913 | M 107 – Monopolschlepper, Tunnelschlepper – Königliche Kanalbaudirektion, Essen |
| 295 | 1914 | M1 – Schlepper für Rhein-Herne-Kanal – Königliche Kanalbaudirektion, Essen |
| 297 | 1914 | M6 – Schlepper für Rhein-Herne-Kanal – Königliche Kanalbaudirektion, Essen |
| 298 | 1914 | M7 – Schlepper für Rhein-Herne-Kanal – Königliche Kanalbaudirektion, Essen |
| 337 | 1920 | M 126 – Monopolschlepper – Königliche Kanalbaudirektion, Essen |
| 338 | 1920 | M 127 – Monopolschlepper – Königliche Kanalbaudirektion, Essen |
| 368 | 1927 | M 206 – Motorschlepper – Maschinenbauamt Herne |
| 369 | 1927 | M 207 – Motorschlepper – Maschinenbauamt Herne |
| 372 | 1927 | HANEKEN – Motorschlepper – Wasserbauamt Meppen |
| 373 | 1927 | HERBRUM – Motorschlepper – Wasserbauamt Meppen |
| 374 | 1927 | BREMEN 19 – Schleppkahn – Bremer Schleppschiffahrtsgesellschaft |
| 375 | 1927 | BREMEN 20 – Schleppkahn – Bremer Schleppschiffahrtsgesellschaft |
| 381 | 1929 | HÜNTEL – Motorschlepper – Wasserbauamt Meppen |
| 387 | 1930 | M 307 – Motorschlepper – Wasserbauamt Duisburg |
| 396 | 1934 | EMS – Bereisungsschiff – Wasserbauamt Emden |
| 397 | 1935 | ASCHENDORF – Bereisungsschiff – Wasserbauamt Meppen |
| 398 | 1935 | RP 3 – Rammprahm – Wasserbauamt Meppen |
| 400 | 1935 | DÖRPEN – Bereisungsschiff – Wasserbauamt Meppen |
| 402 | 1935 | STADT DORTMUND I – Motorschlepper – Westfälische Transport-Actien-Gesellschaft, Dortmund |

Werbeanzeige einer Schiffswerft im WESKA (Westdeutscher Schifffahrts- und Hafenkalender) 1969

Cassens-Werft: Die Luftaufnahme aus dem Jahr 1956 zeigt eine voll ausgelastete Werft. Das Jahr markiert den Beginn einer kurzen Periode des Neubaus von Binnenschiffen. Das Unternehmen änderte ab den 1990er-Jahren mehrfach seine Gesellschafterstruktur, musste allein zweimal (2003 und 2008) Insolvenz anmelden und entwickelte sich immer mehr zur heutigen reinen Seeschiffswerft

Kötter-Werft: Auf der Helling liegt die MS SELENE PRAHM. Der Mehrzweckfrachter wurde nach rund einjähriger Bauzeit am 1. Juni 1994 abgeliefert und an die Hammann & Prahm Reederei übergeben. Bis heute gehört das Fahrzeug dem in Wischhafen bei Stade ansässigen Unternehmen und hat mehr als 1.000 Fahrten hinter sich

searbeiten" von rund 100 Fahrzeugen pro Jahr: Das sind heutzutage die Schwerpunkte von Bernhard und Hermann Kötter, Werftleiter in vierter Generation. Auf den beiden Hellingen an zwei Betriebsstandorten (im Sommer 2006 wurde eine Helling der ehemaligen Werft „Schulte & Müller" an der „blauen Donau" hinzu gepachtet) können Schiffe bis zu 110 Metern Länge auf die Pallungen gesetzt werden.

Auf den übrigen Werften an der → **Tideems** in Papenburg (z. B. Schillig, Franz Wilhelm), Leer (Jansen, Ferus Smit), Oldersum (Dietrich), Ditzum (Bültjer) und Emden (Nordseewerke) wurden und werden fast ausschließlich Seeschiffe oder Spezialschiffe für die Fahrt im Wattenmeer gebaut.

Am einstigen → **Zweigkanal Herne**, der später Teil des → **Rhein-Herne-Kanals** wurde, hatte die „Staatswerft" Herne (1914 als „königliche Werft" gegründet, ab 1921 „Maschinenbauamt", ab 1939 „Wasserstraßen-Maschinenamt") ihren Sitz. Sie wurde für Reparaturarbeiten an den Monopol-Schleppern und anderen Wasserfahrzeugen der Kanalverwaltung errichtet. Bis Ende der 1960er Jahre wurden hier auch Schlepper neu gebaut. Der eigene Werfthafen wurde im Zuge der Kanalausbaumaßnahmen im Jahr 1992 verfüllt. Heute dient die Werft der Reparatur und Wartung der Schleusen und Pumpwerke sowie der → **Arbeitsschiffe** der → **Wasserstraßen- und Schifffahrtsverwaltung**. Die Hellinganlage nebst Drehkran wurden im Museum Altes → **Schiffshebewerk Henrichenburg** wieder aufgebaut. Zwischen 1915 und 1968 wurde auch am → **Nassen Dreieck** Fahrzeuge der WSV und des Schleppmonopols von einem Maschinenamt gewartet und repariert. Gleichzeitig mit dem Bau der Schleppzugschleuse Bevergern entstand auf der Fläche zwischen neuer und alter Fahrt ein „Schirrhof" genannter Bauhof mit Trockendock und diversen Werkstätten mit zeitweise rund 100 Beschäftigten. Nach Ende des Zweiten Weltkrieges kamen eine Schiffbau- und eine Motorenbauhalle hinzu. Mit dem Ende der → **Schleppschifffahrt** wurde der Schirrhof 1969 an seinen heutigen Standort in Bergeshövede verlegt und der Werftbetrieb eingestellt.

# Wesel-Datteln-Kanal

Der Wesel-Datteln-Kanal verläuft nach Norden verschoben fast parallel zum → **Rhein-Herne-Kanal**. Er verbindet den Rhein bei Wesel, wo er bei Stromkilometer 813,24 in einem spitzen, stromabwärts zeigenden Winkel abzweigt, mit dem Dortmund-Ems-Kanal, in welchen er bei Kanalkilometer 21,33 im Stadtgebiet von → **Datteln** einmündet. Er hat eine Länge von 60 Kilometern und überwindet einen Höhenunterschied von 41 Metern durch sechs Schleusenstufen in sechs Haltungen (Eingangsschleuse Friedrichsfeld, Hünxe, Dorsten, Flaesheim, Ahsen, Ausgangsschleuse Datteln).

Ein Jahr nach Betriebseröffnung des RHK, so sah es das preußische Wasserstraßengesetz von 1905 vor, sollte mit dem Ausbau der Lippe-Wasserstraße begonnen werden, von der bereits der → **Datteln-Hamm-Kanal** als Seitenkanal zur → **Lippe** in Betrieb genommen war. 1915 wurde mitten im Krieg mit den Bauarbeiten begonnen, nachdem man sich auch für diesen Abschnitt für einen Seitenkanal entschieden und die Baupläne rechtzeitig erstellt hatte. Doch der Kanal wurde erst 15 Jahre später für den Probebetrieb eröffnet, als ihn am 2. Juni 1930 der Monopolschlepper VECHTA (→ **Schleppschifffahrt**)

Landmarken des Wesel-Datteln-Kanals: Die Schleusen erhielten stählerne Hubtore, in die ebenfalls stählerne Hubportale eingehängt wurden

Ausbau der Haltung Hünxe 1976: Auf der Nordseite des Kanals wurde ein Spundwandausbau gewählt, auf der Südseite der Böschungsausbau

Ausgangsschleuse Datteln-Natrop: Infolge der durchgehenden Verbreiterung des WDK vom oberen Vorhafen der Schleuse bis zur Einmündung in den DEK entstand eine ausgedehnte Wasserfläche, die schon bald im Volksmund „Dattelner Meer" genannt wurde

durchfuhr. Die offizielle Freigabe für den Verkehr erfolgte sogar noch ein Jahr später zum 1. Juni 1931. Die Bauarbeiten mussten immer wieder zunächst kriegsbedingt, dann durch den „Ruhrkampf" 1919/20, die Ruhrbesetzung 1923 bis 1925 und die spätere Inflationszeit unterbrochen werden. Heute wird der Kanal von vier Eisenbahnbrücken, 49 Straßen- und Wegebrücken, sieben Fußgängerbrücken und neun Rohr-/Kabelbrücken über- sowie von 29 Dükern und Durchlässen bzw. von 59 Rohr- und Kabeldükern unterquert.

Mit dem Kanal wurde der Lipperaum vor allem für den immer weiter nach Norden wandernden Bergbau erschlossen. Ihm kam auch die Funktion einer Reservewasserstraße für den überlasteten RHK zu (und falls dieser ausfallen sollte). Schließlich verkürzt der Kanal den Weg zwischen den Rheinmündungshäfen und dem DEK. Von Anfang an war er für 1.000-Tonnen-Schiffe mit 9,50 Metern Breite und 2,30 Metern Tauchtiefe ausgelegt und zugelassen für das 1.350-Tonnen-Schiff. Da die Kanaltrasse über bei Baubeginn bereits vergebenen Grubenfeldern lag, musste auf befürchtete → **Bergsenkungen** Rücksicht genommen werden – etwa, indem die → **Brücken** von vornherein auf 5,50 Meter über den Ausbauwasserstand gelegt wurden und die Schleusen stählerne Hubtore erhielten, die an ebenfalls stählernen und eindrucksvoll die Landschaft prägenden Hubportalen aufgehängt wurden. Klapptore hatten sich bei Schrägstellung als zu empfindlich erwiesen und für Schiebetore benötigte man eine zu große Gründungsfläche. Wegen der Bodenbewegungen schied auch der Bau von Sparschleusen aus.

Mit sechs Millionen Tonnen pro Jahr wurde Ende der 1930er-Jahre die errechnete Leistungsfähigkeit bereits erreicht und in den 1950er-Jahren bereits deutlich überschritten. 1958 wurde deshalb zunächst damit begonnen, neben den bestehenden 225 m langen und 12 m breiten Schleppzugschleusen jeweils eine weitere Schleuse zu errichten. 1966 nahm die zweite Schleuse Friedrichsfeld den Betrieb auf, die im Jahr 1978 einen Höchstwert von 16,1 Millionen Tonnen Güterdurchgang verzeichnete. Bis 1970 wurden alle Kanalstufen mit einer zweiten, kleineren Schleuse von 110 m Länge und 12 m Breite für das Europaschiff ausgestattet, um den gestiegenen Verkehr zu bewältigen. 1966 begann man mit dem Ausbau des Kanalprofils (weitgehend in einseitiger Spundwandbauweise), der 1989 abgeschlossen wurde. 1992/93 wurden schließlich die Hubtore aller → **Schleusen** ersetzt, da sich der Stahl bei niedrigen Temperaturen als brüchig erwiesen hatte. Heute können zwar überlange Großmotorgüterschiffe sowie Zweier-Schubverbände den Kanal (Binnenwasserstraßenklasse Vb) nutzen, allerdings nur – seit dem Jahr 2011 – mit einer Abladetiefe von 2,80 Metern. Mit dem im Rahmen des Bundesverkehrswegeplans 2030 beschlossenen Ausbau des WDK von Kilometer 2 bis 40 und dem Ersatz der beiden Schleusen Hünxe und Dorsten für Abladetiefen von 3,40 Meter soll die mögliche Auslastung der Fahrzeuge auf dem WDK bis Marl (Chemiepark) erhöht und damit die Kapazität des Kanals gesteigert werden.

Der WDK hat seine Bedeutung im Wesentlichen als Transitwasserstraße vom Rhein zum DEK mit einer Verkehrsleistung von rund 20 Millionen Gütertonnen jährlich. Bei seiner Verkehrsübergabe nahmen drei Zechenhäfen im Raum Dorsten und Marl ihren Betrieb auf, die für den → **Kohleumschlag** aber inzwischen ausgedient haben – darunter als letzter der Hafen des Bergwerks Auguste Victoria. An der Einmündung des Kanals in den Rhein liegen heute die → **Häfen** der Städte Voerde (Emmelsum) und Wesel (Rhein-Lippe-Hafen, Stadthafen), die als „DeltaPort" zusammengeschlossen sind. Kurz hinter der Schleuse Dorsten befindet sich der Hafen Dorsten, gefolgt vom Hafen Marl und dem am WDK umschlagstärksten Hafen des Chemieparks Marl, der dort begünstigt vom Kanal neu angesiedelt werden konnte.

Der Wesel-Datteln-Kanal ist ein Glied des Wasserleitungsnetzes der westdeutschen Kanäle (→ **Wasserwirtschaft**). Der Bedarf an Wasser für die Kanäle wird einerseits aus Rhein, Ruhr und Lippe gedeckt. Andererseits wird durch Rückpumpen von Schleusungswasser in die jeweils obere Haltung der Verbrauch für die Schifffahrt minimiert. Hierfür wurde der WDK an seinen sechs Kanalstufen bereits bei seinem Bau mit einer Kette von Rückpumpwerken ausgestattet. In den 1980er-Jahren wurden die Pumpwerke modernisiert und ihre Kapazität erhöht.

Bau der zweiten Schleuse Dorsten 1968: Die 1915 bis 1931 gebauten sechs großen Schleppzugschleusen des WDK erhielten jeweils eine zweite kleinere Schleuse von 12 Metern Breite und 112 Metern Länge. Die Schleuse Dorsten ist die dritte Schleuse von Westen gesehen

Das Bergwerk Auguste Victoria wurde als zweitletztes im Ruhrgebiet am 18. Dezember 2015 stillgelegt. Zu Spitzenzeiten in den 1960er-Jahren gingen im Zechenhafen mehr als eine Million Tonnen Kohle jährlich über die 400 Meter lange Kaikante. Unter dem Namen gate.ruhr will die Stadt Marl gemeinsam mit der RAG Montan Immobilien Gesellschaft das Gelände der Zeche nebst Hafen sanieren und als Industrie- und Gewerbefläche vermarkten

## Westfälische Transport Aktiengesellschaft (WTAG)

Werbemittel: Aufkleber aus den letzten Jahren der WTAG, zuletzt wurde sie ganz auf die RHENUS verschmolzen

Gegründet am 18. November 1897 im Dortmunder Nobelhotel „Römischer Kaiser“ wurde sie respektvoll die „Königin des Kanals“ genannt, war sie doch jahrzehntelang die größte, mächtigste und dominante Reederei auf dem Kanal: die Westfälische Transport Aktiengesellschaft (WTAG). Ihre wechselvolle 80jährige Geschichte, ihr Aufstieg und Niedergang, ihr nicht immer unumstrittenes Agieren am Markt und gegenüber anderen Kanal-Reedereien, ihr Geschäftsgebaren und ihre Einflussnahme auf politische Entscheidungen, ihr zu Hochzeiten kaum zu durchschauendes Konglomerat an Beteiligungen, Subunternehmen, Kooperationen und Niederlassungen, die Entwicklung ihrer Eignerstruktur oder ihre Rolle als Arbeitgeber von Tausenden: Das alles bedarf noch einer gründlichen historischen Aufbereitung, was in diesem Buch nicht geleistet werden kann und soll.

Die WTAG wurde gegründet, nicht zuletzt auch auf Drängen des preußischen Staates, um überhaupt in den Anfangsjahren des Dortmund-Ems-Kanals Frachtraum und damit Schifffahrt auf den Kanal zu bringen, den die Kleinschifffahrt mit → **Pünten** oder Tjalken gar nicht hätte leisten können. Danach begann eine beispiellose Expansion dieser Kanalreederei, bei der

Weinflaschenetikett von 1897: Gegründet wurde die WTAG im noblen Dortmunder „Hotel zum Römischen Kaiser“, das auch eine Weinhandlung betrieb

reihenweise andere Unternehmungen geschluckt und die Geschäftsfelder bis hin zum Betreiben eigener Werften massiv ausgeweitet wurden. Unter ihrer Führung wurden schon fast kartellgleiche Marktabsprachen getroffen und mit dem Ausbau des Kanalnetzes baute sie ihre Einflusssphären kontinuierlich aus. In den 1920er-Jahren entfielen rund 80 Prozent der auf dem DEK transportierten Tonnage auf die WTAG. Zur Blütezeit der Binnenschifffahrt in Deutschland Mitte der

Heimathafen der WTAG-Flotte war Dortmund, wo auch die Verwaltungszentrale im „Haus Schiffahrt“ ihren Sitz hatte

Für ihre zeitweise über 4.000 Beschäftigten gab die WTAG ab 1957 eine eigene Betriebszeitschrift heraus

1950er-Jahre bestand die WTAG-eigene Flotte aus 257 Schiffen. Die WTAG war an 40 Standorten im In- und Ausland von Berlin bis Rotterdam vertreten, beschäftigte damals rund 4.000 Mitarbeiterinnen und Mitarbeiter und hatte ihren Aktionsradius als einstige reine Kanalreederei längst auch auf den Rhein und seine Nebenflüsse ausgedehnt. Wenngleich sich die WTAG in einem sich ständig ändernden Transportmarkt als äußerst flexibel, klug agierend und anpassungsfähig erwies und so ihre Vormachtstellung wahrte, konnte sie in den 1970er-Jahren ihren Niedergang nicht aufhalten. Er verlief parallel zum Bedeutungsverlust von → **Kohle** und Stahl als Transportgüter und zu den immensen Strukturbrüchen, die insbesondere die Montanindustrie im Ruhrgebiet in diesen Jahren durchmachte. Die

W.T.A.G.

Westfälische Transport-Actien-Gesellschaft

1000 Mark

ACTIE

№ 1527

über

TAUSEND MARK

DEUTSCHE REICHS-WÄHRUNG

Für gegenwärtige auf den Inhaber lautende Actie von **Tausend Mark** Deutsche Reichs-Währung ist der volle Nominalwerth bezahlt worden. Der Inhaber hat dadurch alle ihm statutenmässig zustehenden Rechte erworben.

Dortmund, den 1. Juni 1890.

Westfälische Transport-Actien-Gesellschaft

DER AUFSICHTSRATH | DIE DIRECTION

Bezugsrecht 1941 ausgeübt

Mehrheitsgesellschafter der WTAG war bei Gründung das „Rheinisch Westfälische Kohlensyndikat"

WTAG wurde nun selbst Opfer der Marktbereinigung in der Binnenschifffahrt und schließlich 1984 aus dem Handelsregister gelöscht, nachdem sie vorher auf die RHENUS AG (damals zum Stinnes-Konzern gehörend) verschmolzen worden war.

In einer kleinen Chronik wird der Werdegang dieser „Königin des Kanals" nachvollzogen.

1957 verfügt die WTAG über 257 eigene Fahrzeuge mit einer Tragfähigkeit von 240.000 Tonnen. Der Schleppkahn W.T.A.G. 128 verlässt hier das Schiffshebewerk Richtung Dortmunder Hafen

## Chronik der Westfälischen Transport AG (WTAG)

**1893** Gründung des Rheinisch-Westfälischen Kohlensyndikats (RWKS)

**1896** Tagungen einer vorbereitenden Kommission zur Gründung einer Kanalreederei/ Transportgesellschaft in Emden und Dortmund

**1897** Am 18. November wird in Dortmund die WTAG mit RWKS als Mehrheitsaktionärin gegründet

**1898** Vertrag mit dem Staat Preußen zur Überlassung der Umschlaganlagen und Lagereinrichtungen des Emder Hafens

**1899** Aufnahme der Schifffahrt mit 25 Kähnen und vier Schleppern

**1900** Eintragung ins Dortmunder Handelsregister, Grundkapital: 2,2 Millionen Mark

30 Kähne, drei Kanal-See-Kähne und sechs Schlepper in Fahrt,Indienststellung von drei Schrauben-Eilgutdampfern für Stückgut

Einrichtung einer Schiffsmaklerabteilung in Emden

**1902** Übernahme der Verwaltung des Emder Hafens zunächst durch die Firma Lehnkering & Co. als Generalvertretung

**1904** Errichtung einer eigenen Niederlassung in Emden, Auflösung der Verbindung mit Lehnkering

**1905** Emder Schiffsmaklerabteilung wird Teil der vom RWKS gegründeten Frachtkontorgesellschaft in Hamburg

**1907** WTAG wird Mehrheitsgesellschafter der Schleppschifffahrtsgesellschaft Dortmund-Ems-GmbH (SGDE) in Leer mit 10 Kähnen und drei Schleppern

**1908** Flotte umfasst 40 Kähne, drei Kanalseekähne (werden in diesem Jahr verkauft),

drei Güterdampfer und acht Schlepper erstmalige Auszahlung einer Dividende von 5%, die in den Folgejahren kontinuierlich erhöht wird

**1909** WTAG erwirbt Anteile der Frachtkontorgesellschaft

**1910** Bestand steigt auf 104 Fahrzeuge; sieben Selbstfahrer sind im Linienverkehr eingesetzt

Aufnahme des Seeverkehrs durch ein gechartertes und zwei eigene Frachter

**1911** Gründung einer Niederlassung in Rotterdam und Beginn der Rheinfahrt

Beteiligung an der Allgemeinen Transportgesellschaft und (mit 20%) an der Getreideelevatorgesellschaft in Emden

Kauf der beiden Seefrachter JENNY und HARALD

**1913** Gründung einer Niederlassung in Duisburg-Ruhrort mit eigenen Umschlags- und Lagereinrichtungen

Zusammenschluss der WTAG mit den Reedereien Schulte & Bruns und Lehnkering zu einer Bunkerkohlengemeinschaft in Emden

Kapitalerhöhung um 0,8 Millionen Mark, die zur Hälfte von der HAPAG (Hamburg-Amerikanische Packetfahrt-Actien-Gesellschaft) Emden übernommen wird (1914 trennt sich die HAPAG davon wieder)

2,1 Millionen Tonnen Güter werden befördert

Auszahlung einer Dividende von 8 %

Einzug der Hauptverwaltung in das „Haus Schiffahrt" in Dortmund

**1914** Beteiligung als Gründungsmitglied an der Osnabrücker Lagerhausgesellschaft

Eröffnung eines eigenen Umschlagsplatzes und eines Lagerhausbetriebes in Wanne-Osthafen am Rhein-Herne-Kanal

WTAG wird in Antwerpen von der des SA. Agence Maritime Marks vertreten

Flotte besteht aus 74 Kanal- und Rheinkähnen, vier Güterdampfern, zwei Eilgutdampfern, zwei Seeschiffen, einem Kanalseekahn und 14 Schleppern

**1916** Gründungsmitglied der Mindener Lagerhausgesellschaft und Einrichtung eines Stützpunktes in Minden

Übernahme der Hälfte des Schiffsbestandes von der Vereinigten Frankfurter Reederei (35 Fahrzeuge), Beginn der Hannoverfahrt auf dem Mittellandkanal

Gründung von Niederlassungen in Hamm und Hannover

**1918** Flotte besteht aus 93 Kanal- und Rheinkähnen, sechs Güterdampfern, zwei Seeschiffen und 24 Schleppern

**1920** Als Folge des Versailler Vertrages verliert die WTAG ihren gesamten Bestand an rheingängigen Kähnen sowie einen Dampfer (JENNY) als Reparationsleistung

Gründung der Seereederei Frigga AG in Hamburg durch die WTAG, die Rheinreederei Raab Karcher und die an der WTAG beteiligten westfälischen Hüttenwerke

erneute Kapitalerhöhung um 3 Millionen Mark

**1921** Gründung der Westfälischen Speditionsgesellschaft (WESPEG) zur Verwaltung des Umschlags- und Lagerhausbetriebes in Dortmund und Übernahme der Firma Lindner, Rademacher & Nöthlich

Einrichtung einer Schiffsmeldestelle an der Schleuse VII in Herne

**1922** mehrere Kapitalerhöhungen auf insgesamt 20 Millionen Mark

**1923** Erwerb von 7/12 Anteile an dem Familienunternehmen C. Cassens Schiffswerft und Maschinenfabrik in Emden

Beteiligung an der Poseidon Seeschiffahrtsgesellschaft und an der Schiffahrtsgesellschaft Artus-Hansa in Königsberg

**1924** Gründung und Beteiligung an der Union Schiffahrts- und Lagerhausgesellschaft in Hannover

Beteiligung an neu gegründeter Emder Schiffsausrüstungsgesellschaft und der Bugsierreederei Ems-Schlepper AG

Umstellung des Grundkapitals auf 4 Millionen Goldmark

**1926** WTAG erwirbt aus der Konkursmasse der Kanalreederei Hemsoth einen Teil der Flotte und deren Beteiligungen an der Emder Schiffsausrüstungsgesellschaft, der Osnabrücker Lagerhausgesellschaft und der Elevator-Gesellschaft

Abschluss eines Interessengemeinschaftsvertrages mit dem Rheinseekonzern (1928 wieder aufgelöst)

Übernahme von 94,1 Prozent des Aktienkapitals der Münsterischen Schifffahrts- und Lagerhausgesellschaft (M.S.L.A.G.) nebst 35 Fahrzeugen, der Arminiuswerft in Bodenwerder, Niederlassungen in Münster Hamm, Emden, Duisburg, Hannover, Haren, Bremen und Groningen (1928 Hildesheim, 1933 Braunschweig) und der Union Schiffahrts- und Lagerhausgesellschaft in Hannover

Erwerb einer Minderheitsbeteiligung an der Duisburger Reederei Lehnkering & Co.

Kapitalerhöhung von 4 auf 6 Millionen Reichsmark

Anteil der WTAG am gesamten Güterumschlag auf dem DEK steigt auf 80 Prozent

Übertragung der Verwaltung der staatlichen Hafenanlagen in Emden an die Emder Hafenumschlaggesellschaft

**1927** WTAG und M.S.L.A.G. verfügen über einen Schiffsbestand von 153 Rhein- und Kanalkähnen, vier Güterdampfern, 21 Schleppdampfern und zwei Geschirrkähnen mit einer Kapazität von 139.080 Tonnen

**1928** WTAG und M.S.L.A.G. befördern 5,6 Millionen Tonnen Fracht, die Dividende für die Aktionäre beträgt 5%

**1934** Gründung von Niederlassungen in Berlin und Haldensleben (durch die M.S.L.A.G.)

Erwerb von 25% Kapitalanteil an der Emder Lagerhausgesellschaft (später werden weitere 50% erworben)

**1938** WTAG verfügt über 14 Schlepper (1930: 20) und 23 Motorgüterschiffe (1930: 2) mit einem Schiffspersonal von 440 Beschäftigten

Gründung von Niederlassungen in Hamburg und Köln

Gründung der Westdeutschen Speditions- und Schiffahrtsgesellschaft in Düsseldorf unter Übernahme der Firma Hugo Daniels

Bildung einer Interessengemeinschaft mit der Schlesischen Dampfer-Compagnie-Berliner Lloyd AG (wird 1941 gelöst)

Gemeinsamer Erwerb der Essener Hafen-Lagerhausgesellschaft durch WTAG und Fendel/RHENUS

**1939** Übernahme der WTAG-Schlepper (elf eigene, 26 gemietete) durch den Reichsschleppbetrieb als Monopolist

Beginn eines Schiffbauprogramms zur Kapazitätsausweitung

Anmietung von weiteren 65.000 Tonnen Schiffsraum im Ausland

**1940** Übernahme der SA. Agence Maritime Marks in Antwerpen

**1941** Gründung einer Niederlassung in Magdeburg und Übernahme eines Getreidespeichers in Aken/Elbe

**1943** WTAG erzielt Jahrestransportleistung von 8,8 Millionen Tonnen mit 187 Schiffen

**1944/45** WTAG verfügt über 284.000 Tonnen eigenen Schiffsraum (einschließlich in Holland und Belgien beschlagnahmter Flotten)

**1945** RWKS wird liquidiert, Anteile an der WTAG werden der Montana-Verwaltungsgesellschaft übertragen

**1946** Von einst 232 Schiffen der WTAG, der SGDE und der M.S.L.A.G. sind nur noch 116 Einheiten mit 111.500 Tonnen Ladefähigkeit einsatzfähig;

Flaggenparade eines kleinen Reederei-Imperiums: Anlässlich ihres 60jährigen Bestehens gab die WTAG 1957 eine aufwändig gestaltete Fest-Publikation heraus und feierte sich selbst

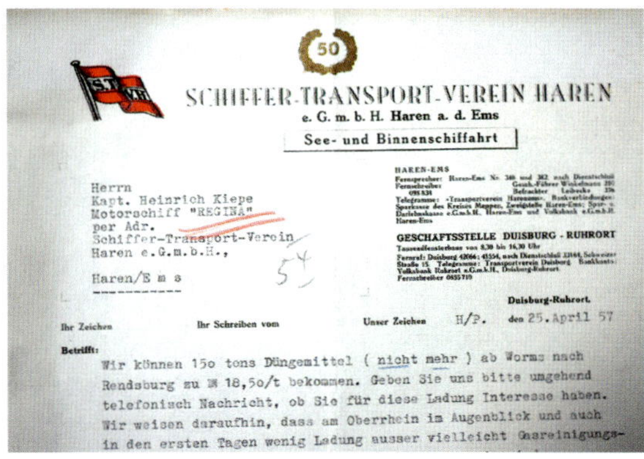

SCHIFFER-TRANSPORT-VEREIN HAREN
e. G. m. b. H. Haren a. d. Ems
See- und Binnenschiffahrt

Herrn
Kapt. Heinrich Kiepe
Motorschiff "REGINA"
per Adr.
Schiffer-Transport-Verein
Haren e.G.m.b.H.,

Haren/E m s

GESCHÄFTSSTELLE DUISBURG - RUHRORT

Duisburg-Ruhrort, den 25. April 57

Ihr Zeichen — Ihr Schreiben vom — Unser Zeichen H/P.

Betrifft:

Wir können 15o tons Düngemittel ( nicht mehr ) ab Worms nach Rendsburg zu DM 18,5o/t bekommen. Geben Sie uns bitte umgehend telefonisch Nachricht, ob Sie für diese Ladung Interesse haben. Wir weisen daraufhin, dass am Oberrhein im Augenblick und auch in den ersten Tagen wenig Ladung ausser vielleicht Gasreinigungs-

Die WTAG galt zwar als „Königin" des Kanals, gleichwohl existierten noch etliche andere Reedereien und Privatschiffer, die den Kanal befuhren. 23 Binnenschiffer aus Haren zum Beispiel gründeten 1906 den „Schiffer-Transport-verein-Haren" als gemeinsame Interessenvertretung mit dem Ziel, Ladung zu besorgen, gleichmäßig zu verteilen und angemessene Frachtraten zu sichern. Und um sich gegenüber der WTAG behaupten zu können. Zwischen 1925 und 1927 kauften die Harener 50 moderne Selbstfahrer und ebenso viele Schleppkähne. 1935 war der Harener Bestand an Schiffen auf 205 Einheiten angewachsen, darunter 30 hölzerne Pünten, 73 Schleppkähne, zwei Schlepper und 100 Motorgüterschiffe. 155 davon gehörten den rund 80 Mitgliedern im Schiffertransportverein. 1930 hatte der Verein als Partner der WTAG den durchgehenden Verkehr Hamburg-Berlin-Stettin übernommen. Ab den 1960er-Jahren konnte sich die Genossenschaft immer weniger am hart umkämpften Markt behaupten. Sie wurde schließlich zum 31. Januar 1995 aufgelöst

39 Schiffe waren durch Kriegseinwirkung verloren gegangen.

Enteignung der Beteiligungsgesellschaften in Rotterdam und Amsterdam; Enteignung der Niederlassung in Haldensleben

**1947** Gründung einer Niederlassung in Bremen

**1948** 270 Schiffe (einschließlich der Hauspartikulierflotte) mit 221.400 Tonnen Tragfähigkeit befördern 2,4 Millionen Tonnen Güter

**1949** Gründung einer Niederlassung in Neuss

**1950** Flotte umfasst 156 Schiffe

WTAG erwirbt die Umschlag-, Lagerhaus- und Speditionsfirma Roeloffs & Co. in Oldenburg

**1951** Bau eines modernen Kühlhauses in Berlin

Errichtung einer Bimskies-Verladeanlage in Irlich/Neuwied am Rhein

Gründung der Schaumburger Umschlag- und Transportgesellschaft gemeinsam mit der Reederei Fendel (Umschlagplätze in Rusbend, Wiehagen und Vlotho) als Zweigniederlassung der Essener Hafen-und Lagerhausgesellschaft

**1952** Einrichtung eines Zweigbüros in Frankfurt/Main

**1950er-Jahre** Gründung von Niederlassungen in Mannheim, Frankfurt, Wertheim,

Nürnberg, Regensburg, Stuttgart und Plochingen sowie in Amsterdam Antwerpen und Mertert/Luxemburg

**1953** Gründung einer Geschäftstelle in Brake/Elsfleth

**1954** Cassens-Werft wird Alleineigentum der WTAG

Erwerb der Speditionsgesellschaft Saerbeck-Hafen

**1955** Erhöhung des Eigenkapitals von 9 auf 15 Millionen DM Beteiligung am Kieswerk Maas-Roeloffs & Co. in Hönnepel (Niederrhein) durch die Westfälische Speditionsgesellschaft

Gründung einer Niederlassung in Lübeck

**1956** Gründung der Wilhelmshavener Schifffahrts- und Lagerhausgesellschaft

Gründung einer Niederlassung in Mannheim

Gründung der Transport Maatschappij Westfalia in Rotterdam

**1957** WTAG verfügt über 257 eigene Fahrzeuge mit 240.000 Tonnen Tragfähigkeit, beschäftigt rund 4.000 Mitarbeiterinnen und Mitarbeiter an 40 Standorten im In- und Ausland

Indienststellung von 10 modernen Tankschiffen mit 9.000 Tonnen Tragfähigkeit

Erstausgabe der Betriebszeitung „Das Steuerrad"

**1968** Übernahme der Schlesischen Dampfer-Compagnie – Berliner Lloyd AG (SDC-BLAG) von der AG für Binnenschifffahrt (gegründet 1941 als Reichswerke AG für Binnenschifffahrt „Hermann Göring")

**1960er-Jahre** Flotte umfasst 176 Binnenschiffe, davon 102 Schleppkähne, 66 Motorgüterschiffe und acht Motortankschiffe

WTAG verfügt über insgesamt 26 Niederlassungen und 33 Beteiligungsgesellschaften

**1971** Hugo Stinnes AG (zu 95% im Besitz der VEBA) verfügt nach Übernahme der Montana über Mehrheit der WTAG Aktien, da auch die Unternehmen der Montanindustrie (Mannesmann, Krupp, Hoesch) ihre Anteile an der WTAG freigeben

**1972** Insgesamt sieben Werften der WTAG/Stinnes-Reedereien werden zur Werftunion zusammengefasst

**1975** Rhenus AG, Fendel-Stinnes Schiffahrt AG und WTAG schließen einen

Interessengemeinschaftsvertrag ab

**1976** Weiterführung als Rhenus-WTAG AG Dortmund; Flotte wird unter Stinnes Reederei AG, Fendel-Stinnes-WTAG in Duisburg geführt

Geplante Verschmelzung wird aufgeschoben um Änderung des Grunderwerbsteuergesetzes abzuwarten

**1984** Verschmelzung der WTAG auf die Rhenus AG, Löschung der WTAG aus dem Handelsregister

## Zweig- und Stichkanal Herne

Erst Bahntrasse, dann Kanal, heute Autobahn: Kaum anderswo dürfte ein Streifen Land gleich dreimal für verschiedene Verkehrsträger genutzt worden sein, wie jene drei Kilometer, die einst zum „Zweigkanal Herne“ des Dortmund-Ems-Kanals gehörten. Doch der Reihe nach.

Nach dem endgültigen Übergang zum Staatsbahnsystem nahm die Preußische Eisenbahnverwaltung in den 1880er-Jahren fallweise einst zu Konkurrenzzwecken gebaute Strecken(-abschnitte) außer Betrieb, darunter auch den von Dortmund-Bodelschwingh nach Herne-Crange der Westfälischen Emschertalbahn. Schon mal im Besitz dieser Trasse, so wurde in einer Änderungsvorlage zum Kanalbaugesetz von 1886 argumentiert, könnten kostengünstig die industriellen Anlagen auf dem linken Emscherufer an die neue Wasserstraße angeschlossen werden. Unausgesprochen war dies zugleich auch die von der Regierung gewünschte, aber im Parlament zunächst nicht durchsetzbare Fortführung des Kanals zum Rhein hin (➜ **Geschichte**). Und so entstand neben der Hauptstrecke des DEK noch ein 10,94 Kilometer langer Kanal nach Herne, der im Unterwasser des ➜ **Schiffshebewerks Henrichenburg** abzweigte und schleusungsfrei bis vor die Tore des Schlosses Strünkede führte, um in einem Hafenbecken, dem Stadthafen Herne, zu enden – der Zweigkanal Herne.

Herne erhoffte sich viel von diesem Hafen, doch seine Bedeutung blieb eher begrenzt. Ein großer Übergabebahnhof zur Vernetzung von Schienen- und Kanalverkehr, wie er in den Kanalvorlagen angedacht war, wurde nie gebaut. Denn aus einem Hafen am Endpunkt einer Wasserstraße sollte später ja ein Durchgangshafen werden, wenn der Kanal weitergebaut wurde. Trotzdem entstand just in Herne der in den ersten Betriebsjahren bedeutendste Verladeplatz für ➜ **Kohle** am DEK. Das 1870 gegründete Bergwerksunternehmen „Gewerkschaft Friedrich der Große“ (im Volksmund auch „Piepenfritz“ genannt), deren Grubenfeld vom neuen Kanal durchschnitten wurde, nutzte die Gelegenheit und legte bei Kanalkilometer 9,95 einen Privathafen an. Hier wurde mithilfe von Kreiselkippern und Rutschen die Kohle der Schachtanlagen I und II verladen und ein Dampfkran löschte Grubenholz und

Die Zeche „Friedrich der Große“ legte in der Gemeinde Horsthausen (1908 eingemeindet nach Herne) am Kanal einen Hafen für die Verschiffung von Kohle an

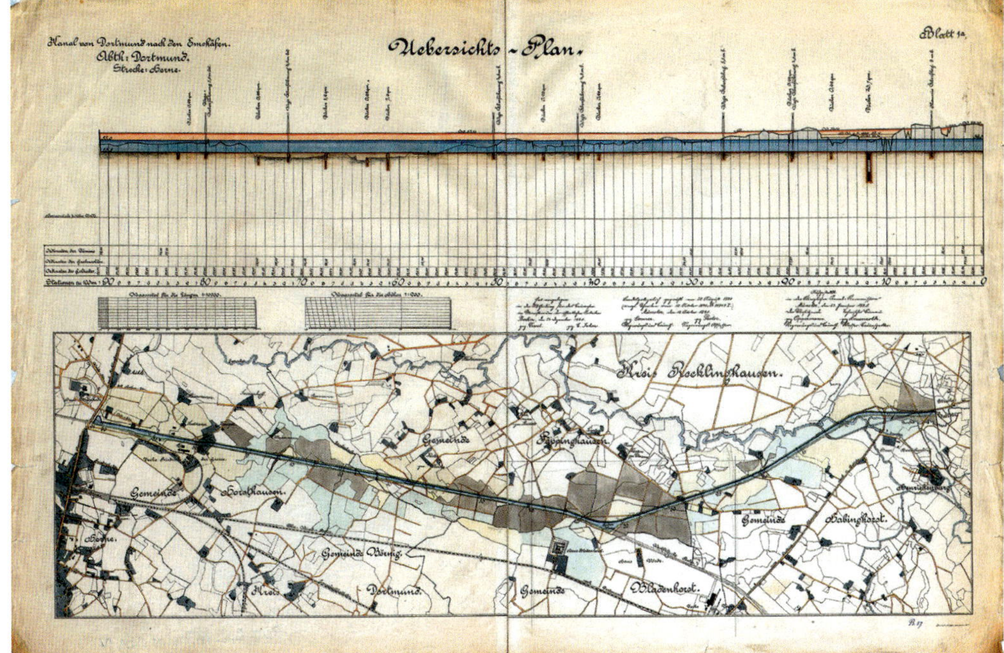


Die Trasse des Zweigkanals nach Herne führte Ende des 19. Jahrhundert noch durch kaum besiedelte Gebiete und nutzte eine aufgegebene, sich im Staatsbesitz befindliche Bahntrasse

Dia aus den 1960er-Jahren: Blick auf die inzwischen abgerissene Schleusengruppe Herne (Ost/West von 1914) und das sogenannte Herner Meer (Verbreiterung des Kanals oberhalb der Schleuse Herne Ost zum Vorhafen der Schleuse)

Material. Wenige Kilometer weiter bei Kanalkilometer 7,5 wurde im Herbst 1898 ein weiterer Hafen der Zeche „Gewerkschaft König Ludwig" fertiggestellt, gedacht auch für den Umschlag von Kohle aus dem gesamten Einzugsgebiet von Recklinghausen. Neben einem Kohlenkipper wurde ein 4-Tonnen-Kran eingesetzt. Die beiden Zechenhäfen – ein dritter der Zeche „Victor" in Rauxel war unbedeutend – schlugen zunächst deutlich mehr Kohle um als die beiden eigentlich als Kohlehäfen gedachten Anlagen in → **Dortmund** und Hardenberg. Im Jahr 1905 beispielsweise betrug das Verhältnis 181.000 Tonnen zu 36.000 Tonnen, was vor allem daran lag, dass die Zechen am Zweigkanal eine der wenigen Ausnahmegenehmigungen des Rheinisch-Westfälischen Kohlen-Syndikats zur Abfuhr ihrer Produkte auf dem Wasserwege statt mit der Eisenbahn erhielten.

Foto aus den 1960er-Jahren, als der Kanal zugefroren war. Vermutlich hat der Mann mit den zwei Eimern Wasser aus einem nahegelegenen Gebäude, in dem eine Arbeitsvermittlung für Binnenschiffer ansässig war, geholt

Mit dem preußischen Wasserstraßengesetz vom 1. April 1905 wurde auch der Bau des → **Rhein-Herne-Kanals** beschlossen. Man wählte als Ausgangspunkt das Ende des Hafenkanals am Becken C der Duisburg-Ruhrorter Häfen und als Endpunkt eine Einmündung in den Zweigkanal Herne etwa drei Kilometer vor dessen Ende. Bautechnisch ergab sich an dieser Stelle eine schwierige Situation, da der Wasserstand des neuen – schräg in den vorhandenen Kanal einschneidenden Kanalbetts – 3,5 Meter über dem Gelände lag und sich am Nordufer der Werkshafen der Zeche König Ludwig, ein Parallelhafen mit östlich anschließendem Wendebecken, befand. Das Umschlagufer musste zunächst durch einen neuen Stichhafen ersetzt werden, während das Wendebecken erhalten blieb und später als Liegeplatz für die Dampfschlepper genutzt wurde (heute eine Marina für Sportboote). Man ließ einen Trenndamm zwischen alter und neuer Kanalstrecke stehen, in dessen Schutz die Schleuse Herne-Ost (das „Ausgangstor" zum DEK) gebaut wurde. Nach Ausgleich der Wasserstände wurde der Damm weggebaggert.

Der einstige Zweigkanal Herne bestand nun aus einem drei Kilometer langen Stichkanal, auch „Stadtstrecke" Herne genannt, und dem Verbindungsstück zwischen RHK und DEK, das erst im Jahr 1950 offiziell dem RHK zugeordnet und Teil von ihm wurde. In diesem Abschnitt befindet sich auch ein Durchlass für die Emscher, der während der Ruhrbesetzung 1923 gesprengt wurde, um den Abtransport von Kohle nach Frankreich zu sabotieren. Zunächst wurde das Bauwerk nur notdürftig repariert, 1929 im Rahmen des Baus einer → „**Zweiten Fahrt**" neu gebaut. Die „Alte Fahrt" wurde vom Kanal abgetrennt und dient seitdem der Freizeit und dem Sport. Im Jahr 2012 wurde 200 Meter weiter nördlich (heute Kanalkilometer 42,8 des RHK) ein drittes neues Durchlassbauwerk in Betrieb genommen.

Den kurzen Stichkanal ereilte ein anderes Schicksal. Im Jahre 1934 kam es durch erhebliche → **Bergsenkungen** fast zu einem Dammbruch in Herne-Horsthausen. Daraufhin wurden die Dämme zwar noch einmal beträchtlich verstärkt, jedoch konnte die zerstörerische Wirkung der Bergschäden auf das Kanalbett nicht aufgehalten werden. Bei geringem Verkehr in den Stadthafen von Herne lohnten sich auch weitere Uferaufhöhungen nicht mehr. Außerdem benötigte man schon immer ei-

Der 12. Januar 1938 besiegelte das Ende des Stichkanals nach Herne, als durch eine Dammsprengung das Wasser abgelassen wurde. Bergsenkungen waren die Ursache, das Kanalstück wurde aufgegeben

Noch gut zu erkennen auf dieser Luftaufnahme ist das einstige Kanalbett des aufgegebenen Stichkanals. 1975 wurde auf ihm ein Teilstück der BAB 42 freigegeben. Zur Erstellung der ersten Packlage für die Trasse und zur teilweisen Verfüllung des leeren Kanalbetts wurde Gestein der Halde der ehemaligen Schachtanlage „Friedrich der Große" I/II verwendet. Von Herne-Baukau in Fahrtrichtung Castrop-Rauxel kann man den früheren Verlauf dieser Wasserstraße noch an der schnurgeraden Straßenführung erkennen

nen Liegehafen im Raum Herne, da sich hier auf Befrachtung wartende Fahrzeuge drängten. Denn der RHK war damals hauptsächlich ein Hafenkanal mit überwiegendem Ziel- und Quellverkehr, wo viele auf Order wartende Schiffe vergeblich freie Liegeplätze suchten.

Aus diesem Grunde wurde der Stichkanal nebst Hafen der Zeche Friedrich der Große I/II im Oktober 1937 stillgelegt. Der 12. Januar 1938 besiegelte das Ende dieses Kanalstücks, als durch eine Dammsprengung das Wasser abgelassen wurde, nachdem es bis auf einen kleinen Zipfel und den im Jahr 1915 errichteten Werkshafen Friedrich der Große III/IV mit einer Spundwand vom RHK abgetrennt worden war. An der bisherigen Abzweigstelle wurde nun der lang ersehnte Liegehafen Herne gebaut und im Jahr 1939 fertiggestellt. Teile des leeren Kanalbetts wurden sofort zugeschüttet und anderweitig genutzt. Heute wird die Bundesautobahn 42 (der so genannte „Emscherschnellweg") zwischen den Auffahrten Herne-Börnig und Herne-Baukau über diese Trasse geführt. Die Anlagen des Kleingartenvereines „Im Stichkanal" orientieren sich ebenfalls am Verlauf des ehemaligen Kanalbettes.

## Zweite Fahrten

Im Kanalbau wird als „Zweite Fahrt" die neben eine bereits existierende „Erste Fahrt" angelegte – weitere – Trasse bezeichnet. Der Bau solcher „Bypässe" wird insbesondere dann vorgenommen, wenn → **Ausbau** und Erweiterung eines Kanals auf vorhandener Trasse sich als schwer durchführbar, zu kostspielig oder nicht sinnvoll erweisen. Insgesamt zehn solcher Umgehungen, die seit Fertigstellung als „Neue Fahrten" von der Schifffahrt genutzt werden, wurden beim Ausbau des Dortmund-Ems-Kanals geschaffen. Mit den dabei entstandenen „Alten Fahrten" wurde sehr unterschiedlich verfahren.

Im Rahmenentwurf für den Ausbau des DEK vom Sommer 1928 war der Bau von neun Zweiten Fahrten mit einer Gesamtlänge von 34 Kilometern für die → **Südstrecke** vorgesehen, wo ein Ausbau auf vorhandener Trasse als zu schwierig erschien. Für die → **Nordstrecke** war als Zweite Fahrt ein 80 Kilometer langer → **Seitenkanal Gleesen-Papenburg** geplant, der aber nie verwirklicht wurde. Mit der Zweiten Fahrt „Emscher" hingegen war bereits 1926 begonnen worden, da der

Die Linienführung südlich von Münster im heutigen Stadtteil Hiltrup war besonders ungünstig, da hier der Kanal in einer scharfen Kurve von Ost nach Nord umschwenkte. Das Foto zeigt eine Baustelle der Zweiten Fahrt mit Feldbahn aus dem Jahr 1951

während der Ruhrbesetzung 1923 als Sabotagemaßnahme gesprengte Emscherdurchlass dringend ersetzt werden musste (→ **Zweigkanal Herne**). Am 19. Oktober 1929 wurde das ein Kilometer lange Teilstück in Betrieb genommen.

Ein besonderes Problem stellte der nächste in Angriff genommene Streckenabschnitt im Raum Olfen dar. Ein Ausbau der Trasse mit zwei Kanalbrücken über → **Lippe** und → **Stever**, drei Kanalbrücken über Straßen und zwei → **Sicherheitstoren** zu Beginn und am Ende, wäre wegen der beengten Verhältnisse der Bauwerke technisch kaum machbar und auch nur unter jahrelanger Sperrung des Kanals umsetzbar gewesen. Außerdem wurden von 8,65 Kilometern Gesamtlänge 5,6 Kilometer auf einem über 12 und 2,8 Kilometer auf einem über neun Meter hohen Damm geführt. Man entschied sich deshalb für eine neue 9,2 Kilometer lange, westlich verlaufende Kanalstrecke, bei der wie bei der alten tiefe Einschnitte ins Gelände und zwei Dammstrecken im Auftrag von bis zu 15 Metern Höhe bewältigt werden mussten. Vier neue Kanalbrücken mit Stahltrögen von 30 Metern lichter Breite und einer Wassertiefe von 3,50 Metern mussten gebaut werden, bei denen spätere Verschiebungen der Bauteile infolge von → **Bergsenkungen** zu berücksichtigen waren. Die Gesamtarbeiten, bei denen in der NS-Zeit auch Häftlinge aus dem KZ Börgermoor eingesetzt wurden (ein Strafgefangenenlager, in dem das berühmte Lied „Die Moorsoldaten" entstand), konnten 1938 abgeschlossen werden. Beim Bau entstand der Ternscher See, in dem man beim Ausbaggern Fossilien wie Mammutstoßzähne, Rhinozerosschädel und Rentierknochen gefunden hat. Der See mit einer Wasserfläche von rund 15 Hektar, dessen tiefste Stelle bei etwa neun Metern liegt, hat keine Zu- oder Abflüsse, sondern wird aus Bodenquellen gespeist. Beim „Anschneiden" dieser Bodenquellen ist der See seinerzeit ungewollt entstanden. Dabei soll das Wasser so schnell aufgelaufen sein, dass man Schienen, Loren und anderes Gerät gar nicht mehr entfernen konnte, so dass sie noch auf dem Seegrund liegen sollen.

Zweite Fahrt Olfen: Das Foto zeigt einen Vermessungsingenieur bei seiner Arbeit

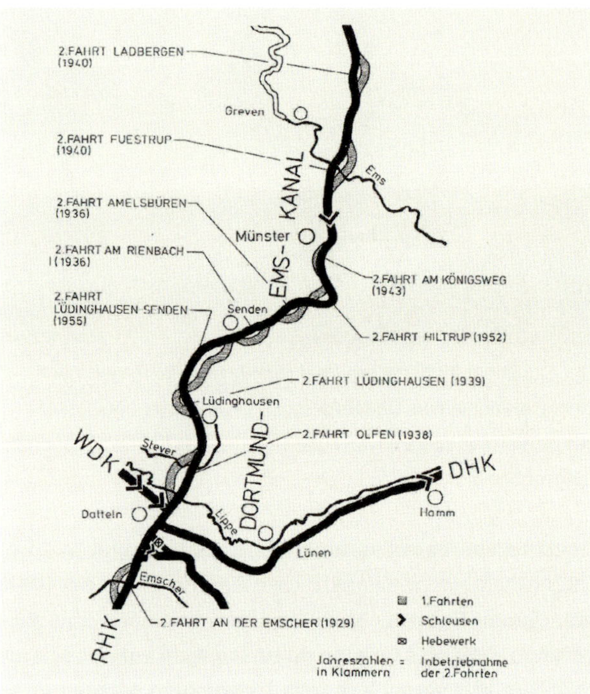



Karte der Wasserstraßen- und Schifffahrtsverwaltung mit eingezeichneten Zweiten Fahrten und Jahr ihrer jeweiligen Fertigstellung

Die „Alte Fahrt" Olfen wurde zunächst nicht stillgelegt, sondern als Reserve- und Ausweichstrecke weiter genutzt. In den Nachkriegsjahren diente sie den langsam fahrenden → **Schleppzügen** zur Durchfahrt im Richtungsverkehr, während die immer mehr aufkommenden Selbstfahrer die Neue Fahrt nutzten (→ **Überholstrecken**). Durch Planfeststellung wurde 1986 nach jahrelangen Diskussionen ein Rückbau der Alten Fahrt beschlossen, wobei ein Teil des Kanals und insbesondere die unter Denkmalschutz stehenden Brücken erhalten blieben. Vom → **Dattelner**

Alte Fahrt Olfen: In von Querdämmen abgeschotteten, renaturierten Abschnitten und bei aus Sicherheitsgründen abgesenktem Wasserstand entstand ein langes, mit Bäumen bepflanztes Biotop, das am ehemaligen Stadthafen von Olfen endet. In der Stadtmitte wurde der Kanal zugeschüttet. Im Ortszentrum wurde die Alte Fahrt zu einem langgestreckten Grünzug auf einem hohen Damm mit Baumlehrpfad. Erst am nördlichen Ende, wo die alte Trasse auf die Zweite Fahrt trifft, ist ein kleiner idyllischer Yachthafen in unmittelbarer Nähe des erhaltenen Sicherheitstores von 1899 entstanden

**Meer** bis kurz vor Olfen ist der alte Kanalcharakter noch erhalten. Auf der alten Trasse verläuft heute der → **Fernradwanderweg** DEK.

Auch mit dem Bau der übrigen acht Zweiten Fahrten wurde noch vor dem Zweiten Weltkrieg begonnen. Da der Kanal für das neue → **Bemessungsschiff** mit 1.500 Tonnen Tragfähigkeit im Begegnungsverkehr ausgebaut werden sollte, galt es auch, etliche Krümmungsstrecken zu begradigen. Hier war eine Begegnung von Schleppzügen wasserpolizeilich verboten, was zu Zwangspausen von im Schnitt mehr als einer Stunde führte. Waren die Krümmungen besonders klein und ungünstig, entschied man sich für einen Neubau als Zweite Fahrt. Fertiggestellt wurden zunächst nur die Zweiten Fahrten Amelsbüren (1936), Am Rienbach (1936), Lüdinghausen (1939), Ladbergen/Glane (1940), Fuestrup mit einer neuen Kanalbrücke über die Ems (1940) sowie Münster/Königsweg (1943). Unvollendet blieben die Abschnitte Hiltrup und die Nordstrecke von Lüdinghausen bis Senden, die erst im Zuge der Ausbaumaßen nach dem Krieg vollendet wurden (1952 bzw. 1955). Interessanterweise wurde der Kanal bei Ladbergen in seine alte „Erste Fahrt" wieder rückverlegt, als man ihn für das „Europaschiff" ausbaute (→ **Ausbau**). Zuvor mussten in den Jahren 1977 bis 1989 hier aufwändige Bombenräumungen vorgenommen werden (→ **Kriegszerstörungen**).

Der Blick auf eine Landkarte von heute zeigt, dass von den alten Kanaltrassen Am Rienbach (bis auf einen Zipfel, der als Yachthafen genutzt wird), Münster Königsweg (bis auf ein Teilstück, das als „Dreieckshafen" genutzt wird) und Ladbergen nichts mehr erhalten ist, während die Schleife Hiltrup, wo noch viele Jahre ein kleiner Hafen betrieben wurde, weiterhin durchgehend befahren werden kann. Die Alten Fahrten bei Senden und Lüdinghausen wiederum sind mit aufgeschütteten Dämmen als Unterbrechung abschnittsweise als Altarme erhalten geblieben, die unter anderem als → **Angel**-, → **Ruder- und Sportbootreviere** genutzt werden. Eine besondere Situation hat sich in Fuestrup mit seiner Kanalüberfahrt ergeben (→ **KÜ Fuestrup**).

Der Verzicht auf den Seitenkanal führte auch zum Bau einer Zweiten Fahrt in der Nordstrecke. Gebaut wurde sie zur Umgehung der Sperrschleuse → **Hanekenfähr** mit einem einfachen Sperrtor, nachdem man das dortige → **Wehr** vergrößert hatte.

In den ersten Jahren nach dem Zweiten Weltkrieg wurden die Alten Fahrten von den langsamen Schleppzügen noch genutzt. Für diese Aufnahme stand der Fotograf auf der Hiddingseler Brücke, die das Teilstück Senden-Lüdinghausen quert

# ANHANG

## Literaturverzeichnis

Dem Dortmund-Ems-Kanal und seinen beiden Endhäfen Dortmund und Emden sind Festschriften gewidmet, die anlässlich ihrer feierlichen Einweihungen in den Jahren 1899 und 1901 erschienen. Sie gelten heute als antiquarische Raritäten und beeindrucken mit ihrer opulenten Ausstattung. Die etwa DIN A3 großen Bände sind in grünes Leinen gebunden, auf dem Titel prangt jeweils der preußische Adler in Goldprägedruck, im Inneren finden sich großformatige (zum Teil aufzuklappende) lithographierte Karten, Heliogravüren, Zeichnungen und ganzseitige Foto-Bildtafeln, geschützt durch Blätter aus Seidenpapier. Die Texte sind demgegenüber schon fast nüchtern gehalten, spiegeln gleichwohl den damaligen Zeitgeist einer auf ihre technischen Leistungen stolzen und aufstrebenden Industriegesellschaft wider.


**Achilles, Fritz W. (1985):** Zechensterben – Hafensterben? in: Deutsches Schiffahrtsarchiv 8. Wissenschaftliche Zeitschrift des Deutschen Schifffahrtsmuseums. Bremerhaven, S. 255–284.

**Arbeitsgemeinschaft Dortmund-Ems-Kanal (1950):** Die Nordstrecke des Dortmund-Ems-Kanals. Wiederaufnahme der Erneuerungs- und Ausbauarbeiten als vordringlichste Aufgabe der bundesstaatlichen Wasserstraßenpolitik. Dortmund.

**Boegehold, Franziska (2016):** Der „Stau". Rund um den Oldenburger Hafen. Oldenburg.

**Bolenz, Eckard (1991):** Wettbewerb der Standorte und Transportsysteme – Die Entwicklung des nordwestdeutschen Verkehrsnetzes und die Duisburg-Ruhrorter Häfen im 19. und beginnenden 20. Jahrhundert, in: Hafen-Zeit. Der Lebensraum Rhein-Ruhr. Hafen Duisburg. Tübingen, S. 75–99.

**Boyer, Helmut (1977):** Venhaus. Geschichte und Leben eines kleinen Ortes. Emsbüren.

**Busemann, Anton / Busemann, Bernhard (1979):** Dörpen – Beiträge zur Geschichte der Gemeinde. Dörpen.

**Clasmeier, Hans-Dieter (2013):** 100 Jahre Große Seeschleuse in Emden. Geschichte eines Meisterwerks der Ingenieurskunst. Schriftenreihe des Stadtarchivs Emden. Band 11. Emden.

**Dittmar, Fritz (1929):** 30 Jahre Dortmunder Hafen. Städtische Hafenverwaltung. Dortmund.

**Corinth, Ernst (2005):** Jährlich bis zu 21 Mio. t über Wesel-Datteln-Kanal. Binnenschifffahrt 6/2005. Hamburg.

**Corinth, Ernst (2005):** Die Bedeutung der künstlichen Wasserstraßen im Ruhrgebiet. Verbandszeitschrift des IWSV 6/2005. Magdeburg.

**Detlefsen, Gert Uwe (2000):** 125 Jahre Cassens-Werft. Über 300 Jahre Schiffbau in Emden. Bremen.

**Duisburger Hafen AG (2016):** 300 Jahre Duisburger Hafen. Duisburg.

**Echterhoff, Gebrüder (2010):** Auf Partnerschaft gebaut. Westerkappeln-Velpe.

**Eckold, Martin (1998):** Flüße und Kanäle. Die Geschichte der deutschen Wasserstraßen. Hamburg.

**Ellerbrock, Bernd (2017):** Der Mittellandkanal. 325 Kilometer Wasserstraße von A bis Z. Hövelhof.

**Ellerbrock, Karl-Peter (1999):** Dortmunds Tor zur Welt. Einhundert Jahre Dortmunder Hafen. Essen.

**Ellerbrock, Karl-Peter (2014):** Der Dortmunder Hafen. Geschichte – Gegenwart – Zukunft. Münster.

**Emsländischer Heimatbund (1999):** 100 Jahre Dortmund-Ems-Kanal. Die Geschichte einer Wasserstraße im Emsland. Sögel.

**Entfernungsanzeiger für den Dortmund-Ems-Kanal und die Ems von Papenburg bis Emden (1901).** Münster.

**Engelskirchen, Lutz (1999):** Museum Altes Schiffshebewerk Henrichenburg. Das Oberwasser. Wasserbau. Umschlag. Werftbetrieb. Essen.

**Erpenbeck, Maria (1928):** Emdens Entwicklung im Rahmen der europäischen Seeschiffahrt seit Bau des Dortmund-Ems-Kanals. Inaugural-Dissertation. Papenburg.

**Festschrift zur Eröffnung des Dortmund-Ems-Kanals (1899).** Berlin.

**Franzius, Otto (1930):** Die Wasserwege Niedersachsens. Hannover.

**Frauengeschichtswerkstatt der VHS (1999):** Zu Wasser und zu Lande. Frauenalltag in der Binnenschifffahrt. Datteln.

**Frommeyer, Fritz / Lögters, Herbert (1959):** Erdöl und Erdgas im Emsland. Bentheim.

**Fürbringer, Leo (1902):** Emden. Ein Führer durch seine Baugeschichte, Sehenswürdigkeiten und Hafenanlagen. Emden.

**Geck, Fritz (1891):** Der binnenländische Rhein-Weser-Elbe-Kanal. Eine gemeinfaßliche Darstellung der Lage, der technischen Einzelheiten und des Nutzens. Im Auftrage des Vereins für Hebung der Fluss- und Kanal-Schiffahrt für Niedersachsen zu Hannover. Hannover.

**Geck, Fritz (1904):** Kanal ABC. Kurze Angaben aus den Drucksachen zu den Preußischen Kanalvorlagen von 1899, 1901 und 1904. Hannover.

**Geitel, M. (1894):** Dortmund-Ems-Kanal bearbeitet nach Angaben der Königlichen Kanal-Kommission in Münster. Maßstab 1:200.000. Mit einer kurzen Beschreibung. Berlin.

**Generaldirektion Wasserstraßen und Schifffahrt (2014, 2015, 2016):** Die Wasser- und Schifffahrtsverwaltung. Informationsschriften. Bonn.

**Generaldirektion Wasserstraßen und Schifffahrt – Außenstelle West (2014):** Verkehrsbericht 2013. Niederrhein und westdeutsches Kanalnetz. Münster.

**Gießmann, Thomas (1999):** 100 Jahre am Dortmund-Ems-Kanal. Zur Bedeutung des Kanals für die Emsstadt Rheine. Rheine gestern heute morgen 1/99. 42. Ausgabe. Rheine, S. 61–77.

**Gursch, Paulheinz (1989):** Die bauliche Entwicklung des Rhein-Herne-Kanals und seiner Anlagen im Laufe von 75 Jahren. Zeitschrift für Binnenschifffahrt und Wasserstraßen Ausgabe 4/1989. Hamburg, S. 142–150.

**Harries, Dietrich (1987):** Geschichte der Wasser- und Schiffahrtsverwaltung, in: Schiffahrt – Handel – Häfen. Beiträge zur Geschichte der Schiffahrt auf Weser und Mittellandkanal. Minden, S. 399–418.

**Haverkamp, Christof (1991):** Die Erschließung des Emslandes im 20. Jahrhundert als Beispiel staatlicher regionaler Wirtschaftsförderung. Sögel.

**Heimat- und Verkehrsverein Haren / Ems und Umgebung e.V. (1982):** Die Harener Pünte. Ein Schiff macht Geschichte. Haren.

**Heinz, Michael (2005):** Die verkehrswirtschaftliche Bedeutung des Weser-Datteln-Kanals wächst – Betrachtungen zu Verkehr und Betrieb. Zukünftige Entwicklungen. Binnenschifffahrt 6/2005. Hamburg

**Hoffmann, Werner (1956):** Rheine und sein Hafen, in: Alle Fäden laufen durch Rheine. Eine Verkehrsgeschichte des Emstales. Rheine.

**Högemann, Josef (1998):** Die Teutoburger Wald-Eisenbahn. Nordhorn.

**Horn, Hannelore (1964):** Der Kampf um den Bau des Mittellandkanals. Eine politologische Untersuchung über die Rolle eines wirtschaftlichen Interessenverbandes im Preußen Wilhelms II. Köln.

**Isensee, Ulrike (1979):** Der Küstenkanal. Oldenburg.

**Kersting, August (1956):** Die alte Emsschiffahrt, in: Alle Fäden laufen durch Rheine. Eine Verkehrsgeschichte des Emstales. Rheine.

**Kleinebenne, Andreas (1999):** Straße mit Vorfahrt. 100 Jahre Dortmund-Ems-Kanal. Herausgegeben von der Wasser- und Schifffahrtsdirektion West. Essen.

**Knollmann, Heribert (1999):** Die Entwicklung des Dortmund-Ems-Kanals am Beispiel der Schleuse Altenrheine. Rheine gestern heute morgen 1/99. 42. Ausgabe. S. 77–105. Rheine.

**König, Wolfgang (2007):** Wilhelm II. und die Moderne. Der Kaiser und die technisch-industrielle Welt. Paderborn.

**Koss, Richard (1927):** Die Wassereisenbahn. Ein Schleppsystem auf Kanälen und Flüssen ohne Inanspruchnahme der Ufer. Berlin.

**Krabbe, Wolfgang (1985):** Arbeitssituation und soziale Lage der Arbeiter beim Bau des Dortmund-Ems-Kanals, in: Das Schiffshebewerk Henrichenburg. Westfälisches Industriemuseum. Schriften, Band 1. Hagen, Seiten 1–66.

**Krolewsky Dr., Harry (1994):** Vom Plan zur Wirklichkeit. 25 Jahre Brauchwasserversorgung auf den westdeutschen Schiffahrtskanälen. Essen.

**Kubiak, Achim (2009):** Faszinierendes Ruhrgebiet. Augenblicke am Rhein-Herne-Kanal. Essen.

**Kuhlbrodt, Ernst (1956):** Der Dortmund-Ems-Kanal, in: Alle Fäden laufen durch Rheine. Eine Verkehrsgeschichte des Emstales. Rheine, Seiten 83–99.

**Ley, Anne (2010):** Museum der Deutschen Binnenschifffahrt Duisburg-Ruhrort. Führer durch die Ausstellung. Essen.

**Limann, Georg (1955):** Der Küstenkanal. Entwicklungsgeschichte der Kanalverbindung zwischen Niederweser und Ems von 1811 bis 1935, in: Oldenburger Jahrbuch des Oldenburger Landesvereins für Geschichte, Band 55, Teil 2, S. 1–56.

**Mathies, Hermann (1899):** Der Hafen von Dortmund. Denkschrift zur Feier der Hafeneinweihung. Dortmund.

**Minister für Öffentliche Arbeiten (1902):** Der Bau des Dortmund-Ems-Canals. Text und Atlas. Berlin.

**Niedersächsisches Wirtschaftsministerium (1976):** Seehafen Emden. Hannover.

**Niedersächsisches Wirtschaftsministerium (2014):** Die niedersächsischen Häfen im Profil. Zahlen – Daten – Fakten. Hannover.

**Nordland Papier (1991):** Ein Vierteljahrhundert Papier aus dem Emsland. Dörpen.

**Packheiser, Michael (2000):** Die Zukunft liegt auf dem Wasser. 100 Jahre Elbe-Lübeck-Kanal. Lübeck.

**Peters Dirk J. (2003):** Die Nordseewerke 1903–2003. Emden.

**Pietrowski, Barbara (2008):** Kanalgesichter. Menschen zwischen Dortmund und Emden. Oldenburg.

**Prüsmann, Adolf, Königlicher Wasserbau-Bauinspektor (1899):** Denkschrift über den Entwurf eines Rhein-Elbe-Kanals. Berlin.

**Regionalverband Ruhr (2008):** route industriekultur. Kanäle und Schifffahrt. Duisburg.

**Reichsverkehrsministerium (1938):** Der Mittellandkanal. Berlin.

**Rischmüller, Friedrich (1990):** Kleine Hafengeschichte Emdens, in: Im Dienste der Schiffahrt. Über 175 Jahre staatlicher Wasserbau in Emden. WSA Emden. Emden.

**Rommé, Barbara (Hrsg. 1999):** Der Hafen von Münster. 100 Jahre Dortmund-Ems-Kanal. Stadtmuseum Münster. Münster.

**Ruppert, Jürgen / Zach, Jürgen (2003):** Die westdeutschen Schifffahrtskanäle und die Lippe. Wasserwirtschaft 10/2003. Wiesbaden.

**Santjer, Hinrich (1955):** Der Emder Hafen. Emden, Stadt der Schifffahrt und Schiffbaus. Emden.

**Schepers, Gerd / Wessels, Reinhard (2004):** Zur Geschichte der Harener Binnen-, Küsten- und Seeschifffahrt. Dörpen.

**Schierk, Hans Friedrich (1985):** Konstruktion und Bau des Mehrschwimmerhebewerks bei Henrichenburg, in: Das Schiffshebewerk Henrichenburg. Westfälisches Industriemuseum. Schriften, Band 1. Hagen, Seiten 79–113.

**Schiffahrtverband für das westdeutsche Kanalgebiet e. V. (1955):** Die Straße, die alle Ströme vereint – Hundert Jahre Kanalgedanke. Dortmund.

**Schiffahrtverband für das westdeutsche Kanalgebiet e. V. (1967):** Die Kanalschifffahrt im Jahre 1966/67. 60 Jahre Verbandsarbeit. Dortmund.

**Schiffer-Transport-Verein Haren (1956):** Festschrift anläßlich des 50jährigen Bestehens. Haren.

**Schinkel, Eckhard (1996):** „Schlepper packen auf". Erinnerungen an den Monopol-Schleppbetrieb auf den westdeutschen Kanälen. Dortmund

**Schinkel, Eckard (1997):** Schlepper „Mignon". 100 Jahre Schleppschifffahrtsgeschichte auf den westdeutschen Kanälen. Dortmund.

**Schinkel, Eckhard (2005):** Totaler Arbeitseinsatz für die Kriegswirtschaft. Zwangsarbeit in der Binnenschifffahrt 1940–1945. Essen.

**Schinkel, Eckhard (2009):** Das alte Schiffshebewerk Niederfinow. Historische Wahrzeichen der Ingenieurbaukunst in Deutschland. Band 1. Herausgegeben von der Bundesingenieurkammer. Berlin.

**Schirsching, Jürgen (2015):** Schifffahrt auf dem Mittellandkanal. Erfurt.

**Schloßer, Rosemarie (1999):** Majestät und Santa Monika. 100 Jahre Dortmund-Ems-Kanal auf Fotografien aus dem Stadtarchiv. Datteln.

**Schmidt, Georg (1909):** Der Hafen von Dortmund. Denkschrift über den Ausbau und die Entwicklung im ersten Jahrzehnt. Dortmund.

**Schneider, Hermann / Schickling, Willi / Küch, Rolf (1954):** Die Wiederentdeckung der Wasserstraßen. Das Buch von der deutschen Binnenschifffahrt. Frankfurt.

**Schutte, Heinrich (1955):** Der Küstenkanal in Betrieb und Ausbau seit 1935, in: Oldenburger Jahrbuch des Oldenburger Landesvereins für Geschichte, Band 55, Teil 2. Oldenburg, Seiten 57–82.

**Schweckendieck, Carl (1901):** Der Hafen von Emden. Festschrift zur Eröffnung des Neuen Emder Seehafens durch Seine Majestät den Kaiser und König Wilhelm II. im August 1901. Berlin.

**Stadt Meppen (2006):** Geschichte der Stadt Meppen. Meppen.

**Stengel, Torsten (2010):** Die Baugeschichte des Küstenkanals, in: Zwischen Weser und Ems, Schriftenreihe der WSD Nordwest, Heft 44. Emden, Seiten 23–30.

**Strähler, Walter (1999):** Zwischen Rhein, Ruhr und Nordsee – Die Geschichte der Westdeutschen Kanäle. Historisches vom Strom, Band 18. Gelsenkirchen.

**Straukamp, Werner (2007):** Zur Geschichte der Wasserstadt Nordhorn. Eine Dokumentation des Stadtmuseums Povelturm. Nordhorn.

In ihren Boomjahren konnten Ansichtskarten aus solchen Automaten erworben werden. Dieser stammt aus dem Jahr 1910 und wurde als Modell „Universum" von der Sächsischen Automaten & Türschließer AG hergestellt

**Sympher, Leo (1920):** Die preußischen Wasserstraßen in Vergangenheit und Zukunft. Vortrag, gehalten in der preußischen Landesversammlung. Zentralblatt der Bauverwaltung Nr. 2/1921. Berlin.

**Verband der Evangelischen Binnenschiffergemeinden (2003):** Kurs auf den Menschen. Evangelische Schifferseelsorge in Deutschland. Stuttgart.

**Verein für europäische Binnenschifffahrt und Wasserstraßen e.V. (1959, 1969, 2014):** Europäischer Schif(f)fahrts- und Hafenkalender (WESKA). Duisburg.

**Verein zur Förderung des Baues eines Großschifffahrtsweges vom Rhein zur Nordsee (1912):** Der Rhein-See-Kanal. Köln.

**Verein zur Förderung der Erbauung eines Kanals von Dortmund nach den Rheinhäfen Duisburg-Ruhrort (1895):** Dortmund-Rheinkanal (Süd-Emscher-Linie). Düsseldorf.

**von Seggern, Friedrich / Wietelmann, Marion (1957):** 100 Jahre Ems-Jade-Kanal. Geschichte und Bedeutung einer Wasserstraße, in: Oldenburger Jahrbuch. Oldenburg, Seiten 243–272.

**Wasserverband Westdeutsche Kanäle (2016):** Jahresbericht 2015. Essen.

**Wasserstraßendirektion Münster/Arbeitsgemeinschaft Dortmund-Ems-Kanal / Verein zur Wahrung der Schiffahrtsinteressen des westdeutschen Kanalgebietes (1949):** Fünfzig Jahre Dortmund-Ems-Kanal. Eine Folge von Aufsätzen aus Anlaß des fünfzigjährigen Bestehens des Dortmund-Ems-Kanals. Münster.

**Wasserstraßen-Neubauamt Datteln (2013):** Hier wird Vergangenheit bewahrt. Denkmalschutz am DEK-Nord. Informationsschrift. Datteln.

**Wasserstraßen-Neubauamt Datteln (2014):** Neue Zwillingsschleuse Münster. Moderne Verkehrstechnik für den Dortmund-Ems-Kanal. Informationsschrift. Datteln.

**Wasser- und Schifffahrtsverwaltung des Bundes/ Wasserverband Westdeutsche Kanäle (ohne Datum):** Speisung des westdeutschen Kanalnetzes. Informationsschrift. Münster/Essen.

**Wasser- und Schiffahrtsamt Emden (1990):** 175 Jahre staatlicher Wasserbau in Emden 1814–1989. Emden.

**Wasser- und Schifffahrtsamt Rheine (2014):** Der Dortmund-Ems-Kanal. Ausbau der Stadtstrecke Münster. Informationsschrift. Rheine.

**Wasser- und Schifffahrtsdirektion Mitte (1998):** Leo Sympher. Leben und Wirken. Hannover.

**Westfälisches Landesmuseum für Industriekultur (2011):** Schiffshebewerk Henrichenburg. Museumsführer. Essen.

**Westfälisches Landesmuseum für Industriekultur (2014):** 100 Jahre Rhein-Herne-Kanal. Die Wasserstraße mitten durchs Revier (Ausstellungskatalog). Essen.

**Westfälische Transport Aktiengesellschaft (1957):** WTAG 1897–1957. Dortmund.

**Wilkens, Heinz-Christian (1997):** Bei Vadder an Bord. Eine Kindheit auf dem Binnenschiff. Bremen.

**Witthöft, Hans Jürgen (2005):** Meyerwerft. 210 Jahre innovativer Schiffbau aus Papenburg. Hamburg.

## Literatur Postkartenteil

**Eiynck, Andreas (1999):** Der Dortmund-Ems-Kanal auf alten Ansichtskarten, in: 100 Jahre Dortmund-Ems-Kanal. Die Geschichte einer Wasserstraße im Emsland. Sögel, Seiten 55–66.

**Janssen, Dietrich (1981/1982):** Grüße aus Emden I/II. 100 Ansichtskarten aus der Zeit der Jahrhundertwende. Emden.

**Lebeck, Robert / Kaufmann, Gerhard (1988):** Viele Grüße. Eine Kulturgeschichte der Postkarte. Dortmund.

**Scheele, Friedrich (2008):** Gruß aus Emden und Ostfriesland. Frühe Ansichtskarten. Oldenburg.

**Schinkel, Eckard/Tempel, Norbert (1990):** Gruß vom Hebewerk. Ansichtspostkarten vom alten Schiffshebewerk Henrichenburg in Waltrop-Oberwiese. Dortmund.

**Schmidt, Aiko (2006):** Von der Korrespondenzkarte zur illustrierten Postkarte, in: Gruß aus Emden und Ostfriesland. Ostfriesisches Landesmuseum. Emden, Seiten 12–37.

**Vennekamp, Albert (1989, 1998):** Gruß aus Lingen an der Ems. Lingener Ansichten auf alten Postkarten. Lingen.

**Walter, Karin (2006):** Wie das Foto auf die Postkarte kam. Die Erfolgsgeschichte eines visuellen Massenmediums. in: Gruß aus Emden und Ostfriesland. Ostfriesisches Landesmuseum. Emden, Seiten 38–53.

**Weidmann, Dieter (1996):** Postkarten. Von der Ansichtskarte bis zur Künstlerkarte. Berlin.

## Abbildungsnachweis

**Ellerbrock, Bernd (Fotos):** Titel (großes Foto), Seiten 7or, 11ul, 13o, 18, 19, 21, 23or, 25, 30, 32u, 34ol, 37, 44, 51l, 59, 61, 66ol, 67u, 68, 69, 71u, 72, 73ol, 76, 80ol, 84u, 85, 87, 95u, 98, 99, 104, 109u, 112or, 112u, 113, 118, 119, 120u, 124, 126u, 131, 133ul, 139, 144, 145, 146, 166, 173o, 185, 196or, 200, 204, 205u, 206, 209, 210, 211, 213, 217l, 221, 222, 232, 233, 237r, 238, 249, 254u, 265ol, 265or, 273, Umschlagrückseite om und ml

**Ellerbrock, Bernd (Sammlung):** Titel (kleines Foto, Postkarte), Seiten 6, 8, 16ul, 23u, 38o, 40ol, 40u, 41o, 42, 43u, 49, 50l, 51ru, 55u, 57o, 62, 64o, 65u, 66or, 71o, 74, 80or, 82o, 94, 96, 101o, 102ol, 102or, 106o, 112ol, 114u, 117, 120o, 125o, 133o, 134ol, 135o, 138o, 150u, 162, 163ul, 168, 174, 175or, 175u, 176, 179u, 182u, 183o, 186l, 187or, 187ul, 188o, 189or, 189mr, 189ur, 190, 193, 201, 202, 203o, 212u, 215, 223, 226r, 227, 230o, 234, 235, 239, 240, 246r, 247o, 251, 255u, 256, 257, 259, 266, 267, Umschlagrückseite or

**Akademische Ruderverbindung Westfalen (Münster):** Seite 183ur

**Bensch, Markus (Hamburg):** Seite 140o

**Bergermann, Michael (Dortmund):** Seite 105

**Bilgenentölungsgesellschaft (Duisburg):** Seite 28

**Bundesanstalt für Wasserbau/Historisches Bildarchiv (Karlsruhe):** Seiten 7ol, 15or, 15mr, 16ol, 16om, 16or, 17ol, 17or, 22ol, 27o, 31, 36u, 47u, 50r, 64u, 66u, 79u, 82u, 91o, 92u, 110, 111, 115, 116u, 136o, 137o, 138u, 142u, 167, 175ol, 187ur, 188u, 189ol, 191ml, 191mr, 191ul, 196ol, 197or, 197ur, 203u, 205ol, 205or, 208ol, 208or, 212o, 218l, 220, 224l, 229, 243, 245u, 255o, 262o, 264ol, 265u, Umschlagrückseite ur

**Cassens Werft (Emden):** Seiten 246l, 248u, 252o

**Container Terminal Dortmund GmbH:** Seite 33

**Der Bau des Dortmund-Ems-Kanals. Atlas (Sonderdruck aus der Zeitschrift für Bauwesen 1901-1902, Digitalisiert durch die Zentral- und Landesbibliothek Berlin 2008):** Seiten 55o, 101ur, 136u, 140u, 141o, 230u

**Deutsches Automatenmuseum, Sammlung Gauselmann (Espelkam):** Seite 270

**Dortmunder Hafen AG (Blossey):** Seite 53

**Dörpener Umschlaggesellschaft für den kombinierten Verkehr:** Seite 45o

**EUREGIO (Gronau):** Seite 228

**Festschriften zur Eröffnung des Dortmund-Ems-Kanals und zur Einweihung des Dortmunder Hafens von 1899:** Vorsatzseiten, Nachsatzseiten, Seiten 29, 46, 47ol, 47or, 48, 77, 101ul, 143o, 172, 184ol

**Franke, Werner (Lingen):** Seite 45u

**Grund- und Oberschule Friedrichsfehn:** Seite 114o

**Hafen Spelle-Venhaus GmbH:** Seite 208u (sued-ems-media)

**Haverkamp, Christof (Osnabrück):** Seite 207

**Heimatverein Haren (Ems) e. V./Schifffahrtsmuseum:** Seiten 17u (Foto: Ellerbrock), 80u, 88 (Foto: Ellerbrock), 192, 260

**Heimatverein Meppen:** Seiten 129ol, 129or

**Heimatverein Rheine-Rodde:** Seiten 22or, 81, 93o, 181u, 194, Umschlagrückseite ul

**Hermann-Grochtmann-Museum (Datteln):** Seiten 9ur, 39, 191ur, 253u

**Heumer, Friedhelm (Senden):** Seite 54u

**Hollweg, Kümpers & Comp (Rheine):** Seiten 81l, 180o, 181ol

**Horst, Alexander/www.fotostuss.de (Bergkamen):** Seite 38u

**Hübl, Gregor/www.fotodesign-huebl.de (Köln):** Seite 183u

**Interessengemeinschaft Kanalfestival e. V. (Datteln):** Seite 41u

**Kartenwerft Flensburg:** Seite 134u

**Kötter-Werft (Haren):** Seite 252u

**Landesarchiv NRW – Abteilung Westfalen (Münster):** Seiten 78o (W Karten A Nr. 4371), 141u (W Karten A Nr. 4433), 244 (W Karten A Nr. 21749), 261 (W Karten A Nr. 4494)

**Landesfischereiverband Westfalen und Lippe:** Seite 12

**Landkartenarchiv.de:** Seite 67o

**LWL-Industriemuseum (Dortmund):** Seiten 73or (Foto: Ellerbrock), 130

**LWL-Medienzentrum für Westfalen (Münster):** Seite 97

**Menne, Dieter (Dortmund):** Seite 20

**Meyer Werft/Archiv (Papenburg):** Seiten 247u, 248o, 250

**Misliwietz, Rudolf (Schleuse frei! ARENA Verlag 1957):** Seiten 116l, 226u

**Münzberg, Anke – YPSILON 2 (Rheine):** Seite 195

**Niedersächsischer Landesbetrieb für Wasserwirtschaft, Küsten- und Naturschutz:** Seiten 86, 124u

**Niedersächsisches Wirtschaftsministerium:** Seiten 58, 60

**Offenberg, Klaus (Hörstel):** Seite 165

**Ostfriesische Landschaft:** Seite 95o (Buch des Monats 10/2012)

**RWE Power AG Essen (Köln):** Seite 106u

**Sammlung Oliver Buschmann (HERR WALTER, Dortmund):** Seite 51or

**Sammlung Karl-Heinz Conermann (Rheine):** Seite 65o

**Sammlung Dieter Engel (Hamburg):** Seite 257or

**Sammlung Goldstein (Lünen):** Seite 35, 70u

**Sammlung Günter Heemann (Oldenburg):** Seiten 236, 237l

**Sammlung Johannes Leushacke (Olfen):** Seite 126o, 150o

**Sammlung Heinrich Schumacher (Aurich):** Seite 57u

**Sammlung Wolf Stegemann (Dorsten):** Seiten 125m, 125u

**Sammlung Henning Stoffers (Münster):** Seite 231

**Sammlung Werner Suer/Stadtmuseum (Ibbenbüren):** Seiten 10, 43o, 75, 102ul, 107u, 132o, 163ur, 192o

**Sammlung Reinhard Wessels (Dörpen):** Seiten 70o, 78u, 88or, 90, 169, 170, 171

**Schumacher, Ludwig (Emden)/ Archiv Manfred Schumacher (Hamburg):** Seite 56u

**Sky-Pictures-NOH (Emlichheim):** Seite 89

**Stadtarchiv Dortmund:** Seite 52

**Stadtarchiv Flensburg:** Seite 103 (Bestand X K/P, Nr. 04129)

**Stadtarchiv Herne:** Seiten 173u, 261o, 262u, 263

**Stadtarchiv Lingen:** Seiten 108, 217r

**Stadtarchiv Rheine:** Seiten 54o, 164, 180u, 182o, 191o

**Stadtmuseum Nordhorn:** Seiten 121, 122, 123ol, 123or, 225, 226l, Umschlagrückseite ol

**Stadt Oldenburg, Eigenbetrieb Hafen:** Seite 79o

**Stadtwerke Münster:** Seite 137u

**Steffen, Martin (Bochum):** Seite 184

**Uni Köln, Digitalis:** Seiten 178, 179o

**Wasserverband Westdeutsche Kanäle (Essen):** Seite 242

**Wasserstraßen- und Schifffahrtsverwaltung:** Seiten 9ul (Foto: Ellerbrock), 13u, 14, 15ul, 26 (Foto: Ellerbrock), 27u, 32o, 34ur, 40or, 56o, 83, 92o, 109o, 127 (Foto: Ellerbrock), 129u, 132u, 131ur, 135u (Foto: Ellerbrock), 142o, 143u, 186r, 196ul, 197l, 214, 216, 218r, 219, 224r, 241 (Foto: Ellerbrock), 245o, 264or, 264u

**Wikimedia Commons:** Seiten 11ur (Astacoides), 36o (Maximilian Dörrbecker), 63 (Andi69), 84ol, 91u (NordNordWest), 128, 177 (NordNordWest), 244u (Martina Nolte), 253o (NordNordWest)

## Abbildungsnachweis Sonderteil „Grüße vom Kanal“

**Sammlung Bernd Ellerbrock (Seelze):** Seite 151 (6), Seite 152 (6), Seite 153 (7), Seite 154 (6), Seite 155 (2), Seite 157 (3), Seite 158 (3), Seite 159 (3), Seite 160 (3), Seite 161 (6)

**Archiv Meyer Werft (Papenburg):** Seite 161 (1)

**Sammlung Karl-Heinz Conermann (Rheine):** Seite 158 (1), Seite 159 (2)

**Sammlung Jürgen Hameister (Langenhagen):** Seite 160 (1)

**Sammlung Johannes Leushacke (Olfen):** Seite 151 (1), Seite 156 (3)

**Sammlung Klaus Offenberg (Hörstel):** Seite 158 (1)

**Sammlung Henning Stoffers (Münster, www.sto-ms.de):** Seite 156 (1), Seite 157 (2)

**Sammlung Werner Suer (Ibbenbüren):** Seite 157 (1), Seite 158 (2)

**Sammlung Albert Vennekamp (Lingen):** Seite 160 (4)

**Stadtarchiv Rheine:** Seite 159 (2)

**Stadtarchiv Emden:** Seite 161 (2)

### Hinweis:

Trotz größter Sorgfalt konnten die Urheber und Urheberinnen des verwendeten Bildmaterials nicht in allen Fällen ermittelt werden. Rechteinhaber, die nicht ausfindig gemacht werden konnten, bitten wir, sich mit dem Verlag in Verbindung zu setzen.

## Danksagung

**Die Vielfalt der Themen, die Komplexität manch eines Sachverhaltes, die Besonderheiten vor Ort: Ohne die engagierte Hilfe und Unterstützung vieler Menschen wäre dieses Buch nicht zustande gekommen. Ich habe mich zu bedanken bei allen, die mir mit „Rat und Tat" zur Seite gestanden haben; die mir Material zur Verfügung gestellt oder sogar eigens für dieses Buch recherchiert und nachgeforscht haben; die mir Einsicht gewährt haben in Unterlagen, Akten oder Archive; die meine Texte gegengelesen, korrigiert oder ergänzt haben; die mir aus privaten und öffentlichen Archiven Bildmaterial zur Verfügung gestellt haben; die mir wertvolle Hinweise und Tipps gegeben haben; die mich bei meinen Reisen, Besuchen und Besichtigungen vor Ort unterstützt haben und ganz besonders denen, die mich immer wieder ermuntert haben, weiter an meinem Buchprojekt zu arbeiten. Mein Dank geht an:**

Reinhard Braun (Ibbenbüren) – Dr. Mirco Crabus (Stadtarchiv Lingen) – Karl-Heinz Czierpka (Dortmund) – Peter Fischer (Dörpener Umschlaggesellschaft für den kombinierten Verkehr) – Claudia Fliegel (Bilgenentölungsgesellschaft Duisburg) – Dr. Thomas Gießmann (Stadtarchiv Rheine) – Waldemar von Gruchalla (Archiv Meyer Werft, Papenburg) – Günter Heemann (Oldenburg) – Friedhelm Heumer (Senden) – Ralf Horstmann (Heimatverein Rheine-Rodde) – Stefan Holtkötter (Samtgemeinde Spelle) – Hermann Kienitz (Cassens Werft Emden) – Hermann Kötter (Kötter-Werft Haren) – Johannes Leushacke (Olfen) – Iris Löbbers (WSA Rheine) – Dr. Olaf Niepagenkemper (Landesfischereiverband Westfalen und Lippe e. V. Münster) – Carsten Oberhagemann (Deutschlandachter, Dortmund) – Dieter Sagolla (Hannover) – Jens Salva (Landesfischereiverband Weser-Ems e.V. Oldenburg) – Eckard Schinkel (LWL-Industriemuseum Dortmund) – Rosemarie Schloßer (Stadt Datteln) – Heinrich Schumacher (Aurich) – Manfred Schumacher (Hamburg) – Thorsten Seiwald (WSA Meppen) – Margarete Stark (Heimatverein Meppen) – Wolf Stegemann (Dorsten) – Henning Stoffers (Münster) – Werner Suer (Ibbenbüren) – Michael Wessels (Unternehmenskommunikation Meyer Werft, Papenburg) – Reinhard Wessels (Dörpen) – Friedhelm Wessel (Herne) – Michael Wetter (Wasserverband Westdeutsche Kanäle, Essen)

Lektorat und Grafik lagen wie beim Band über den Mittellandkanal auch dieses Mal in den bewährten Händen von Kerstin Wohne und Sybille Felchow aus Hannover. Beide brachten wieder viel Geduld auf, bis das Buch endlich so vorlag, wie ich als Autor es mir in den Kopf gesetzt hatte. Meinem Verleger Wolfgang Klee danke ich für sein Nachsehen, dass das Werk immer dicker wurde und ich nicht widerwillig meine Texte eindampfen und auf Bildmaterial verzichten musste.

## Über den Autor

Autor und Fotograf Bernd Ellerbrock lebt und arbeitet in Seelze bei Hannover, einer Stadt am Mittellandkanal. Viele Jahre schrieb Ellerbrock über die Seeschifffahrt für Magazine und norddeutsche Tageszeitungen, bis er sich der Binnenschifffahrt zuwandte. Seine Bücher über das Reisen auf Frachtschiffen und über den Mittellandkanal gelten als Standardwerke. Besuchen Sie den Autor auf seiner Webseite: www.8komma0.de

# Aus dem DGEG Medi

**Bernd Ellerbrock**

## Der Mittellandkanal – 325 Kilometer Wasserstraße von A bis Z

Wie ein blaues Band zieht sich die längste künstliche Wasserstraße Deutschlands 325 Kilometer durch die norddeutsche Tiefebene: der Mittellandkanal. Er ist ein geradliniger Arbeiter und zuverlässiger Verkehrsträger für die Binnenschifffahrt und macht dabei nicht viel Aufhebens um sich. So wissen die meisten Zeitgenossen nicht viel mehr über diesen Kanal, als dass es ihn gibt. Dabei spiegeln sich in seinem Wasser über 150 Jahre deutscher Geschichte.

Dieses Buch portraitiert den Mittellandkanal fakten- und facettenreich in 80 Stichworten: von A wie „Abgaben“ und „Angeln“ über S wie „Schleusen“, „Stichkanäle“ und „Schleppmonopol“ bis zu Z wie „Zwangsarbeit“. Wann wurde er erbaut, wann ausgebaut und wie? Wer waren die Kanalrebellen? Was wurde aus dem ehemaligen Werkshafen von VW? Wie war das damals am Grenzübergang zur DDR? Welche Güter werden auf ihm transportiert und wie viel?

Abgerundet durch eine ausführliche Chronik bietet das Buch nüchterne Informationen genauso wie unterhaltsame, bisweilen überraschende Geschichten. Es ist reichhaltig bebildert mit aktuellen und historischen Fotos, Kartographie, Zeichnungen, Grafiken sowie Faksimiles von Dokumenten.

Bernd Ellerbrock: Der Mittellandkanal – 325 Kilometer Wasserstraße von A bis Z. 240 Seiten im Format 24x22 cm, fester Einband, ca. 350 Abbildungen, ISBN 978-3-937189-52-9, **29,80 Euro**

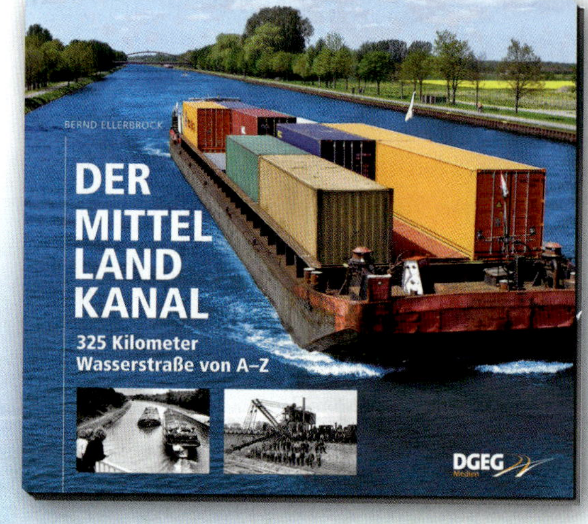

*„Das Buch hat das Zeug, zum Standardwerk zu werden. Das Werk besticht mit aktuellen Fotos, historischen Aufnahmen und Kartenwerk. Der Autor ist mit Akribie vorgegangen, ohne sich in Details zu verlieren.“*

*(Hannoversche Allgemeine Zeitung)*

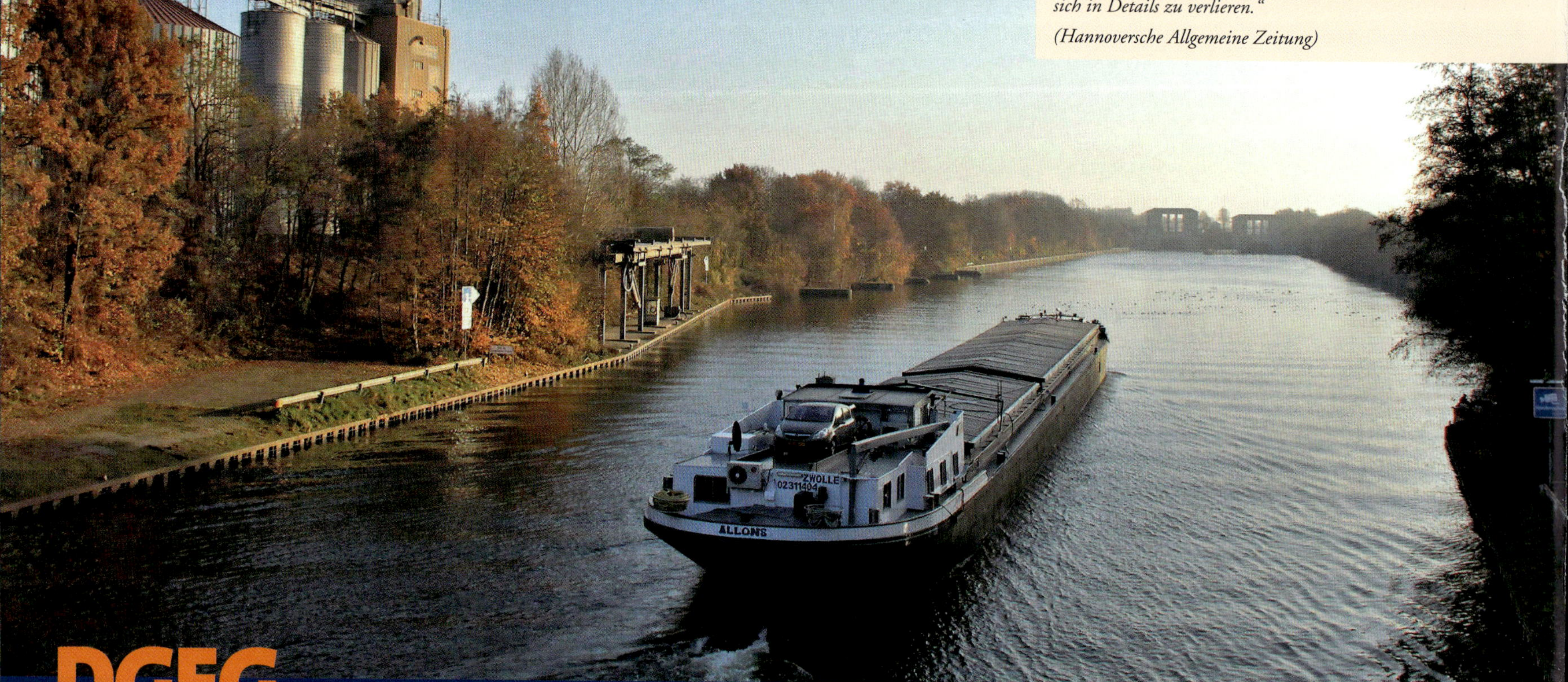

DGEG Medien

DGEG Medien GmbH · Nordstraße 32 · 33161 Hövelhof · Tel. 0 52 57

## Rheinschifffahrt im 20. Jahrhundert

Im Laufe des vorigen Jahrhunderts war die Schifffahrt auf Deutschlands bedeutendstem Strom immer wieder grundlegenden Veränderungen unterworfen. Im Frachtverkehr verschwanden die Schleppkähne und die Räderboote, heute bestimmen um ein Vielfaches größere Motorschiffe – vom Tanker bis zum Containerschiff – das Geschehen. Im Personenverkehr ist die Zeit der Salondampfer längst passé, die auffälligsten Erscheinungen sind heute die großen Hotel- bzw. Flusskreuzfahrtschiffe.

Hans Renker erläutert die Technik der einzelnen Typen, stellt ihre Eigenheiten und Einsatzfelder vor und gibt einen umfassend bebilderten Überblick über die Entwicklungslinien von Dampf zum Diesel.

Hans Renker: Rheinschifffahrt im 20. Jahrhundert. 120 Seiten im Format 24 x 22 cm, fester Einband, ca. 160 Abbildungen. ISBN 978-3-937189-66-6; **24,80 Euro**

## Dampfschiffe auf dem Rhein

Die Epoche der Dampfschifffahrt auf dem Rhein ist längst Geschichte. Der letzte Dampfer der KD, die „Goethe“, ist auf modernen Dieselantrieb umgebaut worden, und von den einst die Frachtschifffahrt beherrschenden mächtigen Schleppdampfern ist in Deutschland nur ein einziges Exemplar erhalten geblieben.

Dieser Bildband lässt ein weitgehend vergessenes Kapitel deutscher Verkehrsgeschichte wieder aufleben. Er zeigt nicht nur die Salondampfer und Schleppzüge, er zeigt auch die vor dem gefürchteten Binger Loch an Bord kommenden Lotsen, die Kohle bunkernden Heizer, die kleinen Versorgungsschiffe und die von Bordwand zu Bordwand einkaufenden Schiffersfrauen oder die harte Ladearbeit der im Nahgüterverkehr eingesetzten Frachtschiffe. Und er zeigt eine einmalige Landschaft, den Rhein zwischen Duisburg und Mainz.

Wolfgang Klee, Detlev Luckmann: Dampfschiffe auf dem Rhein. 96 Seiten, ca. 100 Abbildungen, davon 36 in Farbe, 24 x 28 cm, fester Einband, ISBN 978-3-937189-51-2; **24,80 Euro**

## Kleine Geschichte des Steinkohlenbergbaus im Ruhrgebiet

Der Steinkohlenbergbau an der Ruhr wird bald nur noch Geschichte sein. In diesem Buch erläutern die Autoren in Wort und Bild, wie es zum Aufstieg und Niedergang des Ruhrbergbaus kam und stellen dabei dessen einmalige Bedeutung für das westdeutsche Wirtschaftsleben heraus. Neben die geschichtliche Abhandlung wurde eine Erläuterung der wichtigste Begriffe und Vorgänge des Bergbaus und der Kohleverarbeitung gestellt, auch ein Blick auf soziale Belange fehlt nicht. Besonderer Wert wurde auf die Bebilderung gelegt, zahlreiche eindrucksvolle Abbildungen zeigen Bergwerke, Bergleute und deren Arbeits- und Lebenswelt.

Frank Jochims, Christoph Oboth: Kleine Geschichte des Steinkohlenbergbaus im Ruhrgebiet. 120 Seiten im Format 24 x 22 cm, fester Einband, ca. 150 Abbildungen, ISBN 978-3-937189-93-2, **24,80 Euro**

## Altrote Zeiten im Münsterland

In den 1960er/70er-Jahren konnte man im Münsterland eine heute kaum noch vorstellbare Eisenbahn-Vielfalt erleben. Neben Dampfloks belebten Dieselfahrzeuge, alte Triebwagen aus DR-Zeiten, Schienenbusse, V 60, V 100 bis hin zur V 200 und zum ETA 515 das Geschehen. Doch immer mehr Fahrzeuge verloren ihre angestammte altrote Lackierung – es brachen in den 1980ern die türkis-beigen Zeiten an ...

Wolf-Dietmar Loos: Altrote Zeiten im Münsterland – Westfälische Eisenbahn-Impressionen 1967 – 1987. 130 Seiten im Format 24 x 22 cm, ca. 130 Farb-Abbildungen, fester Einband, ISBN 978-3-937189-68-0; **27,80 Euro**

## Eisenbahnen in Westfalen

Von den Anfängen bis zur Gegenwart – Dieses Buch beschreibt in Wort und Bild die Geschichte der Eisenbahn zwischen Ruhrgebiet und Weser, zwischen Münsterland und Sauerland. Beginnend mit den ersten Kohlenbahnen an der Ruhr wird der Bogen geschlagen über die legendäre Cöln-Mindener Eisenbahn, die Preußischen Staatseisenbahnen, Reichsbahn und Bundesbahn bis in die Gegenwart.

Wolfgang Klee: Eisenbahnen in Westfalen – von den Anfängen bis zur Gegenwart. 168 Seiten im Format 24 x 22 cm mit ca. 150 Abbildungen (davon ca. 50 in Farbe), tabellarischen Übersichten über Streckeneröffnungen etc.; fester Einband, ISBN 978-3-937189-72-7; **29,80 Euro**

## Fahrplan Ruhrgebiet

**Fahrpläne der Bundesbahndirektion Essen, Winter 1967/68** – Im Winter 1967/68 präsentierte sich die Eisenbahn im Ruhrgebiet noch ganz anders als heute. Dieser Nachdruck des „Amtlichen Taschenfahrplans" zeigt die Fahrplantabellen vom Niederrhein bis nach Ostwestfalen und ins Sauerland – eine Fundgrube für eisenbahnhistorisch Interessierte. Der Reprint wird ergänzt durch zahlreiche Fotos aus den 1960er Jahren.

Amtlicher Taschenfahrplan Winter 1967/68 der Bundesbahndirektion Essen, Reprint 248 Seiten mit zusätzlich 32 Bildseiten, Format 20 x 23 cm, Softcover mit eingeklappter Streckenkarte, ISBN 978-3-937189-69-7, **24,80 Euro**

## Armeen unter Dampf

Der glanzvolle Sieg der deutschen Heere über Frankreich 1870 war nicht zuletzt dem beeindruckenden Aufmarsch per Schiene geschuldet. Dadurch beflügelt, stellte die Armeeführung den Ausbau und Anwendung des Eisenbahnwesens in den Mittelpunkt ihrer Planungen. Ohne die gigantischen Transportleistungen der Eisenbahnen wäre der Erste Weltkrieg nicht so lange durchzuhalten gewesen ...

Klaus-Jürgen Bremm: Armeen unter Dampf – Die Eisenbahnen in der europäischen Kriegsgeschichte 1871 – 1918. 128 Seiten im Format A4 hoch mit zahlreichen Abbildungen und Karten, fester Einband, ISBN 978-3-937189-75-8; **24,80 Euro**

## Mit der Straßenbahn durchs Wirtschaftswunder

Mönchengladbach war bis in die 1960er-Jahre der westliche Außenposten im Netz der rheinisch-westfälischen Straßenbahnen. 1969 verabschiedete man sich auch hier vom schienengebundenen Nahverkehr. Glücklicherweise haben einige Fotografen in den 1950er- und 1960er-Jahren in der Stadt und auch außerhalb systematisch die Straßenbahn fotografiert. Deren Fotos sind authentisch, spiegeln die Situation in der Nachkriegs- und Wirtschaftswunderzeit wider und versprühen dadurch einen besonderen Charme.

Axel Ladleif, Wolfgang R. Reimann: Mit der Straßenbahn durchs Wirtschaftswunder; 132 Seiten im Format 24 x 22 cm, ca. 200 Abbildungen, teils in Farbe, fester Einband, ISBN 978-3-937189-80-2; **27,80 Euro**

## Zeitreise durchs BOGESTRA-Land

**Band 1: Die Geschichte der Linie 310 (Bochum – Witten)** – Zwischen Bochum-Höntrop und Witten-Heven verkehrt die Straßenbahnlinie 310. Diese sehr vielseitige Strecke entstand nicht „aus einem Guss". Zwischen 1896 und heute wurde sie gebaut und immer wieder umgestaltet. Das Buch beschreibt die chronologische Entwicklung der Strecke. Zahlreiche Bilder aus den Archiven der Region und von Sammlern ergänzen den Text. Historische Karten verdeutlichen die Veränderungen an der Linienführung.

Andreas Halwer/VhAG BOGESTRA e.V. (Hg.): Zeitreise durchs BOGESTRA-Land – Band 1: Die Geschichte der Linie 310. (Bochum – Witten); 132 Seiten im Format 24 x 22 cm, fester Einband, ISBN 978-3-946594-03-1; **26,80 Euro**

# HÖH

# DORTMUND

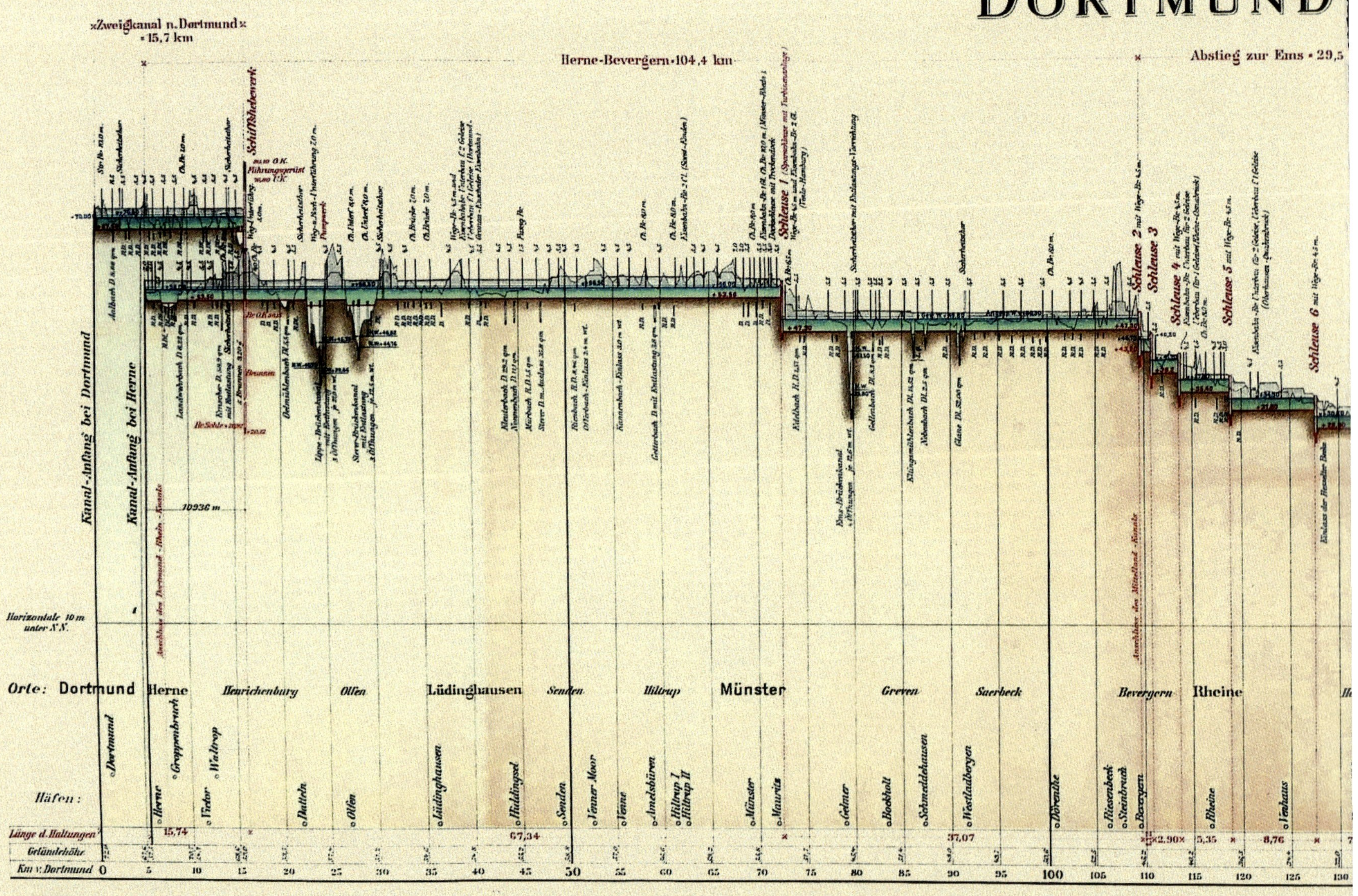


Lith. Anst. v. Bogdan Gisevius. Berlin W. Linkstr. 29.

Maſsstab für die Längen 1:400000.

Sch

D. • Düker Dl. • Durchl